普通高等教育机械类专业"十二五"规划教材

液压与气压传动

张丽春　吴晓强　主　编

迟　媛　谢　莉　副主编

中国林业出版社

内容简介

《液压与气压传动》是普通高等教育机械类专业"十二五"规划教材，配有多媒体课件。本教材分为液压传动和气压传动2篇，共17章。第1篇为液压传动，包括第1~10章。主要讲述液压传动基础理论、液压元件、液压基本回路、典型液压系统实例、液压系统的设计计算；第2篇为气压传动，包括第11~17章。主要讲述气压传动基础知识、气源装置与气动元件、气动回路、气动逻辑系统设计和气压传动系统实例。

本教材在章节的编排上，内容力求少而精，言简意赅，并配备大量图表。教学内容坚持以学生为本，教学服务的原则；注意总结教学经验，体现循序渐进的原则。为便于加深理解和巩固所学内容，每章开始有内容提要，说明本章的主要内容、重点、难点、教学目的和要求；每章结束都有小结并附有习题，配有标准答案。在教材内容选取上充分体现了"加强针对性，注重实际应用，拓宽知识面"，理论知识以"实用、够用"为度的特点，突出对学生动手能力和综合素质的培养。本教材在注重基本概念与工作原理阐述的同时，突出其应用，旨在培养学生的工程应用与实践能力。本教材为教师配备了具有大量动画的多媒体课件，既方便教师授课又利于学生的学习和理解。

本教材适合作为普通高等院校机械类、机电类和相关类专业的教材，也可作为成人教育机电类专业教材，以及供自学者和相关技术人员参考。

图书在版编目（CIP）数据

液压与气压传动/张丽春，吴晓强主编．—北京：中国林业出版社，2012.8（2023.10 重印）

普通高等教育机械类专业"十二五"规划教材

ISBN 978-7-5038-6710-1

Ⅰ.①液…　Ⅱ.①张…　②吴…　Ⅲ.①液压传动–高等学校–教材②气压传动–高等学校–教材
Ⅳ.①TH137②TH138

中国版本图书馆 CIP 数据核字（2012）第 190235 号

中国林业出版社·教育出版分社

策划编辑：杜　娟　　　　**责任编辑：**许　玮　杜　娟
电话：83143553　　　　　**传真：**83143516

出版发行	中国林业出版社(100009　北京市西城区德内大街刘海胡同 7 号)
	E-mail：jiaocaipublic@163.com　电话：(010)83143500
	http://lycb.forestry.gov.cn
经　销	新华书店
印　刷	北京中科印刷有限公司
版　次	2012 年 8 月第 1 版
印　次	2023 年 10 月第 3 次印刷
开　本	787mm×1092mm　1/16
印　张	23
字　数	532 千字
定　价	49.00 元

《液压与气压传动》编写人员名单

主　　编　张丽春　吴晓强

副 主 编　迟　媛　谢　莉

编写人员　（以姓氏笔画为序）

　　　　　　史立新（南京农业大学）

　　　　　　张丽春（内蒙古农业大学）

　　　　　　吴晓强（四川农业大学）

　　　　　　迟　媛（东北农业大学）

　　　　　　杨红艳（内蒙古工业大学）

　　　　　　何瑞银（南京农业大学）

　　　　　　陈云富（南京农业大学）

　　　　　　赵雪松（内蒙古农业大学）

　　　　　　谢　莉（内蒙古大学交通学院）

　　　　　　赖庆辉（东北农业大学）

前　言

本教材是普通高等教育机械类专业"十二五"规划教材。本教材是根据教育部高等院校工科专业教学计划调整后的"液压与气压传动"课程教学大纲，在多年教学和科研工作的基础上，结合多省级精品课程的教学经验，吸收国外同类教材和国内现有教材的优点，结合本专业的特点精心组织编写的。

教材共分 2 篇 17 章。第 1 篇为液压传动，包括第 1 ~ 10 章，主要讲述液压传动基础理论、液压元件、液压基本回路、典型液压系统实例、液压系统的设计计算；第 2 篇为气压传动，包括第 11 ~ 17 章，主要讲述气压传动基础知识、气源装置与气动元件、气动回路、气动逻辑系统设计和气压传动系统实例。

本教材的特点：一是以初学者为对象，内容坚持以学生为本，注意总结教学经验，体现循序渐进的原则；二是在章节的编排上，内容力求少而精，着重讲解基本原理和基本方法，并配备大量图表，而不拘泥于具体烦琐的结构；三是内容选取上充分体现"加强针对性，注重实际应用，拓宽知识面"，理论知识以"实用、够用"为度，突出对学生动手能力和综合素质的培养；四是在注重基本概念与工作原理阐述的同时，突出应用，培养学生的工程应用与实践能力，解决工程实际问题；五是每章开始有提要，说明本章的主要内容、重点、难点、教学目的和要求，每章结束有小结并附有习题，书后配有参考答案；六是推进液压集成块及其集成回路的教学和应用；七是为配合教学，利用 Flash，pro/E 等软件将复杂的液压元件的结构、工作原理及液压系统的工作过程制成动画，通过 Authorware 软件制作成文字与动画为一体的多媒体课件，可为选用本教材的教师提供参考。

本教材适用于普通高等院校机械类、机电类及相关类专业的教材，也可以作为成人教育机电类专业教材，同时可供自学者和相关技术人员参考。

本教材由从事液压与气压传动教学方面二十多年经验的教师张丽春、吴晓强主编。本教材编写分工如下：张丽春（第 1、4 章，附录），迟媛（第 2 章），赖庆辉（第 3 章），谢莉（第 5 章），赵雪松（第 6、8 章），杨红艳（第 7、15 章）；何瑞银（第 9

章），史立新（第 10 章），陈云富（第 11 章），吴晓强（第 12～17 章）。

全书由张丽春教授修改审订。在组织和编写过程中，得到内蒙古农业大学机电工程学院、各参编兄弟院校和中国林业出版社杜娟的大力支持，同时也得到内蒙古农业大学机电工程学院郝惠灵、苏佳佳、张向东等研究生的大力帮助，在此一并表示衷心的感谢！

由于水平所限，教材中难免存在不足之处，欢迎广大读者批评指正。

编　者

2012 年 5 月

目　　录

第 2 篇　气压传动

第 1 篇　液压传动

第 1 章

绪　论

[**本章提要**]

　　本章内容包含两部分：液压传动的基本原理和液压传动所采用工作介质的主要性能。通过本章学习，要求深入掌握液压传动工作原理、液压传动系统组成及图形符号；掌握液压传动系统的工作特征；熟悉液压传动的优缺点；了解液压传动的技术特点、应用以及发展概况。对于液压传动中所采用工作介质性能方面，着重要求理解液体的黏性，掌握动力黏度的物理意义及影响黏度的主要因素等。

1.1　液压传动技术发展概况

1.2　液压传动工作原理和系统组成

1.3　液压油的主要性能及选用

任何一部机器主要由三部分组成：动力装置、传动机构和工作机构。常见的传动形式有：机械传动、电力传动和流体传动等。其中流体传动又分为气体传动、液体传动。液体传动包括液压传动和液力传动。液压传动是基于工程流体力学的帕斯卡原理，以密封容器中液体作为工作介质，利用液体压力能传递和控制能量的一种传动方式。

1.1　液压传动技术发展概况

液压传动相对机械传动是一门新兴的技术。从 17 世纪中叶帕斯卡提出静压传递原理、18 世纪末英国制造出世界上第一台水压机算起，液压传动已有二三百年的历史。但是液压传动在工业上真正推广、应用及快速发展却是 20 世纪中叶之后。由于液压传动与其他传动相比有其独特的优点，因而在各个领域获得了越来越普遍的应用。

随着生产力的提高，20 世纪 30 年代前后已有一些国家生产了液压元件，并开始在机床上应用。在第二次世界大战期间，由于迫切需要反应迅速、动作准确、输出功率大的液压传动装置及控制装置来装备各种飞机、坦克、大炮和军舰，因此液压技术开始在兵器制造领域中得到广泛的应用，并出现了电液伺服系统。此外，在与战争紧密相关的行业里，液压技术也得到了广泛的应用。从战后到 20 世纪 50 年代，液压技术很快转入民用工业，随着原子能科学、空间技术、计算机技术的发展，液压技术也得到了较大发展，渗透到国民经济的各个领域之中，在工程机械、冶金、军工、农机、汽车、轻纺、船舶、石油、航空和机床工业中，液压技术得到了广泛应用。

在工程机械和起重运输机械领域，应用于挖掘机、装载机、推土机、压路机和液压汽车吊车等。

在农业机械领域，液压传动广泛地应用于拖拉机的农具悬挂和联合收割机的控制系统等。

在机械制造设备领域，液压传动应用得更为普遍，如用于数字控制机床、仿行机床、车床、拉床、单机自动化、机械手和自动生产线等。此外，由液压缸和液压马达驱动的各种机械手还能灵活地完成较复杂的动作，代替人类完成一部分频繁而笨重的劳动，并能在条件恶劣、人类无法工作的环境(如高温、污染、有放射性物质辐射、有害气体等)中工作。

在船舶领域，液压舵机、液压传动消摆装置被普遍采用，现代货轮上的甲板机械越来越多地采用液压传动。

在动力机械领域，在水轮和汽轮机的调节上普遍采用液压传动和控制。

在冶金工业领域，如高炉的炉顶上料、平炉的加料机、转炉的炉体倾倒、电炉的炉体旋转、电极升降的控制等广泛采用了液压传动和液压控制。

在轧钢设备领域，对轧件进行拉、推，使轧件实现升、降、摆动、旋转等动作都采用液压传动以代替复杂的机械传动。

近年来液压传动装置与电子技术综合应用的发展，更推动了机器设备的省力化、自动化和远距离操纵，因而在各个领域获得了越来越普遍的应用。目前液压技术正向高压、高速、大功率、高效率、低噪声、低能耗、经久耐用、高度集成化等方向发展；同时，新型液压元件的应用，液压系统的计算机辅助设计、计算机仿真和优化、微机控制等工作，也取得显著的成果。

1.2 液压传动工作原理和系统组成

1.2.1 液压传动工作原理

1.2.1.1 液压千斤顶

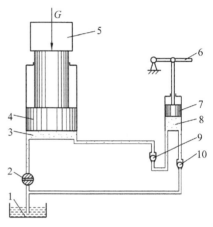

液压千斤顶是车辆和救援工作必备的一种工具。其工作原理见图 1 - 1。图中大、小两个液压缸 3 和 8 的内部分别装有活塞 4 和 7，并能在缸内做往复移动。当向上提拉杠杆 6 时，带动小活塞 7 向上运动，小液压缸 8 下腔密封工作腔的容积增大，形成部分真空，单向阀 9 关闭，油箱 1 中的油液就在大气压力的作用下顶开单向阀 10 沿吸油管道进入小缸 8 下腔，完成一次吸油动作；当压下杠杆 6 时，小活塞 7 向下移动，该密封工作腔的容积减小，腔内压力升高，单向阀 10 关闭，单向阀 9 开启。液压缸 8 内油液进入大液压缸 3 的下腔，当油

图 1 - 1 液压千斤顶工作原理
1—油箱；2—放油阀；3、8—液压缸；
4—大活塞；5—重物；6—杠杆；
7—小活塞；9、10—单向阀

液的压力升高到能克服作用在大活塞 4 上负载(重物 G)所需要的压力时，大活塞 4 带动重物上升。如此反复地提压杠杆 6，活塞 4 带动负载 5 持续上升，其上升的距离只受大活塞缸行程的限制。若将放油阀 2 旋转 90°，大液压缸 3 中的油液流回油箱，活塞 4 在自重作用下退回原位。

通过液压千斤顶简单实例，我们可以得出液压传动的一般工作特征。

(1) 力(或力矩)的传递是按照帕斯卡原理(静压传递定律)进行的

如图 1 - 1 所示，当作用在大活塞上的负载为 G，作用在小活塞上的作用力为 F_1，根据帕斯卡原理，大小活塞下腔以及连接管路构成的密闭工作腔的油液具有相等的压力(压强)，即：

$$p = \frac{F_1}{A_1} = \frac{F_2}{A_2} = \frac{G}{A_2} \quad 或 \quad F_2 = G = F_1 \frac{A_2}{A_1} \tag{1 - 1}$$

式中：A_1——小活塞的面积；

A_2——大活塞的面积；

F_2——油液作用在大活塞上的作用力。

由式(1-1)得出如下结论：

①活塞的推力等于液压力与活塞面积的乘积，$F_2 = A_2 p$。

②液压力 p 的大小由外负载决定，如，当 $G = F_2 = 0$ 时，$p = 0$。

(2)运动速度(或转速)的传递根据容积变化相等的原则进行

图1-1中如果小活塞7的移动速度为 v_1，在 Δt 时间内小活塞移动所排出的液体体积 V_1 为

$$V_1 = v_1 A_1 \Delta t$$

与此同时，在 Δt 时间内大活塞4上移让出的空间，进入的液体体积 V_2 为

$$V_2 = v_2 A_2 \Delta t$$

式中：v_1——小活塞的移动速度；

v_2——大活塞的移动速度。

当忽略液体的泄漏损失时，则有 $V_1 = V_2 = V$，$v_1 A_1 \Delta t = v_2 A_2 \Delta t = V$

或

$$v_1 A_1 = v_2 A_2 = \frac{V}{\Delta t} \qquad (1-2)$$

式(1-2)反映了物理学中质量(当密度不变时，即为液体体积)守恒这一规律。或者说，液体传递运动时，运动速度(或转速)的传递根据容积变化相等的原则进行。

由此得出如下结论：

① 活塞移动时的速度正比于进入其内的流量，与负载无关。即活塞的移动速度，可以通过改变流量 Q 的方法进行调节，这就是液压传动实现无级变速的基本方法之一。

② 活塞移动的速度与该活塞的面积成反比。

(3)两个重要概念

① 压力：上述实例中，只有活塞4上有重物(负载)，活塞7才能施加上作用力 F_1，使液体产生压力 p。所以就负载和压力二者来说，负载是第一性的，压力是第二性的。简单地说，液压传动中压力取决于负载。这是一个很重要的概念。今后在分析元件和系统工作原理时都要用到它。

② 流量：令式(1-2)中 $A_2 v_2 = Q$，其中 Q 表示活塞7以速度 v_1 运动时，单位时间从液压缸8排出液体体积，称为流量，用 Q 表示，即流量：

$$Q = \frac{V}{\Delta t} \quad 或 \quad v_2 = \frac{Q}{A_2} \qquad (1-3)$$

式(1-3)说明活塞4的运动速度决定进入液压缸3的流量。简而言之，速度决定于流量。这是和压力取决于负载同样重要的一个概念。

利用式(1-1)和式(1-2)，可得功率 $P = pQ$。所以压力和流量是液压传动中最重要的参数，压力相当于机械传动中的力，流量相当于机械传动中的速度，二者的乘积则是功率。

这里需要强调是：上述两个工作特征是独立存在的。不管液压系统的负载如何变化，只要供给流量一定，则负载上升的运动速度就一定，即"速度取决于流量"。同样，

不管液压缸活塞移动速度多大，只要负载一定，则推动负载所需液体压力就确定不变，即"压力取决于负载"。

1.2.1.2 机床工作台液压传动系统的工作原理

图 1-2 为简化的磨床工作台液压传动系统原理图。通过它可以进一步了解一般液压传动系统工作原理和组成。

如图 1-2(a)所示，液压泵 3 在电动机带动下通过过滤器 2 从油箱 1 中吸油，并向系统供油。从液压泵 3 输出的液压油流经节流阀 5 和换向阀 6 进入液压缸 8 的左腔，推动活塞连同工作台 7 向右移动，液压缸右腔的油通过换向阀 6 的回油管排回油箱 1 中。当换向阀 6 处于图 1-2(b)所示的工作状态时，液压油经换向阀进入液压缸 8 的右腔，推动活塞连同工作台 7 向左移动。液压缸 8 左腔的油液经换向阀 6 回油管排回油箱。

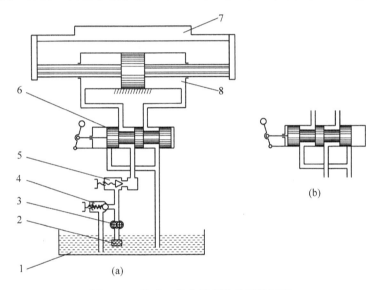

图 1-2 磨床工作台液压传动系统原理

1—油箱；2—过滤器；3—液压泵；4—溢流阀；5—节流阀；
6—换向阀；7—工作台；8—液压缸

通过调节节流阀 5 可以调节工作台 7 的移动速度。当节流阀 5 开口较大时，进入液压缸的流量较大，工作台的移动速度也较快；反之，当节流阀开口较小时，工作台移动速度减小。

工作台移动时必须克服运动时的阻力，例如克服切削力和相对运动表面的摩擦力等。为适应克服不同大小阻力的需要，液压泵输出油液的压力应根据工作需要能够进行调整；这些功能是由溢流阀 4 来实现的，通过调节溢流阀 4 弹簧的预紧力可以实现调节液压泵出口压力大小，并让多余的液压油在相应的压力下打开溢流阀，经回油管流回油箱。

1.2.2　液压传动系统的组成、图形符号及特点

1.2.2.1　液压传动系统的组成

通过分析机床工作台液压传动系统工作原理可知,一个完整的、能正常工作的液压传动系统主要由以下五部分组成:

(1)动力元件

动力元件即液压泵,将原动机输入的机械能转换为流动液体的压力能的能量转换元件,其作用是为液压系统提供压力油,是系统的动力源。

(2)执行元件

执行元件即液压缸或液压马达,又称液动机,是将输入液体的压力能转换为机械能的能量转换元件,其作用是在压力油的推动下输出力(或力矩)和速度(或转速),以驱动工作机构工作。

(3)控制(调节)元件

控制(调节)元件即液压控制阀,其作用是控制液压系统中油液压力的大小、流量的多少和液体流动的方向,以保证执行元件完成预期的工作。如上例中的溢流阀、节流阀、换向阀等。

(4)辅助元件

辅助元件作用是提供必要的条件使系统得以正常工作,在系统中主要起储存、散热、输送、过滤和测量等作用。如油箱、油管、管接头、过滤器、冷却器、加热器以及各种指示器和控制仪表等。

(5)工作介质

工作介质即传动液体,通常称液压油,是传递能量和压力信号的载体。

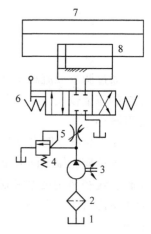

1.2.2.2　液压系统图形符号

图1-2所示结构工作原理图形象地表示了系统中各元件的结构原理,比较直观,容易理解,易于初学者接受。当系统发生故障时,根据原理图查找比较方便。但绘制液压系统原理图的工作比较复杂,元件较多时,绘图很不方便。

为了绘图方便,每一个元件都用一种标准图形符号表示,这种图形符号不再表示元件的具体结构,是一种比较抽象的、只表示元件职能的符号。用它表示系统中各元件的作用及整

图1-3　图形符号表示的
磨床工作台液压系统

个系统的工作原理十分简明扼要。我国常用液压与气动元件的图形符号(GB/T 786.1—2003),见附录 1。图 1 - 3 是按照该标准绘制的与图 1 - 2 一致的磨床液压系统原理图。

1.2.2.3 液压传动的特点

(1)优点

①液压装置能在大范围内实现无级调速(调速范围可达1:2 000),还可在运行的过程中进行调速。

②在相同功率情况下,液压传动能量转换元件的体积较小,质量较轻。

③液压装置工作比较平稳,易于实现快速启动、制动和频繁地换向。

④易于实现过载保护,液压元件能自行润滑,使用寿命较长。

⑤操纵简单,便于实现自动化。特别是和电气控制联合使用时,易于实现复杂的自动工作循环。

⑥液压元件已实现了标准化、系列化、通用化,所以液压系统的设计、制造和使用都比较方便、液压元件的布置也有较大的机动性。

(2)缺点

①液压传动中的泄漏和液体的可压缩性使传动无法保证严格的传动比。

②液压传动有较多的能量损失(泄漏损失、摩擦损失等),长远距离传动时能量损失大。

③液压传动对油温的变化比较敏感,不宜在很高和很低的温度下工作。

④为了减少泄漏,液压元件制造精度要求较高,造成液压系统成本较高。

⑤对工作介质和污染较敏感。

1.3 液压油的主要性能及选用

液压传动主要是以液压油为工作介质来传递能量的,因此了解液压油和液体的力学性质,有助于正确理解液压传动的工作原理和规律,为正确使用和维修液压元件和液压系统打下良好的基础。

1.3.1 液压油的主要物理性质

1.3.1.1 液压油的密度

单位体积液体的质量称为该液体的密度,用 ρ 表示。如果液体体积为 V,质量为 m,则密度为

$$\rho = \frac{m}{V} \tag{1 - 4}$$

密度 ρ 的单位是 kg/m^3。我国采用20℃时的密度为液压油的标准密度，以 ρ_{20} 表示。密度随着温度或压力的变化而变化，但变化不大，通常忽略，一般取 $\rho = 900\ kg/m^3$。

1.3.1.2　液体的压缩性

液体的体积随压力的增大而减小的性质称为液体的压缩性。当液体的压力为 p_0、体积为 V_0 时，如果压力增大 Δp，体积则减小 ΔV，此时液体的可压缩性可用体积压缩系数 β 来表示，即单位压力变化下的体积相对变化量来表示：

$$\beta = -\frac{1}{\Delta p} \cdot \frac{\Delta V}{V_0} \tag{1-5}$$

由于压力增大时体积减小，因此式(1-5)右边需加负号，使 β 成为正值。

液体压缩系数的倒数，称为体积弹性模量用 K 表示，即 $K = 1/\beta$。体积弹性模量表示液体抵抗压缩的能力。体积弹性模量越大，液体抵抗压缩的能力越强。一般石油型液压油的体积弹性模量平均为 $(1.2 \sim 2) \times 10^3\ MPa$。但实际应用中，液体内不可避免地会混入气泡等原因，使 K 值显著减小，因此一般选取 $K = (0.7 \sim 1.4) \times 10^3\ MPa$。一般认为油液不可压缩(因压缩性很小)，若分析动态特性或压力变化很大的高压系统，则必须考虑液体的可压缩性。

1.3.1.3　液体的黏性

(1)黏性的表现

液体在外力作用下流动时，液体与固体壁间的附着力和液体分子间的内聚力造成各液层液体的速度各不相同。如图1-4所示，两平行平面的距离为 h，其间充满液体。下平面固定。当上平面以速度 U 向右运动时，紧邻上平面一层液体将以与上平面相同速度 U 向右运动，而紧邻下平面的液层速度为零，两平面间各层液体的速度各不相同。当层间距离 h 较小时，其速度按线形规律分布。由于液体分子间的内聚力和液体分子与壁面间的附着力，各液层之间有相互牵制作用。这种相互牵制使流动液体各层之间产生内摩擦阻力或黏性力，这种特性称为黏性。度量黏性大小的物理量称为黏度。

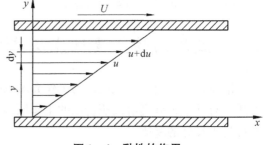

图1-4　黏性的作用

(2)黏性的表示及度量

液体黏性的大小用黏度来表示。常用的黏度表示方法有三种，即动力黏度、运动黏度和相对黏度。

①动力黏度：经过大量的实验和理论研究，1686年牛顿首先揭示了液体的内摩擦规律：液层间的内摩擦力 F_f 的大小与接触面积 A 和流速梯度 du/dy 成正比，即

$$F_f = \mu \cdot A \cdot \frac{du}{dy} \qquad\qquad (1-6)$$

或
$$\tau = \mu \cdot \frac{du}{dy} \qquad\qquad (1-7)$$

式中：μ——比例系数，称为动力黏度；

　　τ——单位面积上的摩擦力；

　　du/dy——速度梯度，即液层间相对速度对液层距离的变化率。

动力黏度的物理意义：液体在单位速度梯度 $|du/dy|=1$ 下流动时，相邻液层单位面积上的内摩擦力。动力黏度的单位：帕·秒(Pa·s)。

通过动力黏度的公式得知：在静止液体中，由于速度梯度等于零、内摩擦力为零，故液体在静止状态下不显黏性。

②运动黏度：在同一温度下液体的动力黏度 μ 与其密度 ρ 的比值称为运动黏度，用 υ 表示，即

$$\upsilon = \frac{\mu}{\rho}$$

运动黏度的单位为 m^2/s。ISO(国际标准化组织)规定，统一采用运动黏度来表示液体的黏度。同时采用温度在 40℃ 时的运动黏度的平均值作为液压油的黏度代号。例如 L-HL32 液压油，表示这种液压油在 40℃ 时的平均运动黏度为 $32 \times 10^{-6} m^2/s$。

③相对黏度：由于动力黏度和运动黏度直接测量较难，因此工程实践中，先用简便的方法测定液体的相对黏度，然后再根据关系式换算出运动黏度或动力黏度。我国、俄罗斯和德国采用恩氏黏度°E，美国用赛氏黏度 Say·s，英国用雷氏黏度 Rs 等。

恩氏黏度°E 用恩氏黏度计测定，其测定方法为：将 200 mL 温度为 $T(℃)$ 的被测液体装入黏度计的容器内，使之由其下部直径为 2.8 mm 的小孔流出，测出液体流尽所需时间 $t_1(s)$；再测出 200 mL 温度为 20℃ 的蒸馏水在同一黏度计中流尽所需的时间 t_2 (s)。这两个时间的比值即为被测液体在温度 $T(℃)$ 下的恩氏黏度：

$$°E_T = t_1/t_2$$

恩氏黏度与运动黏度的换算关系式为

$$\upsilon = (8.0°E - 8.64/°E) \times 10^{-6} \qquad (1.35 < °E < 3.2) \qquad (1-8)$$

$$\upsilon = (7.6°E - 4.0/°E) \times 10^{-6} \qquad (°E > 3.2) \qquad (1-9)$$

(3)黏度和温度的关系

油液对温度的变化极为敏感，温度升高，油的黏度即降低。油的黏度随温度变化的性质称为油液的黏温特性。不同种类的液压油有不同的黏温特性。图 1-5 为几种典型液压油的黏温特性曲线图。

黏温特性好的液压油，黏度随温度变化较小，因而油温变化对液压系统性能影响较小。

经常采用黏度指数 VI 值来衡量液压油黏温特性的好坏。黏度指数值较大，表示油液黏度随温度的变化率较小，即黏温特性较好。一般液压油的 VI 值要求在 90 以上，优

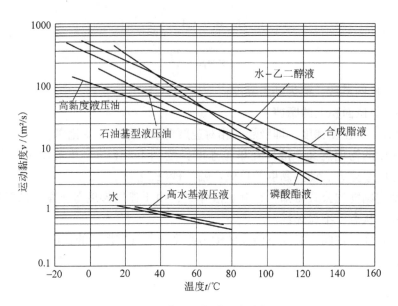

图 1 – 5　液压油的黏温特性曲线

异的在 100 以上。

(4)黏度和压力的关系

液体所受的压力增大时，其分子间的距离减小，内聚力增大，黏度亦随之增大。但对于一般的液压系统，当压力在 32 MPa 以下时，压力对黏度的影响不大，可以忽略不计。

1.3.2　液压传动所用油液的要求和选择

1.3.2.1　液压传动所用油液的基本要求

液压油应具备以下性能：

①合适的黏度和良好的黏温特性。

②润滑性能好，在油温、油压的变化范围内应保证零件摩擦面间具有良好的润滑性能。

③对密封材料的相容性好。工作介质有可能使密封材料溶胀软化或使其硬化，结果都会使密封失效，所以要求工作介质与系统内密封材料的相容性好。

④对氧化、乳化和剪切都有良好的稳定性　温度低于 57℃ 时，油液的氧化速度缓慢，之后温度每增加 10℃，氧化程度增加 1 倍，所以控制液压油液的温度特别重要。

⑤抗泡沫性好，腐蚀性小，防锈性好。

⑥清洁度高。

1.3.2.2 液压油的类型和选用

(1) 液压油的类型

常用液压油可分为矿物油、乳化油和合成型油。

①矿物油(石油型):主要品种有普通液压油、抗磨液压油、低温液压油、高黏度指数液压油、液压导轨油、汽轮机油、柴油机油及其他专用液压油(如航空液压油、舵机液压油、炮用液压油,舰用液压油等),它们都是以全损耗系统用油为基础原料,精炼后按需要加入适当的添加剂制成的。

目前,我国在液压传动中,采用全损耗系统用油和汽轮机油的情况仍很普遍。全损耗系统用油是一种机械润滑油,价格虽较低廉,但精制过程中精度较低,抗氧化稳定性较差,使用时易生成黏稠胶块,阻塞元件小孔,影响液压系统性能。系统压力越高,问题越严重。因此,只有在低压系统且对液压油要求不高时,才用全损耗系统用油作为液压代用油。汽轮机油,虽经深度精制并加有抗氧化、抗泡沫等添加剂,其性能优于全损耗系统用油,但它是汽轮机专用油,并不充分具备液压传动用油的各种特性,只能作为一种代用油,用于一般液压传动系统。

普通液压油是以精制的石油润滑油馏分,加入抗氧化、防锈和抗泡沫等添加剂制成的,其性能可满足液压传动系统的一般要求,广泛适用于在 0 ~ 40℃ 工作的中低压系统。

矿物油型液压油中的其他油品,包括抗磨液压油、低温液压油、高黏度指数液压油、液压导轨油等,都是经过深度精制并加有各种不同的添加剂制成的,对相应的液压系统具有优越的性能,矿物油型的液压油有很多优点,但其主要缺点是可燃。

②乳化油:分高水基液(水包油乳化液)和油包水乳化液两大类。油包水乳化液、水包油乳化液由两种互不相容的液体(如水和油)构成,其中一种液体成为小液滴并均匀地分散在另一种液体中。

在一些高温、易燃、易爆的工作场合,为了安全起见,应该在液压系统中使用难燃性液体,如水包油、油包水等乳化液,或水 – 乙二醇、磷酸酯等合成液。

(2) 液压油的选用

选用液压油时,首先是选择油液品种。选择油液品种时,可根据是否是液压传动系统专用、有无起火危险、工作压力及工作温度范围等因素进行考虑。液压油的品种确定之后,接着就是选择油的黏度等级。黏度等级的选择是十分重要的,因为黏度对液压系统工作的稳定性、可靠性、效率、温升以及磨损都有显著的影响。选择黏度时应注意液压系统在以下几方面的情况:

①工作压力:工作压力较高的系统宜选用黏度较大的液压油,以减少泄漏。

②运动速度:当液压系统的工作部件运动速度较高时,宜选用黏度较小的液压油,以减轻液流的摩擦损失。

③环境温度:环境温度较高时宜选用黏度较大的液压油。

在液压系统的所有元件中，液压泵对液压油的性能最为敏感。因为液压泵内零件的运动速度最高，工作压力也最大，且承压时间长，温升高，因此，常根据液压泵的类型及其要求来选择液压油的黏度。

1.3.2.3   液压油的合理使用(污染与控制)

液压油的污染，常常是系统发生故障的主要原因。因此，控制液压油的污染是十分重要的。

(1)污染的危害

液压油被污染是指液压油中含有水分、空气、微小固体颗粒及胶状生成物等杂质。液压油污染对液压系统主要造成以下危害：

① 固体颗粒和胶状生成物堵塞过滤器，使液压泵运转困难，产生噪声；还容易堵塞阀类元件中的小孔或缝隙，使液压控制阀动作失灵。

② 微小固体颗粒会加速零件磨损，使元件不能正常工作；同时，也会擦伤密封件，使泄漏增加。

③ 水分和空气的混入会降低液压油的润滑能力，使其氧化变质；产生气蚀，使元件加速损坏；液压系统会出现振动、爬行等现象。

(2)污染的原因

液压油被污染的原因主要有以下几方面：

① 残留物污染：主要是指液压元件在制造、储存、运输、安装、维修过程中带入的砂粒、铁屑、磨料、焊渣、锈片、棉纱和灰尘等，虽经清洗，但未清洗干净而残留下来，造成液压油污染。

② 侵入物污染：主要是指周围环境中的污染物(空气、尘埃、水滴等)通过一切可能的侵入点，如外露的往复运动活塞杆、油箱的进气孔和注油孔等侵入系统，造成液压油污染。

③ 生成物污染：主要是指液压系统在工作过程中产生的金属微粒、密封材料磨损颗粒、涂料剥离片、水分、气泡及油液变质后的胶状生成物等，造成液压油污染。

(3)污染度等级

液压油的污染程度是指单位容积液体中固体颗粒污染物的含量。

描述和评定液压系统油液的污染度，便于对液压油污染进行控制，所以制定了液压系统油液的污染度等级。目前常用的污染度等级标准有两个，一个是国际标准，即采用ISO 4406；另一个是美国标准 NAS 1638。

ISO 4406 的油液污染度等级标准是用两个代号表示，其中前面的代号表示的是1 mL油液中尺寸大于 5 μm 颗粒数的等级，后面的代号表示的是 1 mL 油液中尺寸大于15 μm 颗粒数的等级，两个代号间用斜线分隔。例如等级代号为 19/16 的液压油，表示1 mL 内尺寸大于 5 μm 的颗粒数在 2 500 ~ 5 000 之间，尺寸大子 15 μm 的颗粒数在 320 ~

640 之间。这种双代号标志法对说明实质性工程问题是很科学的，因为 5 μm 左右的颗粒对堵塞液压元件缝隙的危害性最大，而大于 15 μm 的颗粒对液压元件的磨损作用最为显著，用它们来反映油液的污染度最为恰当，因而这种标准得到了普遍采用。

美国 NAS 1638 污染度等级标准，是以颗粒浓度为基础，按 100 μm 油液中在给定的 5 个颗粒尺寸区间内的最大允许颗粒数划分为 14 个等级，最清洁的为 00 级，污染度最高的为 12 级。

各种液压设备在工作期间，对其液压系统的污染度可采取适当的方法进行测定。目前，比较先进实用的一种测定污染度方法是自动颗粒计数法，其工作原理是当光源照射油液样品时，利用油液中颗粒在传感器上投影所发出的脉冲信号来测定油液污染度。由于信号的强弱和多少分别与颗粒的大小和数量有关，将测得的信号与标准颗粒产生的信号相比较，就可以算出油液样品中颗粒的大小和数量。这种方法能自动计数，操作简便，测定精确，因此得到了普遍的应用。表 1 - 1 给出了典型液压系统的污染度等级。

在进行液压系统设计时，设计者可根据系统的不同类型提出不同的污染度（或称清洁度）要求，并在油路设计方面采取相应措施（例如适当设置过滤器等）以控制液压油的污染。

表 1-1　典型液压系统污染度等级

级别 / 污杂物等级 / 系统类型	4	5	6	7	8	9	10	11	12	13	14
	13/10	14/11	15/12	16/13	17/14	18/15	19/16	20/17	21/18	22/19	23/20
污染极敏感的系统	▔	▔	▔	▔	▔						
伺服系统		▔	▔	▔	▔	▔					
高压系统			▔	▔	▔	▔	▔				
中压系统				▔	▔	▔	▔	▔			
低压系统					▔	▔	▔	▔	▔	▔	
低敏感系统						▔	▔	▔	▔	▔	▔
数控机床液压系统		▔	▔	▔	▔	▔	▔				
机床液压系统					▔	▔	▔	▔	▔	▔	
一般机器液压系统					▔	▔	▔	▔	▔	▔	
行走机械液压系统				▔	▔	▔	▔	▔	▔	▔	
重型设备液压系统					▔	▔	▔	▔	▔	▔	
重型和行走设备传动系统					▔	▔	▔	▔	▔	▔	
冶金轧钢设备液压系统			▔	▔	▔	▔	▔	▔	▔		

（4）污染的控制

液压油污染的原因很复杂，液压油自身又在不断产生污物，因此要彻底防止污染是很困难的。为了延长液压元件的使用寿命，保证液压系统正常工作，将液压油污染程度控制在某一限度以内是较为切实可行的办法。使用中常采取以下几个方面措施来控制液压油的污染：

① 力求减少外来污染：液压装置组装前后必须严格清洗，油箱通大气处要加空气过滤器，向油箱注入液压油时，应通过过滤器过滤，维修拆卸元件应在无尘区进行。

② 滤除系统产生的杂质：在液压系统的有关部位处设置适当精度的过滤器，并且要定期检查、清洗或更换滤芯。

③ 定期检查、更换液压油：根据液压设备使用说明书的要求和维护保养规程的规定，定期检查更换液压油。更换液压油时，要清洗油箱，冲洗系统管道及元件。

本章小结

液压传动是利用密封工作腔中的液体作为介质来传递力和运动的。本章通过液压千斤顶和磨床工作台的液压传动系统实例，正确运用帕斯卡原理，讲述了液压传动的工作原理；强调了液压传动具有的两个相互独立的重要特征，即系统的压力取决于外载，运动速度取决于流量；压力和流量是最重要的参数。一个完整的液压传动系统是由 5 部分组成的，它们分别是动力元件、执行元件、控制元件、辅助元件和工作介质。

目前最广泛使用的工作介质是石油型液压油。要根据系统中采用动力元件（液压泵）、运动速度和压力等因素来选用液压油的品种和牌号。黏度实质上是液体的内摩擦系数，它影响液体流动时的阻力、运动副的摩擦力以及通过配合间隙的泄漏量。合适的黏度对保证液压系统工作有很重要的意义。

思考题

1. 何谓液压传动？其工作原理是什么？
2. 液压传动系统有哪些部分组成？各组成部分作用是什么？
3. 液压传动的工作特征有哪些？
4. 如何理解"速度取决于流量"和"压力取决于负载"？
5. 何谓液压元件的结构式原理图？何谓液压元件职能符号式原理图？
6. 何谓液体的黏性？常用的黏度表示方法有几种？各自的数学表达式及对应单位是什么？
7. 如图 1-6 所示的液压千斤顶，小柱塞直径 $d = 10$ mm，行程 $S_1 = 25$ mm，大柱塞直径 $D = 50$ mm，重物产生的力，手压杠杆比 $L : l = 500 : 25$，试求：

①此时密封容积中的液体压力 p；

②杠杆端施加力 F 为多少时，才能举起重物；

③杠杆上下动作依次，重物的上升高度 S。

8. 讲述黏度与压力之间的关系，黏度与温度之间的关系。
9. 如何选择液压油？
10. 液压油的污染原因有哪些？带来哪些危害？如何防控？

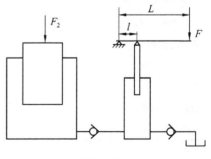

图 1-6

第 2 章

液压传动流体力学基础

[本章提要]

　　流体力学是研究流体(液体和气体)平衡和运动规律的一门学科。本章主要介绍与液压传动有关的流体力学知识,包括液体静力学和液体动力学基础知识,液体在管路中的压降损失,液体流经孔口及缝隙的特性,液压冲击和气穴现象。

　　本章重点为静压力基本方程、连续性方程、伯努利方程和这些方程的应用,以及压力损失计算、薄壁小孔的流量计算。学习时应着重理解其物理概念。对于常用的公式必须牢记并通过习题掌握其应用。

2.1　液体静力学基础

2.2　液体动力学基础

2.3　管路中液体的压力损失

2.4　液体流经孔口及缝隙的特性

2.5　液压冲击和空穴现象

2.1　液体静力学基础

本节主要讨论静止液体的力学规律和这些规律的实际应用。这里所说的静止液体是指液体内部质点间没有相对运动。

2.1.1　液体静压力及特性

液体静力学是研究静止液体的平衡规律以及与其接触的物体的相互作用。处于平衡或运动状态的液体，都受有各种力的作用。作用于液体上的力，按其物理性质来看，有重力、惯性力、弹性力、摩擦力、表面张力等。如果按其作用的特点，可分为表面力和质量力两大类。质量力是集中作用于液体质量中心上的力。表面力是通过直接接触，作用在所取液体表面上的力。当液体静止时，由于液体质点之间没有相对运动，不存在切向摩擦力，所以静止液体的表面力只有法向的液体静压力。

液体静压力有两个基本性质：

①液体静压力沿作用面的内法线方向。

②静止液体内任一点处的压力在各个方向上都相等。

2.1.2　静止液体的平衡微分方程

在静止液体中取长、宽、高分别为 dx、dy、dz 的微小平行六面体，如图 2-1 所示，该六面体只受质量力和内法线方向的液体静压力作用。作用在单位质量液体上的质量力称为单位质量力，在直角坐标系中，单位质量力在各坐标轴上的分量为 X、Y、Z。液体密度为 ρ，则质量力在 x 方向的分量为 $X\rho \mathrm{d}x\mathrm{d}y\mathrm{d}z$。设沿坐标轴的正向为压力的增量，在与 x 轴相垂直前后两表面上的压强为 p 和 $p + \dfrac{\partial p}{\partial x}\mathrm{d}x$。

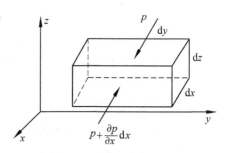

图 2-1　平行六面体液体微元

该六面体在 x 方向的受力平衡式为

$$p\mathrm{d}y\mathrm{d}z - \left(p + \frac{\partial p}{\partial x}\right)\mathrm{d}y\mathrm{d}z + X\rho\mathrm{d}x\mathrm{d}y\mathrm{d}z = 0$$

整理后得

$$X - \frac{1}{\rho}\cdot\frac{\partial p}{\partial x} = 0$$

同理可得

$$Y - \frac{1}{\rho}\cdot\frac{\partial p}{\partial y} = 0, \quad Z - \frac{1}{\rho}\cdot\frac{\partial p}{\partial z} = 0$$

上述三式即为静止液体的平衡微分方程。将上述三个方程的等式两边分别乘以 dx、dy、dz，然后相加得压力微分公式：

$$\rho(X\mathrm{d}x + Y\mathrm{d}y + Z\mathrm{d}z) = \mathrm{d}p \qquad (2-1)$$

其中：X、Y、Z 为单位质量力在 x、y、z 轴方向上的分量。

对于等压面(压强相等的点所组成的面)上，存在 $\mathrm{d}p = 0$，则等压面微分方程为

$$X\mathrm{d}x + Y\mathrm{d}y + Z\mathrm{d}z = 0 \qquad (2-2)$$

2.1.3　重力作用下静止液体的压力分布

静止水箱中的某点 A，在水面下 h 处，如图 2-2 所示，由于水只受重力作用，因此所受质量力只有重力，按图所取 z 坐标，单位质量力 $X = Y = 0$，$Z = -g$，g 为重力加速度，代入式(2-1)，得

$$\mathrm{d}p = -\rho g \mathrm{d}z$$

设液体的密度为常数，积分得

$$p = -\rho g z + c \qquad (2-3\mathrm{a})$$

当 $z = H$ 时，$p = p_0$，则积分常数 $c = p_0 + \rho g H$

将 c 值代入式(2-3a)，且 $H - z = h$，故得

$$p = p_0 + \rho g h \qquad (2-3\mathrm{b})$$

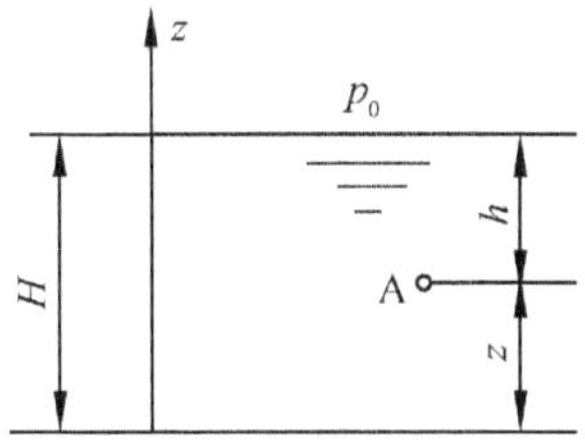

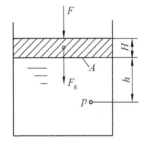

图 2-2　重力场中某点
A 的静压力

式中：p——静止液体中任意点 A 的压力；

　　　p_0——液面压力；

　　　h——为液体中任一点 A 到液面的距离；

　　　ρ——液体密度。

式(2-3b)为静止液体内任一点的压力分布规律，适用于重力作用下的静平衡状态下的均质不可压缩液体。

[例 2-1]

在图 2-3 所示的容器内充满油液，已知油液密度 $\rho = 900$ kg/m³，活塞上的作用力 $F = 10\,000$ N，活塞直径 $d = 0.2$ m，活塞厚度 $H = 0.05$ m，活塞材料为钢，其密度为 $\rho_{钢} = 7\,800$ kg/m³。试求活塞下方深度为 $h = 0.5$ m 处的液体压力。

解　活塞的重力为

$$F_g = \rho_{钢}\,Vg = \rho_{钢}\frac{\pi}{4}d^2Hg = 120 \text{ N}$$

由活塞重力所产生的压力为

$$p_g = \frac{F_g}{A} = \frac{F_g}{\frac{\pi}{4}d^2} = 3\,826 \text{ Pa}$$

由作用力 F 所产生的压力为

$$p_F = \frac{F}{A} = \frac{F}{\frac{\pi}{4}d^2} = 3.183 \times 10^5 \text{ Pa}$$

图 2-3　例 2-1 图

则活塞下方深度为 $h = 0.5$m 处的液体压力为

$$p = p_0 + \rho g h = p_g + p_F + \rho g h = 3.226 \times 10^5 \text{ Pa}$$

由这个例子可以看出，在液体受外力作用的情况下，外力作用产生的压力与由活塞重力和液体自重所产生的压力相比，活塞重力和液体自重可以忽略不计，可以近似认为在整个系统内部压力是相等的。以后在分析液压传动系统压力时，一般都采用本结论。

2.1.4 压力的表示方法和单位

2.1.4.1 压力的表示方法

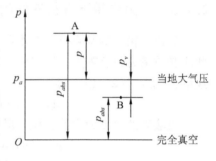

压力的大小，可从不同的基准起算，由于起算基准的不同，压力分为绝对压力和相对压力。

绝对压力是以无气体分子存在的完全真空为基准起算的压力，用 p_{abs} 表示。相对压力是以当地大气压为基准起算的压力，以符号 p 表示。绝对压力和相对压力之间，相差一个当地大气压 p_a，如图2-4所示。

图2-4 压力的度量

$$p = p_{abs} - p_a \qquad (2-4)$$

工程上的测压仪表在当地大气压下的读数为零。仪表上的读数只表示液体的压力相对于当地大气压的值，因此测压表是以当地大气压为起算标准，即相对压力，高于当地大气压的相对压力称为表压力或计示压力，低于当地大气压的相对压力称为真空度，用 p_v 表示。

$$p_v = p_a - p_{abs} = -p \qquad (2-5)$$

[**例 2-2**]

立置在水池中的密封罩如图2-5所示。试求罩内 A、B、C 三点的压力。

解 已知开口一侧水面压力是大气压，B 点的压力以相对压力计为：$p_B = 0$

A 点压力 $p_A = p_B + \rho g h = \rho g h_{AB} = 1\,000 \times 9.8 \times 1.5$
$= 14\,700 \text{ Pa}$

C 点压力 $p_C = p_B - \rho g h = -\rho g h_{BC} = -1\,000 \times 9.8 \times 2$
$= -19\,600 \text{ Pa}$

C 点真空度 $p_v = -p_C = 19\,600 \text{ Pa}$

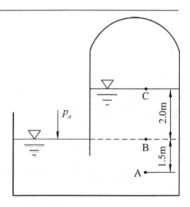

图2-5 例2-2图

2.1.4.2 压力的单位

压力的单位一般有三种表示方法：一种是以单位面积上的力来度量压力的大小，例如在国际单位制中，以 $N/m^2(Pa)$ 作为压力的单位。在工程单位制中用 kgf/cm^2 来度量压力的大小。另一种度量压力的单位是液体柱高，一般用 mH_2O 或者 $mmHg$ 两种液柱高表示。再一种压力的计量单位是大气压，大气压又分为工程大气压和标准大气压。各压力度量单位之间的换算关系列于表2-1中。

表 2-1　压力的单位及其换算关系

帕斯卡 /Pa	工程大气压 /(kgf/cm^2)	标准大气压 /atm	巴 /bar*	米水柱 /mH$_2$O	毫米汞柱 /mmHg
1	$1.019\,72 \times 10^{-5}$	$9.869\,23 \times 10^{-6}$	10^{-5}	$1.019\,72 \times 10^{-4}$	$7.500\,64 \times 10^{-3}$
$9.806\,65 \times 10^4$	1	$9.678\,41 \times 10^{-1}$	$9.806\,65 \times 10^{-1}$	10	$7.355\,61 \times 10^2$
$1.013\,25 \times 10^5$	$1.033\,23$	1	$1.013\,25$	$1.033\,23 \times 10$	7.60×10^2
10^5	$1.019\,72$	$9.869\,23 \times 10^{-1}$	1	$1.019\,72 \times 10$	$7.500\,64 \times 10^2$

注：mH$_2$O 和 mmHg 换算用公式为 $\rho_{H_2O}gh_{H_2O}=\rho_{Hg}gh_{Hg}$。

* 1bar = 10^5Pa

2.1.5　液体作用在固体壁面上的作用力

进行液压传动装置的设计和计算时，常常需要计算液体对平面或曲面的作用力，例如液压缸活塞所受的液体作用力等。

当固体壁面为平面，作用于该面上的作用力的方向是相互平行的，如不计重力作用，平面上各点处的作用力大小相等，则作用于固体平面上的液压作用力 F 等于压力 p 与承压面积 A 的乘积，且作用力方向垂直于承压表面，即

$$F = p \cdot A$$

当固体壁面为图 2 − 6 中所示的曲面时，作用于曲面上各点处的压力方向是不平行的，为求压力为 p 的液压油对液压缸右半部缸筒内壁在 x 方向的作用力 F_x，这时在内壁上取一微小面积 $\mathrm{d}A = l \cdot \mathrm{d}s = lr\mathrm{d}\alpha$（其中 l 和 r 分别为缸筒的长度和内径），则液压油作用在该面积上的力 $\mathrm{d}F$ 的水平分量 $\mathrm{d}F_x$ 为

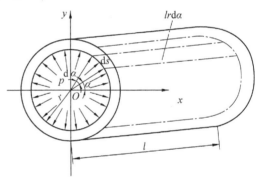

图 2 − 6　压力油作用于缸体内壁上的力

$$\mathrm{d}F_x = \mathrm{d}F \cos\alpha = p\,\mathrm{d}A \cos\alpha = plr\cos\alpha\,\mathrm{d}\alpha$$

由此得液压油对右半部缸筒内壁在 x 方向上的作用力为

$$F_x = \int_{-\frac{\pi}{2}}^{\frac{\pi}{2}} \mathrm{d}F_x = \int_{-\frac{\pi}{2}}^{\frac{\pi}{2}} plr\cos\alpha\mathrm{d}\alpha = 2plr = pA_x$$

式中：A_x——缸筒右半部内壁在 x 方向上的投影面积，$A_x = 2rl$。

当固体壁面为曲面时，静压力作用在曲面某一水平方向 x 的液压作用力 F_x 等于压力 p 与曲面在该方向投影面积 A_x 的乘积，即

$$F_x = p \cdot A_x \qquad\qquad (2-6)$$

2.2　液体动力学基础

液体动力学是流体力学的核心问题，研究液体在外力作用下的运动规律。液体动力

学主要研究液体运动和液体的受力，并以数学模型为基础，推导出液体运动的连续性方程、能量方程以及动量方程等基本定律。能量方程加上连续性方程，可以解决压力、流速或流量以及能量损失之间的关系。动量方程可解决流动液体与固体边界之间的相互作用问题。本节主要涉及液体动力学的基础知识，是液压传动中分析问题和设计计算的理论依据。

2.2.1　几个基本概念

2.2.1.1　理想液体、恒定流动和一维流动

（1）理想液体

没有黏性的液体称为理想液体，实际上理想液体是不存在的。研究液体流动时必须考虑到黏性的影响，但如果考虑黏性，问题往往变得很复杂，所以在开始分析时，可以假设液体没有黏性，寻找出流动液体的基本规律后，再考虑黏性作用的影响，并通过实验验证的方法对所得出的结论进行补充和修正。

（2）恒定流动

液体在流动中，任意点上的运动参数（包括压力、密度、速度等）都不随时间变化的流动状态称为恒定流动，又称定常流动。如果液体运动参数（包括压力、密度、速度等）任意一个随时间发生非常缓慢地变化，那么在较短的时间间隔内，可近似将其视为恒定流动。

（3）一维流动

当液体的运动参数只是一个空间坐标的函数，称为一维流动。当平面或空间流动时，称为二维或三维流动。一维流动最简单，但是从严格意义来讲，一维流动要求液流截面上各点处的速度矢量完全相同，这在现实中极为少见。

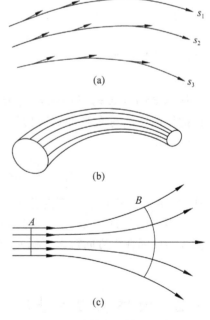

2.2.1.2　流线、流管和流束

流线是流场中一条一条的曲线，它表示某一瞬时流场中各质点的运动状态。流线上每一液体质点的速度矢量与这条曲线相切，因此，流线代表了在某一瞬时许多液体质点的流速方向，如图 2-7（a）所示。在非恒定流动时，由于液流的速度随时间变化，因此流线形状也随时间变化；在恒定流动时，流线的形状不随时间变化。由于流场中每一流体质点在某一瞬时只能有一个速度，所以流线之间不可

图 2-7　流线、流管、流束
（a）流线；（b）流管；（c）流束

能相交，流线也不能突然折转，它只能是一条光滑的曲线。

在流场中给出一条不属于流线的任意封闭曲线，沿该封闭曲线上的每一点作流线，由这些流线组成的表面称为流管，如图 2-7(b) 所示；流管中的流线群称为流束，如图 2-7(c) 所示。

2.2.1.3 流量、平均流速

单位时间内液体流过过流断面的体积称为流量，用 Q 来表示，即

$$Q = \frac{V}{t} \tag{2-7}$$

式中：Q——流量，在液压传动中流量的常用单位为 L/min；

$\quad\quad V$——液体的体积；

$\quad\quad t$——液体流过过流断面的体积为 V 时所需的时间。

由于实际液体具有黏性，因此液体在管内流动时，过流断面上液体的流速不同，通常以断面上的平均速度 v 来代替实际流速，认为液体以平均速度 v 流经过流断面的流量等于以实际流速流过的流量，即

$$Q = \int_A u\mathrm{d}A = vA$$

由此得出过流断面上的平均流速为

$$v = \frac{Q}{A} \tag{2-8}$$

2.2.2 液体的连续性方程

液体的连续性方程实质是质量守恒定律的另一种表示方式。

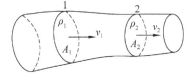

图 2-8 连续性方程

设液体在非等断面管中作恒定流动。如图 2-8 所示，过流断面 1 和 2 的面积为 A_1 和 A_2，平均流速分别为 v_1 和 v_2。根据质量守恒定律，单位时间内液体流过断面 1 的质量一定等于流过断面 2 的质量。即

$$\rho_1 v_1 A_1 = \rho_2 v_2 A_2 = 常数$$

当忽略液体的可压缩性时，即 $\rho_1 = \rho_2 = \rho$，则有

$$v_1 A_1 = v_2 A_2 = Q = 常数 \tag{2-9}$$

式(2-9)为管流的连续性方程。它表明在所有过流断面上流量都是相等的，并给出了断面上的平均流速与断面面积之间的关系，在液压传动中应用甚广。

[**例 2-3**]

如图 2-9 所示，已知流量 $Q_1 = 25$ L/min，小活塞杆直径 $d_1 = 20$ mm，小活塞直径 $D_1 = 75$ mm，大活塞杆直径 $d_2 = 40$ mm，大活塞直径 $D_2 = 125$ mm，假设没有泄漏流量，求大小活塞的运动速度 v_1、v_2。

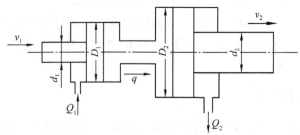

图 2-9　例 2-3 图

解　根据液流连续性方程 $Q = vA$，求大小活塞的运动速度 v_1、v_2 分别为

$$v_1 = \frac{Q_1}{A_1} = \frac{Q_1}{\frac{\pi}{4}D_1^2 - \frac{\pi}{4}d_1^2} = 0.102 \text{ m/s}$$

$$v_2 = \frac{Q}{A_2} = \frac{\frac{\pi}{4}D_1^2 v_1}{\frac{\pi}{4}D_2^2} = 0.037 \text{ m/s}$$

2.2.3　伯努利方程

伯努利方程又称能量方程，它实际上是流动液体的能量守恒定律。

由于实际液体流动的能量方程比较复杂，所以先从理想液体的流动着手，然后再对它修正，得出实际液体的伯努利方程。

2.2.3.1　理想液体的运动微分方程

在液流的微小流束上取出过流断面面积为 $\mathrm{d}A$、长度为 $\mathrm{d}l$ 的圆柱形微元体，如图 2-10 所示，液柱所受表面力为 $p\mathrm{d}A$ 和 $(p + \mathrm{d}p)\mathrm{d}A$，其质量力为 $\mathrm{d}F = \rho g \mathrm{d}A \mathrm{d}l$。设运动加速度为 a_l，方向如图所示，根据牛顿第二定律，有

$$p\mathrm{d}A - (p + \mathrm{d}p)\mathrm{d}A - \rho g \mathrm{d}A \mathrm{d}l \cos\theta = \rho \mathrm{d}A \mathrm{d}l a_l \qquad (2-10)$$

由图 2-10 可知

$$\cos\theta = \frac{\mathrm{d}z}{\mathrm{d}l} \qquad (2-11)$$

液体沿 l 方向的流速 u 是位置和时间的函数，即

$$u = u(l, t)$$

同时位置也是时间的函数，即存在

$$l = l(t)$$

故根据复合函数的求导法则，有

$$a_l = \frac{\mathrm{d}u}{\mathrm{d}t} = \frac{\partial u}{\partial l}\frac{\mathrm{d}l}{\mathrm{d}t} + \frac{\partial u}{\partial t} = u\frac{\partial u}{\partial l} + \frac{\partial u}{\partial t}$$

$$(2-12)$$

图 2-10　液体受力分析

将式(2 – 11)和式(2 – 12)代入式(2 – 10)，整理得

$$\mathrm{g}\frac{\mathrm{d}z}{\mathrm{d}l} + \frac{1}{\rho}\frac{\mathrm{d}p}{\mathrm{d}l} + \frac{\partial u}{\partial t} + u\frac{\partial u}{\partial l} = 0$$

若液体作定常流动，则 $\frac{\partial u}{\partial t} = 0$，$p = p(l)$，$u = u(l)$，有

$$\mathrm{g}\mathrm{d}z + \frac{1}{\rho}\mathrm{d}p + u\mathrm{d}u = 0 \qquad (2 – 13)$$

式(2 – 13)为理想液体一元定常流动的运动微分方程。

将式(2 – 13)沿流线积分，即得定常流的能量方程

$$\mathrm{g}z + \int\frac{\mathrm{d}p}{\rho} + \frac{u^2}{2} = c \qquad (2 – 14)$$

对不可压缩液体，有

$$\mathrm{g}z + \frac{p}{\rho} + \frac{u^2}{2} = c \qquad (2 – 15)$$

式(2 – 15)是伯努利在 1738 年首先提出的，故被命名为伯努利方程，根据推导过程可知它的适用条件是：理想、微元、不可压缩液体的定常流动。

用重力加速度 g 去除式(2 – 15)的各项得到伯努利方程的另一表达式：

$$z + \frac{p}{\rho\mathrm{g}} + \frac{u^2}{2\mathrm{g}} = c \qquad (2 – 16)$$

z、$\frac{p}{\rho\mathrm{g}}$、$\frac{u^2}{2\mathrm{g}}$ 分别为单位重量液体具有的位能、压力能和动能，故式(2 – 16)被称为能量方程，它们之和称为机械能，此式表示液体运动时，不同性质的能量可以互相转换，但总的机械能是守恒的。

2. 2. 3. 2 实际液体的伯努利方程

实际液体是有黏性的，由于黏性引起液体层间产生内摩擦，运动过程中必定消耗能量，沿流动方向液体的总机械能将逐渐减少。用平均流速与实际流速得出的动能有差别，若以 h_f 表示图 2 – 11 中实际液体从截面 A 流到截面 B 的能量损失，用 α_1、α_2 分别表示截面 A 和截面 B 的动能修正系数，则式(2 – 16)变成

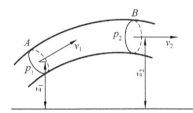

图 2 – 11 实际液体的伯努利方程

$$z_1 + \frac{p_1}{\rho\mathrm{g}} + \frac{\alpha_1 v_1^2}{2\mathrm{g}} = z_2 + \frac{p_2}{\rho\mathrm{g}} + \frac{\alpha_2 v_2^2}{2\mathrm{g}} + h_f \qquad (2 – 17)$$

对于层流，$\alpha_1 = \alpha_2 = 2$；对于紊流，$\alpha_1 = \alpha_2 = 1$。

式(2 – 17)称为实际液体的伯努利方程。式中的 h_f 为从截面 A 流到截面 B 的能量损失。

[**例 2-4**]

计算液压泵吸油口处的真空度。液压泵吸油装置如图 2 – 12 所示，设油箱液面压力为

p_1，液压泵吸油口处的绝对压力为 p_2，泵吸油口距油箱液面的高度为 h。

解 以油箱液面为准，并定为 1—1 液面，泵的吸油口处为 2—2 截面。取动能修正系数 $\alpha_1 = \alpha_2 = 1$，设从 1—1 到 2—2 截面的能量损失为 h_f，对 1—1 和 2—2 截面建立实际液体的能量方程，则有

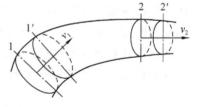

$$\frac{p_1}{\rho g} + \frac{v_1^2}{2g} = h + \frac{p_2}{\rho g} + \frac{v_2^2}{2g} + h_f$$

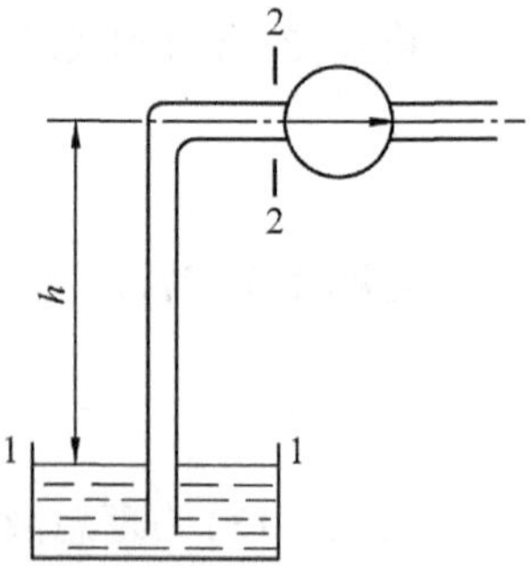

图 2–12 所示油箱液面与大气接触，故 p_1 为大气压力，即 $p_1 = p_a$；v_1 为液面下降速度，v_2 为泵吸油口处的液体的速度，它等于液体在吸油管内的流速；由于 $v_1 \ll v_2$，故 v_1 近似为零；所以上式可简化为

图 2–12 例 2–4 图

$$\frac{p_a}{\rho g} = h + \frac{p_2}{\rho g} + \frac{v_2^2}{2g} + h_f$$

所以液压泵吸油口处的真空度为

$$p_a - p_2 = \rho g h + \frac{1}{2}\rho v_2{}^2 + \rho g h_f$$

可见，液压泵吸油口处的真空度由三部分组成：把油液提升到高度 h 所需的压力、将静止液体加速到 v_2 所需的压力和在吸油管路的压力损失。

2.2.4 动量方程

流动液体作用于限制其流动的固体壁面的总作用力用动量定理求解。根据理论力学中的动量定理：作用在物体上全部外力的矢量和等于物体在力作用方向上的动量变化率，即

$$\sum F = \frac{\Delta(mv)}{\Delta t}$$

这一定理推广到流体力学中去，就可以得出流动液体的动量方程。

在图 2–13 所示的管流中，任取被通流截面 1 和 2 限制的部分为控制体积，截面 1 和 2 称为控制表面。若截面 1 和 2 的液流流速分别为 v_1 和 v_2，设 1—2 段液体在 t 时刻的动量为 $(mv)_{1-2}$；经 Δt 时间后，1—2 段液体移动到 1′—2′，1′—2′段液体动量为 $(mv)_{1'-2'}$。

在 Δt 时间内动量的变化为

图 2–13 动量方程推导简图

$$\Delta(mv) = (mv)_{1'-2'} - (mv)_{1-2}$$

而

$$(mv)_{1-2} = (mv)_{1-1'} + (mv)_{1'-2}$$
$$(mv)_{1'-2'} = (mv)_{1'-2} + (mv)_{2-2'}$$

若液体做恒定流动，则 1′—2 段液体各点流速未发生变化，故动量也未发生变化。于是

$$\Delta(mv) = (mv)_{1'-2'} - (mv)_{1-2} = (mv)_{2-2'} - (mv)_{1-1'}$$
$$= \rho Q \Delta t\, v_2 - \rho Q \Delta t\, v_1$$

根据动量定理，有

$$\sum F = \frac{\Delta(mv)}{\Delta t} = \rho Q(v_2 - v_1) \qquad (2-18)$$

式(2-18)就是恒定流动液体的动量方程。它表明：作用在液体控制体上的外力总和等于单位时间内流出控制面与流入控制面的液体动量之差。

[**例 2-5**]

如图 2 – 14 所示的锥阀，当压力为 p 的液体以流量 Q 流经锥阀时，如通过阀口处的流速为 v_2，求液流作用在锥阀轴线方向上的力。

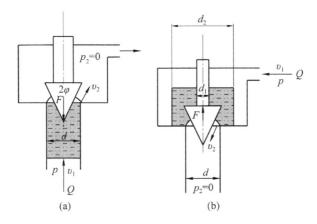

图 2 – 14　锥阀上的液动力

解　取图示阴影部分液体为控制体。设锥阀作用于控制体上的力为 F，列写控制体在锥阀轴线方向上的动量方程。

对于图 2 – 14(a)有

$$\frac{\pi}{4}d^2 p - F = \rho Q(v_2 \cos\varphi - v_1)$$

因为 $v_1 \ll v_2$，v_1 可以忽略，故

$$F = \frac{\pi}{4}d^2 p - \rho Q v_2 \cos\varphi$$

液体作用在阀芯上的力大小与 F 相同，方向与 F 相反。而作用在阀芯上的稳态液动力的大小为 $\rho Q\, v_2 \cos\varphi$，方向与 F 相同，即，使阀芯关闭的方向。

对于图 2 – 14(b)，有

$$\frac{\pi}{4}(d_2^2 - d_1^2)p - \frac{\pi}{4}(d_2^2 - d^2)p - F = \rho Q(v_2\cos\varphi - 0)$$

于是

$$F = \frac{\pi}{4}(d^2 - d_1^2)p - \rho Q\, v_2 \cos\varphi$$

稳态液动力的大小为 $\rho Q v_2 \cos \varphi$，但是方向与 F 的方向相同，即，使阀芯打开的方向。

由以上分析知，对于锥阀，若压力油从锥阀尖端流入，稳态液动力使阀芯关闭；若从大端流入，稳态液动力使阀芯打开。

2.3 管路中液体的压力损失

实际液体具有黏性，在流动中由于摩擦而产生能量损失，能量损失主要表现为压力损失。这些损失的能量使油液发热，泄漏增加，系统效率降低。因此在设计液压系统时正确计算压力损失，并找出减少压力损失的途径，对于减少发热、提高系统效率和性能都有十分重要的意义。

压力损失与液体在管中的流动状态有关，故先讨论液体在管中的流动状态。

2.3.1 液体的流动状态

2.3.1.1 层流和紊流

1883 年，雷诺从一个简单的试验中发现液流存在层流和紊流两种流态，这就是著名的雷诺试验。图 2 – 15 为雷诺试验装置示意图。从水箱一侧引出一根长玻璃直管 A，水箱顶部有一内盛红颜色水的玻璃瓶 C，并用一根细导管 E 将红颜色水引至玻璃管进口的中心。水箱设有溢流设备，使箱内水位保持不变，以保证管中水流为恒定流动。导管进口和玻璃管末端设有阀门 D 和 B，用以调节颜色水和管中水流的流量和流速。

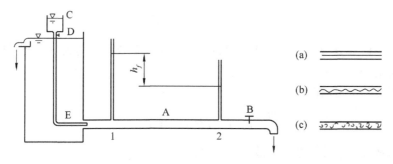

图 2 – 15 雷诺实验

试验时，先打开玻璃管末端阀门 B，箱内的水立即从玻璃管流出。然后打开导管阀门 D，红颜色水亦在管中流动。

当玻璃管阀门开度较小时，管中流速亦较小，此时可以看到管中的红色液流呈一直线状，并不与周围的水流相混合[图 2 – 15(a)]。这说明管中水流质点均以规则的、不相混杂的形式分层流动，这种流动形态称为层流。

随着玻璃管阀门的逐渐开大，管中流速亦相应增大。当流速增大到一定程度时，红颜色水开始颤动，由原来的直线变为波形曲线[图 2 – 15(b)]。流速再稍增大，红颜色水动荡加剧，并发生断裂卷曲，当流速增大至某一数值，红颜色水迅速分裂成许多小旋涡，并脱离原来的流动路线而向四周扩散，与周围的水流相混合［图 2 – 15(c)］。这说明管中水流质点已不能保持原来规则的流动状态，而以不规则的、相互混杂的形式流动。这种流动形态称为紊流(或称湍流)。

液体在流动时，流动状态是层流或是紊流，采用雷诺数来判断。

2.3.1.2　层流和紊流的判别

大量实验证明，圆管内液体的流动状态与液体的流速 v，管道的直径 d 和液体的流动黏度 ν 有关，并取决于 vd/ν 的大小，这是一个无量纲数，称为雷诺数，用 Re 表示，即

$$Re = \frac{vd}{\nu} \qquad (2-19)$$

在管道几何形状相似的条件下，如果雷诺数相同，液体的流动状态也相同。流动液体从层流转变成紊流或从紊流转变成层流的雷诺数称为临界雷诺数，记作 Re_r，当液流的雷诺数 Re 小于临界雷诺数 Re_r 时，液流的流态为层流，反之为紊流。常用管道的临界雷诺数列于表 2-2 中。

表 2-2　常用管道的临界雷诺数

管道的形状	Re_r	管道的形状	Re_r
光滑的金属管道	2 000 ~ 2 320	带环槽的同心环状缝隙	700
橡胶软管道	1 600 ~ 2 000	带环槽的偏心环状缝隙	400
光滑的同心环状缝隙	1 100	圆柱形滑阀阀口	260
光滑的偏心环状缝隙	1 000	锥阀阀口	20 ~ 100

对于非圆形截面的管道，其雷诺数的表达式为

$$Re = \frac{4vR}{\nu} \qquad (2-20)$$

式中：R——过流断面的水力半径($R = A/x$)，m，其中 A 为过流断面面积(m^2)，x 为湿周长度(有效截面的周界长度，m)。

例如，直径为 d 的圆形截面管，其水力半径 $R = \frac{\pi}{4}d^2/(\pi d) = d/4$，将其代入式 (2–20) 即得式 (2–19)；长为 a、宽为 b 的矩形截面，其水力半径 $R = \frac{ab}{2(a+b)}$；若是边长为 a 的正方形，其 $R = \frac{a}{4}$。水力半径是描述过流断面通流能力大小的一个参数，水力半径大，则液流和管壁接触少，管壁对液流的阻力小，所以通流能力大，不易堵塞。

2.3.2　液体在管中流动的压力损失

液体在管中流动的压力损失有两种：一种是由黏性摩擦引起的损失，这种压力损失称为沿程压力损失；另一种是液流流经局部障碍(如阀口、弯头等)，使液流速度和方向发生改变引起的损失，称为局部压力损失。

2.3.2.1　沿程压力损失

经推导，液体在管中流动的沿程压力损失与管径 d、管长 l、液流流速 v 有关，其表达式为

$$\Delta p_f = \lambda\, \frac{l}{d}\, \frac{\rho v^2}{2} \tag{2-21}$$

式中：λ——沿程阻力系数，沿程阻力系数 λ 与液体在管中的流动状态、液体的黏性、流速等有关。

(1) 层流时沿程阻力系数 λ 的确定

如图 2-16 所示，液体在一直径为 d 的直管中做层流运动。在液体中取一微小圆柱体，其底面直径为 $2r$，长度为 l。设该圆柱体从左向右流动，作用在其侧面上的内摩擦力为 F_f。根据力的平衡原理，$F_f = (p_1 - p_2)\pi r^2$。

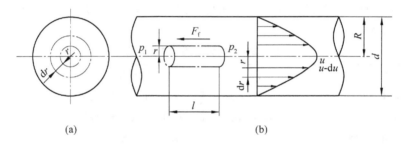

(a)　　　　　　　　　　　(b)

图 2-16　圆管中的层流流动及流量

根据牛顿内摩擦定律，知 $F_f = -2\pi r l \mu\, \mathrm{d}u/\mathrm{d}r$，将以上关系代入上式可得

$$\frac{\mathrm{d}u}{\mathrm{d}r} = -\frac{p_1 - p_2}{2\mu l}\, r \tag{2-22}$$

对式(2-22)积分，并考虑当 $r = d/2$ 时，$u = 0$，得

$$u = \frac{p_1 - p_2}{4\mu l}\left[\frac{d^2}{4} - r^2\right] \tag{2-23}$$

在管中心，即 $r = 0$ 处，液流流速最大，其值为

$$u_{\max} = \frac{(p_1 - p_2)}{16\mu l}\, d^2 \tag{2-24}$$

由式(2-24)知，液体在直管中做层流运动时，其速度按抛物线规律分布，如图 2-16(b)所示。液体流经直管的流量为

$$Q = \int_0^{\frac{d}{2}} 2\pi u r\, \mathrm{d}r = \frac{\pi d^4}{128\mu l}(p_1 - p_2) = \frac{\pi d^4}{128\mu l}\Delta p \tag{2-25}$$

式中：Δp——压差，即液体在直管中作层流运动时的压力损失。

由于管径不变且是直管，故没有局部损失，这一压力损失就是沿程压力损失。将 $Q = \frac{\pi d^2}{4} v$，$\mu = \rho\nu$，$Re = \frac{vd}{\nu}$ 代入式(2-25)，整理后得

$$\Delta p_{\mathrm{f}} = \frac{64}{Re} \frac{l}{d} \frac{\rho v^2}{2} = \lambda \frac{l}{d} \frac{\rho v^2}{2} \tag{2-26}$$

对比式(2-21)可知,层流时沿程阻力系数 λ 的理论值 $\lambda = 64/Re$。考虑到实际流动时还存在温度变化以及管道变形等问题,因此液体在金属管道中流动时,一般取 $\lambda = 75/Re$;在橡胶软管中流动时则取 $\lambda = 80/Re$。

(2)紊流时的沿程阻力系数

紊流时,由于紊流运动的复杂性,至今对它的规律尚未完全弄清楚,一般以经验公式确定。

当 $3 \times 10^3 < Re < 10^5$ 时　　　　$\lambda = 0.316 \, Re^{-0.25}$

当 $10^5 < Re < 10^6$ 时　　　　$\lambda = 0.0032 + 0.221 \, Re^{-0.237}$

当 $Re > 3 \times 10^6$ 时　　　　$\lambda = \left[3\lg\dfrac{d}{2\Delta} + 1.74 \right]^{-2}$

式中:Δ——管壁粗糙度,对于钢管取 0.04 mm,铜管取 0.0015~0.01 mm,铝管取 0.0015~0.06 mm,橡胶软管取 0.03 mm,铸铁管取 0.25 mm。

另外,若知道雷诺数 Re,粗糙度与管径的比值 Δ/d,λ 的值可以从手册中查出。

2.3.2.2　局部压力损失

局部压力损失是液流流经阀口、弯口以及过流断面突然发生变化时,使液流速度的大小、方向突然发生变化引起的压力损失。局部压力损失由下式计算

$$\Delta p_\xi = \xi \frac{\rho v^2}{2} \tag{2-27}$$

式中:ξ——局部阻力系数。

各种液压阀在额定流量下的压力损失可从有关液压传动设计手册中查到。在计算局部压力损失时,局部阻力系数的具体数据也可查阅有关液压设计手册。

2.3.2.3　管路系统的总压力损失

管路系统的总压力损失等于系统所有沿程压力损失与局部压力损失之和,即

$$\Delta p = \sum \Delta p_{\mathrm{f}} + \sum \Delta p_\xi = \sum \lambda \frac{l}{d} \frac{\rho v^2}{2} + \sum \xi \frac{\rho v^2}{2} \tag{2-28}$$

式(2-28)只有在两个相邻的局部障碍之间有足够距离(距离大于管道内径的 10~20 倍)才能简单相加。若两个相邻局部障碍距离太小,液流受前一个局部阻力的干扰还未稳定下来,又进入第二个局部障碍,阻力系数比正常状况大 2~3 倍,因此按式(2-28)计算出的压力损失比实际值小。

2.4　液体流经孔口及缝隙的特性

液压传动系统中,油液流经小孔和缝隙的情况较多。如液压系统中常用的节流阀、调速阀就是通过调节油液流经的小孔或缝隙的大小调节流量的;又如液压元件中有许多

相对运动表面，这些相对运动面间都有间隙，压力油通过这些间隙泄漏，使液压系统的容积效率降低。本节讨论液流流经孔口及缝隙的流量－压差特性，以便找出改进元件结构以及减小泄漏的措施，提高液压传动系统的性能。

2.4.1 孔口流量特性

小孔可分为薄壁小孔和细长小孔，它们的流量－压差特性是不同的，下面分别加以讨论。

2.4.1.1 液流流经薄壁小孔的流量

如图2-17所示，长度 l 与直径 d 满足 $l/d \leqslant 0.5$ 的孔称为薄壁小孔。

小孔前后液流的压力、流速分别为 p_1、v_1 和 p_2、v_2，小孔直径和长度为 d 和 l，面积为 A_0，取1—1和2—2断面，根据实际液体的伯努利方程式：

$$\frac{p_1}{\rho g} + \frac{v_1^2}{2g} = \frac{p_2}{\rho g} + \frac{v_2^2}{2g} + \xi \frac{v_2^2}{2g}$$

因为管道截面积比小孔大得多，即 $v_1 \ll v_2$，所以可得

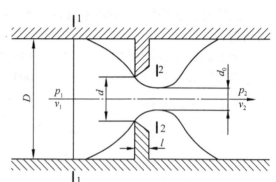

图2-17 液体流过薄壁小孔的流量

$$\frac{p_1}{\rho g} = \frac{p_2}{\rho g} + \frac{v_2^2}{2g} + \xi \frac{v_2^2}{2g}$$

$$v_2 = \frac{1}{\sqrt{1+\xi}} \sqrt{\frac{2}{\rho}(p_1 - p_2)} = C_v \sqrt{\frac{2}{\rho}\Delta p}$$

式中：C_v——速度系数，$C_v = \dfrac{1}{\sqrt{1+\xi}}$。

另外，液体流经小孔时，在小孔外面有断面收缩现象。所以流经小孔的流量为

$$Q = A_c v_c = C_c C_r A_0 \sqrt{\frac{2}{\rho}\Delta p} \qquad (2-29)$$

式中：A_0——小孔截面积，m^2；

A_c——液体流经小孔时收缩的截面积，m^2；

C_c——截面收缩系数，$C_c = A_c/A_0$。

令 $C_d = C_c C_r$，C_d 称为流量系数，C_d 的值由实验确定，对于薄壁小孔，一般可取 $C_d = 0.61 \sim 0.63$。

2.4.1.2 液流流经细长小孔的流量

小孔的长度 l 与直径 d 的比 $l/d > 4$ 的小孔称为细长小孔；$0.5 < l/d < 4$ 的小孔称为短孔，短孔的流量公式仍是薄壁小孔的流量公式，但是流量系数是不同的。计算式可查阅有关资料。流经细长小孔的流量公式见式(2-25)，即液流流经细长小孔的流量与孔前后压差 Δp 的一次方程成正比，而与液体的黏度成反比。因为液体黏度随温度变化而

变化，所以通过细长小孔的流量是随温度变化而变化的。

薄壁小孔的流量公式(2 - 29)和细长小孔的流量公式可以综合写成

$$Q = CA_T \Delta p^m \qquad (2-30)$$

式中：C——节流口形式、液体流态和性质决定的系数；

A_T——孔口过流断面面积；

Δp——孔口前后压差；

m——由节流口形式决定的指数，其值为 0.5 ~ 1.0，对薄壁小孔 $m = 0.5$，对细长小孔 $m = 1.0$。

2.4.2　液体流经缝隙的流量

液压系统中液压元件各运动件之间的间隙都是缝隙，而且大多数是圆环形缝隙。例如，活塞与缸筒之间的间隙、滑阀阀芯与阀体之间的间隙都是圆环形缝隙。所以讨论影响液体流经圆环形缝隙流量的因素，从而找出减少液压元件泄漏的途径以改善液压元件的性能是很有必要的。

2.4.2.1　液体流经平行平板缝隙的流量

液体流经平行平板间时，最一般的情况是既受到压差 $\Delta p = p_1 - p_2$ 的作用，又受到平行平板相对运动的作用。如图 2 - 18 所示，图中 h、b、l 分别为缝隙高度、宽度和长度，并有 $b \gg h$，$l \gg h$。

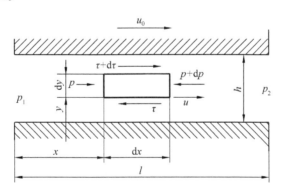

图 2 - 18　平行平板缝隙间及流量计算

在液流中取一个宽度为单位长，长和高分别为 dx 和 dy 的微元，作用在与液流相垂直的两个表面(面积为 dy)上的压力分别为 p 和 $p + dp$，作用在与液流相平行的两个表面(面积为 dx)单位面积上的摩擦力分别为 τ 和 $\tau + d\tau$。

其受力平衡方程为

$$p\mathrm{d}y + (\tau + \mathrm{d}\tau)\mathrm{d}x = (p + \mathrm{d}p)\mathrm{d}y + \tau \mathrm{d}x$$

$\tau = \mu \dfrac{\mathrm{d}u}{\mathrm{d}y}$，将其代入上式并整理得

$$\frac{\mathrm{d}^2 u}{\mathrm{d}y^2} = \frac{1}{\mu}\frac{\mathrm{d}p}{\mathrm{d}x}\mathrm{d}y$$

对上式积分两次得

$$u = \frac{y^2}{2\mu} \frac{\mathrm{d}p}{\mathrm{d}x} + C_1 y + C_2 \tag{2-31}$$

式中：C_1，C_2——积分常数。

将边界条件 $y = 0$ 时，$u = 0$；$y = h$ 时，$u = u_0$；以及液体做层流时，p 只是 x 的线性函数[即 $\mathrm{d}y/\mathrm{d}x = (p_2 - p_1)/l = -\Delta p/l$]，代入式(2-31)，经整理后得

$$u = \frac{y(h - y)}{2\mu l}\Delta p + \frac{u_0}{h}y \tag{2-32}$$

通过平行平板缝隙的流量为

$$Q = \int_0^h u b \mathrm{d}y = \int_0^h \left[\frac{y(h-y)}{2\mu l}\Delta p + \frac{u_0}{h}y \right] b \mathrm{d}y = \frac{bh^3 \Delta p}{12\mu l} + \frac{u_0}{2}bh \tag{2-33}$$

当平行平板间没有相对运动时(即 $u_0 = 0$)，通过的液流完全由压差引起，这种流动称为压差流动。其值为

$$Q = \frac{bh^3 \Delta p}{12\mu l} \tag{2-34}$$

当平行平板两端不存在压差时，通过的液流完全由平板运动引起，这种流动称为剪切流动，其值为

$$Q = \frac{u_0}{2}bh \tag{2-35}$$

2.4.2.2 液流流过同心环状缝隙的流量

图 2-19 为同心环状缝隙，缝隙为 h，缝隙内侧圆柱面的直径为 d，沿液流方向缝隙的长度为 l。如果将环形缝隙沿圆周展开，就相当于一个平面缝隙。用 πd 代替式 (2-34)中的 b，就可得到同心环状缝隙中压差流动的流量

$$Q = \frac{\pi d h^3}{12\mu l}\Delta p \tag{2-36}$$

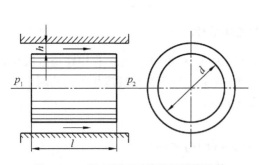

图 2-19 同心圆环形缝隙及流量计算

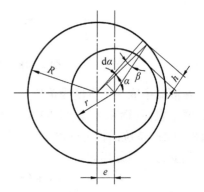

图 2-20 偏心环状缝隙及流量计算

2.4.2.3 液流流经偏心环状缝隙的流量

实际生产中，由于加工等原因，往往不一定都是形成同心环状缝隙，而是如图 2 - 20 所示的偏心环状缝隙。例如，活塞与缸筒、阀芯与阀体有时可能不同心而是有一定的偏心量，这样就形成了偏心环状缝隙。

在图 2 - 20 中，形成环状缝隙的外侧和内侧圆柱表面的半径分别为 R 和 r，两圆柱的偏心距为 e。设半径 R 在任一角度 α 时，两圆柱表面间的间隙量为 h。由图中的几何关系可得

$$h = R - (r\cos\beta + e\cos\alpha)$$

因为角度 β 很小，故 $\cos\beta \approx 1$，上式可写成

$$h = R - (r + e\cos\alpha)$$

在 $\mathrm{d}\alpha$ 一个很小角度范围内通过缝隙的流量 $\mathrm{d}Q$ 可应用于平行平板间缝隙的流量公式(2 - 33)，将公式中的 b 用 $R\mathrm{d}\alpha$ 代替后可得

$$\mathrm{d}Q = \frac{Rh^3\mathrm{d}\alpha}{12\mu l}\Delta p + \frac{hR\mathrm{d}\alpha}{2}u_0 \tag{2 - 37}$$

令 $h_0 = R - r$，相对偏心率 $\varepsilon = e/h_0$，且 $R \approx r = d/2$，代入式(2 - 37)得

$$\mathrm{d}Q = \frac{\mathrm{d}\Delta p}{24\mu l}h_0^3(1 - \varepsilon\cos\alpha)^3\mathrm{d}\alpha + \frac{\mathrm{d}u_0}{4}h_0(1 - \varepsilon\cos\alpha)\mathrm{d}\alpha$$

对上式积分得

$$Q = \frac{\mathrm{d}h^3\Delta p}{24\mu l}\int_0^{2\pi}\left(1 - \varepsilon\cos\alpha\right)^3\mathrm{d}\alpha + \frac{\mathrm{d}u_0}{4}h_0\int_0^{2\pi}(1 - \varepsilon\cos\alpha)\mathrm{d}\alpha$$

$$= \frac{\pi\mathrm{d}h_0^3\Delta p}{12\mu l}(1 + 1.5\varepsilon^2) + \frac{\pi\mathrm{d}h_0 u_0}{2} \tag{2 - 38}$$

当内、外圆表面相互间没有轴向相对运动，即 $u_0 = 0$ 时，其流量为

$$Q = \frac{\pi\mathrm{d}h_0^3\Delta p}{12\mu l}(1 + 1.5\varepsilon^2) \tag{2 - 39}$$

由此可知，当 $\varepsilon = 0$ 时，式(2 - 39)即为同心环状缝隙流量公式；当 $\varepsilon = 1$ 时，即在最大偏心的情况下，其流量为同心环状缝隙的 2.5 倍。因此，为了减少液压元件中的泄漏，应使其配合尽量处于同心的状态。

2.4.2.4 液流流经圆环形平面缝隙的流量

图 2 - 21 为圆形平面缝隙。在静压止推平面中会遇到这种情况。例如，轴向柱塞泵中的滑靴。如图 2 - 21 所示，油液经中心孔流入油室，并经圆环形平面缝隙流出。其流量为

$$Q = \frac{\pi h^3\Delta p}{6\mu\ln\dfrac{r_2}{r_1}} \tag{2 - 40}$$

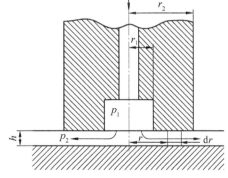

图 2 - 21　圆环形平面缝隙及流量计算

2.5 液压冲击和空穴现象

2.5.1 液压冲击

在液压系统中，由于某种原因，液体压力在一瞬间会突然升高，产生很高的压力峰值，这种现象称为液压冲击。液压冲击产生的压力峰值往往比正常工作压力高好几倍，且常伴有噪声和振动，对液压元件、密封装置、元件都有很大的破坏作用，有时还会引起某些液压元件的误动作。所以应尽量避免和减小液压系统中的液压冲击。

产生液压冲击的原因如下：

①液流通道迅速关闭或液流迅速换向使液流速度的大小或方向突然发生变化，液流的惯性引起液压冲击。

②运动部件突然制动或换向时，工作部件的惯性引起液压冲击。

③某些液压元件动作不灵敏，使系统压力升高引起液压冲击。

为了减小液压冲击，可采取以下措施：

①使完全冲击变为不完全冲击。可用减慢阀门关闭的速度或减小冲击波传播距离来实现。

②限制管中油液的速流。

③用橡胶软管或在冲击源处设置蓄能器，以吸收液压冲击的能量。

④在容易出现液压冲击的地方安装限制压力峰值的安全阀。

2.5.2 空穴现象

在液流中，如果某一点的压力低于当时温度下液体的空气分离压，溶解于液体中的气体会游离出来，形成气泡。这些气泡混杂在油液中，使充满管道或液压元件中的油液成为不连续状态，这种现象称为空穴现象。

如果液流中发生了空穴现象，当液流中的气泡随液流运动到压力较高的区域时，气泡因承受不了高压而破裂，引起局部的液压冲击，产生局部的高温、高压而使金属剥落，表面粗糙或出现海绵状小洞穴，并且发出强烈的噪声和振动，这种现象称为气蚀。

液压元件中，节流口下游部位、液压泵吸油口（因吸油管直径太小、吸油阻力太大、滤网堵塞或泵的转速太高）容易产生空穴现象。若液压泵产生空穴，会使吸油不足，流量下降，噪声增大，输出的流量和压力剧烈波动，系统无法正常稳定地工作，严重时使泵和机件损坏，寿命大大降低。

为了防止和减小空穴，就要防止液压系统中的压力过度降低，使之不低于液体的空气分离压。具体措施如下：

①减小阀孔前后的压差，一般希望阀孔前后的压力比小于3.5。

②正确设计和选择泵的结构、参数，适当加大吸油管直径，限制吸油管中液流的流速，尽量避免急剧转弯或局部狭窄，滤油器要及时清洗以防堵塞，对自吸能力较差的泵宜采用辅助泵向泵的吸油口供油。

③增加零件的机械强度，采用抗腐蚀能力强的金属材料，减小零件加工表面的粗糙度等以提高零件的抗气蚀能力。

本章小结

作用在液体上的力有两种类型，即质量力和表面力。静止的液体所受的表面力只有液体静压力，液体静压力有两个基本性质：①液体静压力沿作用面的内法线方向；②静止液体内任一点静压强的大小与作用面的方位无关。重力场作用下静止液体的压强分布规律为：$p = p_0 + \rho gh$。静止液体作用于固体平面上的作用力 F 等于压力 p 与承压面积 A 的乘积，且作用力方向垂直于承压表面；当壁面为曲面时，作用在曲面某一水平方向 x 的液压作用力 F_x 等于压力 p 与曲面在该方向投影面积 A_x 的乘积，即 $F_x = p \cdot A_x$。

不考虑黏性的液体称为理想液体；液体在流动中，任意点上的运动参数（包括压强、密度、速度等）不随时间变化的流动状态称为定常流动；当液体的运动参数只是一个空间坐标的函数，称为一维流动。不可压缩定常的连续性方程为 $v_1 A_1 = v_2 A_2 = q = $ 常数。不可压缩理想液体元流的伯努利方程为 $z + \dfrac{p}{\rho g} + \dfrac{u^2}{2g} = c$，对于考虑黏性的总流的伯努利方程为：$z_1 + \dfrac{p_1}{\rho g} + \dfrac{\alpha_1 v_1{}^2}{2g} = z_2 + \dfrac{p_2}{\rho g} + \dfrac{\alpha_2 v_2{}^2}{2g} + h_f$，连续性方程和伯努利方程可用来求解流量和压力，采用动量方程可解决流体对固体壁面的作用力问题，恒定流动的动量方程的形式是 $\displaystyle\sum F = \dfrac{\Delta(mv)}{\Delta t} = \rho Q(v_2 - v_1)$。

由于实际流体具有黏性，所以液体在管中流动时会产生局部损失和沿程损失，其总压力损失为
$$\Delta p = \sum \Delta p_f + \sum \Delta p_\xi = \sum \lambda \frac{l}{d} \frac{\rho v^2}{2} + \sum \xi \frac{\rho v^2}{2}。$$

通过孔口的流量与孔口的面积、孔口前后的压力差以及孔口形式决定的特性系数有关：$Q = CA_T \Delta p^m$，式中，C 为节流口形式、液体流态和性质决定的系数；A 为孔口通流面积；Δp 为孔口前后压差；m 为由节流口形式决定的指数，其值为 $0.5 \sim 1.0$，对薄壁小孔 $m = 0.5$，对细长小孔 $m = 1.0$。

造成液体在间隙中流动的原因有两个：一是由间隙两端压力差引起的流动，称为压差流动；二是由组成间隙的两壁面相对运动而造成的流动，称为剪切流动。

在液压系统中，由于某种原因致使系统或系统中某局部压力瞬时急剧上升，形成压力峰值的现象称为液压冲击，液压冲击的压力峰值往往比正常工作压力高出几倍。泵吸入管路连接、密封不严使空气进入管道，回油管高出油面使空气冲入油中而被泵吸油管吸入油路，以及泵吸油管道阻力过大、流速过高，均是造成空穴的原因。

思考题

1. 液体静压力的方向如何确定？

2. 什么是等压面？怎样得到等压面方程？

3. 什么是理想液体？什么是恒定流动？

4. 理想液体的伯努利方程的形式是什么？其物理意义是什么？

5. 管路中的压力损失有哪几种？其值与哪些因素有关系？

6. 空穴现象产生的原因和危害是什么？如何减小这些危害？

7. 如图 2 - 22 所示，容器 A 和 B 中均为比重等于 1.2 的溶液，设 $z_A = 1$ m，$z_B = 0.5$ m，汞柱高 $h = 50$ cm，求压差。

8. 用多管水银测压计测压，图 2 - 23 中标高的单位为 m，试求水面的压强 p_0。

9. 图 2 - 24 水池中方形闸门每边长均为 2 m，转轴 O 距离底边

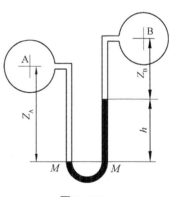

图 2 - 22

为 0.9 m，试确定使闸门自动开启的水位高度 H。

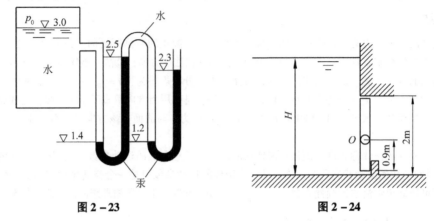

图 2 – 23　　　　　　　　　　图 2 – 24

10. 图 2 – 25 所示为一弧形闸门，宽 2 m，圆心角 $\alpha = 30°$，半径 $R = 3$ m，闸门转轴与水面齐平，求作用于闸门上的静水总压力的大小和方向。

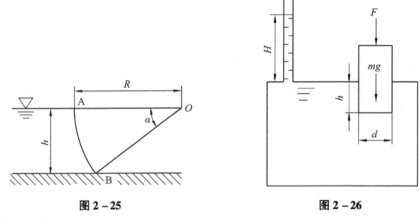

图 2 – 25　　　　　　　　　　图 2 – 26

11. 如图 2 – 26 所示，有一直径 $d = 100$ mm 的圆柱体，其质量 $m = 50$ kg，在力 $F = 520$ N 的作用下，当淹深 $h = 0.5$ m 时处于静止状态，求测压管中水柱的高度 H。

12. 管路系统如图 2 – 27 所示，A 点的标高为 10 m，B 点的标高为 12 m，管径 $d = 250$ mm，管长 $l = 1\ 000$ m，求管中的流量 Q。（沿程阻力系数 $\lambda = 0.03$；局部阻力系数：入口 $\xi_1 = 0.5$，弯管 $\xi_2 = 0.2$，出口 $\xi_3 = 1.0$。）

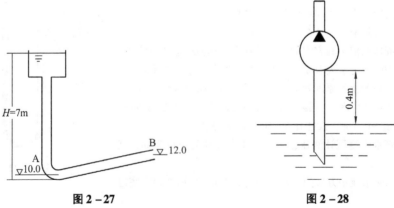

图 2 – 27　　　　　　　　　　图 2 – 28

13. 如图 2 - 28 所示,齿轮泵从油箱吸油。如果齿轮泵安装在油面之上 0.4 m 处,泵的流量为 25 L/min,吸油管内径 $d = 30$ mm,设滤网及吸油管道内总的压降为 3×10^4 Pa,油的密度为 900 kg/m³。求泵吸油时泵腔的真空度。

14. 圆柱形滑阀如图 2 - 29 所示,已知阀芯直径 $d = 2$ cm,进口压力 $p_1 = 9.8$ MPa,出口压力 $p_2 = 0.9$ MPa,油液的密度 $\rho = 900$ kg/m³,通过阀口时的流量系数 $C_d = 0.65$,阀口开度 $x = 0.2$ cm,试求通过阀口的流量。(提示:按薄壁孔口来计算)

15. 如图 2 - 30 所示,已知液压泵供油压力为 3.2MPa,薄壁小孔节流阀 I 的开口面积为 0.02 cm²,薄壁小孔节流阀 II 的开口为 0.01 cm²;缸中活塞面积 $A = 100$ cm²,油液的密度 $\rho = 900$ kg/m³,负载 $F = 16\ 000$ N,液流的流量系数 $C_d = 0.6$。试求活塞向右运动的速度 v。

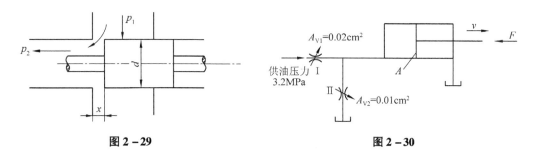

図 2 - 29　　　　　　　　　図 2 - 30

第 3 章

液压动力元件

[**本章提要**]

　　液压传动系统的动力元件指各种类型的液压泵。本章主要介绍齿轮式、叶片式和柱塞式液压泵的结构组成及工作原理、技术性能参数、结构特点及应用范围。通过本章学习，要求掌握各类液压泵的结构组成、工作原理和性能参数等，了解其结构特点；重点掌握常用液压泵的工作原理、特点、主要技术参数选择及液压泵的选用，为设计液压系统、合理选用液压泵打下良好基础。

3.1　概述

液压泵是液压传动系统中的动力装置，是能量转换元件。液压泵由原动机(电动机或柴油机等)驱动，将输入的机械能转换成流动液体的压力能输送到液压系统中。液压泵是液压系统的核心部件，其性能好坏直接影响到系统是否正常工作。

3.1.1　液压泵的工作原理和分类

(1)工作原理

图 3-1 为单柱塞式液压泵的工作原理图。泵体 3 的内孔和柱塞 2 端面形成一个密封的工作腔。柱塞 2 在弹簧 4 的作用下，紧压在偏心轮 1 的表面上。当原动机带动偏心轮转动时，柱塞在柱塞缸中做往复运动。当柱塞向外伸出时，密封工作腔的容积由小变大，产生真空，油箱中的油液在大气压力的作用下，顶开单向阀5(单向阀 6 关闭)进入密封工作腔，实现吸油。当柱塞 2 缩回时，密封工作腔容积由大变小，油液受到挤压而产生一定压力，顶开单向阀6(单向阀 5 关闭)进入系统，实现压油。偏心轮连续旋转，柱塞做周期性往复移动，液压泵不断地进行吸油和压油。

从单个柱塞泵的工作原理中可知，液压泵的吸油、压油是依靠密封工作腔容积变化来实现的，因此这种泵称为容积式液压泵。容积式液压泵正常工作的条件：

① 结构上，必须要有一个或若干个容积能发生周期性变化的密封工作腔。

② 密闭工作腔容积由小变大时，其吸油腔与油箱相通；由大变小时，排油腔与液压传动系统相通。

③ 必须保证吸油和压油严格分开，即，要有配油机构，如图 3-1 中单向阀5、6 所示。

(2)液压泵分类和图形符号

按照结构形式的不同，液压泵可分为齿轮式、叶片式、柱塞式和螺杆式等类型；按密封工作腔容积变化量能否调节，液压泵又分为定量式和变量式两类。

液压泵的一般图形符号如图 3-2 所示。

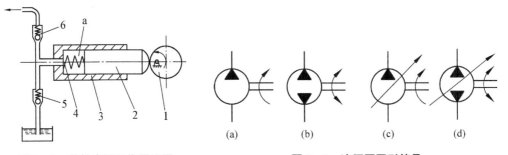

图 3-1　单柱塞泵工作原理图
1—偏心轮；2—柱塞；3—泵体；
4—弹簧；5、6—单向阀

图 3-2　液压泵图形符号
(a)单向定量泵；(b)双向定量泵；
(c)单向变量泵；(d)双向变量泵

3.1.2 液压泵主要技术参数

(1)液压泵的压力

① 工作压力 p：是在工作中液压泵实际输出液体克服负载而产生的压力，其大小由负载决定，常用的单位 Pa 和 N/m^2。

② 额定压力 p_n：是液压泵在正常工作条件下，按试验标准规定连续运转的最高压力。

③ 最高压力 p_{max}：是允许液压泵在短时间内超过额定压力运转时的最高压力。

由于液压传动的用途不同，液压传动系统所需压力也不同。为了便于液压元件的选择设计、生产和使用，标准压力分成几个等级，见表 3 - 1。

表 3 - 1 液压传动系统的压力等级

压力等级	低压	中压	中高压	高压	超高压
压力/MPa	≤2.5	>2.5~8	>8~16	>16~31.5	>31.5

(2)液压泵的转速

① 额定转速 n：是液压泵在额定压力下，能连续长时间正常运转的最高转速。

② 最高转速 n_{max}：是液压泵在额定压力下，超过额定转速允许短暂运行的转速。转速常用单位为 r/s 或 r/min。

(3)液压泵的排量和流量

① 排量 q：是在不考虑泄漏的情况下，液压泵轴每转过一转，由其几何尺寸计算得到的排出液体的体积，常用单位为 m^3/r 和 mL/r。

② 理论(几何)流量 Q_t：是在不考虑泄漏的情况下，液压泵在单位时间内排出的液体体积(按照泵的几何尺寸计算而得到的流量)。理论流量等于泵的排量 q 与输入轴转速 n 的乘积，即

$$Q_t = q \cdot n \tag{3-1}$$

③ 实际流量 Q：是在一定负载下，液压泵实际输出的流量。因液压泵存在泄漏流量 ΔQ，液压泵的实际流量 Q 总是小于理论流量 Q_t，即

$$Q = Q_t - \Delta Q \tag{3-2}$$

④ 额定流量 Q_n：是液压泵在额定压力和额定转速条件下，液压泵应能输出的最大流量。按试验标准规定，必须保证的流量。

(4) 液压泵的功率

① 实际输入功率 P_i：是驱动液压泵轴的机械功率，即

$$P_i = \omega \cdot T = 2\pi \cdot n \cdot T \tag{3-3}$$

角速度常用单位为 rad/s。

② 实际输出功率 P_o：是液压泵实际输出的液压功率，即

$$P_o = p \cdot Q \tag{3-4}$$

常用的功率单位为 W。

③ 理论输入转矩 T_t：不考虑液压泵在能量转换过程中的能量损失时，即液压泵的输入功率与输出功率相等，液压泵的理论输入转矩为

$$2\pi \cdot n \cdot T_t = p \cdot Q_t \tag{3-5}$$

$$T_t = \frac{p \cdot q}{2\pi} \tag{3-6}$$

常用的转矩单位为 N · m。

④ 实际输入转矩 T：是液压泵在工作过程中实际输入的转矩。因泵内运动副运动有摩擦而造成转矩损失 ΔT，液压泵的实际输入转矩大于理论转矩，即泵的摩擦损失有两部分组成。

$$T = T_t + \Delta T \tag{3-7}$$

（5）液压泵的效率

① 容积效率 η_v：是液压泵实际输出流量与理论流量的比值，即

$$\eta_v = \frac{Q}{Q_t} = \frac{Q_t - \Delta Q}{Q_t} = 1 - \frac{\Delta Q}{Q_t} \tag{3-8}$$

② 机械效率 η_m：是液压泵的理论输入转矩与实际输入转矩的比值，即

$$\eta_m = \frac{T_t}{T} = \frac{p \cdot q}{2\pi \cdot T} \tag{3-9}$$

③ 总效率 η：是液压泵实际输出功率与实际输入功率的比值，即

$$\eta = \frac{P_o}{P_i} = \frac{p \cdot Q}{2\pi \cdot n \cdot T} = \frac{Q}{q \cdot n} \cdot \frac{p \cdot q}{2\pi \cdot T} = \eta_v \cdot \eta_m \tag{3-10}$$

［例 3-1］

某液压泵的输出压力 p = 10 MPa，转速 n = 1 450 r/min，排量 q = 46.2 mL/r，容积效率 η_v = 0.95，总效率 η = 0.9。求液压泵的输出功率和驱动泵的电动机功率各是多少？

解　（1）液压泵的输出功率。液压泵输出的实际流量为

$$Q = Q_t \cdot \eta_v = q \cdot n \cdot \eta_v = 46.2 \times 10^{-3} \times 1\,450 \times 0.95 = 63.64\,(\text{L/min})$$

液压泵的输出功率为

$$P_o = p \cdot Q = \frac{10 \times 10^6 \times 63.64 \times 10^{-3}}{60} = 10.6 \times 10^3\,(\text{W}) = 10.6\,(\text{kW})$$

（2）电动机的功率。电动机功率即液压泵的输入功率

$$P_i = \frac{P_o}{\eta} = \frac{10.6}{0.9} = 11.78\,(\text{kW})$$

液压泵的输出功率为 P_o = 10.6 kW，电动机功率为 P_i = 11.78 kW。

3.2　齿轮泵

齿轮泵是一种常用的液压泵。它的主要优点是：结构简单，制造方便，价格低廉，体积小，质量轻，自吸性能好，对油液污染不敏感，工作可靠。其主要缺点是：流量和压力脉动性大，噪声大，排量不可调（是定量泵）。齿轮泵被广泛地应用在采矿、冶金、建筑、航空、航海、农林等各类机械中。

齿轮泵按照其啮合形式的不同，有外啮合齿轮泵、螺杆泵和内啮合齿轮泵，外啮合齿轮泵应用较广。本节着重介绍齿轮泵工作原理和结构性能。

3.2.1　外啮合齿轮泵

3.2.1.1　结构及工作原理

齿轮泵的结构及工作原理如图 3－3 所示，泵体 1 内有一对相互啮合的齿轮 2 和 3，齿轮的两端由端盖密封。这样由泵体、齿轮的各个齿槽和端盖形成了多个密封工作腔，同时轮齿的啮合线又将吸油腔、压油腔左右隔开，自然形成配油机构。当齿轮按图示方向旋转时，右侧油腔内的轮齿相继脱离啮合，露出齿间，密封工作腔容积不断增大，形成局部真空，油箱中的油液在大气压力作用下经吸油管进入吸油腔，补充增大的填满吸油腔齿间容积，并被旋转的齿轮带入左侧压油腔，此过程为吸油过程；与此同时，左侧压油腔由于轮齿不断进入啮合，使密封工作腔容积减小，油液受到挤压从压油口排出，产生压力，被输出送往系统，此过程为压油过程。

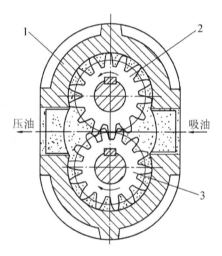

图 3－3　外啮合齿轮泵工作原理
1—泵体；2—主动齿轮；3—从动齿轮

3.2.1.2　排量和流量

外啮合齿轮泵的排量可近似看做两个啮合齿轮齿间容积之和。若假设齿槽容积等于轮齿体积，则当齿轮齿数为 z、模数为 m、节圆直径为 d（其值等于 mz）、有效齿高为 h（其值等于 $2m$）、齿宽为 b 时，齿轮泵的排量近似值为

$$q = \pi \cdot d \cdot h \cdot b = 2\pi \cdot z \cdot m^2 \cdot b \tag{3-11}$$

实际上，齿槽容积比轮齿体积稍大一些，并且齿数越少差值越大，因此需用 3.33 ～ 3.50 来代替上式中的 π 值（齿数少时，取大值），以补偿误差。即齿轮泵的排量为

$$q = (6.66 \sim 7) z \cdot m^2 \cdot b \tag{3-12}$$

由此得出齿轮泵的输出流量为

$$Q = (6.66 \sim 7) z \cdot m^2 \cdot b \cdot n \cdot \eta_v \tag{3-13}$$

实际上，由于齿轮泵在工作过程中啮合点沿啮合线移动，使其工作油腔的容积变化率是不均匀的。因此，齿轮泵的瞬时流量是脉动的。流量脉动会直接影响到系统工作的

平稳性，引起压力和流量脉动，使管路系统产生振动和噪声。如果脉动频率与系统的固有频率一致，还将引起共振，加剧振动和噪声。齿轮泵的流量脉动性可用脉动率来表示，若用 Q_{max} 和 Q_{min} 表示最大、最小瞬时流量，Q 表示平均流量，则流量脉动率 σ 可用下式表示。

$$\sigma = \frac{Q_{max} - Q_{min}}{Q} \tag{3-14}$$

流量脉动率是衡量容积式液压泵性能好坏的一个重要指标。在容积式液压泵中，齿轮泵的流量脉动最大，并且齿数愈少，脉动率愈大。这是外啮合齿轮泵的一个缺点。所以，齿轮泵一般用于对工作平稳性要求不高的场合，要求平稳性高的高精度机械不宜采用齿轮泵。

[例 3-2]

如图 3-4 所示的齿轮泵，(1) 试确定该泵有几个吸油和压油口？(2) 若三个齿轮的结构参数相同，其齿顶圆直径 $D_a = 48$ mm，齿宽 $b = 25$ mm，齿数 $z = 14$，$n = 1\,450$ r/min，容积效率 $\eta_v = 0.9$，试求该泵的理论流量和实际流量是多少？

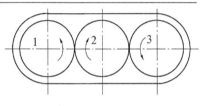

图 3-4 例 3-2 图

解 (1) 根据齿轮泵的工作原理可以确定该泵有两个吸油口和两个压油口。根据各啮合齿轮的旋转方向可以知道，齿轮 1 和齿轮 2 的上部是吸油口，下部是压油口；齿轮 2 和齿轮 3 的下部是吸油口，上部是压油口。

(2) 计算流量

理论流量

$$Q_t = 2q \cdot n = 2\pi \cdot d \cdot h \cdot b = 4\pi \cdot z \cdot m^2 \cdot b \cdot n$$

其中，模数

$$m = \frac{D_a}{z+2} = \frac{48}{16} = 3\,(\text{mm})$$

则所得到的理论流量为

$Q_t = 4\pi z m^2 bn = 4\pi \times 14 \times (3 \times 10^{-3})^2 \times 25 \times 10^{-3} \times 1\,450/60 = 9.566 \times 10^{-4}\,(\text{m}^3/\text{s})$

实际流量 $Q = Q_t \eta_v = 9.566 \times 10^{-4} \times 0.9 = 8.61 \times 10^{-4}\,(\text{m}^3/\text{s})$

则该液压泵的理论流量是 $9.566 \times 10^{-4}\,\text{m}^3/\text{s}$，实际流量是 $8.61 \times 10^{-4}\,\text{m}^3/\text{s}$。

3.2.1.3 存在的几个结构问题及解决措施

(1) 困油现象及解决措施

为了保证齿轮泵的齿轮平稳地啮合运转，吸、压油腔严格地密封，以及连续地供油，必须使齿轮啮合的重合度 $\varepsilon > 1$，通常取 $\varepsilon = 1.05 \sim 1.1$。由于重合度大于 1，当前一对齿尚未脱开啮合前，后一对齿就开始进入啮合，依此类推。这样，就会间断地出现两对齿同时进行啮合的现象，在它们之间就形成了一个闭死小容腔，如图 3-5 所示，这种现象称为困油现象。

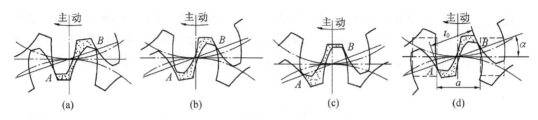

(a)　　　　　　　　(b)　　　　　　　　(c)　　　　　　　　(d)

图3-5　齿轮泵困油现象及其消除措施

困油现象的危害：图3-5(a)是前一对齿尚未脱开啮合而后一对齿又开始啮合的位置，此时闭死小容腔的容积最大。随着齿轮的旋转，小容腔容积逐渐缩小，直至图3-5(b)所示位置时，啮合点A和B处于节点两侧的对称位置，此时闭死小容腔容积最小。在这个过程中，被困的油液受到挤压，使压力急剧升高，油液从缝隙中强行挤出，使齿轮和轴承受到很大的径向力，并产生噪声、振动和发热。当齿轮继续转动时，小容腔容积又逐渐增大，直至前一对齿在A位置即将脱开啮合时，容积又增至最大，如图3-5(c)所示。在此过程中，由于压力降低，产生真空，容易发生气蚀现象。困油现象使齿轮泵在工作中产生噪声、发热、容积效率降低，并影响齿轮泵的工作平稳性和使用寿命。

采用的措施：为了减轻困油现象的危害，只能在结构设计上采用一定的措施，一般是在齿轮两侧的轴套(或侧板)上开卸荷槽。开槽的原则是：①当闭死容积由最大逐渐减小时，通过卸荷槽与压油腔相通；②当闭死容积由最小逐渐增大时，通过卸荷槽与吸油腔相通；③当闭死容积处于最小位置时，如图3-5(d)所示，齿轮泵、吸压油腔不能通过卸荷槽直接相通，既闭死容积此时不能与吸压油腔相通。

(2)径向不平衡力

齿轮泵工作时，由于齿顶间隙的泄漏，齿轮圆周上所受油的压力是不同的，压力的分布状况如图3-6所示。在齿轮泵中，液体作用在齿轮外缘的压力是不均匀的，从压油腔到吸油腔，压力沿齿轮旋转的方向逐齿递减，因此齿轮和轴受到径向不平衡力的作用。工作压力越高，径向不平衡力也越大。径向不平衡力很大时，能使泵轴弯曲，导致齿顶接触泵体，产生摩擦；同时也加速齿轮、泵体、轴承的磨损，降低轴承使用寿命。为了减小径向不平衡力的影响，常采取缩小压油口的办法，使压油腔的压力油仅作用在2个齿的范围内。

(3)泄漏及解决措施

液压泵中组成密封工作容积的零件做相对运动，其间隙产生的泄漏影响液压泵的性能。外啮合齿轮泵压油腔的压力油主要通过三条途径泄漏到吸油腔中去。一是齿轮端面与端盖之

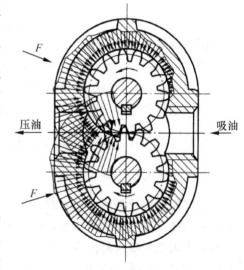

图3-6　径向不平衡力分布图

间的轴向间隙泄漏，齿轮端面与前后盖之间的间隙较大，此间隙封油长度又短，所以泄漏量最大，可占总泄漏量的 70% ～75%；二是泵体内表面和齿顶径向间隙泄漏，由于齿轮转动方向与泄漏方向相反，压油腔到吸油腔通道较长，所以其泄漏量相对较小，占泄漏量的 10% ～15%；三是齿面啮合面的间隙泄漏，由于齿形误差会造成沿齿宽方向接触不好而产生间隙，使压油腔与吸油腔之间造成泄漏，但这部分泄漏量很少。

从上述可知，齿轮泵由于泄漏量较大，工作压力难以提高。解决的措施是减少沿端面间隙的泄漏问题，提高齿轮泵的额定压力并保证有较高的容积效率。三类间隙中，端面间隙的泄漏量最大。液压泵的压力愈高，端面间隙泄漏的液压油就愈多，因此，一般齿轮泵只用于低压系统。为减小泄漏，用减小端面间隙的方法并不能取得好的效果，因为在泵经过一段时间运转后，由于磨损而使间隙变大，泄漏又会增加。为提高齿轮泵的压力和容积效率，需要从结构上采取措施，对端面间隙进行自动补偿。

通常采用的自动补偿端面间隙装置有浮动轴套式（图 3 － 7）和弹性侧板式两种。浮动轴套式齿轮泵的浮动轴套是浮动安装的，轴套外侧的空腔与泵的压油腔相通。所引入压力油使轴套或侧板紧贴在齿轮端面上，泵输出的压力愈高，贴得愈紧，因而自动补偿端面磨损和减小间隙。当泵工作时，浮动轴套受油压的作用而压向齿轮端面，将齿轮两侧面压紧，从而补偿了端面间隙。

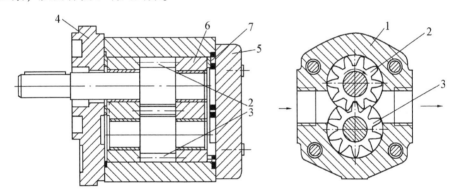

图 3 － 7 齿轮泵的端面间隙补偿

1—壳体；2—主动齿轮；3—从动齿轮；4—前端盖；
5—后端盖；6—浮动轴套；7—压力盘

3.2.2 螺杆泵和内啮合齿轮泵

（1）螺杆泵

螺杆泵实质上是一种外啮合式摆线齿轮泵。在螺杆泵内的螺杆可以有两根，也可以有三根。图 3 － 8 是三螺杆泵的工作原理。在泵体内安装三根螺杆，中间的主动螺杆 3 是右旋凸螺杆，两侧的从动螺杆 1 是左旋凹螺杆。三根螺杆的外圆与泵体的对应弧面保持着良好的配合，螺杆的啮合线把主动螺杆 3 和从动螺杆 1 的螺旋槽分割成多个相互隔离的密封工作腔。随着螺杆的旋转，密封工作腔可以一个接一个地在左端形成，不断从左向右移动。但其容积不变，因此可以形成均匀而平稳的输出流量。主动螺杆每转一周，每个密封工作腔便移动一个导程。最左面的一个密封工作腔容积逐渐增大，完成吸油；最右面的容积逐渐减小，则将油压出。螺杆直径愈大，螺旋槽愈深，泵的排量就愈大；螺杆愈长，吸油口和压油口之间的密封层次愈多，泵的额定压力就愈高。

螺杆泵主要优点是：结构简单紧凑，体积小，质量小，运转平稳，输油量均匀，噪声小，容许采用高转速，容积效率较高（可达0.95），对油液的污染不敏感。因此，螺杆泵在精密机床等设备中应用日趋广泛。螺杆泵的主要缺点是：螺杆齿形复杂，加工较困难，不易保证精度。

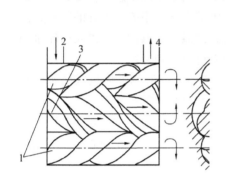

图3-8 螺杆泵

1—从动螺杆；2—吸油口；

3—主动螺杆；4—压油口

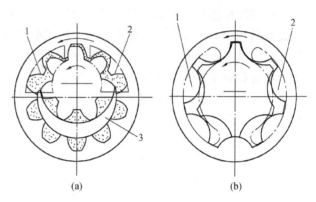

(a)　　　　　　　(b)

图3-9 内啮合齿轮泵

1—吸油腔；2—压油腔；3—隔板

(2) 内啮合齿轮泵

内啮合齿轮泵有渐开线齿形式和摆线齿形式两种，其结构示意如图3-9所示。这两种内啮合齿轮泵的工作原理和主要特点皆同于外啮合齿轮泵。在渐开线齿形内啮合齿轮泵中，小齿轮和内齿轮之间要装一块月牙隔板，以便把吸油腔和压油腔隔开，如图3-9(a)所示。摆线齿形内啮合齿轮泵又称摆线转子泵，如图3-9(b)所示，在这种泵的结构中，中小齿轮和内齿轮只相差一齿，因而不需设置隔板。内啮合齿轮泵中的小齿轮是主动轮。

内啮合齿轮泵结构紧凑，尺寸小，质量小，运转平稳，噪声低，在高转速工作时有较高的容积效率。但在低速高压下工作时，压力脉动大，容积效率低，所以一般用于中低压系统。在闭式系统中，常用这种泵作为补油泵。内啮合齿轮泵的缺点是：齿形复杂，加工困难，价格较贵。

3.3 叶片泵

叶片泵在机床、工程机械、船舶、压铸及冶金设备中应用十分广泛。和其他液压泵相比较，叶片泵具有结构紧凑、体积小、重量轻、流量均匀、运转平稳、噪声低等优点。但也存在着结构比较复杂、吸油条件苛刻、工作转速有一定的限制、对油液污染比较敏感等缺点。

按照工作原理，叶片泵可分为单作用式和双作用式两种。双作用式与单作用式相比较，径向力是平衡的，受力情况比较好，应用较广。

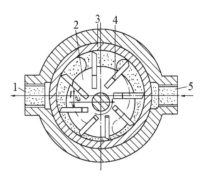

3.3.1　单作用叶片泵

（1）工作原理

由图 3 – 10 可知，单作用叶片泵主要由转子 2、定子 3、叶片 4 等组成。单作用叶片泵的定子 3 内表面是一个圆柱面，转子 2 的轴心与定子 3 轴心间有一偏心距 e，两端的配油盘上只开有一个吸油窗口和一个压油窗口。其工作容腔是由定子内表面、转子外表

图 3 – 10　单作用叶片泵工作原理
1—压油口；2—转子；3—定子；
4—叶片；5—吸油口

面和相邻叶片侧面等构成。当转子旋转一周时，每个叶片在转子槽内往复移动一次，每相邻两叶片间的密封工作容腔容积发生周期性增大或缩小的变化。容积增大时通过吸油窗口吸油，容积减小时通过压油窗口将油压出。由于这种泵在转子每转一周过程中，每个密封容腔吸、压油各一次，故称为单作用叶片泵。又因这种泵的转子受不平衡的液压作用力，故又称不平衡式叶片泵。由于轴和轴承上的不平衡负荷较大，因而使这种泵工作压力的提高受到了限制。改变定子和转子间的偏心距 e 值，可以改变泵的排量，因此单作用叶片泵是变量泵。

（2）排量和流量

单作用叶片泵的叶片转到吸油区时，叶片根部与吸油窗口连通，转到压油区时，叶片根部与压油窗口连通。因此，叶片的厚度对排量计算无影响。

如图 3 – 11 所示，当单作用叶片泵的转子每转一转时，每两相邻叶片间的密封容积变化量为 $V_1 - V_2$。若近似把 AB 和 CD 看做中心为 O_1 的圆弧，当定子内径为 D 时，此二圆弧的半径即分别为 $\dfrac{D}{2} + e$ 和 $\dfrac{D}{2} - e$，设当转子直径为 d，叶片宽度为 b，叶片数为 z，则有

$$V_1 = \pi \left[\left(\frac{D}{2} + e \right)^2 - \left(\frac{d}{2} \right)^2 \right] \frac{\beta}{2\pi} b = \pi \left[\left(\frac{D}{2} + e \right)^2 - \left(\frac{d}{2} \right)^2 \right] \frac{b}{z}$$

$$V_2 = \pi \left[\left(\frac{D}{2} - e \right)^2 - \left(\frac{d}{2} \right)^2 \right] \frac{\beta}{2\pi} b = \pi \left[\left(\frac{D}{2} - e \right)^2 - \left(\frac{d}{2} \right)^2 \right] \frac{b}{z}$$

式中：β——两相邻叶片所夹的中心角，$\beta = \dfrac{2\pi}{z}$。

将以上两式代入排量公式 $q = (V_1 - V_2)z$，并加以整理，即得泵的排量，近似表达式为

$$q = 2\pi \cdot b \cdot e \cdot D \qquad (3\text{-}15)$$

泵的实际流量为

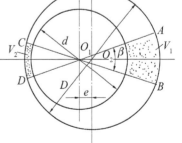

图 3 – 11　单作用叶片泵排量计算

$$Q = 2\pi \cdot b \cdot e \cdot D \cdot n \cdot \eta_v \tag{3-16}$$

式(3-16)表明，只要改变叶片泵的偏心距 e，即可改变叶片泵的排量，从而调节叶片泵输出流量。

单作用叶片泵的定子内径和转子外径都为圆柱面，由于存在偏心距，输出的流量有一定的脉动。其容积变化是不均匀的，因此有流量脉动。理论分析表明，当叶片数为奇数时脉动率较小，而且泵内的叶片数越多，流量脉动率就越小。考虑到上述原因和结构上的限制，一般叶片数为 13 或 15。

(3)结构特点

① 为了调节泵的输出流量，需移动定子位置，以改变偏心距 e。

② 径向液压作用力不平衡，因此限制了工作压力的提高。

③ 存在困油现象。由于定子和转子两圆柱面偏心安置，当相邻两叶片同时在吸、压油窗口之间的密封区内工作时，封闭容腔会产生困油现象。为了消除困油现象带来的危害，通常在配油盘压油窗口边缘开三角形卸荷槽。

④ 叶片后倾。单作用叶片泵叶片倾角安装的主要矛盾不在压油腔，而在吸油腔。因为单作用叶片泵在压油区的叶片根部通压力油，而在吸油区的叶片根部不通压力油而与吸油口连通，为了使吸油区的叶片能在离心力的作用下顺利甩出，叶片顺旋转方向采取后倾一个角度安放。通常后倾角为 24°。

3.3.2　双作用叶片泵

3.3.2.1　工作原理

图 3-12 所示为双作用叶片泵的工作原理。定子的两端装有配油盘，定子 3 的内表面曲线由两段大半径圆弧、两段小半径圆弧以及四段过渡曲线组成。定子 3 和转子 2 的中心重合。在转子 2 上沿圆周均布开有若干条(一般为 12 或 16 条)与径向成一定角度(一般为 13°)的叶片槽，槽内装有可自由滑动的叶片。在配油盘上，对应于定子四段过渡曲线的位置开有四个腰形配流窗口，其中两个与泵吸油口 4 连通的是吸油窗口，另外两个与泵压油口 1 连通的是压油窗口。当转子 2 在传动轴带动下转动时，叶片在离心力和底部液压力(叶片槽底部始终与压油腔相通)的作用下压向定子 3 的内表面，在叶片、转子、定子与配油盘之间构成若干密封工作腔空间。当叶片从小半径曲线段向大半径曲线滑动时，叶片外伸，这时所构成的密封工作腔容积由小变大，形成部分真空，完成吸油，油液经吸油窗口吸入；而当叶片从大半径曲线段向小半径曲线滑动时，叶片缩回，所构成的密封工作腔容积由大变小，油液经过压油窗口压出，完成压油。其中的油液受到挤压，这种叶片泵每转一周，每个密封工作容腔完成两次吸、压油各两次过程，故这种泵称为双作用叶片泵。同时，由于压油窗口对称布置，泵中两吸油区和两压油区各自对称，使作用在转子上的径向液压力互相是平衡的，所以这种泵又被称为平衡式叶片泵或双作用卸荷式叶片泵。

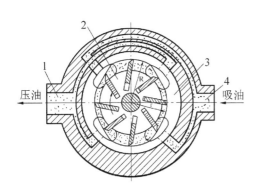

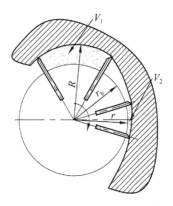

图 3 – 12　双作用叶片泵的工作原理
1—压油窗口；2—转子；3—定子；4—吸油窗口

图 3 – 13　双作用叶片泵排量计算原理

3.3.2.2　排量和流量

由图 3 – 13 可知，泵轴转一转时，从吸油窗口流向压油窗口的液体体积为大半径为 R，小半径为 r，宽度为 b 的圆环的体积。因为是双作用泵，所以双作用叶片泵的排量为

$$q = 2(V_1 - V_2) = 2\pi(R^2 - r^2)b \tag{3-17}$$

泵的实际输出流量为

$$Q = q \cdot n \cdot \eta_v = 2\pi(R^2 - r^2)b \cdot n \cdot \eta_v \tag{3-18}$$

式中：b——叶片的宽度，m。

3.3.2.3　结构特点

(1) 定子过渡曲线

定子内表面的曲线由四段圆弧和四段过渡曲线组成，如图 3 – 12 所示。理想的过渡曲线不仅应使叶片在槽中滑动时的径向速度和加速度变化均匀，而且应使叶片转到过渡曲线和圆弧交接点处的加速度突变不大，以减小冲击和噪声。目前双作用叶片泵一般都使用综合性能较好的等加速、等减速曲线或高次曲线作为过渡曲线。

(2) 叶片安放角

如图 3 – 14 所示，叶片在压油区工作时，它们均受定子内表面推力的作用不断缩回槽内。当叶片在转子中径向安放时，定子表面对叶片作用力的方向与叶片沿槽滑动的方向所成的压力角 β 较大，因而叶片在槽内运动时所受到的摩擦力也较大，使叶片滑动困难，容易甚至被卡住或折断。为了解决这一问题，减小压力角，叶片不是径向安放的，而是按照转子旋转方向前倾一个角度 θ，这时的压力角为 $\beta' = \beta - \theta$。压力角的减小有利于叶片在

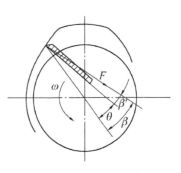

图 3 – 14　双作用叶片泵叶片倾角

槽内的滑动，所以双作用叶片泵转子的叶片槽常做成顺旋转方向向前倾斜一个安放角度
θ。在叶片前倾安放时，这时叶片泵的转子不允许反转。

上述的叶片安放形式不是绝对的，实践表明，通过配油孔道以后的压力油引入到叶
片根部后，作用在叶片根部的压力值小于叶片顶部所受的压油腔压力，因此在压油区推
压叶片缩回的力除了定子内表面的推力之外，还有液压力（由顶部压力与根部压力之差
引起），所以上述压力角过大使叶片难以缩回的推理就不十分确切。目前，有些叶片泵
的叶片径向安放仍能正常工作。

（3）端面间隙的自动补偿

叶片泵同样存在着泄漏问题，特别是端面的泄漏。为了减少端面泄漏，采取的间隙
自动补偿措施是将配油盘的外侧与压油腔连通，使配油盘在液压推力作用下压向定子。
泵的工作压力愈高，配油盘就会愈加贴紧定子。同时，配油盘在液压力作用下发生变
形，亦对转子端面间隙进行自动补偿。

（4）提高工作压力的主要措施

双作用叶片泵转子所承受的径向力是平衡的，因此工作压力的提高不会受到这方
面的限制。同时泵采用配油盘对端面间隙进行补偿后，泵在高压下工作也能保持较
高的容积效率。双作用叶片泵工作压力的提高，主要受叶片与定子内表面之间磨损
的限制。

前面已经提到，为了保证叶片顶部与定子内表面紧密接触，所有叶片的根部都是与
压油腔相通的。当叶片处于吸油区时，其根部作用着压油腔的压力，顶部却作用着吸油
腔的压力，这一压力差使叶片以很大的力压向定子内表面，加速了定子内表面的磨损。
当泵的工作压力提高时，这个问题就更显突出，所以必须在结构上采取措施，使吸油区
叶片压向定子的作用力减小。可以采取的措施有多种，下面介绍在高压叶片泵中常用的
双叶片结构和子母叶片结构。

① 双叶片结构。如图 3–15 所示，在转子 2 的每一槽内装有两片叶片 3，叶片的顶
端和两侧面的倒角构成 V 形通道，使根部压力油经过通道进入顶部（图中未标出通油孔
道），这样，叶片顶部和根部压力基本相等，但承压面积并不一样，从而使叶片 3 压向
定子 1 的作用力不致过大。

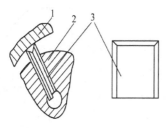

图 3–15　双叶片结构
1—定子；2—转子；3—叶片

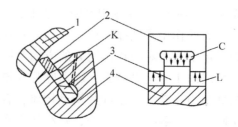

图 3–16　子母叶片结构
1—定子；2—母叶片；3—子叶片；4—转子

② 子母叶片结构。子母叶片又称复合叶片，如图 3 – 16 所示。母叶片 2 的根部 L 腔经转子 4 上的油孔始终和顶部油腔相通，而子叶片 3 和母叶片 2 之间的小腔 C 通过配油盘经 K 槽总是接通压力油。当叶片在吸油区工作时，推动母叶片 2 压向定子 1 的力仅为小腔 C 的油压力，此力不大，但能使叶片与定子接触良好，保证密封。

3.3.3　限压式变量叶片泵

单作用叶片泵的变量方法有手动调节和自动调节两种。自动调节变量泵又根据其工作特性的不同，可分为限压式、恒压式和恒流量式三类，其中以限压式应用最多。

限压式变量叶片泵是利用泵排油压力的反馈作用来实现变量的，它有内反馈和外反馈两种形式，下面分别说明它们的工作原理和特性。

(1) 外反馈变量叶片泵的工作原理

如图 3 – 17 所示，转子 6 的中心 O_1 是固定的，定子 5 可以左右移动，在调压弹簧 3 的作用下，定子 5 被推向左端，使定子中心 O_2 和转子中心 O_1 之间有一初始偏心量 e_0。它决定了泵的最大流量 Q_{max}。定子 5 的左侧装有反馈液压缸 2，其油腔与泵出口相通。在泵工作过程中，液压缸 2 的活塞对定子 5 施加向右的反馈力 p_A（A 为液压缸 2 活塞的有效作用面积）。若泵的工作压力达到 p_B 值时，定子所受的液压力与弹簧力相平衡，有 $p_B A = kx_0$（k 为弹簧刚度，x_0 为弹簧的预压缩

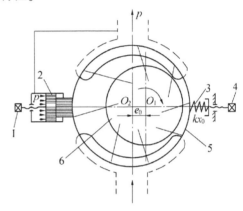

图 3 – 17　外反馈限压式变量叶片泵工作原理
1—流量调节螺钉；2—反馈液压缸；3—调压弹簧；
4—调压螺钉；5—定子；6—转子

量），这里 p_B 称为泵的调定压力，也称拐点压力。当泵的工作压力 $p < p_B$ 时，$pA < kx_0$，定子不动，最大偏心距 e_0 保持不变，泵的流量也维持最大值 Q_{max}；当泵的工作压力 $p > p_B$ 时，$pA > kx_0$。限压弹簧被压缩，定子右移，偏心距减小，泵的流量也随之迅速减小。

(2) 内反馈变量叶片泵的工作原理

内反馈变量叶片泵的工作原理与外反馈式相似，但是，泵的偏心距的改变不是依靠外反馈液压缸，而是依靠内反馈液压力的直接作用。内反馈式变量叶片泵配油盘的吸、压油窗口布置如图 3 – 18 所示，由于存在偏角 θ，压油区的压力油对定子 4 的作用力 F 在平行于转子、定子中心连线 $O_1 O_2$ 的方向有一分力 F_x。随着液压泵工作压力 p 的升高，F_x 也增大。当 F_x 大于调压弹簧 2 的预紧力 kx_0 时，定子 4 就向右移动，减小了定子和转子的偏心距，从而使流量相应变小。

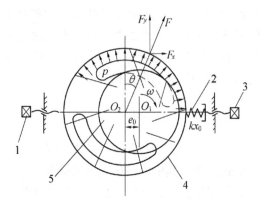

图 3-18 内反馈变量叶片泵工作原理

1—流量调节螺钉；2—调压弹簧；

3—调压螺钉；4—定子；5—转子

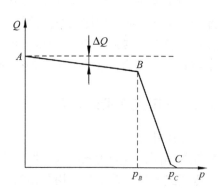

图 3-19 限压式变量叶片泵特性曲线

(3)限压式变量叶片泵的流量压力特性

限压式变量叶片泵的流量压力特性曲线如图 3-19 所示。曲线表示泵工作时流量随压力变化的关系。当泵的工作压力小于 p_B 时，其流量变化用斜线表示，它和水平线(理论流量 Q_t)的差值 ΔQ 为泄漏量。此阶段的变量泵相当于一个定量泵，AB 称定量段曲线。点 B 为特性曲线的拐点，其对应的压力 p_B 就是调定压力，它表示泵在原始偏心距 e_0 时可达到的最大工作压力。当泵的工作压力超过 p_B 以后，限压弹簧被压缩，偏心距被减小，流量随压力增加而急剧减小，其变化情况用变量段曲线 BC 表示。C 点所对应的压力 p_C 为极限压力(又称截止压力)。

对于内反馈变量叶片泵，如图 3-18 所示，其最大流量由最大流量调节螺钉 1 调节，它可改变限压式变量叶片泵特性曲线中 A 点的位置，使 AB 线段上下平移。泵的调定压力由调节螺钉 3 调节，它可改变特性曲线中 B 点的位置，使 BC 线段左右平移。若改变弹簧刚度 k，则可改变 BC 线段的斜率。为得到较好的动作灵敏度，可配置不同的弹簧，以满足实际需要。

限压式变量叶片泵的特点是：

① 流量可以自动地改变来适应于负载的实际需要，有利于系统节省能量。

② 可降低系统的工作温度，延长液压油液和密封圈的使用寿命。

③ 在系统中可以使用较小的油箱，可不用溢流阀或单向阀，从而简化液压传动系统。限压式变量叶片泵常用于执行机构有快慢速要求的液压传动系统中。

3.4 柱塞泵

柱塞泵主要由多个柱塞和有多个柱塞孔的缸体组成。柱塞泵是依靠柱塞在缸体内往复运动，使密封工作腔容积发生变化来实现吸、压油的。由于柱塞与缸体内孔均为圆柱表面，因此加工方便，配合精度高，密封性能好。同时，柱塞泵主要零件处于受压状态，使材料强度性能得到充分利用，故柱塞泵常做成高压泵。此外，只要改变柱塞的工作行程，就能改变泵的排量，易于实现单向或双向变量。所以，柱塞泵具有压力高、结构紧凑、效率高及流量调节方便等优点，常用于需要高压大流量和流量需要调节的液压传动系统中，如龙门刨床、拉床、液压机、起重机械等设备的液压传动系统。

根据柱塞的布置和运动方向与传动主轴相对位置的不同，柱塞泵按柱塞排列方向的不同，柱塞液压泵可分为轴向柱塞泵和径向柱塞泵两类。

3.4.1　斜盘式轴向柱塞泵

3.4.1.1　工作原理

轴向柱塞泵的柱塞轴向安排在缸体中。轴向柱塞泵按其结构特点，分为斜盘式和斜轴式两类。下面以图 3－20 中的斜盘式为例来说明轴向柱塞泵的工作原理。

泵由斜盘 1、柱塞 2、缸体 3、配油盘 4 等主要零件组成。斜盘和配油盘固定不动。在缸体 3 上沿圆周均匀分布着若干个轴向孔，孔内装有柱塞 2。斜盘 1 与传动轴 5 倾斜 γ 角度，配油盘上有吸油窗口 a 和压油窗口 b。传动轴 5 带动缸体 3、柱塞 2 一起转动。柱塞 2 在机械装置或低压油的作用下，使柱塞头部紧贴和在斜盘 1 表面靠紧；同时缸体 3 和配油盘 4 也紧密接触，起密封作用。当缸体 3 按图示方向连续转动时，使柱塞 2 在缸体 3 内做往复运动。由于斜盘的作用，各柱塞从最下端位置沿箭头方向转向正上方时，与缸体间形成的密封工作腔的容积会增大，通过配油盘 4 的弧形吸油窗口 a 吸油。继续从正上方转到正下方时，柱塞被压缩回去，工作腔容积减小通过压油窗口 b 排油。便发生增大或减小的变化，和压油窗口 b 实现吸油和压油。

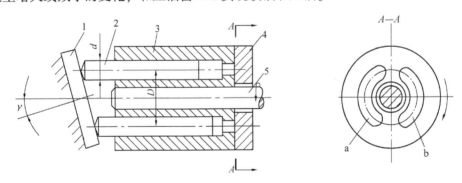

图 3－20　轴向柱塞泵
1—斜盘；2—柱塞；3—缸体；4—配油盘；5—传动轴

3.4.1.2　轴向柱塞泵排量和流量计算

若柱塞数目为 z，柱塞直径为 d，柱塞孔的分布圆直径为 D，斜盘倾角为 γ，如图 3－21 所示，当缸体转动一转时，泵的排量为

$$q = \frac{\pi}{4}d^2 Dz \tan \gamma \tag{3-19}$$

则泵的实际输出流量为

$$Q = \frac{\pi}{4} d^2 Dzn\eta_v \tan \gamma \qquad (3\text{-}20)$$

如果改变斜盘倾角 γ 的大小，就能改变柱塞的行程，这也就改变了轴向柱塞变量泵的排量。如果改变斜盘倾角的方向，就能改变吸、压油方向，这时就成为双向变量轴向柱塞泵。

实际上，轴向柱塞泵的输出流量是脉动的。当柱塞数为奇数时，脉动率 σ 较小。故轴向柱塞泵的柱塞数一般都为奇数，从结构和工艺性考虑，常取 $z = 7$ 或 $z = 9$。流量脉动率与柱塞数之间的关系见表 3 – 2。

表 3 – 2　柱塞泵的流量脉动率

柱塞数 z	5	6	7	8	9	10	11	12
脉动率 $\sigma/\%$	4.98	14	2.53	7.8	1.53	4.98	1.02	3.45

[**例 3-3**]

斜盘式轴向柱塞泵的斜盘倾角 $\gamma = 22°30'$，柱塞直径 $d = 22$ mm，柱塞分布圆直径 $D = 68$ mm，柱塞数 $z = 5$，设柱塞与斜盘的接触点位于中心线上，泵的容积效率 $\eta_v = 0.98$，机械效率 $\eta_m = 0.9$，转速 $n = 960$ r/min。求：(1) 该泵的理论流量和实际流量各是多少？(2) 如果该泵的输出压力 $p = 10$ MPa，它所需要的输入功率是多少？

解　(1) 轴向柱塞泵的理论流量为

$$Q_t = \frac{\pi}{4} d^2 Dzn \tan \gamma = \frac{3.14}{4} \times (0.022)^2 \times 0.068 \times 5 \times \frac{960}{60} \times \tan 22°30'$$

$$= 8.56 \times 10^{-4} (\text{m}^3/\text{s})$$

则轴向柱塞泵的实际流量

$$Q = Q_t \eta_v = 8.56 \times 10^{-4} \times 0.98 = 8.39 \times 10^{-4} (\text{m}^3/\text{s})$$

(2) 轴向柱塞泵的输入功率为

$$p_i = \frac{pQ}{\eta_v \eta_m} = \frac{10 \times 10^6 \times 8.39 \times 10^{-4}}{0.98 \times 0.9} = 9\,512.5(\text{W}) = 9.51(\text{kW})$$

该液压泵的理论流量是 $8.56 \times 10^{-4} \text{m}^3/\text{s}$，实际流量是 $8.39 \times 10^{-4} \text{m}^3/\text{s}$；需要的输入功率是 9.51 kW。

3.4.1.3　斜盘式轴向柱塞泵结构特点

(1) 缸体端面间隙的自动补偿

由图 3 – 20 可见，使缸体紧压配油盘端面的作用力，除机械装置或弹簧的推力外，还有柱塞孔底部台阶面上所受的液压力，此液压力比弹簧力大得多，而且随泵的工作压力增大而增大。由于缸体始终受力紧贴着配油盘，就使端面间隙得到了自动补偿。

(2) 滑履结构

在斜盘式轴向柱塞泵中，若各柱塞以球形头部直接接触斜盘而滑动，这种泵称为点接触式轴向柱塞泵。这种点接触式轴向柱塞泵在工作时由于柱塞球头与斜盘平面理论上为点接触，因而接触应力大，极易磨损，故只适用于低压系统($p \leqslant 10$ MPa）。一般轴向柱塞泵都在柱塞头部装一滑履（图 3 - 21）。滑履是按静压支承原理设计的。缸体中的压力油经柱塞球头中间小孔流入滑履油室，使滑履和斜盘间形成液体润滑，改善了柱塞头部和斜盘的接触情况。使用这种结构的轴向柱塞泵压力可达 32 MPa 以上，流量大。这样，有利于轴向柱塞泵在高压下工作。

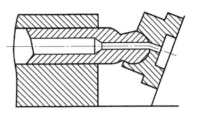

图 3 - 21 滑履结构

（3）变量机构

在变量轴向柱塞泵中均设有专门的变量机构，用来改变斜盘倾角 γ 的大小，以调节泵的排量。轴向柱塞泵的变量方式有多种类型，其变量机构的结构形式亦多种多样。这里只简要介绍手动变量机构的工作原理。

如图 3 - 22 所示的是手动伺服变量机构结构简图。该机构由缸筒 1、活塞 2 和伺服阀等组成。活塞 2 的内腔构成了伺服阀的阀体，并有 c、d 和 e 三个孔道分别与缸筒 1 下腔 a、上腔 b 和油箱相通。泵上的斜盘 4 或缸体通过适当的机构与活塞 2 下端相连，利用活塞 2 的上下移动来改变其倾角。当用手柄使伺服阀阀芯 3 向下移动时，上面的阀口打开，a 腔中的压力油经孔道 c 通向 b 腔，活塞 2 因上腔有效作用面积大于下腔的有效作用面积而向下移动，活塞 2 移动时又使伺服阀上的阀口关闭，最终使活塞 2 自身停止运动。同理，当手柄使伺服阀阀芯 3 向上移动时，下面的阀口打开，b 腔经孔道 d 和 e 接通油箱，活塞 2 在 a 腔压力油的作用下向上移

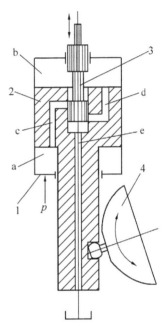

图 3 - 22 手动伺服变量机构
1—缸筒；2—活塞；
3—伺服阀阀芯；4—斜盘

动，并在该阀口关闭时自行停止运动。变量控制机构就是这样依照伺服阀的动作来实现其控制的。

3.4.2 斜轴式轴向柱塞泵

图 3 - 23 为斜轴式轴向柱塞泵的结构简图。传动轴 5 相对于缸体 3 有一倾角 γ，柱塞 2 与传动轴圆盘之间用相互铰接的连杆 4 相连。当传动轴 5 沿图示方向旋转时，连杆 4 就带动柱塞 2 连同缸体 3 一起转动，柱塞 2 同时也在缸体孔内做往复运动，使柱塞孔底部的密封腔容积不断发生增大和减小的变化，通过配油盘 1 上的窗口 a 和 b 实现吸油和压油。

与斜盘式轴向柱塞泵相比较，斜轴式轴向柱塞泵由于缸体所受的不平衡径向力较

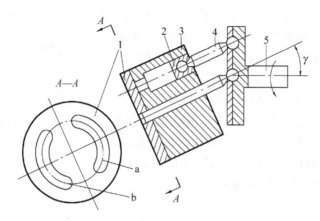

图 3 – 23　斜轴式轴向柱塞泵工作原理
1—配油盘；2—柱塞；3—缸体；4—连杆；5—传动轴

小，故结构强度高，变量范围较大（倾角较大）；但外形尺寸较大，结构也较复杂。目前，斜轴式轴向柱塞泵的使用相当广泛。

3.4.3　径向柱塞泵

图 3 – 24 所示为径向柱塞泵的结构简图。径向柱塞泵的柱塞径向布置在缸体转子上。在转子 2（缸体）上径向均匀分布着数个孔，孔中装有柱塞 5。定子和转子偏心安装，转子 2 的中心与定子 1 的中心之间有一个偏心距。在固定不动的配油轴 3 上，相对于柱塞孔的部位有相互隔开的上、下两个缺口，此两缺口又分别通过所在部位的两个轴向孔与泵的吸、压油口连通。当转子 2 旋转时，柱塞 5 在离心力（或低压油）作用下，其头部与定子 1 的内表面紧紧接触，由于转子 2 与定子 1 存在偏心，所以柱塞 5 在随转子转动时，又在柱塞孔内做径向往复滑动。当转子 2 按图示箭头方向旋转时，上半周的柱塞向外伸

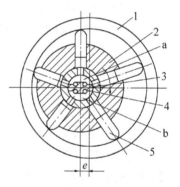

图 3 – 24　径向柱塞泵工作原理
1—定子；2—转子；3—配油轴；
4—衬套；5—柱塞

出，柱塞底部的密封工作容腔容积增大，于是通过配油轴轴向孔和上部开口吸油；下半周的柱塞向内缩回，柱塞孔内的密封工作腔容积减小，于是通过配油轴轴向孔和下部开口压油。

当移动定子改变偏心距 e 的大小时，泵的排量就得到改变；当移动定子使偏心量从正值变为负值时，泵的吸、压油腔就互换。因此径向柱塞泵可以做成单向或双向变量泵。为使流量脉动率尽可能小，通常采用奇数柱塞数。

径向柱塞泵的径向尺寸较大，结构较复杂，自吸能力差，并且配油轴受到径向不平衡液压力的作用，易于磨损，这些都限制了它的转速和压力的提高。

3.5 各类液压泵的性能比较及应用

在设计液压传动系统时，应根据所要求的工作情况正确合理地选择液压泵。为比较前述各类液压泵的性能，有利于选用，将它们的主要性能及应用场合列于表 3-3 中。

一般在负载小、功率小的机械设备中，可用齿轮泵、双作用叶片泵；精度较高的机械设备(如磨床)可用螺杆泵、双作用叶片泵；在负载较大并有快速和慢速工作行程的机械设备(如组合机床)中可使用限压式变量叶片泵；对负载大、功率大的机械设备(如龙门刨床、拉床)，可使用柱塞泵；而在机械设备的辅助装置(如送料、夹紧等不重要的地方)可使用廉价的齿轮泵。

表 3-3 各类液压泵的性能比较与选用

性　能	齿轮泵	双作用叶片泵	限压式变量叶片泵	轴向柱塞泵	径向柱塞泵	螺杆泵
工作压力/MPa	< 20	6.3 ~ 21	≤7	20 ~ 35	10 ~ 20	< 10
转速范围/(r/min)	300 ~ 7 000	500 ~ 4 000	500 ~ 2 000	600 ~ 6 000	700 ~ 1 800	1 000 ~ 18 000
容积效率	0.70 ~ 0.95	0.80 ~ 0.95	0.80 ~ 0.90	0.90 ~ 0.98	0.85 ~ 0.95	0.75 ~ 0.95
总效率	0.60 ~ 0.85	0.75 ~ 0.85	0.70 ~ 0.85	0.85 ~ 0.95	0.75 ~ 0.92	0.70 ~ 0.85
功率重量比	中等	中等	小	大	小	中等
流量脉动率	大	小	中等	中等	中等	很小
自吸特性	好	较差	较差	较差	差	好
对油的污染敏感性	不敏感	敏感	敏感	敏感	敏感	不敏感
噪声	大	小	较大	大	大	很小
寿命	较短	较长	较短	长	长	很长
单位功率造价	最低	中等	较高	高	高	较高
应用范围	机床、工程机械、农机、航空、船舶、一般机械	机床、注塑机、液压机、起重运输机械、工程机械、飞机	机床、注塑机	工程机械、锻压机械、起重运输机械、矿山机械、冶金机械、船舶、飞机	机床、液压机、船舶机械	精密机床、精密机械、食品、化工、石油、纺织等机械

本章小结

液压泵是液压系统的动力元件，是把输入的机械能转换为油液压力能的装置，从能量转换的角度来看，输入的是转矩和转速，输出的是液压油的压力和流量。对于液压泵来说，排量是最重要的结构参数。不同类型的液压泵有不同的额定压力，同时注意额定压力、工作压力和最大压力的区别。通过参数计算公式，明确各参数之间的运算关系；根据应用场合选用正确类型的液压泵。齿轮泵为定量泵，理解困油现象和径向不平衡力，掌握其解决的措施。对于叶片泵来说，单作用叶片泵可作为变量泵，改变偏心距即可改变单作用叶片泵的排量，双作用叶片泵为定量泵。柱塞泵较适合在高压大流量的场合下工作，掌握柱塞泵的分类和变量原理。

思考题

1. 液压泵的工作压力取决于什么？液压泵的工作压力和额定压力有什么区别？

2. 形成容积式泵必须具备什么条件？

3. 试说明齿轮泵的困油现象及解决办法。

4. 齿轮泵压力的提高主要受哪些因素的影响？可以采取哪些措施来提高齿轮泵的工作压力？

5. 比较说明双作用叶片泵和单作用叶片泵各有什么优、缺点。

6. 限压式变量叶片泵的限定压力和最大流量怎样调节？在调节时，叶片泵的压力流量曲线将怎样变化？

7. 液压泵铭牌标注的额定流量为 100 L/min，液压泵的额定压力为 2.5 MPa，转速为 1 450 r/min，机械效率为 $\eta_v = 0.9$。由实验测得，当液压泵的出口压力为零时，流量为 106 L/min；压力为 2.5 MPa 时，流量为 100.7 L/min，求：

(1)液压泵的容积效率 η_v 是多少？

(2)如果液压泵的转速下降到 500 r/min，在额定压力下工作时，估算液压泵的流量是多少？

(3)计算在上述两种转速下液压泵的驱动功率是多少？

8. 定量叶片泵转速为 1 500 r/min，在输出压力为 6.3 MPa 时，输出流量为 53 L/min，这时实测液压泵轴消耗功率为 7 kW，当泵空载卸荷运转时，输出流量为 56 L/min，求：

(1)该泵的容积效率是多少？

(2)该泵的总效率是多少？

9. 斜盘式轴向柱塞泵的斜盘倾角为 22°30′，柱塞直径为 22 mm，柱塞分布圆直径为 68 mm，柱塞个数为 7，该泵的容积效率为 0.95，机械效率为 0.90，转速为 960 r/min，求：

(1)该泵的理论流量是多少？

(2)该泵的实际流量是多少？

(3)若泵的输出压力为 10 MPa 时，所需电动机的功率是多少？

第 4 章

液压执行元件

[本章提要]

　　液压马达和液压缸是将液压系统中的液压能转换为机械能的能量转换装置，都是执行元件。本章讨论液压马达工作原理和性能参数；液压缸的类型和工作原理、液压缸的典型结构以及液压缸的设计计算。通过本章的学习，要求掌握几种液压马达的工作原理和液压马达的性能参数。掌握液压缸设计中应考虑的问题，包括结构类型的选择和参数计算等，为液压缸设计打下基础。

　　4.1　液压马达

　　4.2　液压缸

4.1　液压马达

液压马达驱动机构实现连续回转(或摆动)运动,使系统输出一定的转矩和转速;液压马达和液压泵在原理上可逆,结构上类似,但由于用途不同,它们在结构上有一定差别。常用的液压马达有柱塞式、叶片式和齿轮式等。

4.1.1　液压马达的工作原理

以斜盘式轴向柱塞马达为例说明液压马达的工作原理。如图 4 – 1 所示,斜盘 1 和配油盘 4 固定不动,柱塞 3 水平放在缸体 2 中,缸体 2 和马达轴 5 相连并一起转动。斜盘的中心线和缸体的中心线相交一个倾角 β。当压力油通过配油盘 4 的配油窗口输入到缸体上的柱塞孔时,处在高压腔中的柱塞被顶出,使之压在斜盘上。斜盘对柱塞的反作用力 F 垂直于斜盘表面,它的水平分力 F_x 与柱塞上的液压力平衡,垂直分力 F_y 使缸体 2 产生转矩,带动马达轴 5 作逆时针方向转动。如果改变液压马达压力油的输入方向(如从配油盘右侧的配油窗口输入压力油),马达轴就会顺时针方向转动。设第 i 个柱塞和缸体的垂直中心线夹角为 θ,柱塞在缸体中的分布圆半径为 R,则在该柱塞上产生的转矩为

$$T_i = F_y \cdot l = F_y \cdot R \cdot \sin\theta = F_x \cdot R \cdot \tan\beta \cdot \sin\theta \qquad (4-1)$$

液压马达产生的转矩应是处于高压腔柱塞产生转矩的总和,即

$$T = \sum F_x \cdot R \cdot \tan\beta \cdot \sin\theta \qquad (4-2)$$

随着角 θ 的变化,每个柱塞产生的转矩也发生变化,故液压马达产生的总转矩也是脉动的,它的脉动情况和讨论液压泵流量脉动时的情况相似。

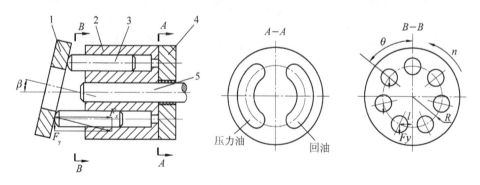

图 4 – 1　轴向柱塞马达

1—斜盘;2—缸体;3—柱塞;4—配油盘;5—马达轴

4.1.2　液压马达的主要性能参数

4.1.2.1　压力

①额定压力：在额定转数范围内连续运转，能达到设计寿命的最高输入压力。

②最高压力：允许短暂运行的最高压力。

③背压：指液压马达运转时出口侧的压力，能保证马达稳定运转时最低出口侧的压力称为最低背压。

4.1.2.2　排量和流量

①马达的排量 q_M：马达轴每旋转一转所需输入液体体积。

②马达的理论流量 Q_t：在额定转数时、用计算方法得到的单位时间内能输入最大的流量，由于有泄漏损失，实际输入的流量必须大于理论流量。

4.1.2.3　效率和功率

（1）容积效率 η_{MV}

液压马达的理论流量 Q_t 与实际输入流量 Q 的比值。

$$\eta_{MV} = \frac{Q_t}{Q} \times 100\% = \frac{Q_t}{Q_t + \Delta Q} \times 100\% \qquad (4-3)$$

式中：ΔQ——马达的泄漏量。

（2）机械效率 η_{Mm}

由于有摩擦损失，液压马达实际输出的转矩 T 小于理论转矩 T_t。如果损失转矩 ΔT，则实际输出转矩 T 和机械效率 η_{Mm} 分别为

$$T = T_t - \Delta T \qquad (4-4)$$

$$\eta_{Mm} = \frac{T}{T_t} = \frac{T_t - \Delta T}{T_t} = 1 - \frac{\Delta T}{T_t} \qquad (4-5)$$

（3）马达的总效率 η_M

$$\eta_M = \eta_{MV} \cdot \eta_{Mm} \qquad (4-6)$$

（4）马达的输入功率 P_i

$$P_i = \Delta p \cdot Q \qquad (4-7)$$

式中：Δp——马达入口压力和出口的压力之差。

（5）马达的输出功率 P_o

$$P_o = T \cdot \omega = 2\pi \cdot n_M \cdot T \qquad (4-8)$$

式中：ω，n_M——马达轴的角速度和转速。

4.1.2.4 输出的转矩和转速

（1）液压马达轴理论输出的转矩 T_t 和实际输出的转矩 T

$$T_t = \frac{\Delta p \cdot q_M}{2\pi} \tag{4-9}$$

$$T = \frac{\Delta p \cdot q_M}{2\pi} \cdot \eta_{Mm} \tag{4-10}$$

式中：q_M——马达的排量。

（2）马达轴实际输出的转速

$$n_M = \frac{Q_t}{q} = \frac{Q \cdot \eta_{MV}}{q} \tag{4-11}$$

4.1.3 液压马达的类型

与液压泵类似，从结构上看，常用的液压马达有柱塞式、叶片式和齿轮式三大类。根据其排量是否可调，可分为定量马达和变量马达；根据转速高低和转矩大小，液压马达又分为高速小转矩和低速大转矩液压马达等。另外，有些液压马达只能做小于某一角度的摆动运动，称为摆动式液压马达。各类液压马达图形符号如图 4-2 所示。

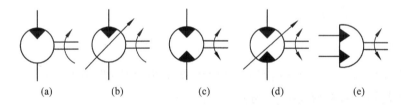

（a）　　（b）　　（c）　　（d）　　（e）

图 4-2　液压马达图形符号
（a）定量马达；（b）变量马达；（c）双向定量马达；（d）双向变量马达；（e）摆动马达

4.1.4 典型液压马达的结构和工作原理

4.1.4.1 齿轮液压马达

齿轮马达的结构与齿轮泵相似，工作原理与齿轮泵可逆。如图 4-3 所示，当高压油输入后，由于作用在两个齿轮上的压力作用面积存在差值而产生转矩，推动齿轮克服负载阻力矩而转动。图中 K 为两齿轮的啮合点。设齿轮的齿高为 h，啮合点 K 到齿根的距离分别为 a 和 b。由于 a 和 b 都小于 h，所以当压力油作用在齿面上时（如图中箭头所示，凡齿面两边受力平衡的部分都未用箭头表示），在两个齿轮上就各有一个使它们产生转矩的作用力 $pB(h-a)$ 和 $pB(h-b)$，其中 p 为输入油液的压力，B 为齿宽。在上述作用力下，两齿轮按图示方向回转，并把油液带到低压腔排出。和一般齿轮泵一样，齿轮马达由于密封性较差，容积效率较低所以输入的油压不能过高，因而不能产生较大转矩，并且它的转速和转矩都是随着齿轮的啮合情况而脉动的。因此齿轮马达一般多用于高转速低转矩的情况。

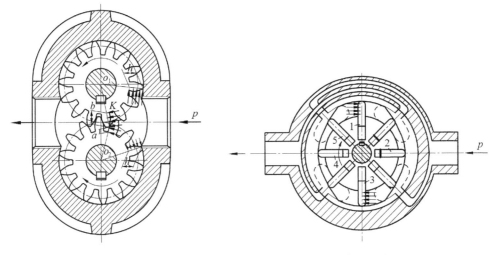

图 4 – 3　齿轮马达的工作原理　　　　　　图 4 – 4　叶片马达的工作原理

4.1.4.2　叶片马达

叶片马达一般是双作用式定量马达，其工作原理如图 4 – 4 所示。当压力为 p 的油液从进油口进入叶片之间时，位于进油腔中的叶片 5 因两面均受压力油作用，而不产生转矩。位于封油区的叶片一面受压力油作用，另一面受出油口低压油的作用，所以能产生转矩。同时叶片 1、3 和叶片 2、4 受力方向相反，叶片 1、3 产生的转矩使转子顺时针回转，叶片 2、4 产生的转矩使转子逆时针回转，但 1、3 叶片伸出长，作用面积大，因此转子做顺时针方向（正转）转动。叶片 1、3 和叶片 2、4 产生的转矩差就是叶片马达的输出转矩，当定子的长短半径差值和转子的直径越大，输入的油压越高，马达输出的转矩也越大。当改变输油方向时，马达实现反转。

叶片马达体积小，转动惯量小，因此动作灵敏，可适应换向频率较高的系统。但泄漏较大，不能在很低转速下工作。所以叶片马达一般适用于高速、低转矩以及要求动作灵敏的工作场合。

4.1.4.3　摆动式液压马达

摆动式液压马达是一种实现往复摆动运动的执行元件。它有单叶片式和双叶片式两种结构。图 4 – 5（a）为单叶片式摆动马达，当压力油从孔 a 进入，推动叶片 1 和轴一起作逆时针方向转动，回油从孔 b 排出；当压力油从孔 b 进入时，推动叶片 1 和轴一起作顺时针方向转动，回油从孔 a 排出。定子块 2 的作用是将高低压油腔隔开，故其摆动角度小于 310°。设进出油口压力分别为 p_1、p_2，叶片的轴向宽度为 b，叶片的内、外半径为 R_1、R_2，实际输入流量为 Q，机械效率和容积效率为 η_{MV}、η_{MV}，则输出的转矩 T 和

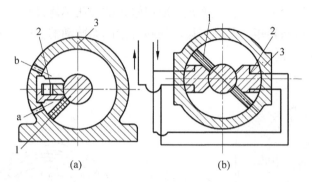

图 4 - 5　摆动液压马达工作原理

（a）单叶片式；（b）双叶片式

1—叶片；2—定子块；3—缸筒

角速度 ω 为

$$T = \frac{b}{2} \cdot (R_2^2 - R_1^2) \cdot (p_1 - p_2) \cdot \eta_{Mm} \tag{4 - 12}$$

$$\omega = \frac{2 \cdot Q}{b \cdot (R_2^2 - R_1^2)} \cdot \eta_{MV} \tag{4 - 13}$$

图 4 - 5(b)为双叶片式摆动马达。它有两个进、出油口，其摆动角度小于 100°。与单叶片式比较，若结构尺寸和输入油的压力、流量都相同的条件下，输出转矩能增加 1 倍。输出轴不受径向力，机械效率高。但转角较小，内泄漏较大，容积效率较低。

4.2　液压缸

液压缸是将液压系统的压力能转换成直线往复运动形式的机械能。它结构简单，工作可靠，在各种机械的液压系统中得到广泛应用。根据常用液压缸的结构形式，可以分为活塞缸、柱塞缸和伸缩缸等。

4.2.1　液压缸的类型及其特点

4.2.1.1　活塞式液压缸

（1）单活塞杆液压缸

单活塞杆液压缸的活塞只有一端带活塞杆。图 4 - 6(a)是工程机械采用的一种单活塞杆液压缸，图 4 - 6(b)是它的图形符号。这种液压缸主要由缸筒 2、活塞 5、活塞杆 8、端盖 1 和导向套 6 等组成。无缝钢管制成的缸筒 2 与端盖 1 焊接在一起。为了防止油液内外泄漏，在缸筒与活塞之间，缸筒和两侧端盖之间、活塞杆与导向套之间分别装了密封圈 4、9 和 10。此外在前端与活塞杆之间装有导向套 6 和防尘圈 7。油口 A 和 B 都可以通压力油和回油，以实现双向运动，故称为双作用液压缸。

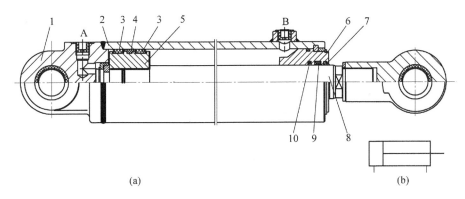

（a）　　　　　　　　　　　　　　　　　　　（b）

图 4 – 6　单活塞杆液压缸

（a）结构图；（b）图形符号

1—端盖；2—缸筒；3—支撑环；4、9、10—密封圈；5—活塞；

6—导向套；7—防尘圈；8—活塞杆

　　由于被活塞分隔开的两腔只有一端有活塞杆伸出，单活塞杆液压缸左右两腔有效工作面积不相等，因此从左腔通入压力油和从右腔通相同的压力油，所得两个方向的推力不相等。如图 4 –6(a) 所示，其推力分别为

$$F_1 = p_1 \cdot A_1 - p_2 \cdot A_2 = \frac{\pi}{4} [D^2 p_1 - (D^2 - d^2) p_2] \cdot \eta_{Cm} \tag{4 – 14}$$

$$F_2 = p_1 \cdot A_2 - p \cdot A_1 = \frac{\pi}{4} [D^2 - d^2] p_1 - D^2 p_2 \cdot \eta_{Cm} \tag{4 – 15}$$

式中：F_1，F_2——压力油分别进入无杆腔、有杆腔时的推力；

　　　p_1，p_2——高压腔、回油腔的压力；

　　　A_1，A_2——活塞无杆腔、有杆腔的活塞有效面积；

　　　D，d——活塞和活塞杆直径；

　　　η_{Cm}——液压缸机械效率。

　　当分别给两腔通入相同流量 Q 时，液压缸往复运动速度 v_1、v_2 也不相等，如图 4 –7 所示。如果液压缸容积效率为 η_{CV}，其往复运动速度

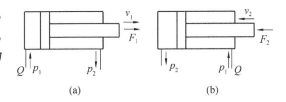

$$v_1 = \frac{4Q}{\pi D^2} \cdot \eta_{CV} \tag{4 – 16}$$

$$v_2 = \frac{4Q}{\pi (D^2 - d^2)} \cdot \eta_{CV} \tag{4 – 17}$$

（a）　　　　　　　（b）

图 4 – 7　液压缸推力和速度计算

（a）从左腔通压力油；（b）从右腔通压力油

　　在活塞往复运动速度有一定要求的情况下，单活塞杆液压缸的活塞杆直径 d 通常根据无杆腔和有杆腔活塞有效面积比 A_1/A_2、速度比 φ 的要求以及缸筒内径 D 来确定。

$$\varphi = \frac{v_2}{v_1} = \frac{A_1}{A_2} = \frac{1}{1 - \left(\dfrac{d}{D} \right)^2} \tag{4 – 18}$$

$$d = D \sqrt{\frac{\varphi - 1}{\varphi}} \qquad (4-19)$$

上式表明,当 d 越小,φ 越接近于1,两方向的速度差值越小。但为了防止返回速度过大造成冲击,设计时一般选取 $\varphi < 1.61$。单活塞杆液压缸两腔面积比 A_1/A_2、速度比 φ 值与 d/D 之间关系见表4-1。

表4-1 面积比、速度比与 d/D 之间的关系

φ	1.15	1.25	1.33	1.46	1.61	2
d/D	0.36	0.45	0.50	0.55	0.62	0.71
A_1/A_2	0.87	0.80	0.75	0.69	0.62	0.50

当液压油同时通入单活塞杆液压缸的两腔时(图 4-8),由于作用在活塞两侧端面上的推力不等,无杆腔的作用力较大,使活塞杆向右伸出,此时有杆腔排出的油液与泵供给油液汇合后进入液压缸的无杆腔,从而提高了运动速度。这种工况称为差动连接,差动连接时的推力 F_3 和差动速度 v_3 为

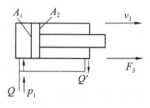

图 4-8 差动连接

$$F_3 = p_1 \cdot (A_1 - A_2) \cdot \eta_{Cm}$$

$$= \frac{\pi}{4} [D^2 - (D^2 - d^2)] \cdot p_1 \cdot \eta_{Cm}$$

$$= \frac{\pi}{4} d^2 \cdot p_1 \cdot \eta_{Cm} \qquad (4-20)$$

$$v_3 = \frac{Q + Q'}{A_1} \cdot \eta_{CV} \qquad (4-21)$$

$$Q' = \frac{\pi}{4} (D^2 - d^2) \cdot v_3 \qquad (4-22)$$

$$v_3 = \frac{4Q}{\pi \cdot d^2} \cdot \eta_{CV} \qquad (4-23)$$

符号意义参阅图 4-8。

将式(4-23)与式(4-16)比较可知,活塞的面积由原来的 $\frac{1}{4}\pi D^2$ 变成 $\frac{1}{4}\pi d^2$(即活塞杆面积),可见差动连接比非差动连接时的速度大。总之,差动连接是通过减少推力而达到提高运动速度一种方法。

如图 4-7(b)所示,若要使活塞向左运动(回程)的速度 v_2 等于"差动连接"向右运动的速度 v_3 时,即

$$v_2 = v_3 \qquad (4-24)$$

$$\frac{4Q}{\pi(D^2 - d^2)} = \frac{4Q}{\pi \cdot d^2} \qquad (4-25)$$

$$d = \frac{D}{\sqrt{2}} \approx 0.7D \qquad (4-26)$$

从式(4 – 26)可知，要使活塞往返运动速度相同，活塞杆面积等于活塞面积的 1/2（即 $d \approx 0.7D$）。

(2)双活塞杆液压缸

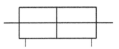

图 4 – 9 双活塞杆液压缸的图形符号

双活塞杆液压缸被活塞分隔开的两腔均有活塞杆伸出，且活塞杆直径相等。图形符号如图 4 – 9 所示。如果两腔分别通入相同流量和压力油液时，则活塞往返两个方向的运动速度和推力均相等，即

$$F_1 = F_2 = A \cdot (p_1 - p_2) = \frac{\pi}{4}(D^2 - d^2) \cdot (p_1 - p_2) \cdot \eta_{Cm} \tag{4 – 27}$$

$$v_1 = v_2 = \frac{Q}{\frac{1}{4}\pi(D^2 - d^2)} \cdot \eta_{CV} \tag{4 – 28}$$

4.2.1.2 柱塞缸

图 4 – 10 为柱塞式液压缸的结构图及图形符号。当从左边的进油口向缸筒内通入液压油时，柱塞 2 在油压作用下向外推出，反方向回程靠外力实现，如自重或成对使用，见图 4 – 11。由于是单向液压驱动，又称单作用液压缸。如果柱塞的面积为 A，柱塞直径为 d，输入的流量和压力分别为 Q、p，其柱塞的推力 F 和运动速度 v 的计算式如下：

$$F = p \cdot A = \frac{\pi}{4}d^2 \cdot p \tag{4 – 29}$$

$$v = \frac{Q}{A} \tag{4 – 30}$$

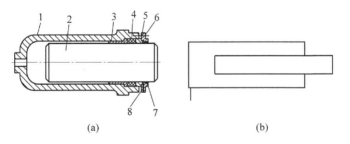

(a) (b)

图 4 – 10 柱塞式液压缸

(a) 结构原理图；(b) 图形符号

1—缸体；2—柱塞；3—导向套；4—密封装置；5、6—密封压紧装置；7—防尘圈；8—泄油口

从图 4 – 10(a)可以看出，柱塞 2 仅在导向套 3 中滑动，当柱塞行程较长时，需在缸筒内设置各种不同形式的辅助支承，起辅助导向作用，如图 4 – 12 所示。

由于缸筒内壁与柱塞有间隙不接触，除安装导向套、密封装置等部分外，其余内壁可不加工或粗加工。所以当行程较长，缸筒内孔加工有一定困难时，选用柱塞缸较为合适。

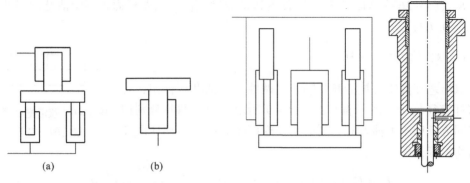

(a)　　　　　　　(b)

图 4 – 11　柱塞缸的回程

(a)用两个活塞缸回程；(b)自重回程

图 4 – 12　辅助导向

4. 2. 1. 3　其他液压缸

（1）增速液压缸

为了提高生产率，经常采用各种方法加快液压缸的运动速度，以缩短非工作时间。办法之一就是缩小液压缸有效工作面积。图 4 – 13 是增速液压缸的结构示意图，它由活塞缸和柱塞缸组合而成。活塞 2 一方面和缸筒 3 组成活塞缸，另一方面又和柱塞 1 组成柱塞缸，柱塞 1 与缸筒 3 固定。

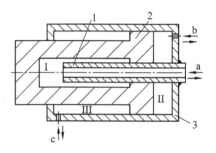

图 4 – 13　增速缸结构示意图

1—柱塞；2—活塞；3—缸筒

当液压油从 a 口通入油腔 I 时，由于柱塞 1 直径较小，推动活塞 2 相对柱塞向左快速移动，这时油腔 II 产生局部真空，由 b 口补充低压油，油腔 III 被挤出的油液从 c 口排出。当活塞 2 进入工作状态，油液压力升高，以此压力为信号控制油路，从 a、b 口一起向油腔 I 和 II 输入液压油，此时活塞转入大推力低速运动。当工作完毕，由 c 口向油腔 III 通入液压油，活塞 2 返回。

（2）伸缩式液压缸

伸缩式液压缸具有二级或多级活塞套装而成，前一级活塞缸的活塞杆是后一级活塞缸的缸筒，如图 4 – 14 所示(二级)。伸缩式液压缸活塞伸出的顺序是按活塞的有效工作面积大小依次动作，有效面积大的先动，小的后动；而空载缩回的顺序则相反。伸出时的推力和速度是分级变化的，大活塞 5 有效面积大，伸出时推力大速度低，第二级活塞 1 伸出时推力小速度高。

这种缸的特点是在各级活塞依次伸出时可以获得很长的行程，而收缩后轴向尺寸很小。常用于翻斗汽车、起重机和挖掘机等工程机械上。伸缩式液压缸也可以是单作用式。

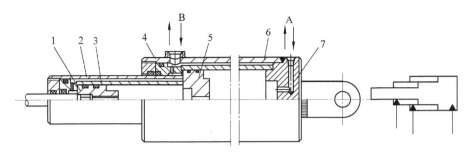

图 4 - 14　伸缩式液压缸结构示意图

1—活塞；2—套筒；3—小缸；4—套筒；5—大活塞；6—大缸；7—缸盖

（3）增压缸

　　增压缸又称增压器。它是由活塞缸和柱塞缸组合而成的复合式液压缸，可以使液压系统中的局部区域获得高压。如图 4 - 15 所示，大缸筒与低压系统相连接。当大端活塞（直径为 D）在较低的压力 P_A 作用下向右移动时，在小端柱塞（直径为 d）右端便可获得较高的输出压力 P_B。它们间的关系为

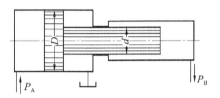

图 4 - 15　增压缸

$$P_B = P_A \cdot \frac{D^2}{d^2} \tag{4 - 31}$$

　　这种液压缸是油路中的中间环节，可采用低压泵满足高压油路的要求。

4.2.2　液压缸的结构

　　在设计液压缸时，常涉及各部分结构的选用问题。

（1）缸筒与端盖的连接方式

　　缸筒与端盖的连接决定于缸筒的加工工艺性和液压缸的装配工艺性。它与液压缸的工作压力、缸筒的材料以及工作条件有关。当工作压力较低且选用铸铁缸筒时，端盖连接方式多采用法兰连接；当缸筒选用无缝钢管时多采用卡环连接、螺纹连接和焊接等；其他还有拉杆等连接，如图 4 - 16 所示。

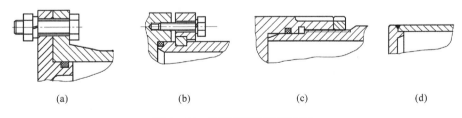

　　(a)　　　　　　　　(b)　　　　　　　　(c)　　　　　　　　(d)

图 4 - 16　缸筒和端盖连接结构

①法兰连接：图4-16(a)所示为法兰连接，这种结构是将缸筒端部铸成法兰或焊上法兰，然后用螺栓与端盖连接。其特点结构简单、易于加工和装拆，但外形尺寸较大。这种连接形式应用比较广泛。

②外卡环连接：图4-16(b)是比较常用的外卡环连接，装拆比较简单，外形尺寸较大。但缸筒壁上开了槽，会削弱缸筒强度，所以缸筒要适当加厚。

③螺纹连接：图4-16(c)采用螺纹连接，其特点是结构紧凑，外形尺寸小，但缸筒端部需加工螺纹，结构复杂，加工和装拆不方便，适用于较小的缸筒。

④焊接结构：图4-16(d)为焊接结构，结构简单，外形尺寸小。缺点是易产生焊接变形，清洗、装卸有些困难。

还有缸筒和端盖采用四拉杆固紧的连接方法(图略)，缸筒的加工和装拆都方便，只是重量较重、外形尺寸较大。

（2）活塞与活塞杆的连接

在液压缸行程较短，且活塞与活塞杆直径相差不多时，可将活塞和活塞杆做成整体。但在大多数情况下，活塞与活塞杆是分开的，通过适当的结构将它们连接成一体。

在选用活塞和活塞杆的连接方式时，应同时考虑活塞与缸筒壁的密封方式和活塞的结构。一般的工作机械采用螺纹连接，如图4-17(a)；在工作压力较高和振动较大时，则采用卡环连接，如图4-17(b)、(c)；图4-17(c)中的活塞杆6使用了两个卡环9，它们分别由两个密封圈座套住，在两个密封圈座之间装入两个半圆环形的活塞8。图4-17(d)中，则是用锥销10把活塞11固定在活塞杆12上。

由于活塞组件在液压缸中是一个支承件，必须有足够的耐磨性能。所以活塞一般都是铸铁的，而活塞杆材料通常采用钢。在装配时应注意使Y形密封圈的唇边面对有压力的油腔。图4-17(b)、(c)这种密封圈因摩擦力小，也能用于相对运动速度较高的密封面处，其密封能力可随压力的加大而提高，并能自动补偿磨损。

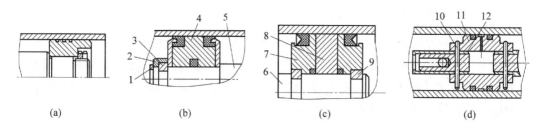

图4-17 活塞和活塞杆连接的结构

（3）缓冲装置

当液压缸所驱动的工作部件质量较大，运动速度较高时，具有较大的动量。为减少液压缸在行程终端由于大的动量所造成的液压冲击和噪声，一般在大型、高速或要求较高的液压缸中往往设置缓冲装置。尽管液压缸中的缓冲装置结构形式很多，但它们的工作原理都是相同的。当活塞在到达行程终端之前的一定距离内，设法把排油腔内之油液的一部分或全部封闭起来，使其通过节流小孔(或缝隙)排出，从而使被封闭的油液，产生适当的缓冲压力作用在活塞的排油侧上，与活塞的惯性力相对抗，以达到减速制动的目的。液压缸上常用的缓冲装置如图 4 - 18 所示。

①恒节流型：图 4 - 18(a)为恒节流型缓冲装置，当活塞运动接近端盖时，活塞上的凸台进入端盖的凹腔，将封闭在回油腔中的油液从凸台和凹腔之间的环状间隙 δ 中挤压出去，增大回油阻力，从而使活塞运动速度逐渐减下来。这种缓冲装置结构简单，但缓冲压力不能调节，实现减速所需行程较长，适用于移动部件惯性不大，运动速度不高的场合。

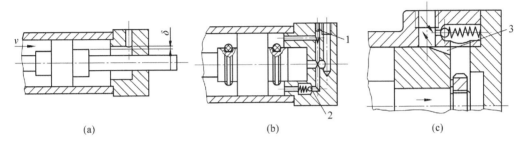

图 4 - 18 液压缸的缓冲装置

②节流阀式：图 4 - 18(b)所示为恒节流型节流阀式缓冲装置。当活塞上的凸台进入端盖的凹腔后，由于凸台和凹腔之间有 O 形密封圈挡油，圆环形回油腔中的油液只能通过针形节流阀 1 流出，使回油阻力增大，因而使活塞受到制动作用。这种缓冲装置可以根据负载情况调整节流阀 1 的开口，即可控制缓冲腔内压力的大小。因此适用范围较广。

③变节流型：图 4 - 18(c)所示为变节流型缓冲装置，它在活塞上开有变截面的轴向三角形槽 3。当活塞移近端盖时，回油腔油液只能经过轴向三角槽排出，使活塞受到制动作用。从图中可看出，随着活塞的移动，三角槽的通流截面逐渐变小，阻力作用增大，因此缓冲作用均匀，冲击压力较小，制动位置精度高。

(4)排气装置

在安装过程中或长时间停止工作一段时间后，液压系统中会有空气渗入。空气进入液压缸会影响运动的平稳性，产生低速爬行以及导致换向精度下降，严重的在启动时还会产生运动部件突然冲击现象。因此在液压缸结构设计时应考虑排气装置。

排气的方式很多，最简单的方法是将进出油口放在液压缸油腔的最高处，那里往往是空气聚积的地方。当进出油口因结构限制而不能开在油腔的最高处时，一种是在液压缸的最高部位处开排气孔，如图 4 - 19(a)所示，并用管道连接排气阀进行排气，当系统工作时该阀应关闭。另一种是在液压缸的最高部位装排气阀，如图 4 - 19(b)、(c)所示。双作用液压缸应安装两个排气阀。

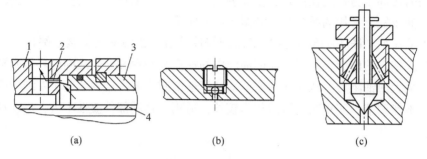

图 4 – 19　排气装置

1—缸盖；2—放气小孔；3—缸筒；4—活塞杆

4.2.3　液压缸的设计计算

（1）液压缸的设计中应注意的问题

液压缸的设计是整个液压系统设计的重要内容之一，由于液压缸是液压系统的执行元件，和工作机构有直接的联系。对于不同的工作机构，液压缸具有不同的用途和工作要求。因此在设计液压缸之前，应做好充分的调查研究，收集必要的原始资料和设计依据，包括用途、性能和工作条件；工作机构的形式、结构特点、负载情况、行程大小和动作要求等；液压缸所选定的工作压力和流量；同类型机器液压缸的技术资料和使用情况以及有关国家标准和技术规范等。

不同的液压缸有不同的设计内容和要求，一般在设计液压缸的结构时应注意下列几个问题：

①　在保证满足设计要求的前提下，尽量使液压缸的结构简单紧凑，尺寸小，尽量采用标准件、通用件和标准部件，使设计和制造容易，装配、调整和维护方便。

②　应尽量使活塞杆在受拉力的情况下工作，以免产生纵向弯曲。为此，在双活塞杆式液压缸中，活塞杆与支架连接处的螺栓固紧螺母应安装在支架外侧。对单活塞杆液压缸来讲，应尽量使活塞杆在受拉状态下承受最大负载。

③　当确定液压缸在机器上的固定形式时，必须考虑缸筒受热后伸长问题，为此，缸筒应在一端用定位销固定，另一端能自由伸缩。双活塞杆液压缸的活塞杆与支架之间不能采用刚性连接。

④　当液压缸很长时，应防止活塞杆由于自重产生过大下垂而使局部磨损加剧。

⑤　应尽量避免用软管连接。

⑥　液压缸结构设计完后，应对液压缸的强度、稳定性进行验算。

（2）液压缸主要尺寸的确定

液压缸的主要尺寸有缸筒内径、活塞杆直径和缸筒长度等。

①　缸筒内径 D：根据负载大小和选定的工作压力、运动速度和输入流量，按本章

有关公式计算确定后，再从 GB/T 2348—1993 标准中选取相近尺寸加以圆整。

② 活塞杆直径 d：按工作时受力情况来决定，如表 4-2 所示。对单活塞杆液压缸，d 值也可由 D 和速度比 φ 来决定。按 GB/T 2348—1993 标准进行圆整。

表 4-2　机床液压缸活塞杆直径推荐表

活塞杆受力情况	受拉伸	受压缩，工作压力 p/MPa		
		$p \leqslant 5$	$5 < p \leqslant 7$	$p > 7$
活塞杆直径 d	$(0.3 \sim 0.5)D$	$(0.5 \sim 0.55)D$	$(0.6 \sim 0.7)D$	$0.7D$

③ 缸筒长度：由最大工作行程和结构上的需要确定。液压缸筒长度 = 活塞行程 + 活塞长度 + 活塞导向长度 + 活塞杆密封及导向长度 + 其他长度。其中活塞长度 $B = (0.6 \sim 1)D$；活塞杆导向长度 $A = (0.6 \sim 1.5)d$。

其他长度是指一些特殊装置所需长度，例如液压缸两端缓冲装置所需长度等。对某些单活塞杆液压缸有时提出最小导向长度 H 的问题，见图 4 - 20，要求最小导向长度

$$H \geqslant \frac{L}{20} + \frac{D}{2} \tag{4-32}$$

式中：L——活塞最大行程。

其他符号意义如图 4 - 20 所示。为了满足这一要求，图中增加一个宽度为 C 的中隔圈 K。

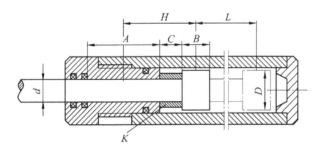

图 4 - 20　最小导向长度

(3) 液压缸强度计算

对于液压缸的缸筒壁厚 δ、端盖处固定螺钉的螺纹强度和活塞杆直径 d，在高压系统中，必须进行强度计算。

① 缸筒壁厚的计算：在中、低压液压系统中，缸筒壁厚 δ 往往由结构工艺要求决定，一般不要求校核计算。在高压系统中，可按下列情况分别进行计算。

当缸筒壁厚 $\delta/D \leqslant 0.08$ 时，可按薄壁缸筒的实用计算公式计算，即

$$\delta \geqslant \frac{p_{\max} \cdot D}{2[\delta]} \tag{4-33}$$

当壁厚 $\delta/D = 0.08 \sim 0.3$ 时

$$\delta \geqslant \frac{p_{\max} \cdot D}{2.3[\sigma] - 3p_{\max}} \qquad (4-34)$$

当壁厚 $\delta/D \geqslant 0.3$ 时

$$\delta \geqslant \frac{D}{2} \left[\sqrt{\frac{[\sigma] + 0.4p_{\max}}{[\sigma] - 1.3p_{\max}}} - 1 \right] \qquad (4-35)$$

式中：D——缸筒内径，m；

　　　　$p_{\max}$——最高允许压力，MPa，当额定压力 $p_n \leqslant 16$ MPa 时，取 $p_{\max} = 1.5p_n$，当额定压力 $p_n > 16$ MPa 时，取 $p_{\max} = 1.25p_n$，军用产品规范规定 $p_{\max} = (2 \sim 2.5)p_n$；

　　　　$[\sigma]$——缸筒材料的许用应力，MPa，$[\sigma] = \sigma_s/n$，σ_s 为缸筒材料的屈服强度，MPa，n 为安全系数，通常取 $n = 1.5 \sim 2.5$，根据液压缸的重要程度和工作压力大小等因素选取（工作压力大，n 选取小一些）。

　　② 缸筒端部螺纹连接的强度计算：缸筒与前、后端盖用螺纹连接时，缸筒螺纹处的强度计算如下。

　　螺纹处的拉应力

$$\sigma = \frac{K \cdot F}{\frac{\pi}{4}(d_1^2 - D^2)} \times 10^{-6} \qquad (4-36)$$

　　螺纹处的剪应力

$$\tau = \frac{K_1 \cdot K \cdot F \cdot d}{0.2 \cdot (d_1^3 - D^3)} \times 10^{-6} \qquad (4-37)$$

　　合成应力

$$\sigma_n = \sqrt{\sigma^2 + 3\tau^2} \leqslant [\sigma] \qquad (4-38)$$

式中：F——缸筒端部承受的最大推力，N；

　　　　D——缸筒内径，m；

　　　　d_0——螺纹外径，m；

　　　　d_1——螺纹底径，m；

　　　　K——拧紧螺纹的系数，不变载荷取 $K = 1.25 \sim 1.5$，变载荷取 $K = 2.5 \sim 4$；

　　　　K_1——螺纹连接的摩擦因数 $K_1 = 0.12$；

　　　　$[\sigma]$——缸筒材料的许用应力，MPa，$\sigma = \sigma_s/n$，σ_s 缸筒材料的屈服强度，MPa，n 安全系数取 $n = 1.5 \sim 2.5$。

　　有关其他连接方式的强度计算详见《液压传动设计手册》。

　　③ 活塞杆的强度计算：在活塞杆的强度计算中，通常以液压缸的活塞杆端部和缸筒端盖均为耳环铰接式安装方式作为基本情况来考虑。并令活塞杆全部伸出时，活塞杆端部和负载连接点与液压缸支承点的距离（安装长度）假定为 l。

　　当 $l \leqslant 10d$ 时，液压缸为短行程型，主要须验算活塞杆压缩或拉伸强度：

$$d \geqslant 2 \sqrt{\frac{F \cdot n_s}{\pi \sigma_s \times 10^6}} \qquad (4-39)$$

式中：F——液压缸的最大推力或拉力，N；

    σ_s——活塞杆材料的屈服强度，MPa；

    n_s——全系数，一般 $n_s = 2 \sim 4$；

    d——活塞杆直径，m。

应尽量避免活塞杆承受力矩，如果在工作时，活塞杆所承受的弯曲力矩不可忽略时（例如偏心载荷等），则可按下式计算活塞杆的应力

$$\sigma = \left[\frac{F}{A_d} + \frac{M}{W} \right] \times 10^{-6} \tag{4-40}$$

$$\sigma \leqslant \frac{\sigma_s}{n_s} \tag{4-41}$$

式中：A_d——活塞杆断面积，m^2；

    W——活塞杆断面模数，m^3；

    M——活塞杆所承受的弯曲力矩，N·m。

如果仅承受偏心载荷 F 时：

$$M = F \cdot Y_{max} \tag{4-42}$$

其中，Y_{max} 为 F 作用线至活塞杆轴线最大挠度处的垂直距离（m），σ_s、n_s、F 各值意义和单位同式(4-39)。

④ 活塞杆弯曲稳定性验算：活塞杆受轴向压力作用时，有可能产生弯曲，当活塞杆最大工作负荷 F(N)达到或超过某一临界负荷 F_K(N)时，会出现压杆不稳定现象。临界负荷 F_K 的大小与活塞杆长度和直径以及液压缸的安装方式等因素有关。当液压缸安装长度 $l \geqslant (10 \sim 15)d$ 时，须考虑活塞杆的弯曲稳定性验算。活塞杆通常是细长杆体，因此活塞杆的弯曲计算一般可按"欧拉公式"进行。

活塞杆弯曲失稳临界负荷 F_K，可按下式计算

$$F_K = \frac{\pi^2 \cdot E \cdot J \times 10^6}{K^2 \cdot l^2} \tag{4-43}$$

在弯曲失稳临界负荷 F_K 时，活塞杆将纵向弯曲。因此活塞杆最大工作负荷 F 应按下式验证

$$F \leqslant \frac{F_K}{n_K} \tag{4-44}$$

式中：K——安装及导向系数，其值见表4-3；

    E——活塞杆材料的弹性模数，MPa，钢材：$E = 210 \times 10^3$ MPa；

    J——活塞杆横截面惯性矩，m^4，圆截面：$J = \dfrac{\pi \cdot d^4}{64} = 0.049 d^4 m^4$；

    n_K——安全系数，一般取 $n_K = 3.5$；

    l——安装长度，其值与安装方式有关，见表4-3。

表 4-3　液压缸安装及导向系数 K

安装形式	类　型	安装及导向系数 K
	一端自由，一端刚性固定	$K = 2$
	两端铰接，刚性导向	$K = 1$
	一端铰接，刚性导向；一端刚性固定	$K \approx 0.707$
	两端刚性固定和导向	$K = 0.5$

本章小结

　　液压马达是液压系统的执行元件，是把输入油液的压力能转换为机械能的输出装置。其内部构造与液压泵类似，差别仅在于液压泵的旋转是由电机所带动，输出的是液压油；液压马达则是输入液压油，输出的是转矩和转速。因此，液压马达和液压泵在细部结构上存在一定的差别。对于液压马达来说，最重要的结构参数也是排量。不同类型的液压马达有不同的额定压力。应该注意，额定压力体现了液压马达的能力，在运转过程中，液压马达实际输出的转矩是随外界负载变化的。使用时要注意液压马达的各种效率。其中容积效率反映泄漏的影响，机械效率反映摩擦损失的影响。而总效率则为两个效率的乘积。容积效率影响液压马达的实际转速，机械效率影响液压马达的输出转矩。

　　液压缸和液压马达一样，也是将压力能转换成机械能，用以实现直线往复运动，是液压系统中最广泛应用的一种液压执行元件。学习时可以从工作条件出发，分析它与液压马达的共性和特性，从而加深对它的理解。液压缸有时需专门设计。设计液压缸的主要内容为：

　　①根据需要的作用力计算液压缸内径、活塞杆直径等主要参数；

　　②对缸筒壁厚、活塞杆直径以及螺纹连接的强度等进行必要的校核；

　　③确定各部分结构，其中包括密封装置、缸筒与缸盖连接、活塞结构以及缸筒的固定形式等，进行工作图设计。

思考题

　　1. 一个液压泵当负载压力为 8 MPa 时，输出流量为 96 L/min，而负载压力为 10 MPa 时，输出流量为 94 L/min。用此泵带动一个排量 $V = 8$ mL/r 的液压马达，当负载转矩为 120 N·m 时，液压马达的机械效率 $\eta_m = 0.94$，试求此时液压马达的容积效率。（提示：先求马达的负载压力）

　　2. 图 4-21 所示系统中，泵和马达的参数如下：泵的最大排量 $V_{max} = 115$ mL/r，转速 $\eta_p = 1\,000$ r/min，

液压泵的机械效率$\eta_{pm} = 0.9$，总效率$\eta_p = 0.84$；马达的排量$V_M = 148$ mL/r，机械效率$\eta_{Mm} = 0.9$，总效率$\eta_M = 0.84$，回路允许的最大压力$p_{max} = 8.3$ MPa，若不计管道损失，试求：

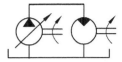

图 4-21

①马达最大转速及该转速下的输出功率和输出转矩；

②驱动液压泵所需的转矩。

3. 图 4-22 所示为一柱塞缸，其中柱塞固定，缸筒运动。压力油从空心柱塞中通入，压力为p，流量为Q。柱塞外径d，内径d_0，试求缸筒运动速度v和产生的推力F。

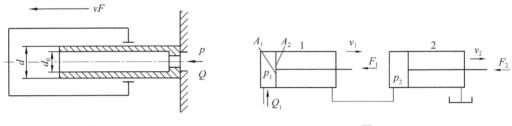

图 4-22   图 4-23

4. 已知液压缸的活塞有效面积A，运动速度v，有效负载为F，供给液压缸的流量为Q，压力为p，液压缸的总泄漏量为ΔQ，总摩擦阻力为f。试根据液压马达容积效率和机械效率的定义，求液压缸的容积效率和机械效率的表达式。

5. 图 4-23 所示为两个结构和尺寸均相同相互串联的液压缸，无杆腔面积$A_1 = 100$ cm^2，有杆腔面积$A_2 = 80$ cm^2，缸1输入压力$p_1 = 0.9$ MPa，输入流量$Q = 12$ L/min。不计泄漏和损失，试求：

①两缸承受相同负载时($F_1 = F_2$)，负载和速度各为多少？

②缸1不承受负载时($F_1 = 0$)，缸2能承受多少负载？

③缸2不承受负载时($F_2 = 0$)，缸1能承受多少负载？

6. 如图 4-24 所示的液压系统中，液压泵的名牌参数$Q = 18$ L/mim，$p = 6.3$ MPa，设活塞直径$D = 90$ mm，活塞杆直径$d = 60$ mm，在不计压力损失且$F = 28\,000$ N 时，试求在各图示情况下压力表的指示压力。

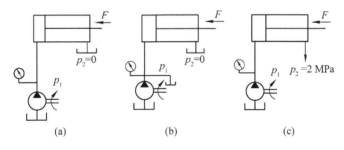

(a)   (b)   (c)

图 4-24

7. 一个单活塞杆液压缸快速向前运动时采用差动连接，快速退回时，压力油输入液压缸有杆腔。假如活塞往复快速运动时的速度都是 0.1 m/s，慢速运动时活塞杆受压，其负载为 25\,000 N，已知输入流量$Q = 25$ L/mim，背压力$p_2 = 0.2$MPa，试求：

① 确定活塞和活塞杆直径；

②如缸筒材料的$[\sigma] = 5 \times 10^7$ N/m^2，计算缸筒的壁厚；

③如活塞杆铰接，缸筒固定，其安装长度$l = 1.5$ m，校核活塞杆的纵向稳定性。

第 5 章

液压控制阀

[**本章提要**]

液压传动系统中的工作介质必须通过液压控制阀对其流动方向、压力和流量加以调节和控制才能实现能量的传递和合理利用。本章主要介绍方向控制阀、压力控制阀和流量控制阀的结构、工作原理、主要性能和应用。通过本章学习，在深刻理解方向、压力和流量控制阀工作原理的基础上，重点掌握主要液压控制阀的工作原理、应用和图形符号，了解各类控制阀的结构特点。为分析和设计液压系统打下良好的基础。

5.1　概述

5.2　方向控制阀

5.3　压力控制阀

5.4　流量控制阀

5.1　概述

5.1.1　液压控制阀的作用

液压控制阀(简称液压阀)是通过控制和调节液压系统中液体的流动方向、压力和流量,以满足执行元件所需要的启动、停止、运动方向、力或力矩、速度或转速和动作顺序,限制和调节液压系统的工作压力,防止过载等要求,从而使系统按照指定要求协调工作。

无论是哪类控制阀对它们的基本要求都是:动作灵敏,使用可靠,工作时冲击和振动小,密封性好,结构紧凑,安装调整和使用维护方便,通用性强等。

5.1.2　液压控制阀的分类

液压阀的品种繁多,除了不同品种、规格的通用阀外,还有许多专用阀和复合阀。就液压阀的基本类型来说,可按以下几种方式进行分类:

(1)按功能分类

① 方向控制阀(如单向阀、换向阀等)。
② 压力控制阀(如溢流阀、减压阀和顺序阀等)。
③ 流量控制(如节流阀、调速阀等)。

这三类阀还可根据需要组合成一些具有两种以上功能的专用阀和复合阀,这样使其结构紧凑,连接简单,提高了效率。

(2)按控制方式分类

① 定值或开关控制阀:这类液压阀借助于手轮、手柄、凸轮、电磁铁和液体压力等方式,将阀芯位置或阀芯上的弹簧设定在某一工作状态,定值地控制液体的压力、流量和流动方向,它们统称为开关阀,这种阀多用于普通液压控制阀。

② 比例控制阀:这类阀输出的(流量、压力)可按照输入信号的变化规律连续成比例地进行调节。它们常采用比例电磁铁将输入的电信号转换成力或阀的机械位移量进行控制。也可以采用其他形式的电气输入控制器件。由于比例控制阀结构简单、工作可靠、价格较低,性能较高于普通的定值控制阀,并且可以通过电信号进行连续控制,因此在许多场合获得了应用。

③ 伺服控制阀:这种控制阀能将微小的电气信号转换成大的功率输出,以控制系统中液体的流动方向、压力和流量。工作性能类似于比例控制阀。与比例控制阀相比,除了在结构上有差异外,主要在于伺服阀具有优异的动态响应和静态性能。但它的价格

较贵，使用维护要求较高，多用于高精度、快速响应的闭环控制系统。

④ 电液数字控制阀：这种阀是用数字信息直接控制系统中液体的流动方向、压力和流量。

(3)按安装连接方式分类

① 螺纹式(管式)连接：这种连接方式的阀是通过阀体上的螺纹孔直接与管路相连(大型阀则用法兰连接)。由于该类阀不需要连接安装板，因此连接比较简单，但各个液压阀只能分散布置，装卸维护不方便。

② 板式连接：采用这种连接方式的阀需配专用的连接板，管路与连接板相连，阀只用螺钉固定在连接板上，因此装卸时不影响管路，易将液压阀集中布置，装卸维护方便。

③ 集成块式连接：这种连接方式把几个阀用螺钉固定在一个集成块的不同侧面上，在集成块上打孔，来沟通各阀的孔道组成回路。由于拆卸阀时不用拆卸与它们相连的其他元件，因此这种安装连接方式应用较广。

④ 叠加式连接：这种连接方式控制阀的上下面为连接接合面，各连接口分别在这两个面上，通过螺钉将阀体叠装在一起构成回路。每个阀除其自身功能外，还起通道作用，不用管道连接，结构紧凑，沿程压力损失小。

⑤ 插装式连接：这种连接方式的阀没有单独的阀体，由阀芯、阀套等组成的单元体插装在插装块的预制孔中，用连接螺纹或盖板固定，并通过插装块内的通道将各插装阀连通组成回路。插装块起到阀体和管路的作用，它是适应系统集成化而发展起来的一种新型安装连接方式。

5.2　方向控制阀

方向控制阀在液压系统中用得最多，是任何液压系统必不可少的控制元件。其主要作用是控制液压系统中液体的流动方向，其工作原理是利用阀芯和阀体之间相对位置的改变来实现通道的接通或断开，以满足系统对管路的不同要求。

方向控制阀可分为单向阀和换向阀两大类。

5.2.1　单向阀

单向阀控制液体只能向一个方向流动、反向截止或可控制的反向流动。单向阀按其功能分为普通单向阀和液控单向阀等。

(1)普通单向阀

它的功用是只允许液流向一个方向流动，反向不能流动，因此也可称为逆止阀或止回阀。

普通单向阀按进出流道的布置形式不同，可分为直通式和直角式两种结构。图 5 - 1 是普通单向阀的结构图和图形符号，(a)为管式，(b)为板式，(c)为图形符号。其结构主要由阀体 3、阀芯 2(锥阀或球阀)和弹簧 1 等组成。当液流从阀体 P_1 口流入时，作

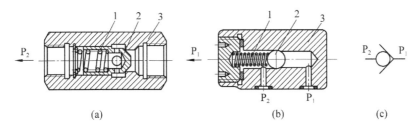

图 5 - 1 普通单向阀

1—弹簧；2—阀芯(锥阀或球阀)；3—阀体

用在阀芯 2 上的液压力便克服弹簧力将阀芯 2 顶开，于是液流由 P_1 口流向 P_2 口；当液流反向从 P_2 口流入时，液体压力和弹簧力将阀芯 2 压紧在阀座上，从而切断油路，使液流无法从 P_1 口流出。

普通单向阀均采用阀座式结构，这有利于保证良好的反向密封性。为使开启压力小（一般 0.035 ~ 0.05 MPa），所以弹簧的刚度较小。

普通单向阀的主要性能要求：动作灵敏、噪声小、密封性能好；油液正向通过时压力损失要小，反向不通时密封性要好。

普通单向阀常被安装在液压泵的出口，防止系统液压冲击对液压泵的影响，液压泵停止工作时防止系统油液经液压泵倒流回油箱；常在回路中起保持部分回路压力的作用，还可以分割油路防止干扰；常与其他阀组成复合阀；普通单向阀也可用做背压阀，常安装在液压系统的回油路上，但必须根据需要更换较硬的弹簧，用以产生 0.2 ~ 0.6 MPa背压力。

(2)液控单向阀

液控单向阀是允许液流向一个方向流动，反向开启则必须通过液压控制来实现的单向阀。与普通单向阀相比，液控单向阀的特点是多一个控制油口，并有活塞和推杆。液控单向阀有带卸荷阀芯和不带卸荷阀芯两种，这两种结构形式按其控制活塞处的泄油方式，又有内泄式和外泄式之分。以下仅以内泄式带卸荷阀芯液控单向阀为例说明液控单向阀的工作原理。

如图 5 - 2 所示是带卸荷阀芯液控单向阀的结构图和图形符号。图中在锥阀 3(主阀)内部增加了直径较小的卸荷阀芯 2。当控制油口 K 不通压力油时，液流只能由 P_1 口进入，P_2 口流出，反向液流不能通过，与普通单向阀作用相同；当控制口 K 通压

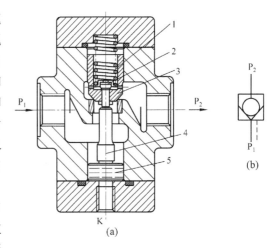

图 5 - 2 液控单向阀

1—弹簧；2—卸荷阀芯；3—锥阀；
4—推杆；5—控制活塞

力油时，推动控制活塞 5 使推杆 4 上移时，由于 P_2 腔的压力油作用于阀芯 2 的力较小，K 腔的控制压力较低尚不能顶开锥阀 3 时即可顶起卸荷阀芯 2，使 P_2 腔的液流通过卸荷阀芯上铣出的缺口与 P_1 腔接通，此时上腔的油液泄出一部分后而使压力下降，当压力降到一定程度后，控制活塞 5 通过推杆 4 再将锥阀 3 顶开，从而实现液控单向阀的开启。上述工作过程实际上是一个分级释压过程，它主要可以缓和用于高压封闭回路中液控单向阀工作时的冲击，降低噪声。

不带卸荷阀芯液控单向阀与带卸荷阀芯的工作原理基本相同。带卸荷阀芯可以明显地降低控制压力。假定进口 P_1 液流的压力 $p_1 = 0$，出口 p_2 液流的压力为 p_2。不带卸荷阀芯，反向开启的最小控制液压力为 $(0.4 \sim 0.5)p_2$；带卸荷阀芯：反向开启的最小控制液压力为 $0.05p_2$。

由于液控单向阀具有良好的单向密封性能，常用于执行元件需要长时间保压、锁紧等情况或防止立式液压缸停止时在自重作用下自动下滑等；也可用做二通开关阀。此外带卸荷阀芯的液控单向阀还常用于卸压回路中；用两个液控单向阀还可以组成"液压锁"。

液压锁的结构原理图及图形符号如图 5-3 所示。它是由两个液控阀单向阀组合而成。当 P_3 腔通液压油时，一方面打开右边的锥阀 4（主阀芯）使 P_3 与 P_4 腔接通，另一方面使控制活塞 2 左移，顶开左边的卸荷阀芯 3，使 P_2 与 P_1 反向接通；同样，P_1 腔通液压油也可使两个阀芯 4、3 同时打开，使 P_1 与 P_2 腔正向接通的同时使 P_4 与 P_3 腔反向导通；而 P_1、P_3 腔不通压力油时，P_2 和 P_1、P_4 和 P_3 两腔均封闭，即反向不能开启。液压锁广泛用于起重设备的支腿油路中，保证支腿液压缸被可靠地锁住（见第 9 章）。

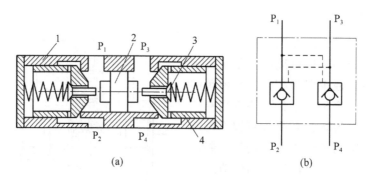

(a)   (b)

图 5-3 液压锁
1—阀体；2—控制活塞；3—卸荷阀芯；4—锥阀（主阀芯）

5.2.2 换向阀

换向阀是利用阀芯在阀体中的相对运动，接通、切断油路或改变液体的流动方向，从而使执行元件启动、停止或变换运动方向。对换向阀主要性能要求是：油路导通时，压力损失要小；油路切断时，泄漏要小；阀芯换位时，操纵力要小。

5.2.2.1　分类

换向阀的用途十分广泛，种类也很多，可根据换向阀的结构、操纵方式、工作位置和通路数分类，见表 5-1。

表 5-1　换向阀的分类

分类方法	类　型
按阀的工作位置数	二位、三位、四位……
按阀的控制通路	二通、三通、四通、五通……
按阀的操纵方式	手动、机动(也称行程)、气动等换向阀
按阀的控制方式	电磁、液控、电液控等换向阀
按阀的结构形式	滑阀式、转阀式等

由于滑阀式换向阀应用最广，本节重点以滑阀式换向阀为例说明换向阀的工作原理、结构形式、图形符号、操纵方式和滑阀机能。

5.2.2.2　滑阀式换向阀的工作原理和图形符号

滑阀式换向阀(又称滑阀)的阀体和阀芯是换向阀的主体。滑阀的阀芯是一个具有多个凸肩的圆柱体，与之相配合的阀体有若干个沉割槽。通过移动阀芯，改变阀芯在阀体内的相对位置使相应的油路接通和切断或变换液体的流动方向。如图 5-4 所示，阀芯有三个凸肩，阀体孔有五个沉割槽，每个沉割槽均通过相应的孔道与外部相连，其中 P 为进油腔，通液压泵，T 为回油腔，通油箱，A、B 为工作油腔，通液压缸两腔。阀芯与阀体相配合，并可在阀体内轴向移动。当阀芯处于图 5-4(a)所示位置时，阀芯上的环形槽使 P 与 A 腔相通，B 与 T 腔相通。此时，压力油从 P 经 A 腔输出，进入液压缸左腔，液压缸右腔的油从 B 通过 T 腔回油箱，这时液压缸的活塞向右运动；同理，当阀芯向左移动处于图 5-4(b)所示位置时，P 通 B 腔，A 通 T 腔，活塞向左运动。

换向阀的功能主要由它控制的通路数和工作位置数来决定。图 5-4 所示换向阀有两个工作位置和四条通路(P、A、B 和 T)，因此称为二位四通阀。

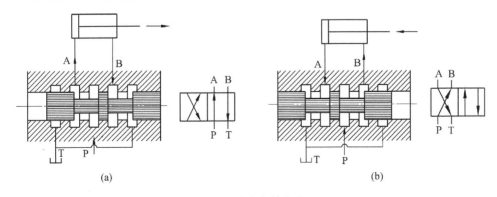

(a)　　　　　　　　　　　　　　　　(b)

图 5-4　换向阀换向原理

　　表5-2列出了几种常用的滑阀式换向阀的结构原理图，并画出了阀的工作位置数、通路数和在各个位置上油口连通关系的图形符号。当然一个换向阀完整的图形符号还应表示出操纵方式、复位和定位方式等。

　　换向阀图形符号通常用一个方框表示一个工作位置，在相应位置的方框内表示油口的数目及通路的方向(见表5-2)。图中方框内的箭头只表示在这一工作位置上油路处于接通状态，并不一定表示液体的实际流向。一般换向阀与系统供油路连接的进油口用字母 P 表示，与系统回油路连接的回油口用字母 T 表示，与执行元件连接的工作油口用字母 A、B 等表示。

表 5-2　常用换向阀的结构原理和图形符号

位和通	结构原理图	图形符号
二位二通	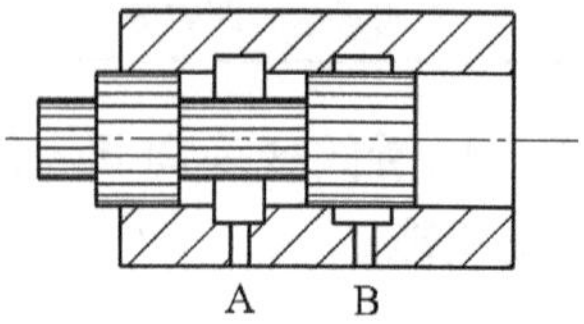	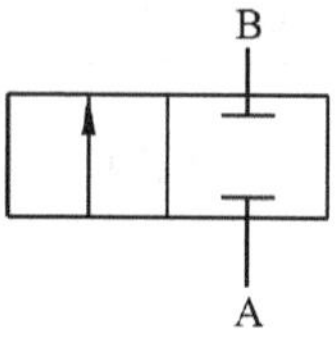
二位三通	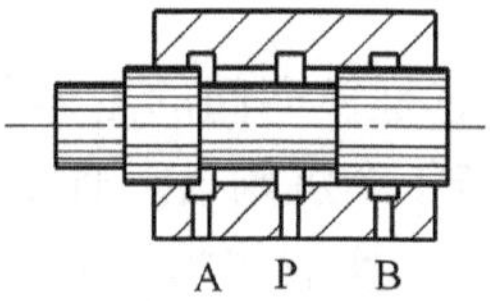	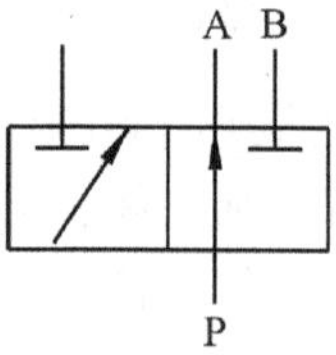
二位四通	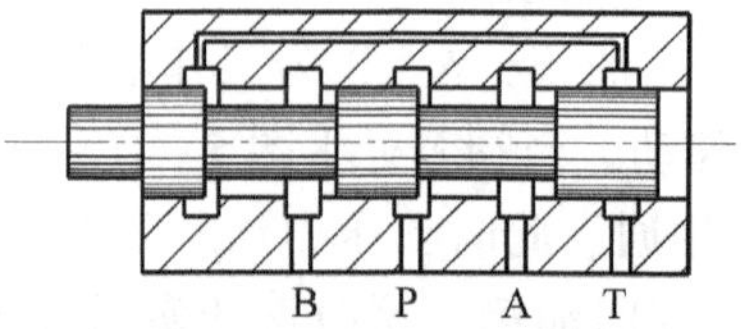	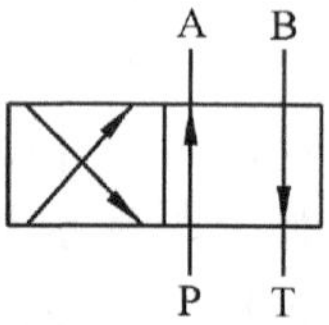
二位五通	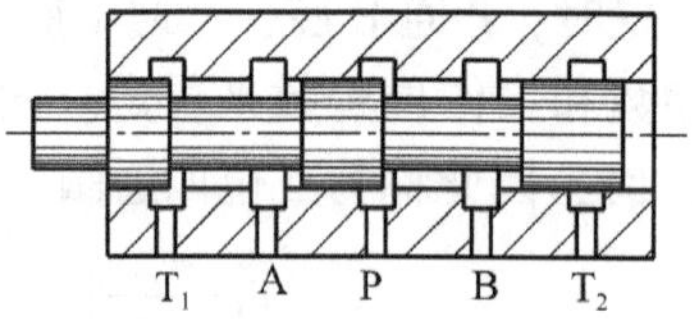	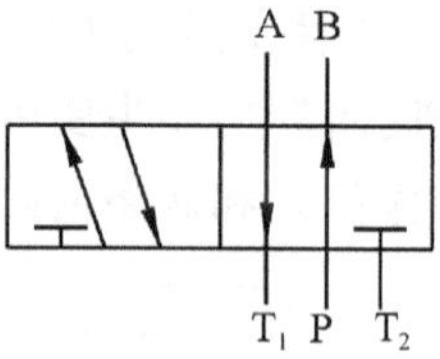
二位四通	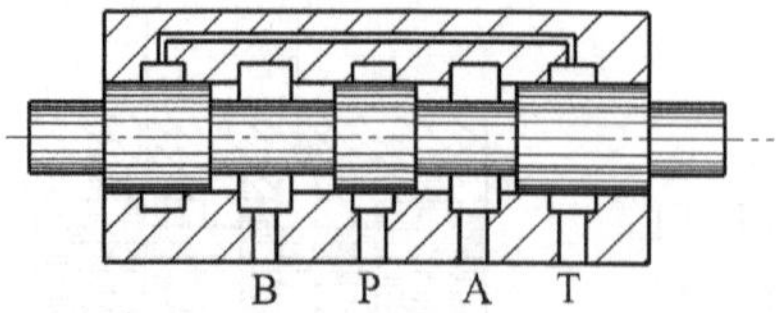	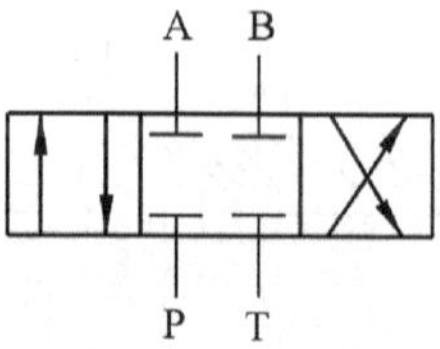
二位五通	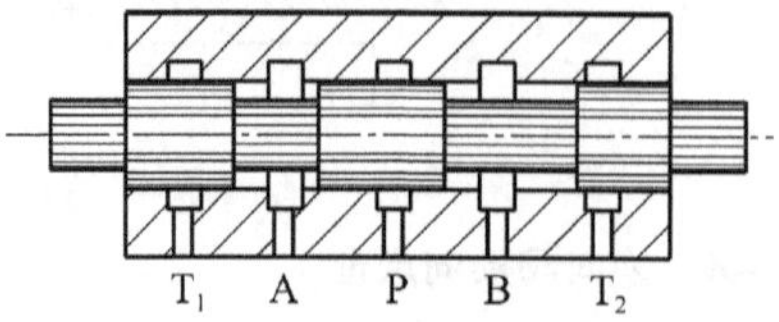	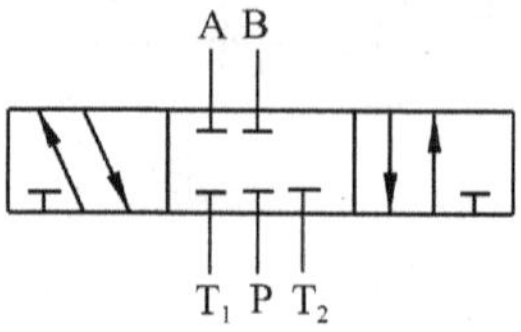

5.2.2.3　操纵方式

滑阀阀芯相对阀体的移动是靠操纵力实现的，根据改变阀芯位置的操纵方式不同，换向阀可分为手动、机动、电磁、液控和电液换向阀等。其表示符号如图 5-5 所示。换向阀的职能符号是由不同的位数、通路及操纵方式组合而成。

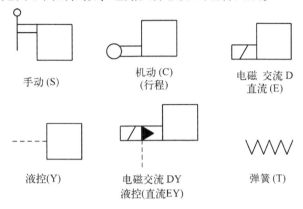

手动(S)　　　　机动(C)　　　　电磁　交流 D
　　　　　　　　(行程)　　　　　直流 (E)

液控(Y)　　　电磁交流 DY　　　弹簧 (T)
　　　　　　　液控(直流EY)

图 5-5　换向阀操纵方式符号

（1）手动换向阀

手动换向阀是依靠手动杠杆的作用力驱动阀芯移动来实现油路通断或切换的方向控制阀。

图 5-6 是三位四通手动滑阀的结构简图。阀芯的移动是靠拨动手柄并通过杠杆来实现的。图 5-6(a)是弹簧自动复位结构，推动手柄使阀芯移动，松开手柄，在阀芯右

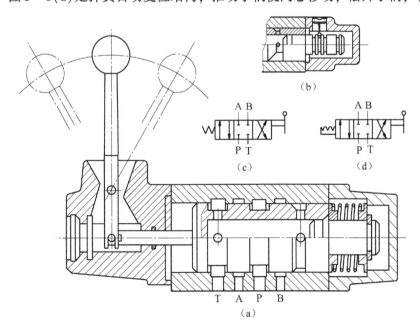

图 5-6　手动换向阀(三位四通)

端弹簧作用下阀芯自动复位。这种阀适用于动作频繁、工作持续时间较短的场合。由于操作比较安全，常用于工程机械。

图 5 –6(b)是钢球定位式换向阀定位部分结构原理图。在阀芯右端的径向孔中装有弹簧和定位钢球，阀芯在三个工作位置上都能定位。由于定位机构作用，当松开手柄后，阀仍保持在所需的工作位置。所以这种结构的阀更适用于机床、液压机、船舶等机械需保持工作状态时间较长的情况。以上两种手动换向阀的职能符号分别图 5 –6(c)、(d)所示。

在手动换向阀中有一种多路换向阀，它是将两个以上手动换向阀组合在一起的阀组，用以操纵多个执行元件的运动。常用于工程机械、起重运输机械和其他要求集中操纵多个执行元件运动的行走机械。多路阀的组合方式有并联式、串联式和串并联式三种油路，如图 5 –7 所示。

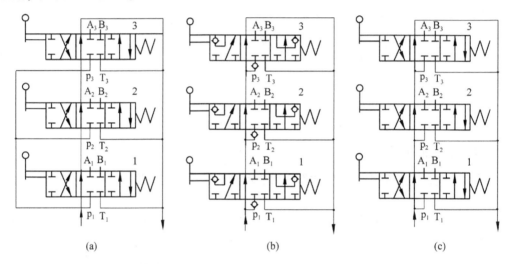

图 5 –7　多路换向阀的组合方式

①并联式油路：图 5 –7(a)所示为并联式油路，其特点是液压泵可以同时对三个或单独对其中一个执行元件供油，来自进油口的压力油可直接进入各联换向阀的进油腔，各联换向阀的回油腔又都直接汇集到多路换向阀的总回油口。滑阀可各自独立操作，但同时操作两个或两个以上滑阀时，负载轻的工作机构先动作，此时分配到各执行元件的油液仅是液压泵流量的一部分。

②串联式油路：图 5 –7(b)所示为串联式油路，其特点是液压泵依次向各执行元件供油，后一联换向阀的进油腔和前一联换向阀的回油腔相通，该油路可实现两个或两个以上工作机构的同步动作。在三个执行元件同时动作时，三个负载压力之和不能超过液压泵的供油压力。

③串并联式油路：图 5 –7(c)为串并联式油路，其特点是液压泵按顺序向各执行元件供油，各联换向阀的进油腔都与前一联换向阀的中位油道相连，而各换向阀的回油腔直接与总回油腔相通，操纵上一联换向阀所控制的执行元件动作的同时，切断下一联换向阀的进油路，使该联换向阀所控制的执行元件不能工作，从而可以防止各执行元件之间的动作干扰。

此外，在某些液压机械中，当由一液压泵同时向两个多路换向阀供油时，可将一阀组回油阀体上的回油口与另一阀组的进油口连接，两组多路换向阀的工作油口的油液分别回油，该种连接方式称为过桥油路连接。

总之，由于手动换向阀操纵简便，工作可靠，又能使用在没有电力的场合，因而在行走机械等液压系统中得到了广泛的应用。但在复杂系统中，尤其各执行元件的动作需要联动、互锁或工作节拍需要严格控制的场合不易采用手动换向阀。

（2）机动换向阀

机动换向阀也叫行程换向阀，是通过安装在执行机构上的挡铁或凸轮推动阀芯，从而对油路进行切换的方向控制阀。它需要安装在运动部件（如移动的工作台）的附近。装设在运动部件上的行程挡铁随着运动部件而移动，当它将行程阀的阀芯压下时，油路的连接状态发生改变，挡铁离开后阀芯靠弹簧复位。机动换向阀通常是二位的，有二通、三通、四通及五通几种。二位二通阀又有常闭及常开两种。

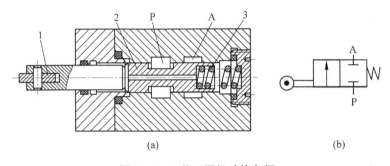

图 5 - 8　二位二通机动换向阀
1—滚轮；2—阀芯；3—弹簧

图 5 - 8 所示为二位二通常闭式机动换向阀结构图及图形符号。在图示位置，阀芯 2 被弹簧 3 压向左端，油腔 P 和 A 不通，故称为常闭式。当挡铁或凸轮接触滚轮 1 并将阀芯 2 压向右端，将油腔 P 和 A 接通；挡铁或凸轮脱离滚轮 1 时，阀芯 2 在复位弹簧 3 的作用下回到初始位置，P、A 腔相互封闭。阀芯 2 上的轴心孔是泄漏通道。

行程阀动作可靠，阀芯移动速度较缓，引起的液压冲击和噪声也较少，还可以利用改变行程挡块位置改变换向时间，改变挡块的斜面角度则可调节阀芯 2 的移动速度。但因行程阀的位置离不开运动部件，所以安装布置不如电磁换向阀方便。机动换向阀常用于机床液压系统的速度换接回路中。

（3）电磁换向阀

电磁换向阀有滑阀和球阀两种结构，通常所说的电磁换向阀为滑阀结构。电磁换向阀是利用电磁铁吸力推动阀芯动作以实现液流通、断或控制液流方向的阀类。采用电磁换向阀可以使操作轻便，布置灵活，易于实现自动化操作，因此应用很广。电磁换向阀种类规格很多，如按电磁铁所用电源不同可分为交流电磁铁和直流电磁铁式，按电磁铁是否浸在油里又分为湿式和干式等。每种电磁阀又有不同的工作位置数和通路数以及各种流量规格。电磁换向阀的品种规格虽然很多，但其工作原理基本相同，以下仅举两例来说明。

① 二位三通电磁阀：图 5 – 9 是二位三通电磁换向阀的结构图和图形符号。当电磁铁断电时，阀芯 2 被复位弹簧 3 推向左端，使进油口 P 与 A 口接通，B 口封闭；当电磁铁通电后，衔铁通过推杆 1 克服弹簧力将阀芯 2 推向右端，使 P 和 B 口接通，A 口封闭。

② 三位四通电磁阀：图 5 – 10 是三位四通电磁阀的结构图和图形符号。阀的两端各有一个电磁铁。当两端电磁铁均不通电时，两个对中弹簧 4 和两个定位套 3 使阀芯 2 处于中间位置，此时进油腔 P、回油腔 T 和工作腔 A、B 相互不通；当右边的电磁铁通电时，其衔铁 9 通过推杆 6 推动阀芯向左移动，P、A 两腔和 B、T 两腔各自相通；电磁铁断电时，左端复位弹簧的作用力可将阀芯回到中间位置，恢复原来四个油腔相互封闭的状态。当左边的电磁铁通电时，同理可使 P、B 两腔和 A、T 两腔各自相通。

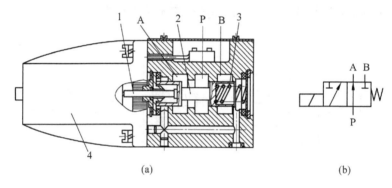

图 5 – 9　电磁换向阀（二位三通）

1—推杆；2—阀芯；3—复位弹簧；4—电磁铁

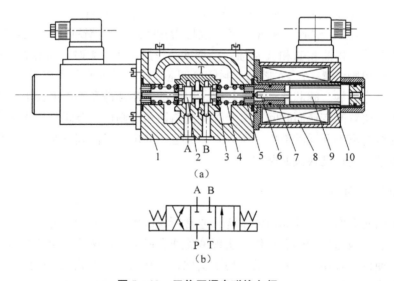

图 5 – 10　三位四通电磁换向阀

1—阀体；2—阀芯；3—定位套；4—对中弹簧；5—挡圈；6—推杆；7—环；8—线圈；9—衔铁；10—导套

　　总之，电磁换向阀可直接用在液压系统中，控制油路的通、断和切换；也可作先导阀，用来操纵其他阀，如溢流阀、调速阀、液控阀及插装阀。

　　综上，电磁换向阀只是采用电磁铁来操纵滑阀阀芯运动，而阀芯的结构及形式可以是各种各样的，所以电磁滑阀可以是二位二通、二位三通、二位四通、三位四通和三位五通等多种形式。一般二位阀用一个电磁铁，三位阀需用两个电磁铁。

　　电磁阀又因其电磁铁所用的电源不同而分为交流和直流两种。交流电磁铁的电压一般为 220 V。其特点是启动力较大，换向时间短，价廉。但当阀芯卡住或吸力不够而使衔铁吸不上时，电磁铁容易因电流过大而烧坏，故工作可靠性较差，动作时有冲击，寿命较低。直流电磁铁电压一般为 24 V。其优点是工作可靠，不会因阀芯卡住而烧坏，寿命长，体积小，但启动力较交流电磁铁小，而且在无直流电源时，需整流设备。

　　电磁换向阀的使用寿命在很大程度上取决于电磁铁的寿命。干式电磁铁的使用寿命较短，湿式电磁铁的使用寿命较长；直流电磁铁比交流电磁铁的寿命长。此外，影响电磁铁使用寿命的其他因素是复位弹簧的疲劳断裂，而电磁铁本身使用寿命的影响因素则主要是阀体孔和阀芯配合面的磨损。

　　由于电磁铁吸力有限，因此电磁换向阀只适用于流量较小的场合，它的额定流量一般在 25 L/min 以下，流量较大的阀一般采用液压或电液驱动。

　　(4) 液动换向阀

　　液动换向阀是用控制油路中的压力油推动阀芯，变换液体流动方向的控制阀，如图 5 - 11 所示。阀芯两端有控制油腔分别接通控制油口 K_1 及 K_2，当控制油路的压力油从右边的控制油口 K_2 进入阀芯右端的油腔时，压力油推动阀芯向左移动，将 P 与 B 口接通，A 与 T 口接通；同理，当控制油路的压力油从左边的控制油口 K_1 进入左腔时，阀芯被推向右端，油路切换，使 P 与 A 口接通，B 与 T 口接通；当两个控制油口都不通油时，阀芯在两端对中弹簧的作用下，处于中间位置。

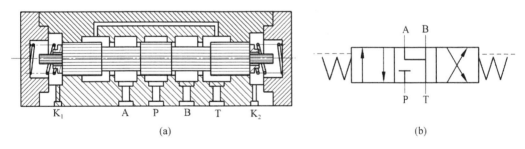

(a)　　　　　　　　　　　　　　　　　　(b)

图 5 - 11　三位四通液动换向阀

　　由于操纵液动换向阀的液压推力可以很大，这种阀的阀芯尺寸可以做得很大，故它可用于较大的额定流量。当对液控滑阀的换向性能有较高要求时，可在液动换向阀的两端装设可调节的单向节流阀，用来调节阀芯的移动速度，以减小换向冲击及噪声。

　　在实际应用中，液动换向阀可以用电磁换向阀来操作，也可用手动换向阀等来操作。

（5）电液换向阀

电液换向阀是电磁换向阀和液动换向阀的组合，图5-12（a）是电液换向阀结构原理图，图5-12（b）、（c）分别是图形符号和简化图形符号。当两个电磁铁都不通电时，电磁阀（先导阀）阀芯4处于中位，液动阀（主阀）阀芯8因为两端都接通油箱，也处于中位，此时P、A、B、T四个油腔互相封闭；当电磁阀左边的电磁铁3通电时，阀芯4移向右位，液压油经单向阀1进入主阀左端容腔，其右端容腔的油则经节流阀6和电磁阀与油箱接通，使主阀芯在控制油的作用下压缩左边的复位弹簧，使阀芯8右移，从而沟通了P、A两腔，同时也使B、T两腔相互连通；同理，当电磁铁5通电，阀芯4左移，主阀芯8也左移，使P、B及A、T两腔各自连通。通过调节节流阀6或2的开口大小可以调节主阀芯的移动速度或换向时间。

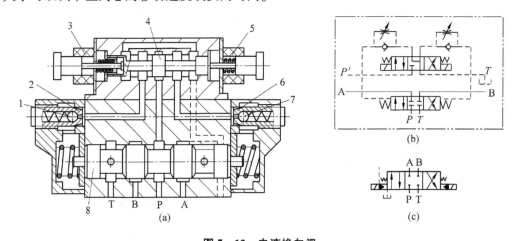

图5-12 电液换向阀

1、7—单向阀；2、6—节流阀；3、5—电磁铁；4—电磁阀阀芯；8—液动阀阀芯

在电液换向阀中，控制主油路的主阀芯不是靠电磁铁的吸力直接推动，是靠电磁铁操纵控制油路上的压力油液推动的，因此推力可以很大，操纵也很方便。此外，液动换向阀的换向时间可用装于控制油路上单向节流阀来调节。这种阀既能实现换向缓冲，又能用较小的电磁铁控制较大的液流，广泛地用于高压、大流量的液压系统中。

5.2.2.4 转阀式换向阀

转阀式换向阀是利用阀芯相对于阀体的转动而实现油路的通断和切换。阀芯的转动可以靠手动或行程挡块拨动。阀所控制的各油口布置在阀体的圆周方向上，阀芯上加工出通道，因此阀芯旋转到不同的位置时各油口连通的关系不同。转阀也按照工作位置数和所控制的通路数而分类，与滑阀式换向阀相同。

如图5-13所示，当阀芯处于图5-13（a）、（b）所示的中位时，P、A、B、T互不相通；当阀芯顺时针旋转一个角度，处于图5-13（a）、（b）右位所示状态，油口P和B相通，A和T相通；当阀芯逆时针转一角度，处于图5-13（a）、（b）左位所示状态，则油口P和A相通，B和T相通，此时对应图5-13（c）所示状态。

转阀结构简单，但阀芯上产生的径向力不平衡，转动阀芯所需的力矩较大，其内部密封性也较差，因此其尺寸和相应的额定流量受到限制，故一般用于低压、小流量场合，或作先导阀用。

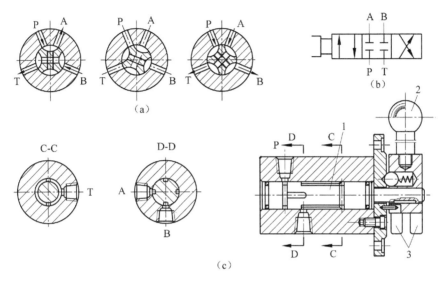

图 5-13 转阀(三位四通)

(a) 原理图；(b) 图形符号；(c) 结构图

1—阀芯；2—手柄；3—叉形拨杆

综上所述，换向阀都有两个或两个以上的工作位置，其中有一个是常态位置，即阀芯未受到外部作用时所处的位置。利用弹簧复位的二位阀是以靠近弹簧符号的一个方框内的通路状态为其常态位，图形符号中间的方框是三位阀的常态位。在绘制液压系统图时，油路一般应连接在换向阀的常态位置上。

5.2.2.5 滑阀机能

换向阀的阀芯处于中间位置或原始位置(常态位置)时，阀中各油口的连通方式，可满足不同的使用要求，这种连通方式称为换向阀的滑阀机能。采用不同滑阀机能的换向阀，会影响阀在常态位时执行元件的工作状态，例如停止还是运动，前进还是后退，快速和慢速，卸荷还是保压等。正确选择滑阀机能是十分重要的。这里只介绍几种常见的三位四通换向阀的滑阀机能(又称中位机能)，如表 5-3 所列。在分析和选择中位机能时，通常考虑以下因素：

① 系统保压：P 口关闭，系统保持压力，液压泵能用于具有多个执行元件的系统。

② 系统卸荷：当 P 口与 T 口连通时，系统卸荷，既节约能量，又防止油液发热。

③ 换向平稳性和精度：当液压缸的 A、B 两口都封闭时，换向过程不平稳，易产生液压冲击，但换向精度高。反之，A、B 两口都通 T 口时，换向过程中工作部件不易制动，换向精度低，但液压冲击小。

④ 启动平稳性：阀在中位时，液压缸某腔若通油箱，则启动时该腔因无油液起缓

冲作用，启动不太平稳。

⑤ 执行元件的"浮动"和在任意位置上的停止：阀在中位时，当 A、B 两腔都与 T 腔相通时，卧式液压缸呈"浮动"状态，可利用其他机构调整其位置。当阀在中位时，A、B 两口封闭或与 P 口连接（非差动情况），则可使执行元件在任意位置上停止。

表 5-3 三位四通换向阀常用滑阀（中位）机能

代号	名 称	结构简图	符 号	特 点
O	中间封闭			各油路全封闭，液压泵保压，执行元件闭锁，可用于多个换向阀的并联工作
H	中间开启			各油路全连通，液压泵卸荷，执行元件处于浮动状态
Y	ABT 连通			液压泵保压，执行元件两腔与回油连通
P	PAB 连通			压力油与执行元件两腔连通，回油封闭，对单杆液压缸来说，可组成差动回路
K	PAT 连通			压力油与执行元件一腔及回油连通，另一腔封闭，液压泵卸荷，执行元件处于闭锁状态
J	BT 连通			液压泵保压，执行元件一腔封闭，另一腔与回油连通
M	PT 连通			液压泵卸荷，执行元件两腔封闭，也可用多个 M 型换向阀并联工作

5.2.2.6　换向阀的主要性能

换向阀的主要性能，包括以下几项：

① 工作可靠性：工作可靠性指换向阀能否可靠地换向和可靠地复位。工作可靠性主要取决于设计和制造，和使用也有关系。液动力和液压卡紧力的大小对工作可靠性影响很大，而这两个力与通过阀的流量和压力有关。所以换向阀只有在一定的流量和压力范围内才能正常工作。

② 压力损失：由于换向阀工作时的开口很小，换向阀的体积也很小，各流通截面积也受到很大限制，这就使油液通过换向阀时造成较大的压力损失。如何降低换向阀的压力损失是国内外普遍重视的问题。经过换向阀的压力损失由试验确定，以局部压力损失为主。应恰当地选择通过阀的额定流量，保证压力损失在允许的范围内。

③ 内泄漏量：内泄漏是指在规定的工作压力下，换向阀处于各个不同的工作位置时，从高压腔到低压腔的泄漏量。过大的内泄漏量不仅会降低系统的效率，引起过热，而且还会影响执行元件的正常工作。泄漏量是衡量换向阀性能好坏的一个重要指标。

④ 换向和复位时间：换向时间指从阀芯收到信号到阀芯换向终止的时间；复位时间指从信号消失到阀芯恢复到初始位置的时间。在通常的情况下，复位时间比换向时间略长一些。从提高工作效率和执行机构的反应灵敏度来说，希望尽量缩短换向和复位时间。但换向和复位时间越短，越容易引起液压冲击，产生振动和噪声。所以换向和复位时间是一个供不同使用场合选用的参考数据。另外换向时间与复位时间都与滑阀机能有关。

⑤ 换向频率：换向频率是在单位时间内阀所允许的换向次数。一般来说，交流电磁阀比直流电磁阀的换向频率高，双电磁铁的电磁阀比单电磁铁的电磁阀的换向频率高。目前单电磁铁的电磁阀的换向频率一般为 60 次/min，有些电磁换向阀的换向频率可达 240 次/min。

⑥ 使用寿命：使用寿命指换向阀用到某一零件损坏，不能进行正常的换向、复位动作或使用到换向阀的主要性能指标超过规定指标时经历的换向次数。

5.3　压力控制阀

压力控制阀是用来控制调节液压系统的压力或者利用压力的变化控制其他元件动作的阀类。压力控制阀根据作用的不同分为溢流阀、减压阀、顺序阀、压力继电器等。在本节里，主要介绍常用压力控制阀的结构、工作原理和应用。

5.3.1　溢流阀

5.3.1.1　溢流阀的功用

① 稳压溢流：一般称为溢流阀，这种阀常用在定量泵液压系统中，与节流阀配合使用，用以调节进入液压系统的流量，并保持系统的压力基本稳定。当液压泵输出的流量大于液压缸所需的流量时，进入液压缸的流量由节流阀调节，当系统压力升高，溢流

阀打开，多余的压力油经溢流阀流回油箱。在溢流过程中，液压系统中的油液压力和溢流阀弹簧的作用力保持平衡。因此溢流阀的作用就是在不断溢流的过程中保持系统压力基本稳定。

② 过载保护：主要起安全保护作用，一般称为安全阀。在正常工作时，系统压力不超过最大值时，安全阀是关闭的，仅在压力达到安全阀调定的极限值时，阀口打开，使油液排回油箱，以保证系统的安全，溢流阀即用做安全阀。

5.3.1.2　溢流阀的种类及其工作原理

溢流阀按其结构原理分为直动式和先导式两种。

（1）直动式溢流阀

直动式溢流阀按其阀芯形式不同可分为球阀式、锥阀式、滑阀式等。图 5 – 14 所示为直动式溢流阀在系统中的一种安装位置。其结构主要由阀体 1、阀芯 2、弹簧 3 和调压机构 4 等组成。液压泵输出的压力油，经油管流入溢流阀的进油口 P，当被控压力油从 P 口进入溢流阀，阀芯的左端面受到油液压力 p 作用。设阀芯左端面的承压面积为 A，压力油作用于左端面上的力为 $F = pA$。当负载增加，压力升高，当作用在左端面上的力超过调压弹簧 3 的弹簧力时，阀芯 2 被打开，液压泵出口与油箱接通，压力降低。

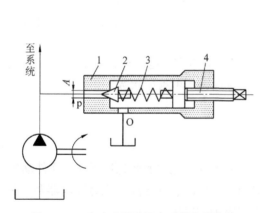

图 5 – 14　直动式溢流阀在系统中的安装
1—阀体；2—阀芯；3—调压弹簧；4—调压机构

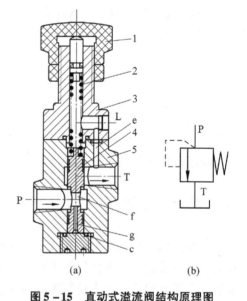

图 5 – 15　直动式溢流阀结构原理图
1—调节螺母；2—调压弹簧；3—阀盖；4—阀芯；5—阀体

详细的结构及工作过程如图 5 – 15 所示，该阀主要由阀体 5、阀芯 4、阀盖 3、调压弹簧 2 和调节螺母 1 等组成。P 为溢流阀的进油口，T 为溢流阀的回油口。被控压力油由 P 口进入溢流阀，经径向孔 f、阻尼孔 g 进入油腔 c，阀芯的下端面受到液压油的作用，压力为 p。设阀芯下端面的承受面积为 A，液压油作用在阀芯下端面上的作用力为 pA。阀芯上端面作用有调压弹簧 2，调压弹簧的预紧力为 F_s，且 $F_s = Kx_0$，x_0 为弹簧预压缩量，K 为弹簧刚度。当进口处油液压力升高时，阀芯下端面压力也升高，当升高至 $pA = F_s$ 时，阀芯仍处于下端面将要被打开时的临界位置，此时溢流阀的进油口 P 和溢流口 T 仍不通，溢流阀不工作。这一状态下的压力称为溢流阀开启压力 p_k，即 $p_kA = Kx_0$

或
$$p_k = \frac{Kx_0}{A} \tag{5-1}$$

当 $pA > F_s$ 时阀芯上移，弹簧进一步压缩，使进油口 P 和回油口 T 相通，溢流阀开始溢流。当阀芯处于某一平衡位置时，阀芯的受力平衡方程式为
$$pA = K(x_0 + x) \tag{5-2}$$
式中：x——弹簧附加压缩量。

从式(5-2)得知，通过调整螺母 1 来改变弹簧的预压缩量 x_0，从而调节溢流压力 p。为了防止调压弹簧腔形成封闭油室而影响滑阀的动作，在阀盖 3 和阀体 5 上设有通道 e，使弹簧腔与阀的回油口沟通。阀芯上阻尼孔 g 的直径很小，对阀的运动形成阻尼，从而可避免阀芯产生振动，使阀芯工作平稳。图 5-15(b)为图形符号。

直动式溢流阀是利用作用在阀芯上的液压力直接与弹簧力相平衡的原理来控制进口压力。随着工作压力的提高，弹簧刚度要相应增加，不仅手动调节困难，而且当溢流量变化较大时，需要阀口开度变化很大，调压弹簧压缩量变化很大，引起较大的压力波动，调节的压力不易稳定，影响系统的工作性能。直动式溢流阀在系统中一般作安全阀或在低压系统中作溢流阀使用。系统压力较高时需要采用先导式溢流阀。

(2)先导式溢流阀

如图 5-16 所示，先导式溢流阀由先导阀和主阀两部分组成的，先导阀相当于一个直动式溢流阀。先导式溢流阀主要由主阀芯 1、主阀弹簧 6、主阀体 15 和先导阀阀芯 10、调压弹簧 11 及先导阀体 12 等组成。该阀是利用主阀阀芯上下两端油液的压力差，使主阀芯 1 移动。工作时，压力油从进油口 P 进入，分两路作用：一条是直接作用在主阀芯下端面上；另一条经油道 2、阻尼孔 3、油道 5 进入 C 腔，之后又分成两条油路：一是作用在先导阀芯 10 上，二是经 C 腔、油道 8 作用在主阀芯 1 上端面。设 A 腔油液压力为 p，p 对主阀阀芯的作用面积为 A_A；B 腔油液压力为 p_1，p_1 对主阀阀芯的作用面积为 A_B，且 A_B 略大于 A_A；主阀弹簧 6 的弹簧力为 $F_弹$。当系统的压力 p 低于调压弹簧所调定的压力值(即开启压力)时，先导阀阀芯 10 关闭，液压油不流动，主阀芯 1 上下两腔 A、B 所受压力相等，即 $p = p_1$，此时 $pA_A < p_1A_B + F_弹$，主阀阀芯 1 在主阀弹簧 6 的作用下压向阀座，使 P 口与 T 口不相通，溢流阀关闭。

当系统压力 p 升高超过先导阀调压弹簧 11 的调定值时，先导阀阀芯 10 在油液压力的作用下打开，油流通道接通，压力油经先导阀前腔，通过油道 14 和回油口 T 流回油箱。与此同时，进油口的压力油通过油道 5 至 B 腔减小，由于油道 5 产生压力损失，使得 B 腔的油液压力 p_1 小于 A 腔的油液压力 p，造成主阀芯 1 上下两端的油液压力的不平衡，这个压差超过主阀弹簧 6 的作用力而使主阀阀芯 1 向上移动，从而打开 P 和 T 的通道，实现主阀溢流。

当 B 腔压力降到一定值时，作用在主阀芯上的力的关系则有：

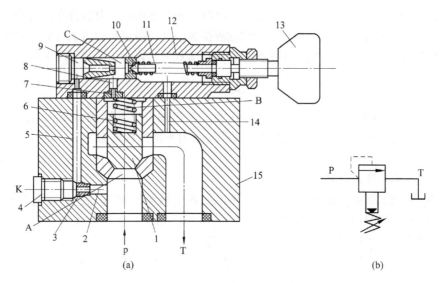

图 5-16　先导式溢流阀结构原理及图形符号

1—主阀阀芯；2、5、8—油道；3、7—阻尼孔；4—远程控制口及螺塞；6—主阀弹簧；9—先导阀前腔；
10—先导阀阀芯；11—调压弹簧；12—先导阀体；13—调节手柄；14—油道；15—主阀阀体

$$pA_A > F_弹 + G + F_\omega + F_f + p_1A_B \tag{5-3}$$

若忽略相应参数则公式简写

$$pA_A > F_弹 + p_1A_B \tag{5-4}$$

式中：p——溢流阀进口压力；

　　　$F_弹$——主阀的弹簧力；

　　　G——主阀阀芯自重；

　　　F_f——主阀芯与阀体之间的摩擦力；

　　　F_ω——稳态轴向液动力；

　　　p_1——经阻尼孔后 B 腔的液压力。

需要强调一点，通过先导阀的流量很小，一般为 $0.01Q_n$（Q_n 主阀额定流量），只起控制作用。

当系统压力 p 降低时，先导阀阀芯先关闭，重新使 $p = p_1$，从而主阀溢流口也随之关闭。当溢流阀稳定溢流时，作用在主阀阀芯上的力是平衡的，由公式（5-4）得知 $pA_A = F_弹 + p_1A_B$，或

$$p = \frac{A_B}{A_A}p_1 + \frac{F_弹}{A_A} \tag{5-5}$$

p_1 由先导阀调定，基本保持不变。由前所述可知，溢流阀的进口压力 p 基本能保持一个恒定值。远程控制口 K 即螺塞 4 处接通控制油路，就可对溢流阀进行远程调压或卸荷。

先导式溢流阀的主阀弹簧 6 比较软，刚度很小，在很小的外力作用下即可被压缩，主阀芯的位移量大小，对系统的压力影响较小。先导阀的结构尺寸较小，其阀芯 1 的承

压面积亦较小，即使要求较高压力，调压弹簧 11 不必选用刚度太大的弹簧，因而使调节压力比较轻便。阻尼孔 *b* 起到增加主阀芯上下移动的阻尼，可以起稳定主阀芯的作用。先导式溢流阀更适合用于高压、大流量液压系统。

5.1.3.3　溢流阀的性能

溢流阀的性能分为静态特性和动态特性两个部分。

(1)静态特性

静态特性主要是指启闭特性：启闭特性通常用流量 – 压力曲线表示，是静态特性中的重要特性，它表示溢流阀从开启到闭合的过程中，通过阀的流量与控制压力之间的关系。

图 5 – 17 为溢流阀的启闭特性曲线图。理想的溢流阀其特性曲线最好是一条在 p_n 处平行于纵坐标的直线。它表示溢流阀进口处压力 p 低于 p_n 时不溢流，仅在 p 到达 p_n 时才溢流，而且不管溢流量的多少，其压力始终保持在 p_n 值上。图 5 – 17 所示的溢流阀的特性曲线说明阀的工作压力是随溢流量的变化而变化的。这组曲线可以通过理论分析和实验得出。

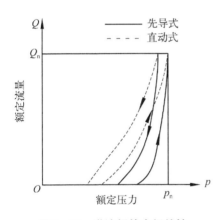

图 5 – 17　溢流阀的启闭特性

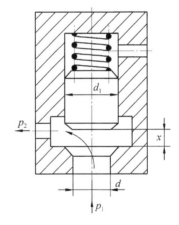

图 5 – 18　直动式溢流阀结构原理图

具体理论分析如图 5 – 18 所示，当系统的初始压力为 p_0 时，阀芯尚未开启，但已经处在油液压力与弹簧力相平衡的状态，弹簧的压缩量为 x_0，进油口的直径为 d，此时

$$\frac{\pi}{4}d^2p_0 = K_s x_0 \tag{5 - 6}$$

式中：d——进油口直径；

　　　p_0——系统的初始液压力；

　　　K_s——弹簧刚度；

　　　x_0——弹簧预压缩量。

当液压力 p_0 上升为 p_1 时，阀门开口量为 x，则弹簧总压缩量为 $x_0 + x$，此时阀芯平衡方程式为

$$\frac{\pi}{4}d_1^2 p_1 = K_s(x_0 + x) \tag{5-7}$$

式中：p_1——溢流阀进口压力；

$\quad\quad d_1$——阀芯直径；

$\quad\quad x$——开口量。

若设 $d \approx d_1$，将式(5-7)减去式(5-6)得

$$x = \frac{\pi}{4K_s}d_1^2(p_1 - p_0) \tag{5-8}$$

流过溢流阀阀口缝隙的流量可依据下式计算：

$$Q = C_d A\sqrt{\frac{2}{\rho}\Delta p} = C_d \pi d_1 x\sqrt{\frac{2}{\rho}\Delta p} \tag{5-9}$$

式中：Q——流过阀口的流量；

$\quad\quad A$——阀芯开口后所形成的环形过流面积；

$\quad\quad \Delta p$——阀口前后两端的油液压力差；

$\quad\quad C_d$——流量系数；

$\quad\quad \rho$——油液的密度。

将式(5-8)代入式(5-9)，可得

$$Q = \frac{C_d \pi^2 d_1^3}{4K_s}(p_1 - p_0)\sqrt{\frac{2}{\rho}\Delta p} \tag{5-10}$$

因为 $\Delta p = p_1 - p_2$，p_2 为溢流阀出口的压力，一般都是接通油箱的，可以认为其压力为零，所以当 $\Delta p = p_1$，将 $\Delta p = p_1$ 代入上式可得

$$Q = \frac{C_d \pi^2 d_1^3}{4K_s}\sqrt{\frac{2}{\rho}}\left(p_1^{\frac{3}{2}} - p_0 p_1^{\frac{1}{2}}\right) \tag{5-11}$$

从式(5-11)中可以看出，流量-压力关系如图5-19所示。可见不同的初始压力，对应着不同的曲线(通过调整弹簧的预压缩量 x_0，就可调节初始压力 p_0 的大小)，当 $p_0 = 0$ 时，$x_0 = 0$，既曲线1所示。当 p_0 增加时，则曲线右移为2, 3, 4。p_0 越大，曲线离原点越远，溢流阀所控制的压力值 p 越大，一定的溢流量变化对应的压力变化量越小，流量压力特性越好。一般情况下，溢流阀调定压力在额定压力附近时其性能最好。

从图5-17溢流阀启闭特性曲线可看出，直动式溢流阀由于阀芯弹簧刚度较硬，一定的溢流量变化对应的压力变化量就比先导式溢流阀的压力变化量大，所以先导式溢流阀的流量压力特性较好。从溢流阀的使用情况考虑，希望在开启和关闭过程中压力的变化要小，由于在开启和关闭时阀芯摩擦力方向的不同，就使得两个曲线不重合。因先导式溢流阀在主阀芯和先导阀芯上都有摩擦力，故它的启闭曲线不重合更加显著。开启时，一般要求被试阀溢流口溢流量为额定流量的1%时所对应的压力值与调定压力值之比应在90%以上，此对应的压力值称为阀的开启压力。闭合时，被试溢流阀的溢流口流量为额定流量的1%时所对应的压力值与调定压力值之比应在85%以上，而此对应的压力值称为阀的闭合压力。

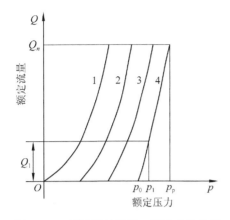

图 5-19　溢流阀的流量-压力特性曲线

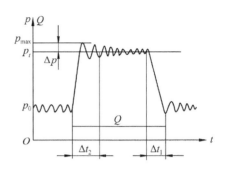

图 5-20　溢流阀的压力波示意

（2）动态特性

溢流阀的动态特性通常是指溢流阀由关闭（此时压力为 p_0）—开启—再关闭的突然变化时，溢流阀所控制的压力随时间变化过渡过程的特性。由于阀内流动和受力情况比较复杂，因而动态特性的理论分析就比较困难。实践中往往采用计算机仿真和实测的方法来进行分析。图 5-20 所示为一条实测曲线。

① 压力超调量 Δp：当压力从 p_0 突然上升到某一调定压力 p_t 时，液压系统将出现最大压力冲击峰值 p_{max}。压力超调 $\Delta p = p_{max} - p_t$ 量要小，否则会发生元件损坏、管道破裂以及使一些以压力作为控制信号的元件误动作。

② 压力回升时间 Δt_2：又称过渡过程时间或调整时间。当溢流阀从初始压力 p_0 开始升压并稳定到调定压力 p_t 时所需时间为 Δt_2，一般要求 $\Delta t_2 = 0.1 \sim 0.5\mathrm{s}$。

③ 卸荷时间 Δt_1：当溢流阀从调定压力 p_t 开始下降至卸荷压力 p_0 时所需时间为 Δt_1，一般要求 $\Delta t_1 = 0.03 \sim 0.1\mathrm{s}$。

压力回升时间 Δt_2 与卸荷时间 Δt_1，反映溢流阀在工作中从一个稳定状态转变到另一个稳定状态所需要的过渡时间的大小，过渡时间短，溢流阀的动态性能好。

从溢流阀的静、动态特性可以看到，我们既希望溢流阀的启闭特性好，也希望溢流阀的压力超调量小，显然这是矛盾的。而实际设计溢流阀时，是综合考虑的。

（4）溢流阀的应用

① 定量泵系统溢流稳压：定量泵液压系统中，溢流阀通常接在泵的出口处，与节流阀并联。液压泵输出的油液一部分，按工作机构对运动速度的要求经节流阀调节后输入系统，多余油液则通过溢流阀流回油箱，液压泵的工作决定于溢流阀的调定压力，且基本保持恒定，参见图 7-6（a）所示。

② 变量泵系统提供过载保护：在变量泵系统如中，溢流阀接在液压泵出口处，执行元件速度由变量泵自身调节，不需溢流，溢流阀是关闭的，只有当系统出现过载，压力超过溢流阀的调定压力时，溢流阀才打开，从而保障了系统的安全。故此系统中的溢流阀又称为安全阀，参见图 7-6（b）所示。

③ 实现远程调压：机械设备液压系统中的液压泵、溢流阀通常都组装在液压站上，为使操作人员就近调压方便，可按图 5 – 21 在控制工作台上安装一个远程调压阀 2，并将其进油口与安装在液压站上的先导式溢流阀 1 的远程控制口相连。这相当于给阀 1 除自身先导阀外，又加接了一个先导阀。调节阀 2 便可实现远程调压。显然，远程调压阀 2 所能调节的最高压力不得超过溢流阀自身先导阀的调定压力。另外，为了获得较好的远程控制效果，还须注意两阀之间的油管不宜太长(最好在 3 m 之内)，要尽量减小管内的压力损失，并防止管道振动。

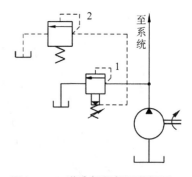

图 5 – 21 溢流阀用于远程调压

④ 使液压泵卸荷：参见图 7 – 12 所示，当二位二通阀的电磁铁通电后，先导式溢流阀的远程控制口接油箱，此时，主阀芯上腔压力接近于零，主阀芯便移动到最大开口位置。由于主阀弹簧很软，进口压力很低，泵输出的油便在此低压下经溢流阀流回油箱，这时，泵接近于空载运转，功耗很小，即处于卸荷状态。这种卸荷方法所用的二位二通阀可以是通径很小的阀。由于在使用中经常采用这种卸荷方法，所以常将先导式溢流阀和串接在该阀远程控制口的电磁换向阀组合成一个元件，称为电磁溢流阀。

⑤ 实现多级调压：参见图 7 – 8 所示，溢流阀用于多级调压，在图中有三个溢流阀 A、B、C，分别调定不同的压力级别，当换向阀接到不同的工作位置时，三个溢流阀便分别来限定系统的工作压力。但要求阀 B、阀 C 的调定压力小于阀 A 的调定压力。

⑥ 作背压阀：将溢流阀装在执行元件的回油路上，调节溢流阀的调压弹簧，即能调节执行元件回油腔压力大小，从而改善执行元件运动的平稳性。

5.3.2　减压阀

在一个液压系统中，往往一个泵需要向多个执行元件供油，而各执行元件所需要的工作压力各不相同。若某个执行元件所需要的工作压力较液压泵的供油压力低时，可在该分支油路中串联一个减压阀，来调节所需要的压力大小。

减压阀是一种利用油液流过缝隙产生压降的原理，使出口压力低于进口压力的压力控制阀，按调节要求不同，减压阀分定值减压阀、定差减压阀和定比减压阀三种。其中定值减压阀应用最广，简称减压阀。它能让液压系统中某一分支油路得到低于系统压力且保持恒定的工作压力。这里只介绍定值减压阀。

5.3.2.1　减压阀的结构和工作原理

减压阀也分为直动式和先导式两种。先导式减压阀性能较好，最为常用。先导式减压阀结构形式很多，但工作原理相同。

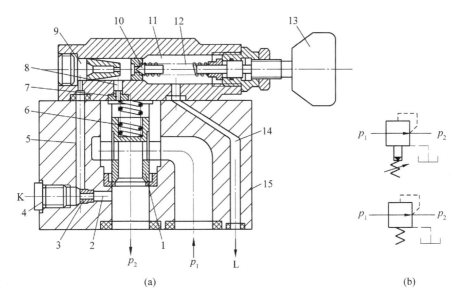

图 5 – 22　先导式减压阀结构原理及图形符号

1—主阀芯；2、3—阻尼孔；4—远程控制口螺塞；5、7、8、14—油道；6—主阀弹簧；9—先导阀前腔；
10—先导阀阀芯；11—先导阀弹簧腔；12—调压弹簧；13—调节手柄；15—主阀阀体

　　图 5 – 22(a)是一种常用的先导式减压阀结构原理图，主要结构与先导式溢流阀相同，外形亦类似。减压阀进口处的油液以压力 p_1 经阀口降低为 p_2 后，从减压阀出口流出。同时 p_2 还通过阻尼孔 2、3、油道 5 进入先导阀前腔 9 及阀座部并与主阀弹簧腔相通。压力油 p_2 作用在主阀芯 1 上下两端并作用在先导阀阀芯 10 上。当出口压力 p_2 小于先导阀的调定压力时，先导阀阀芯 10 关闭。阻尼孔 2 无油液通过，主阀芯 1 上下两端油液压力相等，而主阀芯在其弹簧 6 的作用下，阀口全部打开，使油液在压降较小的情况下流出，这时减压阀不起作用。当出口压力 p_2 大于先导阀的调定压力时，先导阀阀芯 10 打开，油液经阻尼孔 2、3、先导阀前腔 9、油道 14、泄油口 L 流回油箱。由于阻尼孔 2 的作用，主阀芯 1 弹簧腔的压力 p_2' 低于 p_2，造成阀芯 1 上下两端的压力不平衡，使阀芯移动，使阀口减小，压力油流过阀口时压降加大，出口压力 p_2 减至某调定值。出口处保持调定压力时，主阀芯 1 处于某一平衡位置上，此时阀口保持一定的开口度，减压阀处于工作状态，如由于某种原因使进口压力 p_1 增大，当阀口还没有来得及变化时，p_2 则相应增大，经过阻尼孔 2 的控制流量增加，造成主阀芯 1 两端的受力状况发生变化，破坏了原来的平衡状态，使主阀芯向上移动，阀口关小，压力损失增加，使 p_2 恢复调定值，以保持出口压力恒定。阻尼孔 3 起稳定主阀芯 1 的作用。减压阀稳定工作时主阀芯受力：

$$p_2A = p_2'A + F_s + G + F_f + F_\omega \tag{5 – 12}$$

式中：p_2——减压阀出口压力；

　　　　p_2'——流经阻尼孔 2 后作用在主阀芯上端面的液压力；

　　　　A——主阀芯端面积；

　　　　F_s——主阀芯上弹簧力；

G——主阀芯自重;

F_f——主阀芯与阀体之间的摩擦力;

F_ω——稳态轴向液动力。

如果忽略阀芯自重、摩擦力及液动力的影响,则上式可写成

$$p_2 A = p_2' A + F_s \qquad (5-13)$$

或

$$p_2 = p_2' + \frac{F_s}{A} \qquad (5-14)$$

p_2' 由先导阀调定,基本不变,而 F_s 因弹簧刚度较小,在位移过程 F_s 变化也很小,所以使减压阀出口压力 p_2 基本保持一个稳定的压力值。

先导式减压阀和先导式溢流阀的差异:

① 减压阀保持出口处压力基本不变,而溢流阀保持进口处压力基本不变。

② 在不工作时,减压阀进出口互通,而溢流阀进出口不通。

③ 为保证减压阀出口压力调定值恒定,它的先导阀弹簧腔需通过泄油口单独外接油箱;而溢流阀的出油口是通油箱的,所以它的先导阀弹簧腔和泄油可通过阀体上的通道和出油口接通,不必单独外接油箱。

5.3.2.2 减压阀的应用

在液压系统中,一个液压泵供应多个分支油路工作时,由于各分支油路要求压力小于液压泵的额定压力,这就需要在分支油路串联减压阀,如夹紧油路、控制油路和润滑油路等,参见图 7-9 所示。

5.3.3 顺序阀

顺序阀是利用液压系统中的压力变化来控制油路的通断,从而实现多个液压元件按一定的顺序动作。按控制方式不同,顺序阀分为两大类:一类直接利用该阀进油口的压力来控制阀口启闭的内部压力控制顺序阀(又称内控式),简称顺序阀;另一类用独立于阀进口的外来压力油控制阀口启闭的外控顺序阀(又称外控式),称为液控顺序阀。

按结构不同分有直动式和先导式两类。

5.3.3.1 结构与工作原理

顺序阀的结构与工作原理和溢流阀相似,现以先导式顺序阀为例说明其结构和工作原理。如图 5-23(a)所示,主阀和先导阀均为滑阀式,其外形与溢流阀相似。

压力油进入顺序阀作用在主阀一端,同时压力油一路经油道 3 进入先导阀 5 左端,作用在阀芯 6 的左端面上,一路经阻尼孔 2 进入主阀上端,并进入先导阀的中间环形部分。当进油压力低于先导阀的调定压力时,主阀阀芯 1 关闭,顺序阀无油液流出。一旦进油压力超过先导阀的调定压力时,进入先导阀左端的压力将阀芯 6 推向右边,此时先导阀 5 的中间环形部分与顺序阀出口沟通,压力油经阻尼孔 2、主阀芯 1 上腔、先导阀 5、油道 4 流向出口。由于有液阻,主阀芯 1 上腔压力低于进口压力,主阀芯移动,使

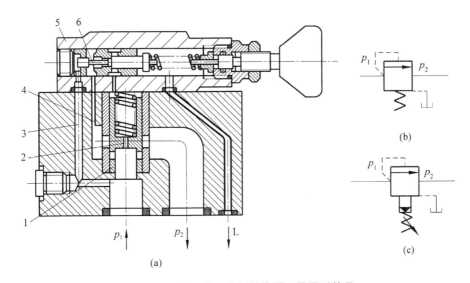

图 5 – 23　先导式顺序阀结构原理及图形符号

1—主阀阀芯；2—阻尼孔；3、4—油道；5—先导阀；6—先导阀阀芯

顺序阀进出口沟通。从上分析可知。主阀芯的移动是主阀芯上下压差作用的结果，与先导阀的调定压力无关。因此，顺序阀的进出口压力近似相等。图 5 – 23（b）、（c）为直动式与先导式顺序阀的图形符号。

5.3.3.2　单向顺序阀

单向顺序阀是单向阀和顺序阀并联组成的复合阀，图形符号如图 5 – 24 所示。其工作原理为：当油液自入口 p_1 流进时，单向阀关闭，油液必须打开顺序阀才能从出口 p_2 流出；而油液反向从出口流进时，顺序阀关闭，但可打开单向阀后从入口 p_1 流出。

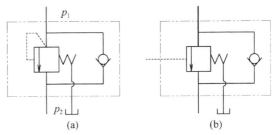

图 5 – 24　单向顺序阀图形符号

(a)内控式；(b) 外控式

改变阀的控制方式和泄油方式，可以使单向顺序阀成为内控式、外控式单向顺序阀或单向卸荷阀等。图 5 – 24 (a)所示为内控式单向顺序阀，图 5 – 24(b)所示为外控式单向顺序阀。

5.3.3.3　顺序阀的应用

(1)用于控制多个执行元件的顺序动作

在机床的定位夹紧油路中，经常用顺序阀实现先定位后夹紧。如图 5 – 25 所示液压泵的供油，一路至主油路，另一路经减压阀、单向阀、换向阀至定位缸的上腔，推动活塞下行进行定位。定位后，液压缸 A 停止运动，油路压力升高，当达到单向顺序阀调定压力时，顺序阀打开，压力油经顺序阀进入夹紧缸的上腔，夹紧缸下行，进行夹紧。

减压阀的作用是调节夹紧力的大小，并保持夹紧力稳定。需要强调一点，顺序阀的调定压力至少比先动作的执行元件的最高压力高 0.5 ~ 0.8 MPa，以保证动作顺序可靠。

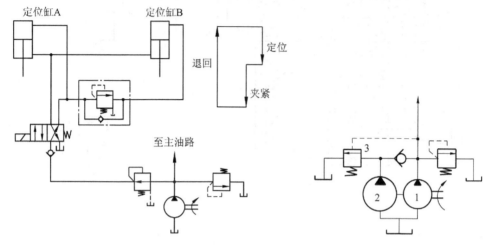

图 5 – 25 用于控制顺序动作　　**图 5 – 26 控制双泵系统中的大流量泵卸荷**

1—高压泵；2—低压泵；3—外控顺序阀

（2）与单向阀组成平衡阀

为了保持垂直放置的液压缸或带动负载做垂直向下运动时不因自重而自行下落，可将单向阀与顺序阀并联构成的单向顺序阀接入油路，参见图 7 – 17（b）、（c）所示。此单向顺序阀又称为平衡阀。这里，顺序阀的开启压力要足以支承运动部件的自重。当换向阀处于中位时，液压缸能在任意位置停止。

（3）控制双泵系统中的大流量泵卸荷

图 5 – 26 所示油路，液压泵 1 为高压小流量泵，液压泵 2 为低压大流量泵，两泵并联连接。在液压缸快速进退阶段，泵 1 输出的液压油经单向阀与泵 2 输出的液压油汇合在一起进入液压缸，使液压缸获得快速运动；当液压缸转为慢速工作进给时，液压缸的进油路压力升高，外控顺序阀 3 被打开，低压大流量泵 2 卸荷，此时由高压小流量泵 1 单独向系统供油以满足工作进给的速度要求。此时油路中，外孔顺序阀 3 能使液压泵卸荷，故又称卸荷阀。

5.3.4 压力继电器

压力继电器是将液压系统中的压力信号转换成电信号的转换元件。它的作用是当液压系统某处的压力上升或下降到压力继电器调定的值时，通过压力继电器内的微动开关，触动电气开关发出电信号控制电气元件（如电动机、电磁铁、电磁离合器等）动作，实现泵的加载或卸载、执行元件顺序动作、系统安全保护和元件动作联锁等。任何压力继电器都由压力 – 位移转换装置和微动开关两部分组成。

压力继电器的结构形式很多，常见的有柱塞式、弹簧管式、膜片式和波纹管式四类，工作原理大致相同，下面以最常用柱塞式为例说明压力继电器的工作原理。

5.3.4.1　压力继电器的结构和工作原理

图 5 - 27 所示为单柱塞式压力继电器的结构原理及图形符号，控制口 p 连接到需要取得液压信号的油路上。当液压力作用在柱塞 1 的底部，若其压力已达到弹簧的调定值时，便克服弹簧阻力和柱塞表面摩擦力推动柱塞上升，通过顶杆 2 触动微动开关 4 发出电信号。图 5 - 27(b) 为压力继电器图形符号。

当控制油口的压力升高到一定值而使柱塞 1 向上移动时，它不仅要克服弹簧力，还要克服柱塞向上移动时的摩擦力(方向向下)。当控制油口的压力下降，弹簧使柱塞 1 向下移动时的摩擦力向上。所以当控制油压力上升使压力继电器动作之后，这时压力称为开启压力。即使控制油压略有降低，压力继电器并不复位，当控制油压降低到某一定值后才能复位，这时的压力称闭合压力，显然开启压力高于闭合压力，两者之差称为通断调节区间。其差值有摩擦力大小决定，即通过调节柱塞与阀体的摩擦力改变它们的差值。

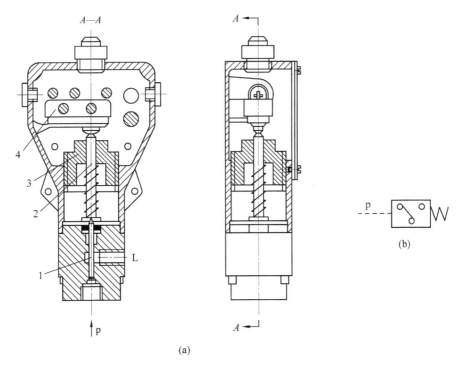

(a)

图 5 - 27　单柱塞式压力继电器的结构原理及图形符号
1—柱塞；2—顶杆；3—调节螺钉；4—微动开关

5.3.4.2　压力继电器的应用

压力继电器在液压传动系统中应用非常广泛，如在规定的压力下，使电磁阀顺序动作、启动时间继电器、自动释压、反向运动、自动停车等。

如图 5 - 28 所示，压力继电器 4 装在节流阀 2 和液压缸 5 之间，控制电磁换向阀 1、

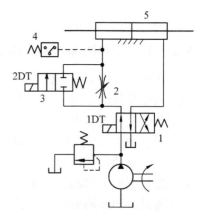

3 中电磁铁 1DT、2DT 通、断电。具体控制原理如下：当活塞杆向右运动到终端碰上死挡铁后，液压缸 5 右腔压力升高，当达到压力继电器的调定压力时，压力继电器发出电信号，使电磁铁 1DT 断电、2DT 通电，活塞快速返回。

这里需要强调一点，压力继电器必须安装在压力有明显变化的地方，如图 5-28 所示。

图 5-28　压力继电器应用
1、3—换向阀；2—节流阀；
4—压力继电器；5—液压缸

5.4　流量控制阀

流量控制阀(简称流量阀)是通过改变通流截面积来改变局部阻力的大小，从而实现对流量的控制，以达到调节执行元件运动速度(转速)的目的。常用的流量阀有节流阀、调速阀、旁通式调速阀等。

5.4.1　流量控制原理

由第 2 章可知，小孔或缝隙等对液体的流动会产生阻力(形成压力降或压力损失)，通流面积和通流长度不同，其阻力也不同，这种阻力称为液阻。流量阀是借助改变阀口(也称节流口)通流截面积以形成可变液阻，由于液阻对通过的流量起限制作用，因此节流口可以调节流量。

5.4.1.1　节流口的流量特性

(1)节流口的形式

节流口是流量阀的核心，节流口形式及特性在很大程度决定流量阀的性能，是研究流量阀的关键所在。几种常用的节流口形式如图 5-29 所示。

①针阀式节流口：图 5-29(a)为针阀式节流口，针阀作轴向移动，调节环形通道的大小以调节流量。它的结构简单，工艺性好，针阀所受的径向力是平衡的。但因节流口是环形截面，水力半径小，节流通道较长，近于细长节流孔。

②偏心槽式节流口：图 5-29(b)是偏心槽式节流口，在阀芯上开一个截面呈三角形(或矩形)的偏心槽。转动阀芯就可调节通道的大小以调节流量。它的结构也较简单，工艺性好，节流口通流截面是三角形的，能得到较小的稳定流量。但节流通道较长，近于细长节流孔，而且阀芯上的径向力不平衡。

③轴向三角槽式节流口：图 5-29(c)是轴向三角槽式节流口，在阀芯上开了一个或两个斜的三角槽。调节时阀芯作轴向移动，可改变三角槽通流面积的大小。它的结构简单，工艺性较好，通流截面呈三角形，水力半径中等，可得到较低的稳定流量。阀芯所受径向力相互平衡，操作方便，但因节流通道较长，近似细长节流口。

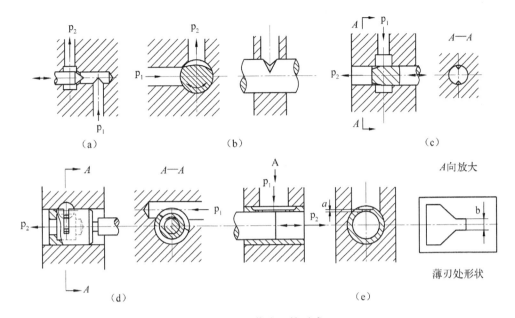

图 5 – 29　节流口的形式

(a)针阀式节流口；(b) 偏心槽式节流口；(c) 轴向三角槽式节流口；

(d)周向缝隙式节流口；(e) 轴向缝隙式节流口

④周向缝隙式节流口：图 5 – 29(d)是周向缝隙式节流口，阀芯沿圆周表面开有狭缝，液体可通过狭缝流入阀芯的内孔，再经左边的孔流出。转动阀芯改变缝隙通流截面积以调节流量。狭缝加工成适当的形状即可以使开度较小时仍能有较大的水力半径。这种节流口在狭缝处的厚度很小，近于薄刃式。但它的工艺性不如轴向三角槽式，且阀芯所受的径向力不平衡。

⑤轴向缝隙式节流口：图 5 – 29(e)是轴向缝隙式节流口，它是在阀芯的衬套上先铣出一个槽，使该处的厚度减薄，然后在其上沿轴向设有开口，调节时使阀芯轴向移动，改变节流口大小，调节流量。这种节流口是薄刃式的，有较大的水力半径。但阀芯所受的液体压力不平衡，结构也较复杂，工艺性差。

总之图 5-29(a)、(b)、(c)形式节流口，结构简单，制造比较方便，但由于通道长，水力半径小，油温变化对流量稳定性的影响较大，也较容易堵塞，工作性能较差，只适用于要求不高的场合；图 5-29(d)、(e)形式节流口，结构较复杂，但它们接近于薄壁小孔，节流通道短，不易堵塞，工作性能较好，多用于精密调速设备或低速调节稳定性要求较高的系统。

(2)节流口的流量特性

从第 2 章可知，无论节流口采用何种形式，通过节流口的流量可用下式表示

$$Q = C \cdot A_T \cdot \Delta p^m \qquad (5-15)$$

式中：A_T——节流口的通流截面积；

Δp——节流口前、后的压差；

C——由节流口形状、液体流态和液体性质等因素所决定的系数；对于薄壁小

孔，$C = C_q \cdot \sqrt{\dfrac{2}{\rho}}$；对于细长小孔，$C = \dfrac{d^2}{32\mu \cdot l}$；其他形式的节流口的 K 值

可实验得出。

m——是由节流口形状决定的指数，$0.5 \leqslant m \leqslant 1$，薄刃式节流 $m = 0.5$；细长孔节

流 $m = 1$。

节流口流量特性曲线如图 5 - 30 所示。图中，直线
A 表示 $m = 1$ 的理想线性节流口；曲线 B 表示 $m = 0.5$ 的
理想平方根节流口。一般节流口的特性曲线介于 A、B
曲线之间。

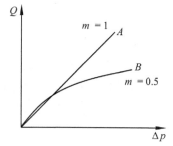

由式(5-15)可知：当节流口形式、油液的黏度和节
流口前后压差(C、μ、Δp)一定时，只要改变通流截面
积 A_T 值，便可调节流量。

图 5 - 30　压差与通过流量的关系

(3)影响节流口流量稳定性因素

节流阀或调速阀等流量控制阀，当其节流口的通流截面积 A_T 调定以后，常要求通
过的流量 Q 保持稳定，使执行机构获得稳定的速度。实际上当节流口通流截面积调定
后，影响流量的因素还有许多，下面就主要的几点进行分析。

① 压差变化对流量稳定性的影响：节流口压差 Δp 的影响即负载变化的影响。当负
载发生变化时，执行元件工作压力随之变化，与执行元件相连的流量阀的节流口前后压
差 Δp 也发生变化，致使通过阀的流量 Q 发生变化，即流量不稳定。

② 温度变化对流量稳定性的影响：油温的变化对通过节流口的流量影响也很显著。
由于油温升高，油的黏度下降，油液分子之间、油液分子与管壁之间摩擦力减小，液阻
下降，油液容易流过节流口。缩短节流口通道长度，可基本消除流过节流口时油温对流
量的影响。因为温度变化时，油液的黏度和密度都会变化，其中以黏度的变化最为显
著。从式(5 - 13)可以看到，细长孔系数 K 是随黏度而变化的；在薄壁孔的流量公式
中，系数 K 不受黏度的影响，只受密度变化的影响。故温度对薄壁节流口的流量稳定
性影响较小。

③ 节流口堵塞对流量稳定性的影响及最小稳定流量：由于油液中常不免含有杂质
以及因氧化而析出的胶质、沥青等颗粒，这些胶质沉淀物和杂质在节流口表面上形成一
层附着层，并逐步累积，使通流截面积和流量逐渐变小。当附着层积累到一定厚度时，
又会被高速液流冲掉，以后又再次积累，因此出现流量脉动现象，因而影响流量的稳
定，甚至引起堵塞。试验表明：虽然经过节流口前后的压差、油液黏度均保持不变，但
在小开口时，通过节流口的流量会出现时大时小的周期性脉动现象。开口越小，脉动现
象越严重，最后甚至出现断流，这种现象称为节流口堵塞。能够维持稳定流动的最小流
量值是流量控制阀的一个重要性能指标，该值越小表示稳定性越好。节流口的几何形状
不同对流量的稳定性也有较大影响。实践表明：节流口通流截面积 A_T 与截面的轮廓长

度 X(称湿周长度)之比 $\dfrac{A_T}{X}$(称水力半径)越大、通道越短(薄刃结构的节流口)的节流口，越不容易堵塞，或者说可以达到更低的稳定流量。另外，选择化学稳定性，特别是抗剪切稳定性良好的油液，精心过滤和定期更换油液都有助于防止节流口堵塞。

5.4.2 普通节流阀

　　普通节流阀(简称节流阀)是流量阀中结构最简单、使用最普遍的一种形式。图 5 – 31 所示为一种普通节流阀的结构原理图和图形符号。它是由节流口与用来调节节流口大小的调节元件等组成，即带轴向三角槽的阀芯 4、阀体 3、调节手柄 2、顶杆 1 和弹簧 5 等组成。

　　压力为 p_1 的油液从进口进入阀体，经通道 a、节流口、通道 b，再从出口流出，出口油液压力降到 p_2。调节手柄 2 使阀芯 4 轴向移动，改变节流口通流截面积，从而实现对流量的控制。阀芯 4 的复位靠弹簧 5 来实现。阀芯 4 上的通道 c 是用来沟通阀芯两端，使两端液压力达到平衡，并使阀芯顶杆端不致形成封闭油腔，从而使阀芯能轻便移动。

　　节流阀在液压系统中主要与定量泵、溢流阀和执行元件等组成三种节流调速系统，即进油路节流调速系统、回油路节流调速系统和旁油路节流调速系统。调节其开口，便可调节执行元件运动速度的大小；节流阀也可在实验系统中用作加载等；由于该阀没有压力和温度补偿装置，不能补偿由负载或油液黏度变化所造成的速度不稳定，故一般仅用于负载变化不大、对速度稳定性要求不高的场合。

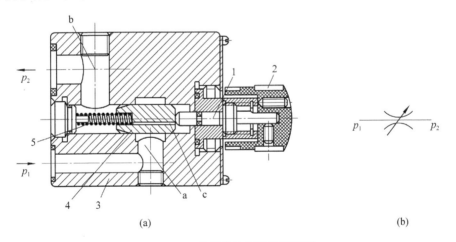

图 5 – 31　普通节流阀结构原理图
1—顶杆；2—调节手柄；3—阀体；4—阀芯；5—弹簧

5.4.3 调速阀

　　调速阀是由定差减压阀和一个普通节流阀串联组成的，它是靠定差减压阀来维持节流阀进出口压差近于恒定，从而保证流量受工作负载变化影响较小的流量控制阀。将调速阀和单向阀并联则可组合成单向调速阀。

(1)调速阀的工作原理

图 5 – 32 是调速阀的工作原理图及图形符号。它是由普通节流阀 2 和定差减压阀 1 组成。从调速阀的进口压力 p_1 到出口压力 p_3 之间的通路上，油液共通过两个节流口：一个是减压阀开口缝隙 x，另一个是节流阀的节流口。减压阀开口缝隙 x 是随着负载压力 p_3 的变化而自动变化的，起补偿作用，使节流阀 2 前后压差 Δp_j 保持一定。现以调速阀安装在液压缸的进油路上为例说明其工作原理。

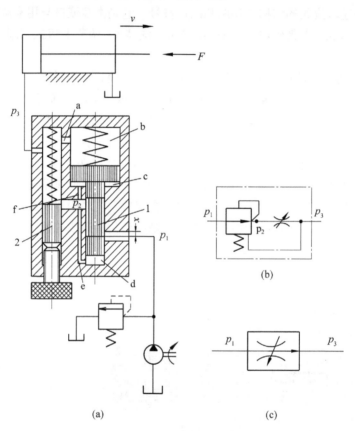

图 5 – 32 调速阀工作原理
1—定差减压阀；2—节流阀

如图 5 – 32(a)所示，液压泵出口（即调速阀进口）压力 p_1，由溢流阀调节，基本上保持恒定。油液经过减压阀开口缝隙 x 后，压力下降为 p_2，再经节流阀，压力下降为 p_3。节流阀前后的压力差 $\Delta p_j = p_2 - p_3$。减压阀阀芯上端弹簧腔经孔道 a 与节流阀的出油口 p_3 沟通；阀芯的肩部 c 和下端 d 经孔道 f、e 与节流阀 2 的入口 p_2 相连。因此，压力为 p_3 和 p_2 的油液分别作用在减压阀阀芯的上、下端。在稳定状态下作用减压阀阀芯上所受力的平衡方程式为

$$p_2 A = p_3 A + F_s + G + F_f \qquad (5 - 16)$$

式中：A——减压阀阀芯顶端面积；

F_s——减压阀弹簧的作用力；

G——减压阀阀芯自重(滑阀垂直安放时考虑)；

F_f——阀芯移动时的摩擦力。

如略去 G 和 F_f 的影响，由上式可得节流阀前后压差：

$$\Delta p_j = p_2 - p_3 = \frac{F_s}{A} \qquad (5-17)$$

考虑到 F_s 是作为恢复作用，该弹簧的刚度较小，工作过程中减压阀阀芯位移较小，可以认为弹簧力基本保持不变，即 F_s 近似为常数，故节流阀 2 前后压差 $p_2 - p_3$ 不变，这样可保持通过节流阀的流量基本不受负载的影响。

负载变化而引起 p_3 变化时，减压阀的自动调节作用如下：设在某一瞬间，当外部负载 F 增加时，p_3 亦增加。p_3 通过 a 孔道作用在减压阀阀芯的上端，使上端作用力增大，破坏阀芯原来的平衡状态，阀芯下移，减压阀的开口 x 加大，通过减压阀的液阻减小，使 p_2 也增大，从而使 $\Delta p_j = p_2 - p_3$ 基本上能保持原来的数值不变；外部负载减小时，p_3 亦减小，同理，阀芯失去平衡上移，此时减压阀的开口 x 减小，液流通过减压阀的液阻增大，p_2 也跟随降低，同样使 $\Delta p_j = p_2 - p_3$ 仍保持不变。由于定差减压阀 1 可保持节流阀 2 节流口前后压差为常数(故称定差式减压阀)，因而通过调速阀的流量也就稳定不变了。图 5-32(b)是调速阀的职能符号，图 5-32(c)是它的简化符号。

(2) 调速阀的流量特性

设定差减压阀和节流阀的阀孔均为薄壁孔，调速阀的流量特性如图 5-33 所示。从曲线看出，当调速阀两端的压差大于一定数值(图中 Δp_{min})后，其流量不随压差改变而变化；在调速阀压差较小的区域($\leqslant \Delta p_{min}$)内，由于压差不足以克服减压阀阀芯上的弹簧力，使阀芯始终处于最下端位置，减压阀保持最大开口而不起减压作用，此时调速阀的流量特性和节流阀相同。所以调速阀正常工作时，要求调速阀两端的压差至少为 0.4~0.5 MPa。

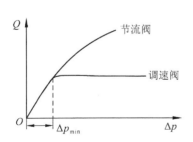

图 5-33　调速阀和节流阀流量特性比较

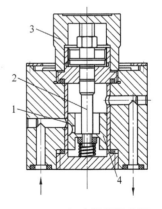

图 5-34　温度补偿调速阀

1—节流口；2—温度补偿杆；

3—调节手轮杆；4—节流阀阀芯

　　（3）温度补偿调速阀的工作原理

　　调速阀消除了负载变化对流量的影响，但温度变化的影响依然存在。为了弥补温度对流量稳定性的影响，可以用带温度补偿装置的调速阀。

　　温度补偿调速阀和普通调速阀的结构基本相似，主要区别为前者的节流阀芯 4 上连接着一根温度补偿杆 2，如图 5－34 所示。其补偿的原理是，当油液温度升高时，黏度降低，通过节流口的流量将增大，而温度补偿杆 2 采用温度膨胀系数比一般金属大的聚氯乙烯材料，它的伸长使节流开口能自动减小，限制流量的增大，从而对由于油液黏度下降而引起的流量增加起到补偿作用。利用这种方法，可部分地补偿由于温度的变化而造成流量的变化。如要根本解决问题，则必须控制温度的变化。

　　温度补偿调速阀用在工作时油液温度变化较大，且对流量稳定性有较高要求的液压系统中。与节流阀一样，调速阀主要用于定量泵液压系统中。所不同的是，调速阀适用于执行元件负载变化大，而且对运动速度稳定性要求又较高的场合。

5.4.4　旁通式调速阀

　　为了使通过节流阀的流量不受负荷变化的影响，除了应用前面介绍的将定差减压阀和节流阀串联的调速阀外，还可以采用将定差溢流阀和节流阀并联的旁通式调速阀（原称溢流节流阀）。旁通式调速阀一般装在进油管路上。

　　图 5－35 所示是旁通式调速阀的工作原理图和图形符号。旁通式调速阀有一个进口、两个出口，因而有时也称为三通流量控制阀。来自液压泵出口压力为 p_1 的液压油，一部分经节流阀 4 进入液压缸 1 左腔推动活塞向右运动，另一部分通过溢流阀 3 阀芯的溢流口流回油箱。节流阀 4 的出口压力降为 p_2。压力 p_1、p_2 又分别作用在溢流阀 3 阀芯的下端和上端，节流阀口前后压差为溢流阀阀芯上下端的压差。溢流阀 3 阀芯在液压作用力、弹簧力以及稳态液动力的作用下处于某一平衡位置。在稳态工况下，当执行元件负载 F 增大时，旁通式调速阀的出口压力 p_2 增加，作用在溢流阀阀芯上端的液压力也增大，阀芯下移，溢流口 x 减小，溢流阻力增大，导致液压泵出口压力 p_1 增大，即作用于溢流阀阀芯下端的液压力随之增大，从而使溢流阀阀芯两端受力恢复平衡，节流阀口前后的压力差 $p_1 - p_2$ 基本保持不变。同理，当载荷 F 减小时，即 p_2 减小，溢流阀阀芯上移，溢流口 x 增大，使压力 p_1 降低，压力差 $p_1 - p_2$ 仍基本保持不变。因此，无论执行元件负载如何变化，由于与节流阀并联的溢流阀的压力补偿作用，节流阀前后的压差都能近于恒定，即通过旁通式调速阀的流量基本不受负载变化的影响，使进入执行元件的流量保持稳定。

　　由旁通式调速阀组成的节流调速系统中，液压泵不是在恒压中，其出口压力 p_1 随执行元件负载的变化而变化。为了防止系统过载，这种旁通式调速阀一般多附有一个安全阀 2，如图 5－35 所示。由于安全阀装在节流阀节流口之后，所以安全阀控制的是出口压力，它起作用时实际上是相当于溢流阀的先导阀部分，因此可以采用较小流量的安全阀。

　　比较图 5－32 调速阀和图 5－35 旁通式调速阀可以看出，两者功用虽相似，但性能并不完全一样。对调速阀来说，液压泵输出的压力是一定的，它等于溢流阀的调整压力，这个压力要能满足最大负荷时的要求，液压泵消耗的功率始终是较大的；旁通式调速阀液压泵供油压力是随工作负荷而变化的。当负荷小时，节流阀出口压力降低，液压泵供油压力也随着下降，可以减小驱动液压泵所需的功率，减少液压系统的发热，这是旁通式调速阀的优点。但是通过旁通式调速阀的流量是液压泵的全部流量，比调速阀大，阀芯运动时的阻力较大。这样，溢流阀上部的弹簧刚度一般比减压阀大些，这样就使节流阀前后的压力差较大，在 0.3 ~ 0.5 MPa（调速阀中节流阀前后的压力差在 0.1 ~ 0.3 MPa），因此旁通式调速阀的流量稳定性能稍差。

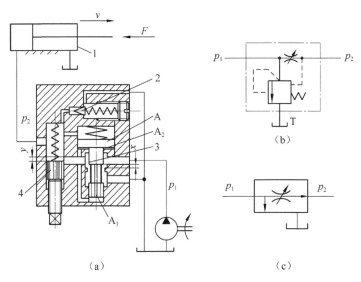

图 5 - 35 旁通式调速阀
1—液压缸；2—安全阀；3—溢流阀；4—节流阀

本章小结

常用液压控制阀（简称液压阀）通过控制和调节液压系统中液体的流动方向、压力和流量，满足执行元件所需要的启动、停止、运动方向、力或力矩、速度或转速和动作顺序，限制和调节液压系统的工作压力，防止过载等要求，从而使系统按照指定要求协调工作。控制阀按功能分三大类：方向控制阀、压力控制阀、流量控制阀。

方向控制阀在液压系统中用的最多，是任何液压系统必不可少的控制元件。其主要作用是控制液压系统中液体的流动方向，其工作原理是利用阀芯和阀体之间相对位置的改变来实现通道的接通或断开，以满足系统对管路的不同要求。如单向阀、换向阀等。

在液压系统中，用来控制液体压力或利用压力的变化控制其他元件动作的阀统称为压力控制阀。如溢流阀、减压阀、顺序阀和压力继电器等。这类阀均由阀体、阀芯、调速弹簧和调压手柄组成，其共同点主要是利用作用在阀芯上的液压力和弹簧力相平衡的原理工作的，当液压力变化到某一数值时就打破原来的平衡状态，使阀芯动作，然后达到新的平衡。

流量控制阀利用调节阀芯和阀体间的节流口面积所产生的局部阻力对流量进行调节，以达到调节执行元件运动速度（转速）的目的，如节流阀、调速阀等。

控制阀是标准件，要求学习时注意在深刻理解各类常用控制阀工作原理的基础上，掌握应用，为设计和分析液压系统打一个良好的基础。

思考题

1. 画出下列方向控制阀的图形符号：二位四通电磁换向阀，三位四通 Y 型机能的电液换向阀，液压锁。

2. 滑阀的位与通是如何定义的？什么是三位滑阀的中位机能？研究它有何用处？分别说明 O 型、M 型、P 型、K 和 H 型三位四通换向阀在中间位置时的性能特点。

3. 试分析图 5-36 中液控单向阀的作用。

4. 图 5-37 为采用行程换向阀 A、B 以及带定位机构的液动换向阀组成的连续往复运动回路，试说明其工作原理。

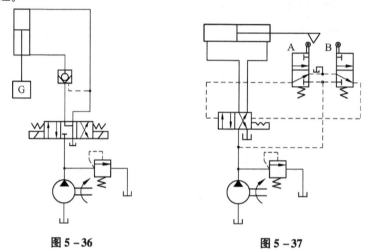

图 5-36　　　　　　　　　图 5-37

5. 如图 5-38 所示的液压系统中，各溢流阀的调定压力分别为 $p_A = 4$ MPa、$p_B = 3$ MPa 和 $p_C = 2$ MPa。试求在系统的负载趋于无限大时，液压泵的工作压力。

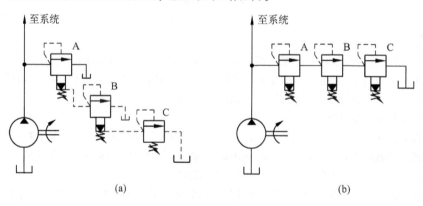

(a)　　　　　　　　　　　　　(b)

图 5-38

6. 现有两个压力控制阀，由于铭牌失落，分不清哪个是溢流阀，哪个是减压阀，又不希望将阀拆开，如何根据其特点做出正确判断？

7. 在液压系统中，当工作部件停止运动后，使泵卸荷有什么好处？你能提出哪些卸荷方法？

8. 分析比较溢流阀、减压阀、顺序阀的作用及差别。

9. 试说明图 5-39 所示回路中液压缸往复移动的工作原理。为什么无论是进还是退，只要负载 G

一过中线,液压缸就会出现断续停顿的现象?为什么换向阀一到中位,液压缸便左右推不动?

10. 图 5 - 40 所示液压系统,液压缸的有效面积 $A_1 = A_2 = 100 \text{ cm}^2$,缸 1 负载 $F_L = 35\ 000$ N,缸 2 运动时负载为零。溢流阀、顺序阀和减压阀的调定压力分别为 4 MPa、3 MPa 和 2 MPa。不计摩擦阻力、惯性力和管路损失。求在下列三种工况下 A、B 和 C 处压力:

① 液压泵启动后,两换向阀处于中位。

② 1DT 通电,液压缸 1 活塞移动时及活塞运动到终端时。

③ 1DT 断电,2DT 通电,液压缸 2 活塞运动时及活塞碰到固定挡块时。

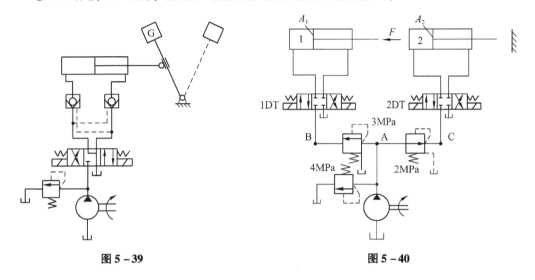

图 5 - 39　　　　　　　　　　　　图 5 - 40

11. 溢流阀和节流阀都能做背压阀使用,其差别何在?

12. 哪些液压控制阀可以作背压阀用?

13. 如图 5 - 41 所示,先导式溢流阀远程控制口和二位二通电磁阀之间的管路上接一压力表,试确定在下列不同工况时,压力表所指示的压力:

① 二位二通电磁阀断电,溢流阀无溢流。

② 二位二通电磁阀断电,溢流阀有溢流。

③ 二位二通电磁阀通电。

14. 试确定图 5 - 42 所示回路(各阀的调定压力在阀的一侧)在下列情况下,液压泵的最高出口压力:

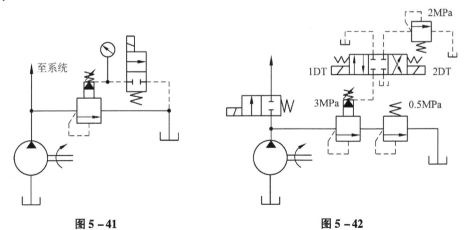

图 5 - 41　　　　　　　　　　　　图 5 - 42

① 全部电磁阀断电。

② 电磁铁 2DT 通电。

③ 电磁铁 2DT 断电，1DT 通电。

15. 图 5 – 43(a)、(b)回路的参数相同，液压缸无杆腔面积 $A = 50\ cm^2$，负载 $F = 10\ 000\ N$，各阀的调整压力如图所示，试分别确定此两回路在活塞运动时和活塞运动到终端停止时 A、B 两处的压力。

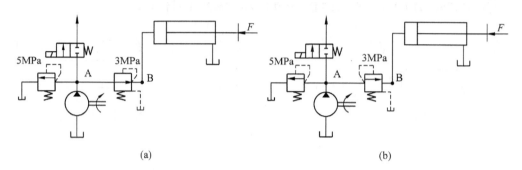

(a)   (b)

图 5 – 43

16. 一个夹紧回路如图 5 – 44 所示，若溢流阀的调定压力 $P_Y = 5\ MPa$，减压阀的调定压力 $P_J = 2.5\ MPa$，活塞运动时负载压力为 1 MPa，其损失不计，试求：

①试分析活塞在运动时 A、B 两点各是多少压力？减压阀的阀芯处于什么状态？

②工件夹紧活塞停止运动后，A、B 两点各是多少压力？减压阀的阀芯处于什么状态？

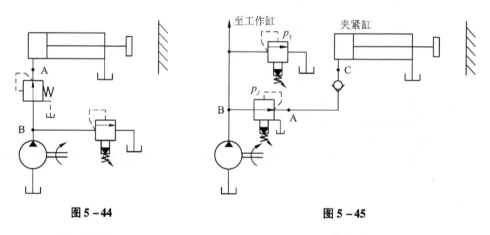

图 5 – 44   **图 5 – 45**

17. 如图 5 – 45 所示回路，溢流阀的调定压力 $P_Y = 5\ MPa$，减压阀的调定压力 $P = 2.5\ MPa$。试分析下列各工况，并说明减压阀的阀口处于什么状态？

①当液压泵出口压力等于溢流阀调定压力时，夹紧缸夹紧工件后，A、C 点的压力各是多少？

②当液压泵出口压力由于工作缸快，压力降到 1.5 MPa 时(工件仍处于夹紧状态)，A、C 点的压力各是多少？

③夹紧缸在夹紧工件前作空载运动时，A、B、C 点的压力各是多少？

18. 如图 5 – 46 所示为一采用节流调速的液压系统，已知溢流阀调定压力 $p_y = 40 \times 10^5 Pa$，液压油缸内径 $D = 100\ mm$，活塞杆直径 $d = 50\ mm$，负载 $R = 31\ 000\ N$。当系统工作时，发现液压油缸的速度不稳定，试分析原因并提出解决措施。

19. 图 5 - 47 中定量泵的输出流量为一定值，若改变泵出口处节流阀的开口大小，问活塞运动速度会不会改变？流过 a、b、c 三点处的流量各是多少？

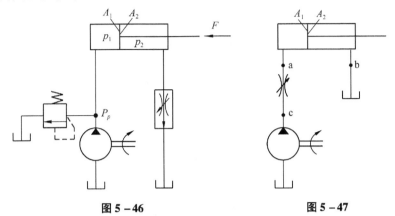

图 5 - 46　　　　　　　　图 5 - 47

20. 在节流调速系统中，如果调速阀的进出油口接反了，将会出现什么情况？试根据调速阀的工作原理进行分析。

21. 影响流量控制阀流量稳定的因素有哪些？

第 6 章

液压辅助元件

[本章提要]

　　液压辅助元件包括油管和管接头、密封件、过滤器、油箱、蓄能器等。通过本章的学习，要求了解这些元件的主要类型，掌握其工作原理、选用原则以及一些必要的计算。在液压系统中辅助元件的数量较大（如油管、管接头），分布较广（如密封装置），影响较大（如过滤器、密封装置），如果选择不当，会影响整个液压系统的工作性能，所以对其设计和选用必须给予足够的重视。

6.1　油箱

6.2　蓄能器

6.3　过滤器

6.4　管道和管接头

6.5　热交换器

6.1 油箱

6.1.1 油箱的结构

油箱主要用于存储液压油，以保证供给液压系统充分的工作液压油，同时还具有散发系统工作时产生的热量、沉淀液压油中的杂质、释出渗入液压油中的空气及为液压系统中元件提供安装位置等作用。

油箱有整体式和分离式两种。整体式油箱是利用机械设备机体的内腔作为油箱，结构紧凑，易于回收漏油。但维修不便，散热条件不好，且会使主机产生热变形，如利用机床床身、工程机械的机体作为油箱；分离式油箱是一个独立于机械设备之外的或能与机械设备分离的油箱，减少了油箱发热和液压源的振动对机械设备工作精度的影响。这种油箱布置灵活、维修方便，能设计成通用的标准形式。根据油箱液面是否与大气相通，又可分为开式油箱和闭式油箱。开式油箱是油箱液面和大气相通的油箱，应用最广，闭式油箱内液面与大气隔绝。

6.1.1.1 开式油箱

图 6 – 1 所示是一种分离式开式油箱结构示意图，箱体内装有隔板 7 和 9，将液压泵吸油口 1、过滤器 2 与回油口 4 分隔开来。隔板的作用是使回油受隔板阻挡后再进入吸油腔一侧，这样可以增加液压油在油箱中的流程，增强散热效果，并使液压油有足够长的时间去分离空气泡和沉淀杂质。油箱盖板上装有空气过滤器 3，底部装有放油塞 8；安装液压泵的安装板 5 固定在油箱盖板上，油箱的一个侧板上装有液位计 6，卸下侧盖和盖板便可清洗油箱内部和更换过滤器。箱底板设计成倾斜的目的是便于放油和清洗。

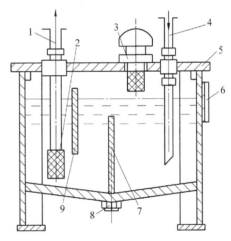

图 6 – 1 开式油箱结构示意图
1—液压泵的吸油口；2—过滤器；3—空气过滤器；
4—回油口；5—顶盖；6—液位计；7、9—隔板；8—放油塞

6.1.1.2 挠性隔离式油箱

图 6 – 2 所示是一种挠性隔离式油箱，常用在粉尘特别多的场合。大气压经气囊作用在液面上，气囊使油箱内液面与外界隔离。该油箱气囊的容积应比液压泵每分钟流量大 25% 以上。

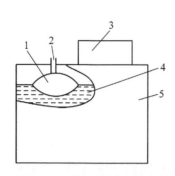

图 6-2　挠性隔离式油箱

1—气囊；2—气囊进排气口；

3—液压装置；4—液面；5—油箱

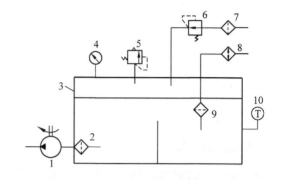

图 6-3　压力油箱

1—液压泵；2、9—过滤器；3—压力油箱；

4—电接点压力表；5—安全阀；6—减压阀；

7—分水滤清器；8—冷却器；10—电接点温度表

6.1.1.3　压力油箱

图 6-3 所示是一种压力油箱，其充气压力通常为 0.05 ~ 0.07 MPa。该压力油箱改善了液压泵的吸油条件，但要求系统回油管及泄油管能承受一定的背压。

6.1.2　油箱的设计

设计油箱时应考虑如下几点：

①油箱必须有足够大的容积。一方面尽可能地满足散热的要求，另一方面在液压系统停止工作时应能容纳系统中的所有工作介质，工作时又能保持适当的液位。

②吸油管及回油管应插入最低液面以下，以防止吸空和回油飞溅产生气泡。管口与箱底、箱壁距离一般不小于管径的 3 倍。吸油管可安装 100 μm 左右的网式或线隙式过滤器，安装位置要便于装卸和清洗过滤器。回油管口要斜切 45° 并面向箱壁，以防止回油冲击油箱底部的沉积物，同时也有利于散热。

③吸油管和回油管之间的距离要尽可能地远些，之间应设置隔板，以加大液流循环的途径，这样能提高冷却、分离空气及沉淀杂质的效果。隔板高度为液面高度的 2/3 ~ 3/4。

④应考虑清洗、换油方便。油箱顶部或侧面要有注油孔，箱底要有一定的斜度，并在最低处设置排油口。

⑤油箱应便于安装、吊运和维修。

⑥要防止液压油渗漏和污染。油箱应有周边密封的盖板，盖板上装有空气过滤器，通气一般都由一个空气过滤器来完成，注油孔应安装滤网。

6.1.2.1　油箱容积的确定

油箱容量包括液压油容量和空气容量。液压油容量是指油箱中的液压油最多时，即液面在液位计的上刻度线时的液压油体积。在最高液面以上要留出等于液压油容量 10% ~ 15% 的空气容量。

(1)根据经验初步确定

按经验,固定设备用油箱的液压油容量应是系统液压泵流量的 3 ~ 5 倍,行走设备为 0.5 ~ 1.5 倍的泵流量。据有些国外资料介绍,油箱容量也可以用公式估算:

$$V = (1.2 ~ 1.5) \times [(0.2 ~ 0.33) \times Q + EZ] \qquad (6\text{-}1)$$

式中:V——油箱总容量(包括 10% ~ 15% 的空气容量),L;

Q——开式回路部分液压泵流量的总和,L/min;

EZ——单作用液压缸的总容积,L。

如果系统中采用了冷却器,则油箱容量可以减小。

(2)根据热平衡条件验算

① 已知单位时间内系统的总发热量 H_1(J/h)。

② 单位时间内冷却器的散热量(如果有的话)

$$H_2 = Q_a \rho_k C_p \Delta t (\text{J/h}) \qquad (6\text{-}2)$$

式中:Q_a——风扇风量,m^3/h;

ρ_k——空气密度,取 $A_k = 1.29$ kg/m^3;

C_p——空气比热容,取 $C_p = 1\,008$ J/(kg·K);

Δt——散热温差,取 $\Delta t = 10$ K。

③ 单位时间内液压系统本身由于温升所吸收的热量

$$H_3 = c_1 m_1 + c_2 m_2 \square \Delta T \ (\text{J/h}) \qquad (6\text{-}3)$$

式中:c_1——油箱材料的比热容,取 $c_1 = 502$ J/(kg·K);

c_2——液压油的比热容,取 $c_2 = 1\,674 ~ 1\,883$ J/(kg·K);

m_1,m_2——油箱和油的质量,kg;

ΔT——每小时系统温度与环境温度之差。

④ 单位时间内油箱的散热量

$$H_4 = KA\Delta T \ (\text{J/h}) \qquad (6\text{-}4)$$

式中:K——油箱散热系数,J/(m^2·h·K),其大小与环境有关(参见有关设计手册);

A——油箱散热面积,m^2;

ΔT——系统温度与环境温度之差(一般取≤80℃)。

⑤ 验算 H_4 是否稍大于($H_1 - H_2 - H_3$),如果相差甚远,一方面可重新确定油箱容量,另一方面,可考虑增大或减小冷却器,直到合适为止(为简单起见未计管路及元件表面的散热)。

此外,还要验算机器上所有液压缸全伸状态下,油箱的油位不低于最低允许油位;所有液压缸全缩时,油箱的油位不高于最高油位。

6.1.2.2 油箱的结构设计

长期以来,液压油箱的结构形式,基本上是由矩形板折边压成四棱柱,再用封板堵住两侧而构成,端部封板及中间隔板由冲压成形,箱体是经四次压圆角,接头外焊接而成。这种结构的液压油箱制造工艺较差,主要表现在箱体钢板下料时要求的精度较高;压形的反弹量因每次供货钢板的机械性能不同有所不同,导致箱体的圆角与衬板的半径吻合不良;不同机型上的液压油箱必须使用自己专用的一套压型模具,每套模具的体积大、造价高、利用率低。新型的液压油箱完全不用压形模,而是利用折边机折边成形。箱底面及端部,以及箱底面和侧面分别折成 U 形断面,再焊好加油口和中间隔板等附件后,扣合拼焊而成。这种结构的液压油箱具有以下优点:下料精度要求不高;对原材料机械性能适应力强;折边部位可随意调整,适合多品种小批量生产;不用模具,大大节省了费用,缩短了生产周期等等。这种结构的液压油箱,近年来被广泛应用在工程机械、建筑机械等行走机械上。

6.2 蓄能器

6.2.1 蓄能器的作用

蓄能器是储存和释放液体压力能的装置,它储存高压油,常应用于间歇需要大流量的系统中,达到节约能量、减少投资的目的。也应用于液压系统中起吸收压力脉动及减小液压冲击的作用。在液压系统中,蓄能器的主要用途如下。

(1)作为辅助动力源

如果在液压系统的一个工作循环中,只在短时间内需要大流量,便可以采用蓄能器来供油。在执行元件有间歇动作的液压系统中,当系统不需要大量液压油时,蓄能器将液压泵输出的压力油储存起来;在需要时,再快速释放出来,以实现系统动作循环。系统可采用小流量规格的液压泵和功率较小的电动机,从而减少功率损耗和降低系统温升。

(2)维持系统压力

当某些液压系统中,要求执行元件到达某一位置时保持一定的压力,这时可使液压泵卸荷或停止向执行元件供油时,由蓄能器释放储存的压力油,补偿系统泄漏,维持系统压力,以节约能耗和降低温升。

(3)吸收冲击压力

在液压泵、液压缸突然启动或停止、液压阀突然关闭或换向时,系统会产生液压冲击。这种冲击压力,往往会引起系统中液压元件、仪表和密封装置发生故障甚至损坏或者管道破裂,此外会使系统产生明显的振动。在产生冲击压力的部位加接蓄能器,可使冲击压力得到缓和。

（4）脉动压力

液压泵的脉动流量会引起压力脉动，使执行元件的执行速度不均匀，产生振动、噪声等。在液压泵的输出口并接一个反应灵敏而惯性小的蓄能器，即可吸收流量和压力的脉动，降低噪声。

（5）应急能源

蓄能器还可用作应急液压源，可在一段时间内维持系统压力，避免因原动机或液压泵出现故障时液压源突然中断造成机件损坏等事故。

6.2.2　蓄能器的类型

蓄能器按储能方式分，主要有重力加载式、弹簧加载式和气体加载式三种类型。蓄能器种类很多，但前两大类当前已很少应用，因此下面主要介绍气体加载式蓄能器。

气体加载式蓄能器的工作原理建立在波意耳定理的基础上，利用压缩气体（通常为氮气）储存能量。这种蓄能器有气瓶式、活塞式、气囊式等几种结构形式，如图 6-4 所示。

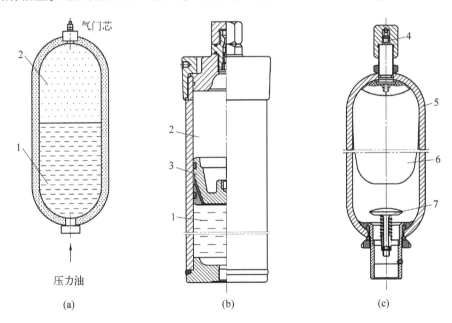

图 6-4　气体加载式蓄能器

（a）气瓶式蓄能器结构原理图；（b）活塞式蓄能器；（c）气囊式蓄能器
1—液压油；2—气体；3—活塞；4—充气阀；5—壳体；6—皮囊；7—进油阀

（1）气瓶式蓄能器

图 6-4（a）为气瓶式蓄能器结构原理图，气体 2 和液压油 1 在蓄能器中直接接触，故又称气液直接接触式（非隔离式）蓄能器。这种蓄能器容量大、惯性小、反应灵敏、

外形尺寸小，没有摩擦损失。但气体易混入（高压时溶于）液压油中，影响系统工作平稳性，而且耗气量大，必须经常补充。所以气瓶式蓄能器适用于中、低压大流量系统。

（2）活塞式蓄能器

图 6 – 4（b）为活塞式蓄能器结构原理图。这种蓄能器利用活塞 3 将气体 2 和液压油 1 隔开，属于隔离式蓄能器。其特点是气液隔离、液压油不氧化、结构简单、工作可靠、寿命长、安装和维护方便。但由于活塞惯性和摩擦阻力的影响，导致其反应不灵敏，容量较小，所以对缸筒加工和活塞密封性能要求较高。一般用来储能或供高、中压系统做吸收脉动之用。

（3）气囊式蓄能器

图 6 –4（c）为气囊式蓄能器结构原理图。这种蓄能器主要由壳体 5、皮囊 6、进油阀 7 和充气阀 4 等组成，气体和液体由皮囊隔开。壳体是一个无缝耐高压的外壳，皮囊用特殊耐油橡胶做原料与充气阀一起压制而成。进油阀是一个由弹簧加载的菌形进油阀，它的作用是防止油而皮囊强度不够高，压力的允许波动值受到限制，只能在 – 20 ~ +70℃的温度范围内工作。蓄能器所用皮囊有折合形和波纹形两种。

6.2.3　蓄能器的容量计算

蓄能器的容量是选择蓄能器的重要参数，蓄能器容量的大小与其用途有关，不同类型或不同功用的蓄能器，其计算方法亦有不同，这里以气囊式蓄能器为例说明其容量的计算方法。

6.2.3.1　蓄能器用于储存和释放能量时的容量计算

这种用途的蓄能器容量 V_0 和皮囊充气压力 p_0，可根据它在工作中需输出的液压油体积 ΔV，系统最高工作压力 p_1 及要求维持的最低工作压力 p_2 来决定。在蓄能器的工作过程中，气体状态的变化规律符合理想气体状态方程，

$$p_0 V_0^n = p_1 V_1^n = p_2 V_2^n = 常数 \tag{6-5}$$

式中：V_1，V_2——最高、最低压力 p_1、p_2 下的气体体积；

　　　　n——多变指数，当蓄能器用于补偿泄漏、维持系统压力时，它释放能量的速度很缓慢，可认为是在等温条件下工作，这时取 $n=1$；蓄能器用于短期大量供油时，它释放能量的速度很快，可认为是在绝热条件下工作，这时取 $n=1.4$。

当压力从 p_1 降到 p_2 时，蓄能器释放的液压油体积就是气体体积的变化量 ΔV，即

$$\Delta V = V_2 - V_1$$

由式（6-5）可推导得

$$V_0 = \frac{\Delta V}{p_0^{\frac{1}{n}} \left[\left(\frac{1}{p_2} \right)^{\frac{1}{n}} - \left(\frac{1}{p_1} \right)^{\frac{1}{n}} \right]} \tag{6-6}$$

充气压力 p_0 在理论上可与 p_2 相等，但在由于系统存在泄漏为保证系统压力为 p_2 时，蓄能器还有补偿能力，所以 p_0 应小于 p_2 值。根据经验，常对折合型气囊式蓄能器取 $p_0 = 0.8p_2 \sim 0.85\,p_2$，对波纹型气囊式蓄能器取 $p_0 = 0.6p_2 \sim 0.65p_2$。

6.2.3.2　蓄能器用于吸收冲击压力时的容量计算

在这种情况下，要进行准确计算比较困难，因为影响因素很多，如管路布置、液体流态、阻尼状况、泄漏量大小等。下面介绍一种近似的理论计算方法。当液压系统中的换向阀突然关闭时，如果阀前管路中液体的质量为 m，流速为 v，其动能为 $mv^2/2$，这些动能由蓄能器吸收后将转变为气体的压力能，蓄能器内的气体就从原充气状态下的压力 p_0 和体积 V_0 转变为缓冲状态下的最高容许压力 p_1 和其对应的体积 V_1。由于冲击是瞬时发生的，故可认为这个过程是绝热的，因此有

$$pV^{1.4} = p_0 V_0^{1.4} = p_1 V_1^{1.4} = 常数$$

根据热力学第一定律，可求得气体的压缩能为

$$\int_{v_0}^{v_1} p\mathrm{d}v = \int_{v_0}^{v_1} \frac{p_0 V_0^{1.4}}{V^{1.4}}\mathrm{d}v = -\frac{p_0 V_0}{0.4}\left[\left(\frac{p_0}{p_1}\right)^{0.285} - 1\right]$$

由于液体的动能应与气体的压缩能的绝对值相等，所以

$$\frac{1}{2}mv^2 = \frac{1}{2}\rho A l v^2 = \frac{p_0 V_0}{0.4}\left[\left(\frac{p_1}{p_0}\right)^{0.285} - 1\right]$$

故可以推得

$$V_0 = \frac{\rho A l v^2}{2}\cdot\frac{0.4}{p_0}\left[\frac{1}{\left(\dfrac{p_1}{p_0}\right)^{0.285} - 1}\right] \tag{6-7}$$

式中：A——管道通流面积；

$\quad\quad l$——产生压力冲击波的管道长度；

$\quad\quad v$——管道关闭前液流速度；

$\quad\quad p_1$——系统允许的最大冲击压力；

$\quad\quad p_0$——蓄能器充气压力，一般取系统工作压力的 90%。

由于没有考虑液体压缩性和管道弹性，所以按式(6-7)计算出的数值偏小，可适当加大。

6.2.3.3　蓄能器的选用与安装

蓄能器主要依其容量和工作压力来进行选择。蓄能器安装时应注意以下几点。

①皮囊式蓄能器应垂直安装，油口向下，充气阀朝上，以利于气囊的正常伸缩；只有在空间位置受限制时才允许倾斜或水平安装。

②安装位置随其在液压系统中的功用而异，用于吸收冲击压力和脉动压力的蓄能器应尽可能安装在冲击源或脉动源的附近；用作补油保压的蓄能器尽可能靠近有关的执行元件处。

③装在管路上的蓄能器必须用支撑板或支持架固定。

④蓄能器与管路系统之间应安装截止阀，便于充气、检修；蓄能器与液压泵之间应安装单向阀，防止液压泵停转或卸荷时蓄能器储存的压力油倒流。

6.3   过滤器

液压油的污染是液压系统发生故障的主要原因。控制液压油污染最主要的措施就是使用液压过滤器和过滤装置。

6.3.1   液压油的污染度等级和污染度等级的测定

液压系统中的污染物，是指混入工作介质中的各种杂物，如固体颗粒、水、空气和化学物质等。当液压系统液压油中混有固体微粒时，会卡住滑阀，堵塞小孔，加剧元件的磨损，使液压泵和阀性能下降，产生噪声；水侵入液压油会加速液压油的氧化，并与添加剂起作用产生黏性胶质，使滤芯堵塞；空气的混入会降低工作介质的体积模量，引起气蚀、降低润滑性；化学物质使金属腐蚀。经验表明，液压系统80%以上的故障是由于液压油污染造成的。

液压油的污染程度可用污染度等级来评定。国际标准化组织制定了 ISO 4406—1987《液压系统工作介质固体颗粒污染等级》；我国也制定了相应的国家标准 GB/T 14039—1993《液压系统工作介质固体颗粒污染等级代号》，与国际标准 ISO 4406—1987 等效。

固体颗粒污染等级代号由斜线隔开的两个标号组成：第一个标号表示 1 mL 工作介质中大于 5 μm 的颗粒数等级，第二个标号表示 1 mL 工作介质中大于 15 μm 的颗粒数等级。颗粒数与其标号的关系见表6-1。例如，代号 18/13 表示在 1 mL 的给定工作介质中，大于 5 μm 的颗粒有 1 300 ~ 2 500 个，大于 15 μm 的颗粒有 40 ~ 80 个(表6-1)。

表 6-1   工作液体中固体颗粒数与标号的对应关系(GB/T 14039—1993)

1 mL 工作液体中固体颗粒数(个)	标号	1 mL 工作液体中固体颗粒数(个)	标号	1 mL 工作液体中固体颗粒数(个)	标号
>80 000 ~ 160 000	24	>160 ~ 320	15	>0.32 ~ 0.64	6
>40 000 ~ 80 000	23	>80 ~ 160	14	>0.16 ~ 0.32	5
>20 000 ~ 40 000	22	>40 ~ 80	13	>0.08 ~ 0.16	4
>10 000 ~ 20 000	21	>20 ~ 40	12	>0.04 ~ 0.08	3
>5 000 ~ 10 000	20	>10 ~ 20	11	>0.02 ~ 0.04	2
>2 500 ~ 5 000	19	>5 ~ 10	10	>0.01 ~ 0.02	1
>1 300 ~ 2 500	18	>2.5 ~ 5	9	>0.005 ~ 0.01	0
>640 ~ 1 300	17	>1.3 ~ 2.5	8	>0.002 5 ~ 0.005	00
>320 ~ 640	16	>0.64 ~ 1.3	7		

测定污染度的方法很多，主要有：人工计数法、计算机辅助计数法、自动颗粒计数法、光谱分析法、X 射线能谱或波谱分析法、铁谱分析法、颗粒浓度分析法等。

6.3.2　过滤器的作用和过滤精度

6.3.2.1　过滤器的作用

为了保持液压油清洁，一方面应尽可能防止或减少液压油污染，另一方面把已污染的液压油净化。在液压系统中，一般采用过滤器来滤除外部混入或系统工作中内部产生在液压油中的固体杂质，保持液压油清洁，延长液压元件使用寿命，保证液压系统的工作可靠性。

过滤是指从液压油中分离非溶性固体微粒的过程。过滤器的功能是过滤混在液压油中的杂质，把液压油中杂质颗粒大小控制在能保证液压系统正常工作的范围内。液压系统使用的过滤器依其滤芯材料来分，可分为表面型过滤器、深度型过滤器和吸附型过滤器。表面型过滤器的过滤材料表面分布着大小相同均匀的几何形孔，液压油通过时，以直接拦截的方式来滤除污物颗粒；深度型过滤器的过滤材料为多孔可透性材料，内部具有曲折迂回的通道，如滤纸、化纤、玻璃纤维等都属于这类过滤材料。除表面孔直接拦截颗粒污物外，还可以通过多孔可透性材料内曲折迂回的通道以吸附死角沉淀、阻截等方式来滤除颗粒；吸附型过滤器滤芯材料把液压油中的有关杂质吸附在其表面，如高磁能永久磁铁滤芯可以吸附、分离液压油中对磁性敏感的金属颗粒，一般与深度型过滤器和表面型过滤器结合使用。

6.3.2.2　过滤器的主要性能参数

过滤器的主要性能参数有过滤精度、压降特性、纳垢容量、工作压力和温度等。在选用过滤器时，首先要考虑过滤精度这项重要性能指标，它直接关系到液压系统中液压油的清洁度等级。过滤精度表示过滤器对各种不同尺寸的污染颗粒的滤除能量，通常用被过滤掉的杂质颗粒的公称尺寸(μm)直接来度量。过滤器按过滤精度可以分为粗过滤器、普通过滤器、精过滤器和特精过滤器 4 种，它们分别能滤去公称尺寸为 100 μm 以上、10 ~ 100 μm、5 ~ 10 μm 和 5 μm 以下的杂质颗粒。

液压系统所要求的过滤精度应使杂质颗粒尺寸小于液压元件运动表面间的间隙或油膜厚度，以免卡住运动件或加剧零件磨损，同时应使杂质颗粒尺寸小于系统中节流孔和节流间隙的最小开度，以免造成堵塞。液压系统的功用不同，其工作压力不同，对液压油的过滤精度要求也就不同，其推荐值见表 6-2。

压降特性主要是指液压油通过过滤器滤芯和过滤器进、出口时产生的压力损失。滤芯的精度越高产生的压降越大。滤芯的有效过滤面积越大，通过单位面积的流量越小，其压力降越小。

纳垢容量是指过滤器在压力降达到规定值以前，可以滤除并容纳的污染物数量。纳垢容量越大，过滤器使用寿命越长。

以上特性分析说明除了过滤精度外，对过滤器还要求有较高的过滤比，较低的压降和足够的纳垢容量。

表 6-2   过滤精度推荐值表

系统类别	润滑系统	传动系统			伺服系统
系统工作压力/MPa	0~2.5	<14	14~32	>32	21
过滤精度/μm	<100	25~50	<25	<10	<5
过滤器精度	粗	普通	普通	普通	精

6.3.3   过滤器的典型结构

液压系统中常用过滤器主要类型有：机械式过滤器和磁性过滤器两大类。机械式过滤器又分为网式过滤器、线隙式过滤器、纸芯式过滤器、烧结式过滤器。机械式过滤器主要依靠过滤介质阻挡杂质，磁性过滤器则依靠过滤介质的磁性吸出液压油中的铁屑，磁性过滤器一般与机械式过滤器组合使用。

6.3.3.1   各种形式的过滤器及其特点

（1）网式过滤器

网式过滤器结构如图 6-5 所示，它由上盖 1、下盖 3 和几块不同形状的金属丝编织方孔网或金属编织的特种网 2 组成。为使过滤器具有一定的机械强度，金属丝编织方孔网或特种网包在四周都开有圆形窗口的金属或塑料圆筒架上。这种过滤器的过滤精度与金属网的网孔大小和层数有关，标准产品的过滤精度只有 80 μm、100 μm、180 μm 三种，压力损失小于 0.01 MPa，最大流量可达 630 L/min。网式过滤器属于粗过滤器，具有结构简单、通油能力大、压力损失小和易清洗等优点，但过滤精度不高，主要用于泵吸油口，用来保护液压泵。

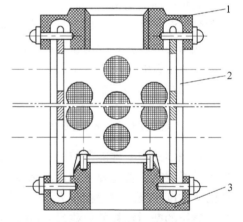

图 6-5   网式过滤器
1—上盖；2—滤网；3—下盖

（2）线隙式过滤器

线隙式过滤器结构如图 6-6 所示。它由端盖 1、壳体 2、带有孔眼的筒型芯架 3 和绕在架外部的铜线或铝线 4 组成。其滤芯采用绕在骨架上的每隔一定距离压扁一段的圆形截面铜线（或铝丝）来代替网式过滤器中的金属网，过滤精度决定于铜丝间的间隙，故称之为线隙式过滤器。这种过滤器工作时，液压油从孔 a 入过滤器，经线隙过滤后进入架内部，再由孔 b 流出。它的特点是结构较简单，过滤精度较高，通油性能好；其缺点是不清洗，滤芯材料强度较低。这种过滤器一般安装在回油路、液压泵的吸油口处以及某些内燃机的燃油过滤系统，有 30 μm、50 μm、80 μm 和 100 μm 4 种精度等级，额定流量下的压力损失约为 0.02 ~ 0.15 MPa。这种过滤器有专用于液压泵吸油口的 J 型，它仅由筒型芯架 3 和绕在芯架外部的铜线或铝线 4 组成。

（3）纸芯式过滤器

这种过滤器与线隙式过滤器的区别只在于它用纸质滤芯代替了线隙式滤芯，图 6-7 所示为其结构。纸芯部分是把平纹或波纹的酚醛树脂或木浆微孔滤纸绕在带孔的用镀锡铁片做成的骨架上。为了增大过滤面积，滤纸成折叠形状。这种过滤器的压力损失约为 0.01 ~ 0.12 MPa，过滤精度高，有 5 μm、10 μm、20 μm 等规格，纸芯过滤器性能可靠，是液压系统中广泛采用的一种过滤器，但纸质滤芯堵塞，无法清洗，必须更换，一般用于需要精过滤的场合。

（4）金属烧结式过滤器

金属烧结式过滤器有多种结构形状。如图 6 – 8 所示，其结构由端盖 1、壳体 2、滤芯 3 等组成。滤芯通常由颗粒状青铜粉压制后烧结而成，它利用铜颗粒的微孔过滤杂质，属于深度型过滤器。过滤精度与铜颗粒间的微孔大小有关，一般在 10 ~ 100 μm 之间，压力损失为 0.03 ~ 0.2 MPa。其特点是滤芯能烧结成杯状、管状、板状等各种不同的形状，制造简单、强度大、性能稳定、抗腐蚀性好、过滤精度高，适用于精过滤。缺点是铜颗粒易脱落，堵塞后不易清洗，近年来已有逐渐被纸芯过滤器取代的趋势。

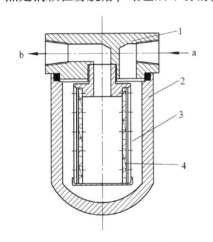
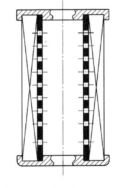
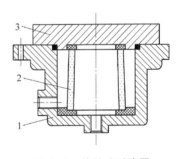

图 6 – 6　线隙式过滤器　　　图 6 – 7　纸芯式过滤器　　　图 6 – 8　烧结式过滤器
1—端盖；2—壳体；3—芯架；4—铜线或铝线　　　　　　　　　　　1—端盖；2—壳体；3—滤芯

（5）其他形式的过滤器

除了上述几种基本形式外，过滤器还有一些其他的形式。磁性过滤器是利用永久磁铁来吸附液压油中的铁屑和带磁性的磨料；微孔塑料过滤器已推广应用。过滤器也可以做成复式的，例如液压挖掘机液压系统中的过滤器，在纸芯式过滤器的纸芯内，装置一个圆柱形的永久磁铁，便于进行两种方式的过滤。为了便于安装，还有 SX 型上置式吸油过滤器、SH 型上置式回油过滤器和 CX 型侧置式吸油过滤器，在液压油箱盖板或侧板上开相应的孔就可以直接安装它们，维护非常方便。

6.3.3.2 过滤器上的堵塞指示装置和发信号装置

带有指示装置的过滤器能指示出滤芯堵塞的情况，当堵塞超过规定状态时发讯装置便发出报警信号，报警方法是通过电气装置发出灯光或音响信号或切断液压系统的电气控制回路使系统停止工作。

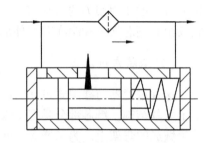

图6-9 堵塞指示装置的工作原理图

图6-9所示为滑阀式堵塞指示装置的工作原理，过滤器进、出油口的压力油分别与滑阀左、右两腔连通，当滤芯通油能力良好时，滑阀两端压差很小，滑阀在弹簧作用下处于左端，指针指在刻度左端，随着滤芯的逐渐堵塞，滑阀两端压差逐渐加大，指针将随滑阀逐渐右移，给出堵塞情况的指示。根据指示情况，就可确定是否应清洗或更换滤芯。堵塞指示装置还有磁力式、片簧式等形式。将指针更换为电气触点开关就是发讯装置。

6.3.4 过滤器的选用和安装

6.3.4.1 过滤器的选用

选用过滤器时，应考虑以下几点：

①过滤精度应满足系统设计要求。

②具有足够大的通油能力，压力损失小，选择过滤器的流量规格时，一般应为实际通过流量的2倍以上。

③滤芯具有足够强度，不因压力油的作用而损坏。

④滤芯抗腐蚀性好，能在规定的温度下长期工作。

⑤滤芯的更换、清洗及维护方便。

6.3.4.2 过滤器的安装位置

过滤器在液压系统中有下列几种安装方式：

(1)安装在液压泵的吸油管路上

如图6-10(a)所示，过滤器1安装在液压泵的吸油管路上，用以避免较大颗粒的杂质进入液压泵，从而起到保护液压泵的作用。这种方式要求过滤器具有较大的通油能力和较小的压力损失，通常不应超过0.01~0.02 MPa，否则将造成液压泵吸油不畅，产生空穴现象和强烈噪声。常采用过滤精度较低的网式或线隙式过滤器。

(2)安装在液压泵的压油管路上

如图6-10(b)所示，过滤器2安装在液压泵的出口，这种方式可以保护除液压泵以外的全部元件。要求过滤器外壳有足够的耐压性能，能承受系统工作压力和冲击压力，压力损失不应超过0.35 MPa。为避免过滤器堵塞，引起液压泵过载或者击穿过滤器，过滤器必须放在溢流阀下游或与一个安全阀并联，此压力阀的开启压力应略低于过滤器的最大允许压差。采用带指示装置的过滤器也是一种方法。

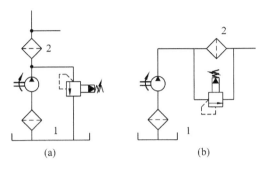
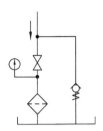

图 6-10　过滤器安装在吸油、压油管路上　　　　　图 6-11　过滤器安装在回油管路上
(a)安装在吸油管路上；(b)安装在压油管路上

（3）安装在回油管路上

如图 6-11 所示，这种安装方式不能直接防止杂质进入液压泵及系统中的其他元件，只能使油箱(系统)中的液压油得到净化，对系统起间接保护作用。由于回油管路上的压力低，故可采用低强度的过滤器，允许有稍高的过滤阻力。为避免过滤器堵塞引起系统背压力过高，应设置背压阀。

（4）安装在支管油路上

安装在液压泵的吸油、压油或系统回油管路上的过滤器都要通过泵的全部流量，所以过滤器流量规格大，体积也较大。若把过滤器安装在经常只通过泵流量 20% ~30% 流量的支管油路上，这种方式称为局部过滤。如图 6-12 所示，局部过滤的方法有很多种，如节流过滤、溢流过滤等。这种安装方法不会在主油路中造成压力损失，过滤器也不必承受系统工作压力。其主要缺点是不能完全保证液压元件的安全，仅间接保护系统。

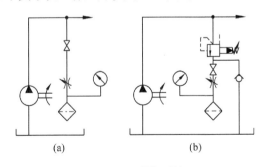
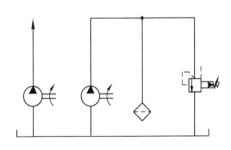

图 6-12　局部过滤　　　　　　　　　图 6-13　单独过滤系统
(a)节流过滤；(b)溢流过滤

（5）单独过滤系统

如图 6-13 所示，用一个专用的液压泵和过滤器组成一个独立于液压系统之外的过

滤回路,它可以不断净化系统中的液压油,与将过滤器安装在旁油路上的情况相似。但在独立的过滤系统中,通过过滤器的流量是稳定不变的,这更有利于控制系统中液压油的污染程度,达到保护系统的目的,适用于大型机械设备的液压系统。

对于一些重要元件,如伺服阀等,应在其前面单独安装过滤器来确保它们的性能。

6.4　管道和管接头

管道是液压系统中液压元件之间传送液体的各种油管的总称,管接头用于油管与油管之间的连接以及油管与元件之间的连接。对油管和管接头的要求是:有足够的强度、压力损失要小、密封好不漏油、与工作介质相容、抗腐蚀。

6.4.1　油管的种类和选用

液压系统中使用的油管有钢性管(钢管、铜管等)和挠性管(橡胶软管、塑料管和尼龙管及金属软管)两种,液压系统用钢管通常为无缝钢管,分为冷拔精密无缝钢管和热轧普通无缝钢管,材料为 10 钢或 15 钢。高、中压和大通径情况下用 15 钢。精密无缝钢管内壁光滑,通油能力好,而且外径尺寸较精确,适宜采用卡套式管接头连接;普通无缝钢管适宜于采用焊接式管接头连接。铜管有紫铜纯铜管和黄铜管。紫铜管的最大优点是装配时能弯曲成各种需要的形状,但承压能力较低,一般不超过 10 MPa,抗振能力较差,使液压油氧化,且价格昂贵。黄铜管可承受 25 MPa 的压力,但不如紫铜管那样容易弯曲成形,铜管现主要用作仪表和控制装置的小直径油管。

耐油橡胶软管安装连接方便,适用于有相对运动部件之间的管道连接,或弯曲形状复杂的地方。橡胶软管分高压和低压两种:高压软管是钢丝编织或钢丝缠绕为骨架的软管,钢丝层数越多、管径越小,耐压能力越大,可达 20 ~ 30 MPa;低压软管是麻线或棉纱编织体为骨架的胶管。使用高压软管时,要特别注意其弯曲半径的大小,一般取外径的 7 ~ 10 倍。

尼龙管是一种新型的乳白色半透明管,承压能力因材料而异,为 2.5 ~ 8 MPa,一般只在低压管道中使用。尼龙管加热后可以随意弯曲、变形,冷却后就固定成形,因此便于安装。它兼有铜管和橡胶软管的优点。

耐油塑料管价格便宜、装配方便,但耐压能力低,只适用于工作压力小于 0.5 MPa 的回油、泄油管路。塑料管使用时间较长后会变质老化。一般是根据液压系统的工作压力、工作环境和液压元件的安装位置等因素来选用。

现代液压系统一般使用钢管和橡胶软管,很少使用铜管、塑料管和尼龙管。油管的内径 d 按式(6-7)计算。

$$d = 2\sqrt{\frac{Q}{\pi v}} \tag{6-7}$$

式中：Q——通过油管的流量;

　　　v——管道中容许的流速,一般对吸油管取 0.5 ~ 1.5 m/s;回油管取 1.5 ~ 2.5 m/s,压油管取 3 ~ 5 m/s。

油管壁厚 δ 按式(6-8)计算。

$$\delta \geqslant \frac{pd}{2[\sigma]} \tag{6-8}$$

式中：p——油管工作压力；

$\quad$ $[\sigma]$——油管材料许用应力，$[\sigma] = \dfrac{\sigma_b}{n}$，$\sigma_b$ 为材料的抗拉强度，n 为安全系数。

$\quad$ 对钢管，当 $p < 7$ MPa 时，取 $n = 8$；7 MPa $\leqslant p < 17.5$ MPa 时，取 $n = 6$；$p \geqslant 17.5$ MPa 时，取 $n = 4$。

根据计算所得油管的内径和壁厚，对照标准，选用相近的规格。

在配置液压系统管道时还应注意以下几点：

①尽量缩短管路，避免过多的交叉迂回；

②弯硬管时要使用弯管器，弯曲部分保持圆滑，防止皱折。金属管弯曲半径可参考下列数值：钢管热弯 $R \geqslant 3D$（D 为钢管外径）；钢管冷弯 $R \geqslant 6D$；铜管冷弯 $R \geqslant 2D$（$D \leqslant 15$ mm）、$R \geqslant 2.5D$（$D = 15 \sim 22$ mm）和 $R \geqslant 3D$（$D > 22$ mm）。

③金属管连接时要留有胀缩余地。

④连接软管时要防止软管受拉或受扭。管接头附近的软管应避免立即弯曲，高压软管的弯曲半径约为外径的九倍，弯曲位置距接头应在 $6D$ 以上。软管交叉时应避免接触摩擦，为此可设置管夹子。

6.4.2 管接头的种类和选用

管接头是油管与油管、油管与液压元件之间的可拆式连接件，它应满足装拆方便、连接牢靠、密封可靠、外形尺寸小、通油能力大、压力损失小、加工工艺性好等要求。

按油管与管接头的连接方式不同，管接头主要有焊接式、卡套式、扩口式、扣压式等形式；每种形式的管接头中，按接头的通路数量和方向分有直通、直角、三通等类型；与机体的连接方式有螺纹连接、法兰连接等方式。此外，还有一些满足特殊用途的管接头。

6.4.2.1 焊接式管接头

图 6-14 所示为焊接式直通管接头，主要由接管 1、螺母 2 和接头体 4 组成。接头体拧入机体（如阀体、泵体等），螺纹为细牙圆柱螺纹，结合面采用 O 形密封圈 3、金属

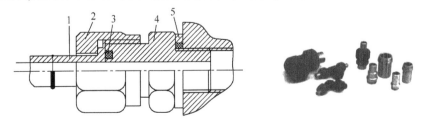

图 6-14 焊接式管接头

1—接管；2—螺母；3—O 形密封圈；4—接头体；5—组合垫圈

垫圈或组合垫圈 5 密封，油管端部焊在接管 1 上。焊接式管接头的结构简单、连接牢固、密封可靠，工作压力可达 32 MPa。缺点是装配时需焊接，因而必须采用厚壁钢管，且焊接工作量大。焊接式管接头是一种应用较广的管接头。

6.4.2.2　卡套式管接头

图 6-15 所示为卡套式管接头结构。这种管接头主要包括具有 24°锥形孔的接头体 4、带有尖锐内刃的卡套 2、起压紧作用的压紧螺母 3。旋紧螺母 3 时，卡套 2 被推进 24°锥孔，并随之变形，卡套 2 与接头体 4 内锥面形成球面接触密封，卡套的内刃口嵌入油管 1 的外壁，在外壁上压出一个环形凹槽，起到可靠的密封作用。卡套式管接头具有结构简单、性能良好、质量轻、体积小、使用方便、不用焊接、钢管轴向尺寸要求不严等优点，且抗振性能好，工作压力可达 31.5 MPa，但对管子的外径尺寸精度要求高，一般用于中低压的液压系统。卡套反复多次拆卸使用后，密封性能将降低。

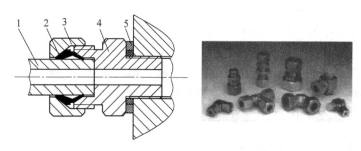

图 6-15　卡套式管接头

1—油管；2—卡套；3—螺母；4—接头体；5—组合垫圈

6.4.2.3　锥密封焊接式管接头

图 6-16 所示为锥密封焊接式管接头结构。这种管接头主要由接头体 2、螺母 4 和接管 5 组成，除具有焊接式管接头的优点外，由于它的 O 形密封圈装在接管 5 的 24°锥体上，使密封有调节的可能，密封更可靠。工作压力为 34.5 MPa，工作温度为 -25 ~ +80℃。这种管接头的使用越来越多。

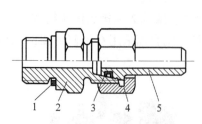

图 6-16　锥密封焊接式管接头

1—组合垫圈；2—接头体；3—O 形密封圈；
4-螺母；5—接管

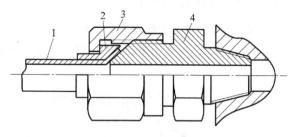

图 6-17　扩口式管接头

1—油管；2—管套；3—螺母；4—接头体

6.4.2.4　扩口式管接头

图 6 – 17 所示是扩口式管接头结构。这种管接头有 A 型和 B 型两种结构形式：A 型由具有 74°外锥面的管接头体 4、起压紧作用的螺母 3 和带有 66°内锥孔的管套 2 组成；B 型由具有 90°外锥的接头体 4 和带有 90°内锥孔的螺母 3 组成。将已冲成喇叭口的管子置于接头体的外锥面和管套(或 B 型螺母)的内锥孔之间，旋紧螺母使管子的喇叭口受压，挤贴于接头体外锥面和管套(或 B 型的螺母)内锥孔所产生的间隙中，从而起到密封作用。

扩口式管接头结构简单、性能良好、加工和使用方便，适用于纯铜管，也可用来连接塑料管，多用于以油、气为介质的中、低压管路系统，其工作压力取决于管材的许用压力，一般为 3.5 ~ 16 MPa。

6.4.2.5　胶管总成

钢丝编织和钢丝缠绕胶管总成包括胶管和接头，有 A、B、C、D、E、J 等型，其中 A、B、C 为标准型。A 型用于与焊接式管接头连接，B 型用于与卡套式管接头连接，C 型用于与扩口式管接头连接。图 6 – 18 所示是 A、B 型扣压式胶管总成。扣压式胶管接头主要由接头外套和接头芯组成。接头外套的内壁有环形切槽，接头芯的外壁呈圆柱形，上有径向切槽。当剥去胶管的外胶层，将其套入接头芯时，拧紧接头外套并在专用设备上扣压，以紧密连接。

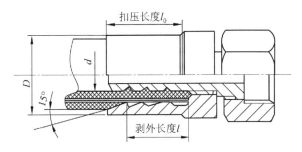

图 6 – 18　扣压式胶管总成

6.4.2.6　快速接头

快速接头是一种不需要使用工具就能够实现管路迅速连通或断开的接头。快速接头有两种结构形式：两端开闭式和两端开放式。图 6 – 19 所示为两端开闭式快速接头的结构图。接头体 2、10 的内腔各有一个单向阀阀芯 4，当两个接头体分离时单向阀阀芯由弹簧 3 推动，使阀芯紧压在接头体的锥形孔上，关闭两端通路，使介质不能流出。当两个接头体连接时，两个单向阀阀芯前端的顶杆相碰，迫使阀芯后退并压缩弹簧，使通路打开。两个接头体之间的连接，是利用接头体 2 上的 6 个(或 8 个)钢球落在接头体 10 上的 V 形槽内实现的。工作时，钢珠由外套 6 压住而无法退出，外套由弹簧 7 顶住，保持在右端位置。

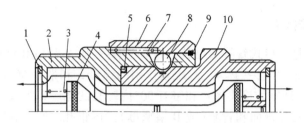

图6-19 两端开闭式快速接头结构图

1—挡圈；2、10—接头体；3—弹簧；4—单向阀阀芯；5—O形圈；

6—外套；7—弹簧；8—钢球；9—弹簧圈

6.4.2.7 法兰式接头

如图6-20所示，法兰式管接头是把油管4焊接到法兰5上，再用螺栓2把法兰5连接起来的。法兰结合面用O形密封圈密封。这种连接可靠，工作压力达35 MPa。但外形尺寸和质量较大。适用于高压、大通径管路的连接，如石油、化工系统中。

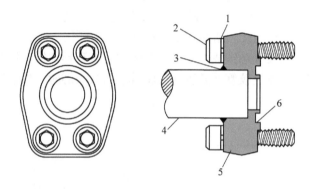

图6-20 法兰连接

1—垫圈；2—螺栓；3—焊接点；4—油管；5—法兰；6—O形密封圈

6.4.3 密封件

6.4.3.1 密封件的作用和分类

在液压系统中，密封件的作用是防止工作介质的内、外泄漏，以及防止外界污染物如灰尘、金属屑等异物侵入液压系统。泄漏会使液压系统容积效率下降，达不到要求的工作压力，甚至使液压系统不能正常工作。外泄漏还会造成工作介质的浪费，污染环境。异物的侵入会加剧液压元件的磨损，使液压元件堵塞、卡死甚至损坏，造成系统失灵。

密封分为间隙密封和非间隙密封，前者必须保证一定的配合间隙，后者则是利用密封件的变形达到完全消除两个配合面的间隙或使间隙控制在需要密封液体能通过的最小间隙以下。最小间隙由工作介质的压力、黏度、工作温度、配合面相对运动速度等决定。根据密封面间有无相对运动，密封件可分为动密封和静密封两大类。

液压系统中的密封装置有各种形式，如活塞环密封、机械密封、组合密封垫圈、金属密封垫圈、橡胶垫片、橡胶密封圈等。

一般地，液压系统对密封装置的要求主要有：

①在一定的压力、温度范围内具有良好的密封性能。

②为避免出现运动件卡紧或运动不均匀现象，要求有相对运动时，密封件所引起的摩擦力应尽量小，摩擦因数应尽量稳定。

③耐腐蚀性、磨损少，工作寿命长，磨损后能在一定程度上自动补偿。

④结构简单，装拆方便，成本低廉。

⑤密封件材料必须与工作介质相容，密封材料在介质中具有良好的化学稳定性，弹性和复原性好，永久变形小，硬度合适。

6.4.3.2　橡胶密封圈的种类和特点

橡胶密封圈有 O 形、Y 形、V 形唇形及组合密封圈等数种。图 6 - 21 所示为 O 形、Y 形、V 形密封圈剖面形状图。

(1)O 形密封圈

O 形密封圈是一种小截面的圆环形密封元件，安装时，径向和轴向两方面的预压缩量赋予 O 形圈自身初始的密封能力，随着系统工作压力的提高，其密封能力也随之增大。常用的截面是圆形，特殊的也有星形、方形和 T 形等异形截面。如图 6 - 20(a)所示。O 形密封圈是液压设备中使用得最多、最广泛的一种密封件，可用于静密封和动密封。为减少或避免运动时 O 形圈发生扭曲和变形，用于动密封的 O 形圈的截面直径比用于静密封的截面直径大。它既可以用于外径或内径密封，也可以用于端面密封。O 形密封圈结构简单，单圈即可对两个方向起密封作用，动摩擦阻力较小，对液压油种类、压力和温度的适应性好。其缺点是，用作动密封时，启动摩擦阻力较大，而且很难做到不泄漏，一般需要加装保护挡圈，磨损后不能自动补偿，使用寿命短。

O 形密封圈装入沟槽时的情况如图 6 - 21(a)右部所示，为了保证密封性，必须在装配时保持有 δ、δ 预变形量，其大小应选择适当。过小时会由于安装部位的偏心、公差波动等引起泄漏；过大时用于动密封的 O 形密封圈，摩擦阻力会增加。所以静密封用 O 形圈的预变形量通常约为 15% ~ 30%，而动密封用 O 形圈的预变形量约为 9% ~ 25%。用于各种情况下的 O 形密封圈尺寸及其安装沟槽的形状、尺寸和加工精度等可

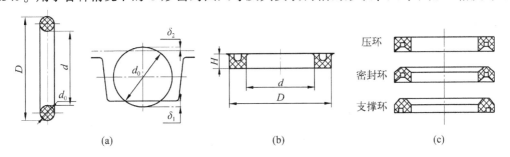

图 6 - 21　橡胶密封圈

(a)O 形密封圈；(b)Y 形密封圈；(c)V 形密封圈

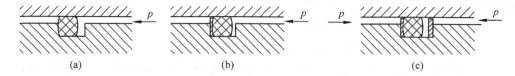

图 6 – 22 挡圈的正确安装

(a)$p \leqslant 10$ MPa；(b)单向压力 $p > 10$ MPa；(c)双向压力 $p > 10$ MPa

参考液压技术实用手册。O 形密封圈一般适用于工作压力 10 MPa 以下的元件。当压力过高时，可设置多道密封圈，并应该在密封槽内设置密封挡圈如图 6 – 22 所示，以防止 O 形密封圈从密封槽的间隙中挤出。

(2)Y 形密封圈

Y 形密封圈一般用聚氨酯橡胶、氟橡胶和丁腈橡胶制成，其截面形状呈 Y 形，是一种典型的唇形密封圈。如图 6 – 21 (b)所示，这种密封圈有一对与密封面接触的唇边，安装时唇口对着有压力油腔，才能起密封作用。油压低时，靠预压缩密封；油压高时，受油压作用两唇张开，贴紧密封面，能主动补偿磨损量。油压越高，唇边贴得越紧。双向受力时要成对使用。这种密封圈摩擦力较小，启动阻力与停车时间长短和油压大小关系不大，运动平稳，广泛应用于往复零件间的密封，其使用寿命高于 O 形密封圈。Y 形密封圈的适用工作压力较大，一般为 40 MPa 左右，工作温度为 $-30 \sim +80℃$，工作速度范围：采用聚氨橡胶制作时，为 $0.01 \sim 1$ m/s；采用氟橡胶制作时，为 $0.051 \sim 0.36$ m/s；采用丁腈橡胶制作时，为 $0.01 \sim 0.6$ m/s。

Y 形密封圈如图 6 – 23 所示，分为等高唇和不等高唇(轴用和孔用)，图 6 – 23(a)为等高唇结构，图 6 – 23(b)为孔用结构，图 6 – 23(c)为轴用结构。它的内、外密封唇根据轴用、孔用的不同而制成不等高，防止被运动部件切伤。这种密封圈结构紧凑，在密封性、耐油性、耐磨性等方面都比 Y 形密封圈优越；因而应用广泛。

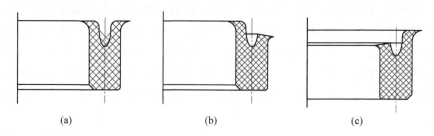

图 6 – 23 Y 形密封圈

(a)等高唇结构；(b)不等高唇孔用结构；(c)不等高唇轴用结构

(3)V 形密封圈

V 形密封圈一般由纯橡胶和夹织物(夹布橡胶)制作，也是一种唇形密封圈。其截面呈 V 形，形状如图 6 – 21(c)所示，由三种不同截面形状的压环、密封环、支承环组成，V 形密封圈的标准夹角为 90°，特殊场合也用到 60°。这种密封圈安装时应使密封环唇口面对压力油作用方向。使用一套三件已足够保证密封；压力更高时，可以增加中间密封环的个数。

V 形密封圈主要用于液压缸活塞和活塞杆的往复运动密封，其运动摩擦阻力较 Y 形密封圈大，但密封性能可靠，使用寿命长。V 形密封圈的最高工作压力小于 60 MPa，适用工作温度 -30 ~ +80℃，工作速度范围：采用丁腈橡胶制作时为 0.2 ~ 0.3 m/s；采用夹布橡胶制作时为 0.2 ~ 0.3 m/s。V 形密封圈的接触面较长，密封性能好，耐高压，寿命长，维修好更换密封圈方便，但密封装置的轴向尺寸大，摩擦阻力较大。

(4)同轴组合密封装置

同轴组合密封装置是由结构与材料全部实施组合形式的往复运动用密封元件。它由加了填充材料的改性聚四氟乙烯滑环和充当弹性体的橡胶环(如 O 形圈、矩形圈或 X 形圈)组成，如图 6 - 24 所示。聚四氟乙烯滑环自润滑性好，摩擦阻力小，但缺乏弹性，通常将其与橡胶环同轴组合使用，利用橡胶环的弹性施加压紧力，二者取长补短，能产生良好的密封效果，整个装置具有运动平稳，无爬行、自润滑性能好，与金属耦合面不易黏着的优良特性。

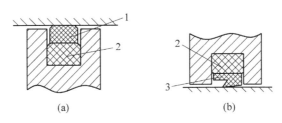

(a)　　　　　　　　　(b)

图 6 - 24　同轴组合密封装置
1—格来圈；2—O 形密封圈；3—斯特圈

6.5　热交换器

6.5.1　液压系统的发热和散热

当液压系统工作时，液压泵、液压马达和液压缸的容积损失和机械损失，液压控制装置及管路的压力损失，工作介质的黏性摩擦等会引起能量损失。系统损耗的能量将转化为热能，一部分通过油箱和装置表面向周围空间发散，大部分被液压油吸收，使液压油温度升高。液压系统中常用液压油的工作温度以 30 ~ 50℃，最高不大于 65℃，如果环境温度低时，油温最低不得低于 15℃。温度过高将使液压油迅速变质，使液压泵的容积效率下降；温度过低使液压泵吸油困难。液压系统在适宜的工作温度下保持热平衡，不仅是系统所必需的，而且有利于提高系统工作稳定性，有利于减小机械设备的热变形，提高工作精度。

液压系统中的热量一般可以通过热传导、热辐射、热对流三种基本方式自然散发，如果油箱有足够的散热面积，热量在一定温度下会自动达到热平衡。如果散热面积不够，则需采用冷却器，使液压油的平衡温度降到合适的范围内；反之，如果环境温度太低，液压泵无法正常启动或对油温有要求时，则应安装加热器提高油温。

6.5.2　冷却器的结构与选用

冷却器可分为水冷、风冷和冷媒等多种形式。最简单的水冷式冷却器是蛇形管式，如图 6-25 所示，它以一组或几组的形式，直接装在液压油箱 2 内。冷却水从蛇形管 1 内流过时，就将液压油中的热量带走。这种冷却器的散热面积小，液压油流动速度较低，故冷却效率低，耗水量大。大功率液压系统一般采用多管式冷却器，其结构如图 6-26所示，它是一种强制对流式冷却器。冷却器中间设置了隔板 4，冷却水从铜管 3 内流过，液压油从筒体中的管间流过，在水管外部液压油的流动路线因隔板的上下布置变得迂回曲折，从而增强了热交换效果。一般可将液压油流速控制在 1~1.2 m/s。水管通常采用壁厚为 1~1.5 mm 的黄铜管，不易生锈，便于清洗。这种冷却器的冷却效果较好。

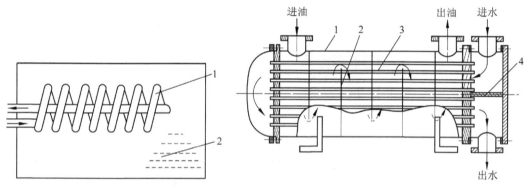

图 6-25　蛇形管冷却器
1—蛇形管；2—液压油箱

图 6-26　多管式冷却器
1—外壳；2—挡板；3—铜管；4—隔板

如图 6-27 所示为波纹板式冷却器。它利用板片人字形波纹结构交错排列形成的接触点，使液流在流速不高的情况下形成紊流，从而提高散热效果。

在水源不方便的地方，如在行走设备上，可以用风冷式冷却器。如图 6-28 所示为板翅式二次表面换热器的结构示意图。液压油从带有板翅散热片的盘管中通过，正面用风扇送风冷却。这种冷却器结构简单紧凑、散热面积大、散热效率高、适应性好、运转费用较低。图 6-29 所示为翅片管式(圆管、椭圆管)冷却器，其圆管外壁嵌入大量的散热翅片，翅片一般用厚度为 0.2~0.3 mm 的铜片或铝片制成，散热面积是光管的8~10倍，而且体积和质量相对减小。椭圆管因涡流区小，所以空气流动性好、散热系数高。

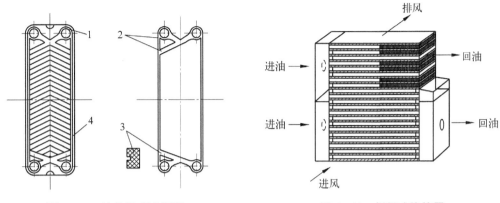

图 6-27　波纹板式冷却器　　　　图 6-28　板翅式换热器
1—角孔；2—双道密封；3—信号孔；4—密封槽

　　冷媒式冷却器是利用冷媒介质（如氟利昂）在压缩机内做绝热压缩使散热器散热、蒸发器吸热的原理，把热量带走，使液压油冷却。此种方式冷却效果最好，但价格昂贵，常用于精密机床等设备。

　　冷却器有多种安装形式。一般安装在回油路或溢流阀的溢流管路上，因为这时油温较高，冷却效果好。冷却器的压力损失一般为 0.1 MPa 左右。

　　在选择冷却器时，一般根据系统的工作环境、技术要求、经济性、可靠性和寿命等方面的要求进行选择，以适应系统的工作要求。系统的工作环境包括环境温度和安装条件，如可提供的冷却介质的种类及温度（即冷却器冷却介质的入口温度），若用水冷却，要了解水质情况以及可供冷却器占用的空间等；技术要求包括液压系统的工作液体进入冷却器的温度，冷却器必须带走的热量，通过冷却器液压油的流量和压力；经济性包括购置费用和维护费用等。

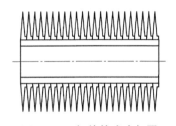　　　　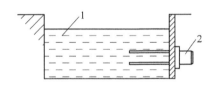

图 6-29　翅片管式冷却器　　　　图 6-30　电容器加热
1—液压油；2—电加热器　　　　1—液压油；2—电加热器

6.5.3　加热器的结构和选用

　　在严寒地区使用液压设备，开始工作时油温低，启动困难，效率也低，所以必须将油箱中的液压油加热。对于要求在恒温下工作的液压实验装置、精密机床等液压设备，必须在开始工作之前，把油温提高到一定值。加热的方法如下：

　　①用系统本身的液压泵加热，使全部液压油通过溢流阀或安全阀回到油箱，使液压

泵的驱动功率大部分转化为热量,从而提高液压油温度。

②用表面加热器加热,可以用蛇形管蒸汽加热,也可用电加热器加热。为了不使液压油局部高温导致烧焦,表面加热器的表面功率密度不应大于 3 W/cm²。

在油箱中设置蛇形管,用通入热水或蒸汽来加热的方法比较麻烦,效果较差。因此一般都采用电热器加热,如图 6-30 所示。这种加热器结构简单,可根据最高和最低使用油温实现自动控制。电加热器 2 的加热部分必须全部浸入液压油 1 中,最好横向水平安装在油箱侧壁上,以避免油面降低时加热器表面露出油面。由于液压油是热的不良导体,所以应注意油的对流。加热器最好设置在油箱回油管一侧,以便加速热量的扩散,必要时可设置搅拌装置。单个加热器的功率不宜太大,以免周围温度过高使液压油变质污染,必要时可多装几个小功率加热器。

本章小结

液压系统辅助元件主要有密封装置、油管、管接头、油箱、过滤器、蓄能器等。除油箱通常需要自行设计外,其余皆为标准件。本章介绍了主要液压辅助元件的类型、功用、特点、性能、基本结构、工作原理及使用等,内容多而零乱。因此通过本章的学习,在了解这些元件的工作原理及选用原则的基础上,重点掌握密封装置的选用;过滤器的主要性能参数及正确选用;蓄能器的主要类型及功用;了解油箱设计中应注意的一些问题、油管及管接头的选用和油管内径 d 及壁厚 δ 的计算;能熟练画出过滤器、蓄能器、油箱的图形符号,并能识别冷却器、加热器等其他辅助元件的图形符号。总之液压辅助元件连接了液压系统中各个元件,并提高了液压系统的工作性能,是液压系统不可缺少的部分。因此学好辅助元件对分析和设计液压系统也是非常重要。

思考题

1. 在液压系统中常用的管接头有哪几类?
2. 在液压系统中常用的密封装置有哪几类?各有什么特点?其中哪一种用得最多?
3. 蓄能器有几种类型?各有何功用?
4. 油管有几种?各用在什么场合?
5. 简述油箱的功用及主要类型。
6. 过滤器有几种类型?它们的过滤效果如何?一般安装在什么位置?如何正确选择?
7. 使用卡套式管接头应注意哪些问题?

第 7 章

液压基本回路

[本章提要]
  液压基本回路是由有关的液压元件组成，通过改变或调节液体的流动方向、压力、流量等来实现对液压传动系统中执行元件的启动、停止、运动方向、输出力、输出转矩、速度、转速和动作顺序等控制的典型油路。任何液压系统都是由一个或几个液压基本回路组成，因此熟悉和掌握这些基本回路的工作原理和特性，是分析和设计液压系统的重要基础。

7.1　概　述

液压基本回路是指为了实现特定的功能而把某些液压元件和管道按一定方式组合起来的典型管路结构。液压基本回路按照回路在液压系统中的作用分为：方向控制回路、压力控制回路、速度控制回路和多执行元件控制回路。

7.2　方向控制回路

方向控制回路主要用来控制液压系统各油路的接通、切断或改变液体流动方向，从而使各执行元件按需要相应地实现启动、停止或换向等一系列动作。这类控制回路主要有换向回路和锁紧回路。

7.2.1　换向回路

7.2.1.1　换向阀的换向回路

如图 7 - 1 所示，电磁铁 1DT、2DT 均断电，换向阀中位工作，液压缸停止运动。当电磁铁 1DT 通电，2DT 断电，换向阀左位工作，压力油液进入液压缸左腔，右腔油液流回油箱，活塞杆伸出；反之，电磁铁 2DT 通电，1DT 断电，换向阀右位工作，活塞杆退回。

利用电磁换向阀换向动作快、易实现自动控制，但换向有冲击，不宜频繁换向。采用电液换向阀换向，通过调节液动主阀阀芯的移动速度可避免换向冲击，常用于高压大流量的场合。

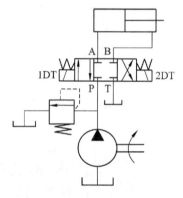

图 7 - 1　三位四通换向阀的换向回路

7.2.1.2　时间控制制动式换向回路

图 7 - 2 所示为时间控制制动式换向回路。图示位置主阀芯 3 和阀芯 6 均处于阀体左端，活塞向左运动。当活塞杆带动拨杆使阀芯 6 向右移动一段距离后，控制油路的压力油经 P′口、A′口、单向阀 1 通向液动主阀的左腔，推动主阀芯 3 右移换向。液动主阀右腔的油液经节流阀 5、B′口、L_2 口流回油箱。当阀芯 3 运动到阀体中间位置，由于主阀芯 3 中间台肩制动锥的作用，主油路压力油与液压缸左、右两腔、节流阀 7 和油箱相通，活塞运动速度迅速减慢。随着主阀芯 3 继续右移，P 口至 B 口的通道关闭，P 口至 A 口的通道打开，主油路换向，活塞向右运动。液压缸右腔油液经 B 口、T_2 口、节流阀 7 流回油箱，液压缸速度由节流阀 7 调节。

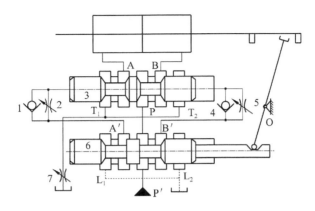

图 7-2　时间控制制动式换向回路

通过调节节流阀 2、5 开度，控制主阀芯 3 移动速度，使主阀换向时间确定，液压缸制动时间也确定不变。因此这种回路称为时间控制制动式换向回路。

这种回路适用于工作部件运动速度较高，换向精度要求不高的场合，如平面磨床等。

7.2.1.3　行程控制制动式换向回路

如图 7-3 所示位置液压缸向左运动，活塞杆带动拨杆使阀芯 7 向右移动，液压缸左腔的回油通道 T_1 至 T 逐渐减小，对活塞进行预制动，液压缸运动速度逐渐减慢。当将回油通道关得较小时，先导阀 P_1 口至 A' 口打开，控制油路的压力油经单向阀 1 进入主阀 3 左腔，推动主阀芯 3 右移换向，切断主油路 P 口至 B 口通道，活塞停止运动，并同时反向启动。主油路的压力油液从 P 口、A 口进入液压缸左腔，推动活塞右移，液压缸右腔的油液经 B 口、T_2 口、T 口、节流阀 6 流回油箱。

回路由先导阀移动一段固定行程，使液压缸逐渐减速，再由液动主阀 3 控制液压缸换向，这种制动方式称为行程控制制动。

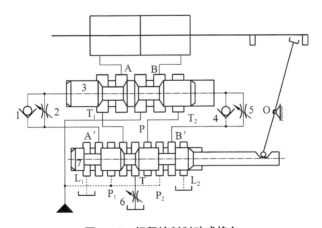

图 7-3　行程控制制动式换向

行程控制制动式换向回路的换向精度较高，主要在工作部件运动速度不大，换向精度要求较高的液压系统中应用较多，如内、外圆磨床等液压系统。

7.2.2 锁紧回路

锁紧回路的作用是使执行元件可在任意位置停留，并能防止在外力作用下的飘移或窜动。锁紧回路可采用中位机能为 O、M 型的换向阀、单向阀、液控单向阀、液压锁等元件来实现。

图 7-4 是利用换向阀的中位机能（O 或 M 型）将液压缸左右两腔封闭，液压缸任意位置可以锁紧。此回路由于换向阀的泄漏，锁紧精度不高。

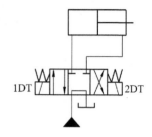

图 7-4 换向阀锁紧回路

图 7-5 是利用两个液控单向阀 1、2 组装成液压锁实现的锁紧回路。1DT 通电，换向阀左位工作，压力油液经液控单向阀 1 进入液压缸左腔，同时压力油液进入液控单向阀 2 的控制口。随着压力升高，控制口油液将液控单向阀 2 打开，使液压缸右腔油液能够经液控单向阀 2 流回油箱，液压缸向右运动。同理，1DT 断电，2DT 通电，液压缸左移。换向阀中位工作，H 型（或 Y 型）中位机能将液控单向阀 1、2 控制油路关闭，液控单向阀不能反向开启，液压缸被锁紧。

这种回路由于液压锁的良好密封性，能使执行元件长期锁紧，适用于锁紧精度要求较高的液压系统，如汽车起重机支腿油路等。

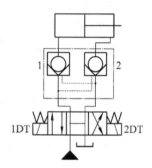

图 7-5 液压锁锁紧回路

7.3 压力控制回路

压力控制回路是利用压力控制阀等元件来控制系统整体或局部的压力，以满足执行元件对力或转矩要求的回路，这类回路包括调压、减压、卸荷、保压、增压和平衡等回路。

7.3.1 调压回路

调压回路的功用是调节系统的工作压力、控制液压系统的工作压力保持恒定或不超过某个数值，以便与负载相匹配。

7.3.1.1 单级调压回路

在定量泵节流调速液压系统中，定量泵的工作压力通过溢流阀来调节，如图 7-6(a) 所示。溢流阀通常安装在泵的出口附近，同流量控制阀构成并联状态。工作中，定量泵工作压力取决于溢流阀的调定压力，且基本保持恒定。

图 7-6(b) 所示为在变量泵液压系统中，溢流阀用作安全阀限定系统的最高压力，防止系统过载。

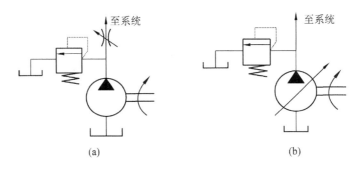

图 7 - 6　单级调压回路

(a) 定量泵—溢流阀；(b) 变量泵—安全阀

7.3.1.2　二级调压回路

如图 7 - 7 所示，利用先导式溢流阀 A 的远程控制口通过二位二通换向阀接溢流阀 B 组成二级调压回路。要求溢流阀 A 的调定压力必须高于溢流阀 B 的调定压力。实际工作中，切换二位二通换向阀的工作位置即可使系统在两种不同的工作压力下工作。

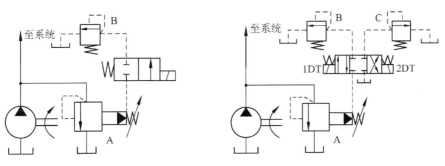

图 7 - 7　二级调压回路　　　　　　**图 7 - 8　多级调压回路**

7.3.1.3　多级调压回路

如图 7 - 8 所示，回路将先导式溢流阀 A 的远程控制口通过三位四通电磁换向阀接溢流阀 B 和 C。当换向阀中位工作时，系统工作压力由溢流阀 A 调定；换向阀左位工作，系统工作压力由溢流阀 B 调定；换向阀右位工作，系统工作压力由溢流阀 C 调定。换向阀在三个位置切换，系统即可在三种不同压力下工作。溢流阀 B、C 的压力调定值应小于溢流阀 A 的调定压力，溢流阀 B、C 的调定压力之间没有确定关系。

7.3.2　减压回路

液压系统中，当某个执行元件或某个支路的工作压力低于系统工作压力时，可采用减压回路，如机床的工件夹紧、导轨润滑及系统的控制油路。

图 7 - 9(a) 所示为单级减压回路，主油路压力由溢流阀调定，在需要低压的分支油路上串接定值减压阀。

图 7 - 9(b) 所示为二级减压回路，先导式减压阀的远程控制口通过二位二通电磁

换向阀接溢流阀 A。溢流阀 A 的调定压力低于先导式减压阀的调定压力。

为使减压回路可靠工作，减压阀的最低压力不应小于 0.5 MPa，最高压力至少应比系统工作压力小 0.5 MPa。当分支油路所需要的工作压力较主油路的压力低得多，且需要的流量较大时，为减少功率损耗，常采用高、低压液压泵分别供油，以提高系统效率。

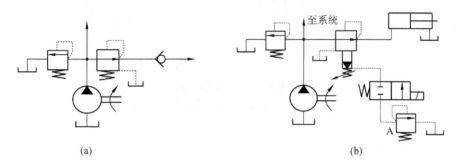

图 7 – 9　减压回路

(a) 单级减压；(b) 二级减压

7.3.3　卸荷回路

液压系统中，当执行机构在短时间内停止工作时，频繁启动液压泵，会造成液压泵功率损耗、系统发热、液压泵和原动机寿命下降，这时应采用液压泵不停止工作的卸荷回路，使泵输出的油液在零压或接近零压下直接流回油箱。

7.3.3.1　采用换向阀中位机能的卸荷回路

用三位四通换向阀的 H、K、M、X 型中位机能，实现液压泵卸荷。如图 7 – 10(a)所示，换向阀中位工作，液压泵输出的油液从换向阀 P 口经 T 口流回油箱，实现液压泵卸荷。

如图 7 – 10(b)所示，当采用 H、K、M 型内控式电液换向阀实现泵卸荷时，应在液压泵与换向阀之间或换向阀与油箱之间串联单向阀，使泵处于卸荷状态时，仍能保证足够的液压力推动液动换向阀换向。

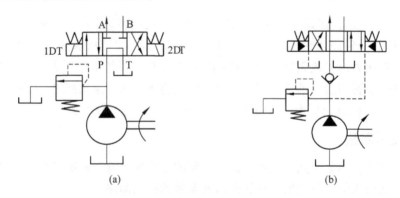

图 7 – 10　换向阀中位机能的卸荷回路

(a) 电磁换向阀；(b) 电液动换向阀

7.3.3.2　采用二位二通换向阀的卸荷回路

如图 7 - 11 所示，在液压泵出口附近接一个常闭式二位二通电磁换向阀。执行元件短时间停止工作时，换向阀下位工作，液压泵输出的油液经换向阀下位以很低的压力直接流回油箱，实现卸荷。

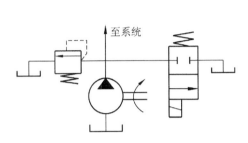 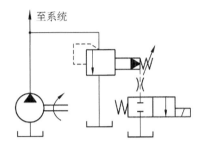

图 7 - 11　二位二通换向阀的卸荷回路　　　图7 - 12　先导式溢流阀的卸荷回路

7.3.3.3　采用先导式溢流阀的卸荷回路

如图 7 - 12 所示，在液压泵出口接一个电磁溢流阀。电磁铁通电，先导式溢流阀的远程控制口与油箱接通，溢流阀主阀打开，液压泵输出的油液全部从溢流阀流回油箱，液压泵实现卸荷。为避免电磁铁通、断电时产生液压冲击，可在溢流阀的远程控制口与换向阀之间设置阻尼。这种回路由于溢流阀的通流规格与液压泵相匹配，故可实现大流量卸荷。

7.3.4　保压回路

某些机械设备，常常要求液压执行机构在其行程终止时，保持压力一段时间，以防止工件的弹性恢复，如压力机校直弯曲的工件，这时需采用保压回路。所谓保压回路，就是使系统在液压缸不动或仅有工件变形所产生的微小位移下稳定地维持一定的压力。

最简单的保压回路是用换向阀 O、M 型中位机能。但由于换向阀泄漏的原因，这种保压回路的保压时间不能维持太久。常见的保压回路有以下几种。

7.3.4.1　采用蓄能器的保压回路

如图 7 - 13 所示，三位四通换向阀左位工作，液压泵输出压力油液经换向阀输入液压缸的左腔，驱动活塞杆伸出，同时向蓄能器充液。当进油路压力升高至压力继电器调定压力值时，压力继电器发出电信号，使电磁铁 3DT 通电，液压泵卸荷，液压缸由蓄能器输出油液保持压力不变。当蓄能器释放的油液不足以补偿泄漏，压力下降到低于压力继电器调定的压力时，压力继电器复位，控制 3DT 断电，液压泵向液压缸、蓄能器充液，重复上述过程。回路保压时间的长短取决于蓄能器的容量，压力继电器的通断调节区间决定了保压压力的最高、最低值。

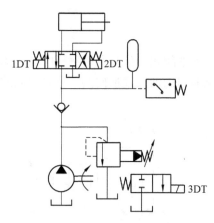

图 7 - 13   蓄能器保压回路

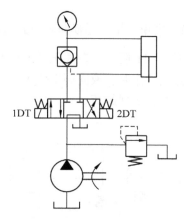

图 7 - 14   电接点压力表保压

7.3.4.2   采用电接点压力表的保压回路

如图 7 - 14 所示，电磁铁 1DT 通电，换向阀左位工作，液压泵向液压缸上腔输入压力油液，活塞下行。当液压缸上腔的压力达到电接点压力表的上限值即保压压力时，压力表发出电信号，使电磁铁 1DT 断电，液压泵通过换向阀中位卸荷，液压缸则通过液控单向阀实现保压。当液压缸上腔油液的压力因泄漏下降到电接点压力表的下限值时，电接点压力表发出电信号，使 1DT 通电，液压泵经换向阀左位向系统补油，使液压缸上腔油液压力上升，重复上述过程。当达到保压时间，电磁铁 2DT 通电，换向阀右位工作，液压缸活塞上行。可见，这种回路能自动使液压缸上腔的压力长期保持在所需范围内。

7.3.5   增压回路

增压回路可以提高系统中某一分支油路的压力，使之高于主油路系统压力。

7.3.5.1   单作用增压回路

图 7 - 15 所示为利用单向增压缸的单作用增压回路。当系统在图示位置工作时，低压油进入增压缸的 A 腔，推动活塞右移，增压缸 C 腔输出高压油液。换向阀右位工作，油液进入增压缸 B 腔，A 腔油液流回油箱，活塞左移，辅助油箱通过单向阀向增压缸 C 腔补油。这种回路只能间歇输出高压油液。

7.3.5.2   双作用增压回路

为获得连续的高压油液，可采用图 7 - 16 所示利用双向增压缸的双作用增压回路。图示位置换向阀左位工作，低压油进入增压缸 A、B 腔，推动活塞右移，增压缸 A′腔输出高压油；同理，换向阀右位工作，增压缸活塞左移，A 腔输出高压油。换向阀不断切换，增压缸两端交替输出高压油，实现高压油液的连续输出。

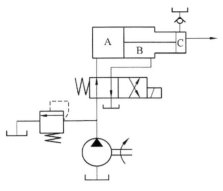

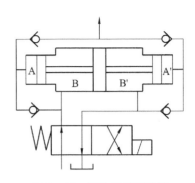

图 7 – 15 单作用增压回路　　　　　图 7 – 16   双作用增压回路

7.3.6 平衡回路

为了防止垂直或倾斜放置的液压缸与工作部件由于自重而自行下落,或在下行运动中由于自重而造成超速运动,使运动不平稳,可采用平衡回路。

7.3.6.1 利用液控单向阀的平衡回路

如图 7 – 17(a)所示,当换向阀中位工作时,液压缸停止运动,活塞及工作部件的重力使液压缸下腔油压升高,液压缸上腔失压,关闭液控单向阀。机构自重越大,液控单向阀关闭越紧。

当换向阀左位工作时,压力油液进入液压缸上腔和液控单向阀控制口,液控单向阀开启,液压缸下腔回油经节流阀、液控单向阀流回油箱,活塞及工作部件下行。节流阀的节流作用避免机构超速运动,并使液控单向阀始终开启,机构平稳下行。

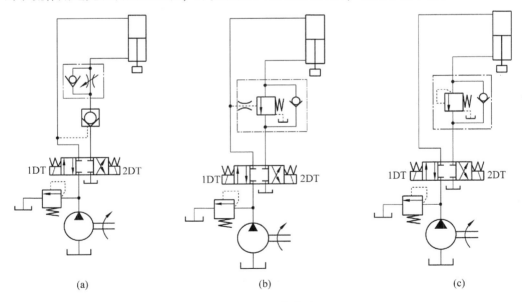

图 7 – 17   平衡回路

(a) 液控单向阀平衡回路;(b) 自控式平衡阀平衡回路;(c) 外控式平衡阀平衡回路

7.3.6.2 采用自控式平衡阀的平衡回路

在液压缸下行回油路上设置自控式平衡阀，使之产生适当的阻力，以平衡自重。如图 7－17(b)所示，换向阀位于中位时，只要使顺序阀的调定压力稍高于运动部件自重在液压缸下腔产生的背压，即可防止运动部件因自重而下降。在液压缸下行时，回油腔打开顺序阀需有一定的背压，功率损失较大。这种回路适用于工作部件重量不大、定位要求不高的场合。

7.3.6.3 采用外控式平衡阀的平衡回路

如图 7－17(c)所示，在液压缸的下行回油路上串联外控式平衡阀。当换向阀中位工作时，顺序阀关闭，负载可靠停留。液压缸活塞下行时，控制压力油打开顺序阀，回油路没有背压，功率损失小，回路效率比自控式平衡阀平衡回路效率高。在顺序阀的液控口串联节流阀能有效改善活塞下行速度的平稳性。

7.4 速度控制回路

液压传动系统中的速度控制回路，是控制和调节液压执行元件运动速度的基本回路。根据执行元件的运动状态及调节方法，速度控制回路可分为：调速回路、快速运动回路和速度换接回路等。

7.4.1 调速回路概述

调速是指在原动机(如电动机)转速不变的情况下，通过调节执行机构的工作速度使其与外负载变化相适应，以利于提高生产率，合理利用能量。

在不考虑液压油的压缩性和泄漏的情况下，执行机构的运动速度分别为：

液压缸的运动速度 v 为

$$v = \frac{Q}{A} \tag{7-1}$$

液压马达的回转速度 n_M 为

$$n_M = \frac{Q}{q_M} \tag{7-2}$$

式中：A——液压缸有效作用面积，m^2；

q_M——液压马达的排量，m^3/r；

Q——进入执行元件的流量，m^3/s。

由以上两式可知：改变通过执行元件的流量 Q、液压缸的有效作用面积 A 或液压马达的排量 q_M 即可实现调速，但液压缸有效作用面积 A 通常不易变化，故常用改变流量 Q、马达排量 q_M 的方法实现调速。

调速回路按工作原理不同可分为：节流调速回路、容积调速回路和容积节流调速回路。

7.4.2 节流调速回路

节流调速回路由定量泵、流量控制阀、溢流阀、执行元件等组成，根据流量控制阀的种类可分为：节流阀节流调速回路和调速阀节流调速回路。根据流量控制阀在回路中安装位置的不同可分为：进口节流调速回路、出口节流调速回路和旁路节流调速回路。

节流调速回路的执行元件可以是液压缸，也可以是液压马达，下面以液压缸为例进行分析，所得结论同样适用于液压马达。

7.4.2.1 进口节流阀节流调速回路

在进口节流阀节流调速回路中，节流阀串联在液压缸的进油路上，如图 7 – 18 所示。定量泵输出的油液一部分经节流阀进入液压缸，另一部分通过溢流阀流回油箱。定量泵的工作压力为溢流阀的调定压力 p_P，输出流量为 Q_P，经节流阀进入液压缸的流量为 Q_1，经溢流阀溢流回油箱的流量为 ΔQ_r。

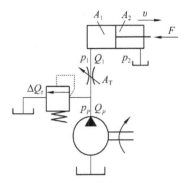

图 7 – 18 进口节流阀节流调速

(1)速度——负载特性

液压缸稳定运动时，活塞的受力平衡方程为

$$p_1 A_1 = p_2 A_2 + F \tag{7-3}$$

式中：F——液压缸负载，N；

A_1，A_2——液压缸无杆腔和有杆腔有效面积，m^2；

p_1，p_2——液压缸进油腔和回油腔的油液压力，N/m^2。

不计管路压力损失，液压缸的负载压力为

$$p_1 = \frac{F}{A_1} \tag{7-4}$$

节流阀的进、出口压力差为

$$\Delta p_T = p_P - p_1 = p_P - \frac{F}{A_1} \tag{7-5}$$

根据孔口流量公式，通过节流阀进入液压缸的流量为

$$Q_1 = C A_T \Delta p_T{}^m = C A_T \left(p_P - \frac{F}{A_1}\right)^m \tag{7-6}$$

式中：C——常数；

A_T——节流阀通流截面面积，m^2；

m——指数，薄壁孔和短孔 $m = 0.5$，细长孔 $m = 1$。

液压缸的运动速度为

$$v = \frac{Q_1}{A_1} = C A_T \frac{(p_P A_1 - F)^m}{A_1^{m+1}} \tag{7-7}$$

式(7-7)为进口节流阀节流调速回路的速度-负载特性方程。由方程可知：

①当其他条件不变时，活塞的运动速度与节流阀的通流截面积成正比，即调节节流阀的通流截面积就能实现执行元件的无级调速。

②当节流阀的通流面积 A_T 调定后，随负载 F 增大，液压缸运动速度 v 按抛物线规律下降。

③当负载增大至 $F = p_P A_1$ 时，液压缸运动速度 $v = 0$，活塞停止运动。液压泵输出的流量全部经溢流阀流回油箱，此时的负载为该回路能承受的最大负载。

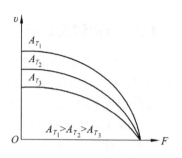

图 7 – 19 进口节流阀节流调速回路速度-负载特性曲线

选用不同的节流阀通流截面积，由速度-负载特性方程可以绘出其特性曲线如图 7 – 19 所示。

(2) 回路的速度刚性

调速回路抵抗负载变化对活塞运动速度影响的能力用速度刚性 T 来表示。

$$T = -\frac{1}{\dfrac{\partial V}{\partial F}} \tag{7-8}$$

式(7-8)对 F 取偏导数，得

$$T = \frac{p_P A_1 - F}{mv} \tag{7-9}$$

由式(7-9)可知：

① 当节流阀通流截面积 A_T 一定时，负载 F 越小，速度刚性 T 越大，即速度-负载曲线越平缓。

② 当负载 F 一定时，执行元件运动速度 v 越低，速度刚性 T 越大。

③ 增大溢流阀调定压力 p_P、液压缸有效作用面积 A_1，减小指数 m 都可以提高速度刚性。

④ 速度刚性 T 越大，即速度-负载曲线越平缓，回路抵抗负载变化对速度的影响能力越强。可见，进口节流阀节流调速回路在低速轻载下液压缸活塞运行越平稳。

(3) 回路的功率

回路的输入功率，即液压泵的输出功率为

$$P_i = p_P Q_P \tag{7-10}$$

回路的输出功率为

$$P_o = Fv = p_1 A_1 v = p_1 Q_1 \tag{7-11}$$

回路的功率损失为

$$\Delta P = P_i - P_o = p_P Q_P - p_1 Q_1 = p_P \Delta Q_r + \Delta p_T Q_1 \tag{7-12}$$

可见，进口节流阀节流调速回路的功率损失有两项：通过溢流阀的溢流损失 $p_P \Delta Q_r$ 和通过节流阀的节流损失 $\Delta p_T Q_1$。

（4）回路的效率 η_c

$$\eta_c = \frac{P_o}{P_i} = \frac{Fv}{p_P Q_P} = \frac{p_1 Q_1}{p_P Q_P} \tag{7-13}$$

由于存在两种功率损失，进口节流阀节流调速回路的效率较低，适用于负载变化不大、速度稳定性要求不高的小功率液压系统。

7.4.2.2　出口节流阀节流调速回路

图 7-20 所示为出口节流阀节流调速回路，这种调速回路是把节流阀串联在液压缸的回油路上。由 $v = Q_1/A_1 = Q_2/A_2$ 可知，通过调节节流阀的流量 Q_2，可实现无级调速。同进口节流调速回路一样，定量泵输出的油液一部分进入液压缸，另一部分通过溢流阀流回油箱，泵的工作压力为溢流阀的调定压力 p_P。

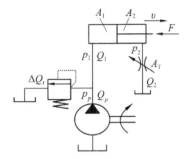

图 7-20　出口节流阀节流调速回路

（1）速度-负载特性

液压缸的活塞稳定运动时，活塞的受力平衡方程为

$$p_1 A_1 = p_2 A_2 + F \tag{7-14}$$

液压缸回油口即节流阀进油口的油液压力为

$$p_2 = \frac{p_1 A_1 - F}{A_2} = \frac{p_P A_1 - F}{A_2} \tag{7-15}$$

节流阀进、出口压力差为

$$\Delta p_T = p_2 - 0 = \frac{p_P A_1 - F}{A_2} \tag{7-16}$$

通过节流阀的流量为

$$Q_2 = CA_T \Delta p_T^{\ m} = CA_T p_2^m = CA_T \left(\frac{p_P A_1 - F}{A_2} \right)^m \tag{7-17}$$

液压缸的运动速度为

$$v = \frac{Q_2}{A_2} = CA_T \frac{(p_P A_1 - F)^m}{A_2^{m+1}} \tag{7-18}$$

式（7-18）为出口节流阀节流调速回路速度-负载特性方程，其速度-负载特性曲线同进口节流阀节流调速回路。

（2）回路的速度刚性

$$T = -\frac{\partial F}{\partial v} = \frac{p_P A_1 - F}{mv} \tag{7-19}$$

比较式（7-19）与式（7-9），可知，出口节流阀节流调速回路和进口节流阀节流调速回路的速度刚性相同，在低速轻载下液压缸运行更平稳。

（3）回路的功率

回路的输入功率为

$$P_i = p_P Q_P \tag{7-20}$$

回路的输出功率为

$$P_o = F \cdot v = (p_1 A_1 - p_2 A_2)v = p_1 Q_1 - p_2 Q_2 \tag{7-21}$$

回路的损失功率

$$\Delta P = P_i - P_o = p_P Q_P - p_1 Q_1 + p_2 Q_2 = p_P \Delta Q_r + p_2 Q_2 \tag{7-22}$$

与进口节流阀节流调速回路相同，出口节流阀节流调速回路的功率损失由溢流损失 $p_P \Delta Q_r$ 和节流损失 $p_2 Q_2$ 两部分组成。

（4）回路的效率 η_c

$$\eta_c = \frac{P_o}{P_i} = \frac{p_1 Q_1 - p_2 Q_2}{p_P Q_P} = \frac{Q_1}{Q_P} - \frac{p_2 Q_2}{p_1 Q_P} \tag{7-23}$$

由于存在两种功率损失，出口节流阀节流调速回路的传动效率较低，适用于小功率液压系统。

从上面的分析看出，进、出口节流阀节流调速回路的性能有许多相似处，但在以下方面二者有差别：

①出口节流阀节流调速回路在回油路上有背压，能够承受负值负载。

②出口节流阀节流调速回路在回油路上的背压对运动部件的振动有抑制作用，有利于提高执行元件的运动平稳性。进口节流阀节流调速回路在液压缸回油路上设置背压阀，才具有这种能力。

③对于出口节流阀节流调速回路，执行元件长期停止后液压缸回油腔的油液流回油箱，当液压缸重新启动时，会使活塞前冲。

④出口节流调速回路流经节流阀发热后的油液直接流回油箱冷却，而进口节流阀节流调速回路流经节流阀发热的油液进入系统，使液压缸和其他元件的泄漏增加。

⑤出口节流阀节流调速回路在轻载或负载为零时，回油腔压力较高，这对回油管路的强度和密封性要求提高。

7.4.2.3 旁路节流阀节流调速回路

旁路节流阀节流调速回路是将节流阀安装在与液压缸并联的支路上，如图 7 - 21 所示。定量泵输出的油液一部分进入液压缸，另一部分经节流阀流回油箱。调节节流阀的通流截面积，即可调节进入液压缸的流量，从而实现对液压缸运动速度的调节。回路中，溢流阀起安全保护作用。定量泵的工作压力 p_P 等于液压缸进口油液压力 p_1，随负载变化而

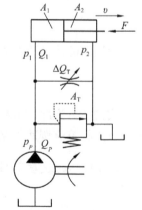

图 7 - 21　旁路节流阀节流调速回路

变化。

(1)回路的速度-负载特性

活塞的受力平衡方程为

$$p_1 A_1 = p_2 A_2 + F = F \tag{7-24}$$

节流阀的进、出口压力差为

$$\Delta p_T = p_P - 0 = p_P \tag{7-25}$$

通过节流阀的流量为

$$\Delta Q_T = C A_T \left[\frac{F}{A_1}\right]^m \tag{7-26}$$

进入液压缸的流量为

$$Q_1 = Q_P - \Delta Q_T = Q_P - C A_T \left[\frac{F}{A_1}\right]^m \tag{7-27}$$

液压缸的运动速度为

$$v = \frac{Q_1}{A_1} = \frac{Q_P}{A_1} - \frac{C A_T F^m}{A_1^{m+1}} \tag{7-28}$$

式(7-28)为旁路节流阀节流调速回路的速度-负载特性方程。由特性方程可知：

当节流阀通流截面积 A_T 一定时，随负载增大，通过节流阀的流量增加，液压缸运动速度减小。根据公式(7-26)，若负载 $F=0$，则通过节流阀的流量 $\Delta Q_T=0$，此时定量泵输出的油液全部进入液压缸，液压缸具有最大工作速度 $v_{\max} = Q_P/A_1$。当负载增大到 $F_{\max} = (Q_P/CA_T)^{1/m} A_1$ 时，泵输出的油液全部经节流阀流回油箱，液压缸停止运动，此时的负载为旁路节流阀节流调速回路能够承受的最大负载。

当负载一定时，随节流阀通流截面积增大，液压缸运动速度减小。

由速度-负载特性方程可以绘出其特性曲线如图 7-22 所示。

(2)回路的速度刚性

$$T = -\frac{\partial F}{\partial v} = \frac{A_1^{m+1} F^{1-m}}{C A_T m} \tag{7-29}$$

当节流阀通流截面积 A_T 一定时，负载 F 越大，速度刚性 T 越大；当负载 F 一定时，节流阀通流截面积 A_T 越小(液压缸运动速度 v 越大)，速度刚性 T 越大。此外，增大液压缸有效作用面积 A_1，减小指数 m，都有利于提高速度刚性 T。从速度-负载特性曲线图 7-23 可以看出，其刚性比进、回油调速回路更软，速度负载特性更差。这种回路适用于高速、重载及对速度稳定性要求不高的液压系统，如牛头刨床主运动系统、输送机械液压系统等。

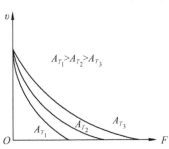

图 7-22　旁路节流阀节流调速回路速度-负载特性曲线

（3）回路的功率

回路的输入功率

$$P_i = p_P Q_P = p_1 Q_P \tag{7-30}$$

回路的输出功率

$$P_o = F \cdot v = p_1 A_1 v = p_1 Q_1 \tag{7-31}$$

回路的功率损失

$$\Delta P = P_i - P_o = p_1 Q_P - p_1 Q_1 = p_1 \Delta Q_T \tag{7-32}$$

（4）回路的效率 η_c

$$\eta_c = \frac{P_o}{P_i} = \frac{p_1 Q_1}{p_P Q_P} = \frac{Q_1}{Q_P} \tag{7-33}$$

旁路节流阀节流调速回路的功率损失只有节流功率损失 $p_1 \Delta Q_T$，而无溢流损失。因此，旁路节流阀节流调速回路比进口和出口节流阀节流调速回路效率高、发热量小。

7.4.2.4 调速阀节流调速回路

节流阀节流调速回路的速度受到负载压力变化的影响，变载荷下的运动平稳性比较差。对于速度稳定性要求高的液压系统，可使用调速阀代替节流阀使回路的速度-负载特性得到改善。与节流阀调速回路相似，调速阀在回路中也有进口、出口和旁路三种位置。

7.4.3 容积调速回路

容积调速回路是通过改变变量泵或变量马达的排量，实现对执行元件速度调节的回路。这类回路无溢流损失和节流损失，系统不易发热，效率高，在功率较大的液压系统中得到广泛应用。

容积调速回路按油液循环方式分为开式和闭式两种。液压泵从油箱吸油后输入执行元件，执行元件的回油直接流回油箱的回路称为开式回路。开式回路结构简单，经执行元件发热的油液在油箱中能充分散热。缺点是油箱体积较大，油液易受污染。闭式回路是指执行元件的回油通过管路与液压泵的吸油腔相连，形成封闭的循环油路。这种回路结构紧凑，油液不易污染，但经执行元件发热的油液直接进入液压泵，油液的冷却条件差。因此闭式回路需要设置补油泵和补油箱用于补油和散热。

容积调速回路按变量元件分为变量泵与定量液压执行元件（液压缸或液压马达）组成的调速回路；定量泵与变量马达组成的调速回路；变量泵与变量马达组成的调速回路。

7.4.3.1　变量泵与定量液压执行元件组成的调速回路

(1) 变量泵-液压缸容积调速回路

如图 7-23(a)所示，回路由变量液压泵、液压缸、起安全保护作用的溢流阀组成。液压缸的运动速度为

$$v = \frac{Q_{Pt} - K_l \dfrac{F}{A_1}}{A_1} = \frac{q_P n_P - K_l \dfrac{F}{A_1}}{A_1} \tag{7-34}$$

式中：Q_{Pt}——变量泵的理论流量，m^3/s；

$\quad\quad q_P$——变量泵的排量，m^3/r；

$\quad\quad n_P$——变量泵的转速，r/s；

$\quad\quad K_l$——变量泵的泄漏系数，其余符号意义同前。

由式(7-34)变换不同的 q_P 值，得到此回路的速度-负载特性曲线如图 7-23(b)所示。图中由于液压缸运动速度受变量泵泄漏的影响而使直线下倾，对比节流阀节流调速回路，其速度受负载的影响较小。

系统的最大工作压力 p_{Pmax} 由安全阀设定，液压缸的最大推力为

$$F_{max} = p_{Pmax} A_1 \tag{7-35}$$

安全阀设定压力不变，则液压缸的最大推力保持恒定，即输出负载具有恒推力特性。最大输出功率 $P_{max} = F_{max} v$ 随速度(泵的排量)的增加而线性增加，如图 7-23(c)所示。

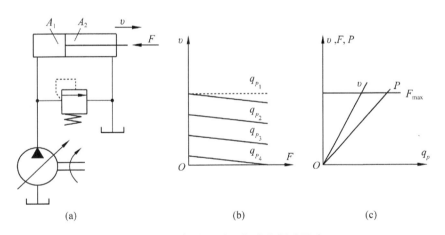

图 7-23　变量泵-液压缸容积调速回路
(a)回路；(b)速度-负载特性曲线；(c)输出特性曲线

(2) 变量泵 - 定量马达容积调速回路

如图 7-24(a)所示，变量泵 1 与定量马达 3 的进出油口首尾相连组成闭式回路，溢流阀 2 起安全保护作用，以防止系统过载。补油泵 5 向低压管道补充油液，溢流阀 4

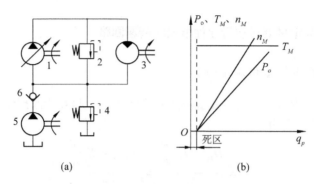

图 7 – 24   变量泵 – 定量马达容积

(a)回路；(b)输出特性曲线

调节补油泵的压力。

马达的调速特性：忽略管路泄漏损失，马达的输入流量等于变量泵的输出流量，则马达的转速为

$$n_M = \frac{Q_M \eta_{M_V}}{q_M} = \frac{Q_P \eta_{M_V}}{q_M} = \frac{q_P n_P \eta_{PV} \eta_{MV}}{q_M} \qquad (7\text{-}36)$$

式中：n_M——马达的输出转速，r/s；

$\quad\quad Q_M$——马达的输入流量，m^3/s；

$\quad\quad q_M$——马达的排量，m^3/r；

$\quad\quad \eta_{PV}$——泵的容积效率；

$\quad\quad \eta_{MV}$——马达的容积效率。

其余符号意义同前。

当变量泵的排量减小到一定值时，马达的转速降为零，此时泵的输出流量仅供补偿泄漏，这段区域称为马达低速时的死区。

由于变量泵能将排量调得很小，马达可以获得较低的工作速度，因此调速范围（执行元件最高速度和最低速度之比）较大，最高可达 40。

马达的输出转矩特性：输出转矩为

$$T_M = \frac{\Delta p_M q_M \eta_{M_m}}{2\pi} \qquad (7\text{-}37)$$

式中：T_M——马达的输出转矩，$N \cdot m$；

$\quad\quad \Delta p_M$——马达的进、出口压力差，MPa；

$\quad\quad \eta_{M_m}$——马达的机械效率。

由式(7-37)可知，马达的输出转矩与泵的排量无关。马达的最高输入压力由安全阀确定，忽略马达出口压力，则马达的最大输出转矩不变，故这种回路又称为恒转矩调速回路。

马达的输出功率特性：忽略管路损失，马达的输入功率等于泵的输出功率，马达的输出功率为

$$P_o = q_P n_P \eta_{PV} \Delta p_M \eta_M \qquad (7\text{-}38)$$

式中：$P_。$——马达的输出功率，W；

    η_M——马达的总效率。

式(7-38)表明，马达的输出功率与泵的排量成正比。这种回路没有溢流、节流损失，效率较高，有一定的调速范围并具有恒转矩特性，在功率较大的液压系统中获得广泛应用。变量泵-定量马达容积调速回路特性曲线如图7-24(b)所示。

7.4.3.2 定量泵－变量马达容积调速回路

定量泵－变量马达容积调速回路如图7-25(a)所示。

马达的输出转速为

$$n_M = \frac{q_P n_P \eta_{PV} \eta_{M_V}}{q_M} \tag{7-39}$$

马达的输出转矩为

$$T_M = \frac{\Delta p_M q_M \eta_{M_m}}{2\pi} \tag{7-40}$$

当负载恒定时，马达的输出转矩与马达的排量呈线性规律变化。

忽略管路损失，马达的输出功率为

$$P_。= q_P n_P \eta_{PV} \Delta p_M \eta_m \tag{7-41}$$

马达的输出功率与马达的排量无关。马达的最高输入压力由安全阀确定，忽略马达出口压力，则马达的最大输出功率保持不变，这种回路又被称为恒功率调速回路。回路输出特性曲线如图7-25(b)所示。定量泵－变量马达容积调速回路的效率较高，但调速范围小，一般不超过3。这种回路在造纸、纺织等行业得到了应用。

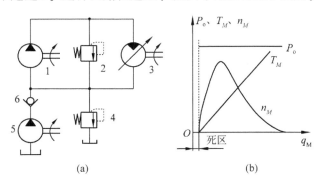

图7-25 定量泵－变量马达容积调速

(a) 回路；(b) 输出特性曲线

7.4.3.3 变量泵－变量马达容积调速回路

变量泵－变量马达调速回路实际上是上述两种回路的组合，如图7-26(a)所示。溢流阀7通过单向阀5、9实现回路的双向安全保护，补油泵1通过单向阀4、8实现双向补油。调节泵与马达的排量即可实现马达转速的调节，输出特性方程的表达式与前两种回路相同。

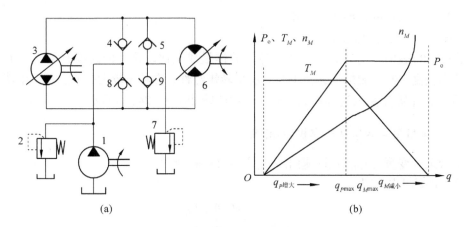

图 7 - 26   变量泵 - 变量马达容积调速

(a)回路；(b)输出特性曲线

一般工作部件在低速时要求有较大的输出转矩，因此，这种回路低速时，先将变量马达的排量调至最大固定下来，使马达获得最大输出转矩，然后从小到大调节变量泵的排量。随着变量泵排量的增加，马达转速增大，输出功率增加，最大转矩不变，与变量泵 - 定量马达容积调速回路特性相同。当达到变量泵最大排量时，固定其值，由大到小调节变量马达的排量。随着变量马达排量的减小，马达转速继续增加，输出转矩减小，最大输出功率保持不变，与定量泵 - 变量马达容积调速回路特性相同。回路输出特性曲线如图 7 - 26(b)所示。

变量泵 - 变量马达容积调速回路的调速范围扩大，可达 100 以上，并且有较高的工作效率。从输出特性曲线可知和前两种回路一样，其低速稳定性差。此回路在港口起重运输车辆等大功率液压系统应用较多。

7.4.4   容积节流调速回路

容积节流调速回路通常采用压力补偿型变量泵供油，用流量控制阀调节通过液压缸的流量，实现液压缸运动速度的调节，并使变量泵输出的流量自动与液压缸所需流量相适应。这种回路没有溢流损失，比节流调速回路效率高，速度稳定性比容积调速回路好。

7.4.4.1   限压式变量泵 - 调速阀的容积节流调速回路

如图 7 - 27(a)所示，限压式变量泵输出的压力油液经调速阀 1 进入液压缸，回油经背压阀 2 流回油箱，溢流阀 3 起安全阀作用。

回路的工作原理为：设负载不变，减小调速阀的通流截面积，使进入液压缸的流量 Q_1 减小(液压缸运动速度 v 减小)，经过调速阀的液阻增大，变量泵的输出压力 p_p 增高。在关小调速阀的一瞬间，泵的输出流量 Q_p 还未来得及改变，于是有 $Q_p > Q_1$。随着变量泵输出压力升高，其输出流量 Q_p 自动减小，直至 $Q_p = Q_1$，反之亦然。可见，回路不仅能调节液压缸运动速度，而且可以使泵的供油量自动和液压缸所需的流量相适应。

图 7 - 27(b)所示为此回路的调速特性曲线。曲线 1 代表限压式变量泵的 $Q - p$ 特性，曲线 2 代表调速阀某一开口度时液压缸的 $Q - p$ 特性。由曲线可知，液压缸工作点为 b 时，液压缸进油腔压力最大，即 $p_1 = p_{1max}$。此时泵的工作点为 a，泵出口压力为 p_p，输出流量 $Q_p = Q_1$。经调速阀产生的压损最小，为 $\Delta p_{min} = p_p - p_{1max}$，回路在此调速阀开口度下的节流损失最小。若负载减小，液压缸进油腔压力 p_1 随之减小，液压缸的工作点水平左移，节流损失增大。

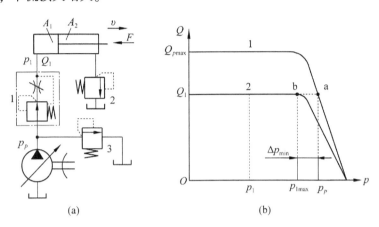

图 7 - 27　变量泵 - 调速阀容积节流

(a)回路；(b)调速特性

这种回路在低速、轻载的情况下，回路效率较低，常用于要求负载变化大、对速度稳定性要求高的中小功率场合。

7.4.4.2　差压式变量泵 - 节流阀容积节流调速回路

如图 7 - 28 所示为差压式变量泵与节流阀组成的容积节流调速回路。变量泵定子左侧为柱塞缸，柱塞有效作用面积为 A_1，变量泵定子右侧为活塞缸，活塞杆的有效作用面积为 A_1，活塞缸右腔有效作用面积为 A_2，各控制油口连接如图。当泵输出油液经二位二通阀进入液压缸左腔，有 $p_p = p_1$，变量泵定子左侧受力为 p_1A_1，定子右侧受力为 $p_1A_2 - p_1(A_2 - A_1) + F_s = p_1A_1 + F_s$（$F_s$ 为弹簧力）。泵的定子将在弹簧力的作用下处于最左侧，此

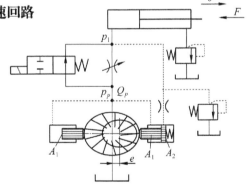

图 7 - 28　差压式变量泵-节流阀的容积节流调速

时泵有最大偏心量 e_{max}，输出流量最大，液压缸实现快速运动。当二位二通阀左位工作，泵输出压力油经节流阀进入液压缸，$p_p > p_1$，泵的定子右移，偏心量 e 减小，使输出流量减少至节流阀调定值，此时定子左右侧受力平衡。平衡方程为

$$p_pA_1 = p_1A_2 - p_p(A_2 - A_1) + F_s \tag{7-42}$$

由式(7-42)可得节流阀进出口压力差 Δp 为

$$\Delta p = p_p - p_1 = \frac{F_s}{A_2} \tag{7-43}$$

节流阀进出口压差基本上由弹簧力来确定。由于弹簧刚度小，工作中的伸缩量也很小，所以 F_s 基本恒定，Δp 也近似为常数，通过节流阀的流量就不会随负载而变化，其特性和调速阀特性相似。

此回路当负载增加时，p_1 增加，定子左移，偏心量增大，泵输出流量增大，自动补偿因负载变化引起的泵泄漏的增加，因而在低速时有较高的速度刚性。这种回路没有溢流损失，但有节流损失，且泵的供油压力随负载而变化，适宜用于负载变化大、速度较低的中、小功率场合，如组合机床的进给液压系统。

7.4.5 快速运动和速度换接回路

7.4.5.1 快速运动回路

不增加液压泵的输出流量，使执行元件在空载时提高运动速度，以缩短机械空程运动时间，提高生产率或充分利用功率的回路。

(1)液压缸差动连接快速运动回路

如图 7 - 29 所示，通过二位三通电磁换向阀的左位，实现液压缸的差动连接。1DT 通电，泵输出的油液进入液压缸左右两腔，由于压力油作用的两腔面积不同，液压缸右腔回油与液压泵输出的油液一同进入液压缸左腔，液压缸输入流量增加，活塞运动速度增加。

液压缸的差动连接也可通过三位四通换向阀的 P型中位机能实现。

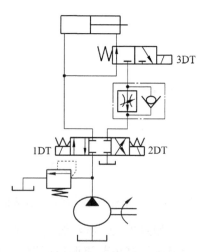

图 7 - 29 液压缸差动连接快速运动回路

(2)采用蓄能器的快速运动回路

如图 7 - 30 所示，换向阀中位工作，液压泵的全部流量进入蓄能器储存。蓄能器压力升高后，达到压力继电器调定压力，压力继电器发出电信号，控制电磁铁 3DT 通电，液压泵通过溢流阀卸荷。执行元件快速进给时，换向阀左位工作，由泵和蓄能器同时供油。这种回路适用于系统短期需要大流量的场合。

(3)采用双联泵供油的快速运动回路

如图 7 - 31 所示，回路由低压大流量泵 2 和高压小流量泵 1 组成双联泵组成。执行元件空载快速运动时，泵 1 和泵 2 同时向系统供油；工作进给时，系统压力升高，顺序阀 3 开启，泵 2 通过顺序阀 3 卸荷，由泵 1 向系统供油。这种回路功率损耗小，效率高，

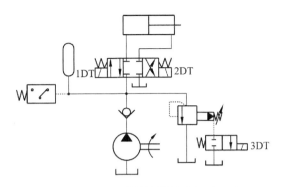

图 7-30　采用蓄能器的快速运动回路

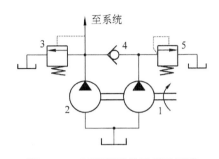

图 7-31　双泵供油快速运动回路

应用较广。

(4)采用增速缸的快速运动回路

如图 7-32 所示，空载快进时，换向阀接通左位，压力油进入增速缸 B 腔，由于 B 腔有效作用面积小，故活塞快速向右运动。增速缸 A 腔容积增大，在油液压力尚未达到顺序阀调定值时，顺序阀关闭，A 腔通过液控单向阀从油箱补油。当执行元件接触工件使负载增加，系统压力升高，顺序阀开启，压力油经顺序阀进入增速缸 A 腔，同时关闭液控单向阀。此时压力油同时作用在 A、B 腔，作用面积增大，推力增加，运动速度则减小。这种回路功率利用比较合理，但增速缸结构较复杂。

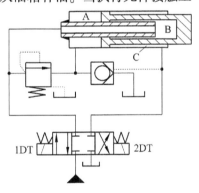

图 7-32　增速缸快速运动回路

7.4.5.2　速度换接回路

液压系统中常要求执行元件按一定速度完成工作循环，如机床自动刀架，要求刀架先以快速接近工件，随后以第一种工作进给速度对工件进行加工，接着以第二种工作进给速度进行加工，最后快速退回。这个工作循环包含了常见的两种速度转换回路：快慢速换接回路和慢慢速换接回路。

(1)采用行程阀的快慢速换接回路

回路如图 7-33 所示。工作原理为：换向阀左位工作，活塞杆伸出，未压下行程阀时，油液经行程阀下腔回油箱，实现快进；活塞杆压下行程阀后，油液经节流阀回油箱，实现工进。用行程阀进行快慢速切换，可通过改变挡块的斜度来调整切换过程的快慢，使快慢速换接过程平稳。

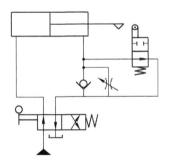

图 7-33　行程阀快慢速换接回路

（2）调速阀串联的速度换接回路

如图 7 – 34 所示，当电磁铁 3DT 断电，压力油通过调速阀 1 和二位二通换向阀左位进入液压缸，液压缸第一种工进速度由调速阀 1 控制；当电磁铁 3DT 通电，压力油经调速阀 1、2 进入液压缸，调速阀 2 的通流截面调得比调速阀 1 小，所以液压缸第二种工进速度由调速阀 2 控制。这种回路，由于调速阀 1 一直处于工作状态，速度换接平稳性较好，但回路的能量损失较大。

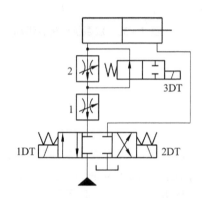 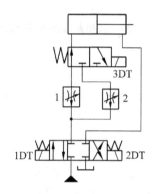

图 7 – 34　调速阀串联的速度换接回路　　　图 7 – 35　调速阀并联的速度换接回路

（3）调速阀并联的速度换接回路

如图 7 – 35 所示，当电磁铁 3DT 断电，压力油液经调速阀 1 进入液压缸，液压缸的运动速度由调速阀 1 来调节；当电磁铁 3DT 通电，压力油液经调速阀 2 进入液压缸，液压缸的运动速度由调速阀 2 来调节。这种回路，因其中一个调速阀工作时，另一个调速阀没有油液通过，当两种慢速运动切换时，工作部件产生突然前冲现象，速度换接不平稳。

7.5　多执行元件控制回路

当液压系统含多个执行元件时，可通过压力、流量、行程等控制方式实现执行元件按要求动作。

7.5.1　顺序动作回路

顺序动作回路的作用在于使几个执行元件严格按照规定顺序依次动作。例如，在机床加工中需按照"定位→夹紧→快进→工进→快退→松开夹紧→拔定位销"的顺序完成工件的加工。按控制方式的不同，顺序动作回路可分为行程控制、压力控制两类。

7.5.1.1　行程控制顺序动作回路

(1)采用行程阀的顺序动作回路

如图 7-36 所示，执行元件动作顺序为：A 缸先进给，B 缸后进给，A 缸先退回，B 缸后退回。图示位置两液压缸活塞杆均退回至左端，当手动换向阀右位工作，压力油进入液压缸 A 的左腔，活塞杆向右伸出，实现动作❶；当缸 A 活塞杆上的挡块压下行程阀后，压力油经行程阀上位进入液压缸 B 的左腔，缸 B 的活塞杆向右伸出，实现动作❷；手动换向阀左位工作，液压缸 A 首先退回，实现动作❸；当缸 A 活塞杆的挡块松开行程阀后，行程阀转为下位工作，压力油进入液压缸 B 的右腔，实现退回动作❹。调整行程阀至缸 A 的距离，即可调节两缸顺序动作的时间间隔。

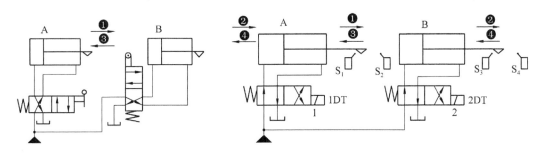

图 7-36　行程阀控制的顺序动作回路　　**图 7-37　行程开关控制的顺序动作回路**

(2)采用行程开关的顺序动作回路

如图 7-37 所示，执行元件动作顺序为：A 缸进→B 缸进→A 缸退→B 缸退。按下启动按钮，电磁铁 1DT 断电，换向阀 1 左位工作，液压缸 A 实现进给动作❶；当缸 A 活塞杆上的挡块压下行程开关 S_2 后，控制电磁铁 2DT 断电，换向阀 2 左位工作，液压缸 B 实现进给动作❷；当缸 B 活塞杆上的挡块压下行程开关 S_4 后，控制电磁铁 1DT 通电，换向阀 1 换向至右位工作，液压缸 A 实现退回动作❸；当缸 A 活塞杆上的挡块压下行程开关 S_1 后，控制电磁铁 2DT 通电，换向阀 2 换向至右位工作，液压缸 B 实现退回动作❹；当缸 B 活塞杆上的挡块压下行程开关 S_3 后，控制液压泵卸荷或执行其他动作，完成一个工作循环。这种回路的优点是行程调整比较方便，改变电控线路即可改变动作顺序，控制灵活，其可靠程度主要取决于电气元件的质量。

7.5.1.2　压力控制顺序动作回路

(1)利用单向顺序阀控制的顺序动作回路

执行元件动作顺序如图 7-38 所示，当换向阀左位工作时，压力油进入缸 A 左腔，推动缸 A 活塞杆进给，实现动作❶；缸 A 运行到终点或负载增大，油液压力达到顺序阀 2 调定值，顺序阀 2 打开，油液进入液压缸 B 左腔，推动活塞杆伸出，实现动作❷。

同理，换向阀右位工作时，缸 B 首先实现动作❸，缸 B 运行到终点或负载增大，打开顺序阀 1，缸 A 才能实现动作❹。这种回路顺序阀的调定压力应比前一动作的压力大 0.8 ~1MPa，同时顺序阀开启和关闭的压力差不能太大，否则在系统压力波动时会引起顺序阀误动作，造成事故。

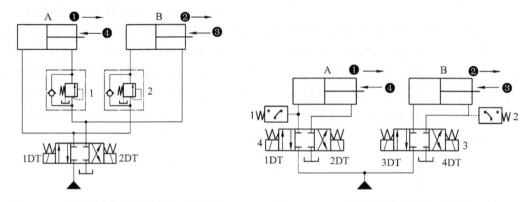

图 7 - 38　单向顺序阀控制的顺序动作回路　　　图 7 - 39　压力继电器控制的顺序动作回路

(2)利用压力继电器控制的顺序动作回路

执行元件动作顺序如图 7 - 39 所示。当电磁铁 1DT 通电，换向阀 4 左位工作，压力油液进入缸 A 左腔，推动活塞杆伸出，实现动作❶；当缸 A 进油腔压力升高至压力继电器 1 的设定压力时，压力继电器 1 发出电信号，控制电磁铁 3DT 通电，压力油液经换向阀 3 左位进入缸 B 的左腔，实现动作❷。返回时，1DT 、3DT 断电，4DT 通电，换向阀 3 右位工作，压力油液进入缸 B 右腔，实现动作❸；当压力升高至压力继电器 2 设定的压力时，压力继电器 2 发出电信号，控制电磁铁 2DT 通电，油液经换向阀 4 右位进入缸 A 右腔，实现动作❹。压力继电器的调定压力应大于前一动作执行元件最高工作压力的 10% ~15%，否则会出现上一动作尚未终止，后一动作的液压缸可能因管路中的液压冲击或波动出现先动现象，造成设备故障或人身事故。这种回路适用于执行元件不多、负载变化不大的场合。

7.5.2　同步回路

同步回路用于实现多个执行元件以相同的速度或相同的位移同步运动，可分为位置同步和速度同步。

7.5.2.1　调速阀控制的同步回路

在两个规格相同并联液压缸的进油路或回油路上串联调速阀，使调速阀通流截面积相同，能实现液压缸单方向速度同步，如图 7 - 40 所示。由于各种原因导致两缸运动速度不同步时，可调节调速阀，使两缸运动同步。显然这种回路结构较简单，不受外负载影响，但不能保证位置同步，且调整比较麻烦，同步精度不高。

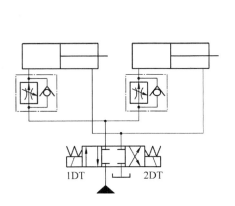

图 7-40 调速阀控制的同步回路

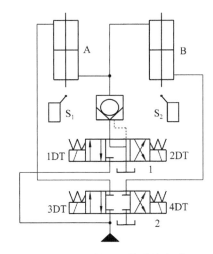

图 7-41 带补偿措施的串联
液压缸同步回路

7.5.2.2 带补偿措施的串联液压缸同步回路

有效工作面积相同的两个双作用双杆液压缸串联，前一缸的回油为后一缸的进油，能够实现位移同步。这种同步回路结构简单，回路效率较高，但实际使用中，因液压缸的制造误差、安装误差、泄漏等原因，经过多次运行后将出现显著的位置上的差别，需采取补偿措施进行补救。

图 7-41 所示为带补救措施的串联液压缸同步回路，其工作原理为：换向阀 2 接通左位时，压力油进入液压缸 A 上腔，下腔的回油进入液压缸 B 的上腔。由于两缸各腔容积相同，实现同步下行。若因某种原因缸 A 先到达终点，缸 B 因没有进油使其继续下行而产生位置误差，这时缸 A 活塞杆压下行程开关 S_1，控制 1DT 通电，压力油经换向阀 1 左位、液控单向阀进入缸 B 上腔，使缸 B 继续下行消除位置误差。若缸 B 先达到终点，缸 A 因没有回油下行运动停止，两缸位置产生误差，这时缸 B 活塞杆压下行程开关 S_2，控制电磁铁 2DT 通电，压力油经换向阀 1 右位、单向阀的液控口使液控单向阀反向导通，缸 A 下腔油液经液控单向阀、换向阀 1 右位流回油箱，继续下行，消除位置误差。

7.5.3 多缸快慢速互不干扰回路

多缸快慢速互不干扰回路用于防止液压系统中几个液压执行元件因速度快慢不同，快速运动元件大量吸油，使慢速运动元件不能同时动作，在动作上互相干扰。如图 7-42 所示为双泵供油实现两液压缸快慢速互不干扰回路。两液压缸各自的工作循环为快进→工进→快退→停止。当 3DT、4DT 通电，低压大流量泵 12 经换向阀 4、9 右位，换向阀 6、7 左位分别向液压缸 A、B 两腔供油，实现差动快进。A 缸快进结束，1DT 通电，3DT 断电，高压小流量泵 1 输出的高压油液经调速阀 3、换向阀 4 左位、换向阀 6

右位进入缸 A 左腔，右腔油液回到油箱，A 缸实现工作进给，同时 B 缸仍旧由大流量泵 12 供油实现快速进给。B 缸快进结束，2DT 通电，4DT 断电，高压小流量泵 1 同时向两缸左腔供油，B 缸实现工作进给。当 A 缸工进结束，1DT、3DT 同时通电，低压大流量泵 12 经换向阀 6 左位进入 A 缸右腔，左腔油液经换向阀 6、4 左位流回油箱，A 缸实现快速退回。同时，B 缸仍在高压小流量泵 1 的作用下执行工作进给。B 缸工进结束，2DT、4DT 同时通电，B 缸在低压大流量泵 12 的作用下实现快速退回。可见，两液压缸各工作循环阶段由不同液压泵供油，互不干扰。

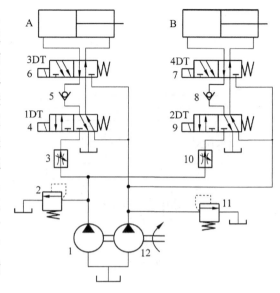

图 7 - 42　双泵供油快慢速运动互不干扰回路

本章小结

液压基本回路是由液压元件组成，用来完成特定功能的典型油路。按回路的作用分为方向控制回路、压力控制回路、速度控制回路和多执行元件控制回路。速度控制回路和压力控制回路是本章的重点内容。

压力控制回路利用压力控制阀控制系统或局部油液压力以满足负载对力或转矩的要求。重点掌握调压方法的原理与特点、平衡回路的平衡方法与适用场合、卸荷回路的卸荷方式与卸荷条件。

速度控制回路是调节和变换执行元件速度的回路，重点掌握各种调速方式的特点。在进口、出口、旁路三种节流调速回路中，旁路节流调速回路的功率损失小、效率高，但速度稳定性差。调速阀节流调速回路的速度刚性优于节流阀调速回路，但功率损失相应增大。容积调速回路无节流、溢流损失，回路效率高、但低速稳定性差，用于大功率场合。容积节流调速回路结合了以上二者的优点，适用于既要求速度刚性好，又要求功率损失小的中小功率场合。

方向控制回路通过方向控制阀实现对执行元件启动、停止或改变运动方向的控制。

多执行元件控制回路包括顺序动作回路、同步回路、互不干扰回路。顺序动作可通过压力控制、行程控制等方法实现。同步回路可通过流量控制阀及有效面积相同的串联液压缸来实现，并可采用提高同步精度的补偿措施。互不干扰回路可通过双泵分别供油等方法实现多执行机构的同时动作而不互相影响。

本章的内容在全书中起承上启下的作用，既是对液压阀的综合应用，也为液压系统的设计奠定基础。

思考题

1. 如图 7 – 17(b)所示的平衡回路中，若液压缸大腔面积为 $A_1 = 80 \times 10^{-4} \text{ m}^2$，小腔面积为 $A_2 = 40 \times 10^{-4} \text{ m}^2$，活塞与运动部件自重 $G = 6\,000$ N，运动时活塞上的摩擦阻力为 $F_f = 2\,000$ N，向下运动时要克服负载阻力为 $F_L = 24\,000$ N，则顺序阀和溢流阀的最小调整压力应各为多少？

2. 如图 7 – 20 所示，液压泵流量 10 L/min，液压缸活塞面积 $A_1 = 100 \text{ cm}^2$，$A_2 = 50 \text{ cm}^2$，溢流阀调定压力 $p_r = 2.4$ MPa，负载 $F_L = 10\,000$ N，节流阀开口面积 $A_T = 0.01 \text{ cm}^2$。已知节流阀为薄壁小孔，

$C = 0.62$，$\rho = 900$ kg/m³，计算活塞运动速度及液压泵的工作压力。

3. 在变量泵 - 定量马达回路中，已知变量泵转速 $n_p = 1\,500$ r/min，排量 $q_{pmax} = 8$ mL/r，定量马达排量 $q_M = 10$ mL/r，安全阀调整压力 $p_r = 40 \times 10^5$ Pa，已知泵和马达的容积效率和机械效率均为 0.95，求：

① 马达转速为 1 000 r/min 时泵的排量；

② 负载转矩为 8 N·m 时马达的转速；

③ 泵的最大输出功率。

4. 如图 7 - 43 所示回路可实现"快进→1 工进→2 工进→快退→停止"的工作循环，1 工进的速度比 2 工进快，列出电磁铁动作顺序表(用 + 表示电磁铁通电)。

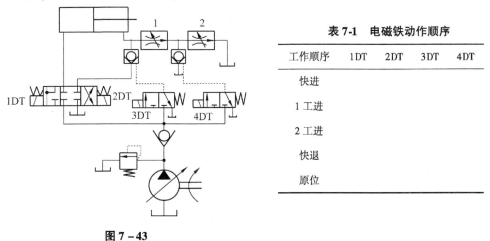

表 7-1　电磁铁动作顺序

工作顺序	1DT	2DT	3DT	4DT
快进				
1 工进				
2 工进				
快退				
原位				

图 7 - 43

5. 如图 7 - 44 所示的液压回路，原设计要求是夹紧缸 I 把工件夹紧后，进给缸 II 才能动作；并且要求夹紧缸 I 的速度能够调节。实际试车后发现该方案达不到预想目的，试分析其原因并提出改进的方法。

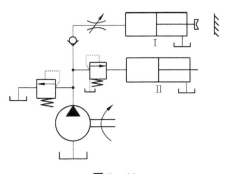

图 7 - 44

第 8 章

插装阀、比例阀和数字阀

[本章提要]

  插装阀、比例控制阀（简称比例阀）和电液数字阀是随着液压技术的发展出现的新型元件，近年来发展较快，应用日益广泛。它们的出现扩大了液压系统的使用范围，为普及和推广液压技术开辟了新的道路。通过本章的学习，要求掌握这三类阀的基本工作原理、结构特点、主要性能和应用范围。

  8.1 插装阀

  8.2 电液比例阀

  8.3 电液数字阀

8.1 插装阀

插装阀是一种以锥阀为基本单元的新型液压元件。由于这种阀具有通、断两种状态，可以进行逻辑运算，故又称为逻辑阀。插装阀与普通液压控制阀有所不同，它的通流量可达到 1 000 L/min，最大通径可达 200 ~ 250 mm。阀芯结构简单，动作灵敏，密封性好，功能比较单一，主要实现通或断。与普通液压控制阀组合使用时，能实现对系统油液方向、压力和流量的控制。

8.1.1 结构及工作原理

插装阀功能组件(简称插装组件)是一个两级阀组，故有主油路和控制油路之分。先导控制阀为普通方向阀、压力阀和流量阀。插装阀主阀的结构如图 8 – 1(a)所示，它由插装阀块体 6、插装单元(由阀套 5、阀芯 4、弹簧 3 及密封件组成)、控制盖板 2 和先导控制阀 1 组成。阀芯与阀套(包括锥面)的配合较精密，工艺要求较高。而阀套与阀体间工作没有相对运动，依靠橡胶密封圈(O 形圈)密封，故对阀体加工工艺要求较低。

插装阀的工作原理相当于一个液控单向阀。图中 A 和 B 为主油路的两个工作油口，K 为控制油口(与先导阀相接)，阀芯锥面的开闭决定 A、B 口的通断。当 K 口无液压油作用时，阀芯 4 受到的向上的液压力大于弹簧 3 的预紧力时，阀芯开启，A 与 B 相通，至于液流的方向，视 A、B 口的压力大小而定。

反之，当 K 口有液压油作用时，K 口的油液压力和弹簧预紧力的合力大于 A 和 B 口的油液压力，才能保证 A 与 B 之间关闭。插装阀的图形符号如图 8 – 1(b)所示。

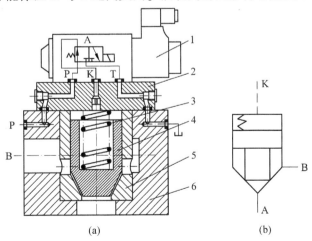

(a)   (b)

图 8 – 1 插装阀

1—先导控制阀；2—控制盖板；3—弹簧；4—阀芯；5—阀套；6—阀块体

8.1.2　插装阀用作方向控制阀

插装阀组成各种方向控制阀如图8-2所示。

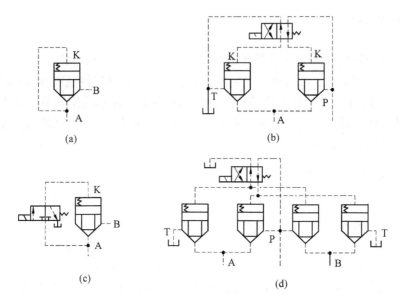

图8-2　方向控制插装阀

如图8-2(a)所示，将K腔与A口或B口连通，即成为单向阀，当$p_A > p_B$时，阀芯关闭，A与B不通；而当$p_B > p_A$时，阀芯开启，油液从B流向A。

如图8-2(b)所示，用一个电磁先导阀控制K腔的压力，就可以使插装阀成为二位二通阀，当电磁阀断电时，阀芯开启，A与B接通；电磁阀通电时，阀芯关闭，A与B不通。

如图8-2(c)所示，两个插装阀再加上一个电磁先导阀可组成一个二位三通阀，当电磁阀断电时，A与T接通；电磁阀通电时，A与P接通。

如图8-2(d)所示，用四个插装阀以及相应的先导阀才能组成一个二位四通阀，电磁阀断电时，P与B接通，A与T接通；电磁阀通电时，P与A接通，B与T接通。

8.1.3　插装阀用作压力控制阀

对插装阀的控制腔K的压力进行控制，便可构成压力控制阀，如图8-3所示。

在图8-3(a)中，若B接油箱，则插装阀用作溢流阀，其原理与先导式溢流阀相同。若B接负载时，插装阀起顺序阀的作用。

图8-3(b)所示为电磁溢流阀，当二位二通电磁阀断电时用作溢流阀，当二位二通电磁阀通电时，插装阀便起卸荷作用。

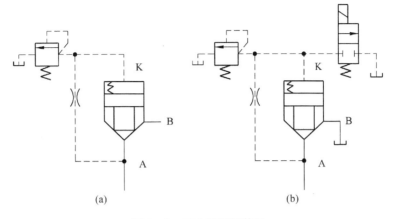

(a)　　　　　　　　　　　(b)

图 8－3　压力控制插装阀

8.1.4　插装式流量控制阀

　　二通插装节流阀的结构及图形符号如图 8－4所示。在插装阀的控制盖板上有阀芯限位器，用来调节阀芯开度，起到流量控制阀的作用。图中阀芯上带有三角槽，以便于调节其开口大小。若在二通插装阀前串联一个定差减压阀，可组成二通插装调速阀。

8.1.5　插装阀集成块

　　将四个插装阀装在一个共同的阀体内，并带有相应的电磁先导阀，就成为一个换向集成块。有时将四个插装阀装在两个阀体内，这使得使用时具有更大的灵活性。又如

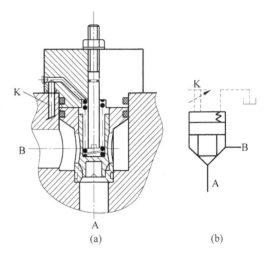

(a)　　　　　　　(b)

图 8－4　插装节流阀
(a)结构；(b)职能符号

将一个单向阀(泵出口用)和一个溢流阀装在同一阀体内就成为一个调压集成块。有关工厂生产有各种功能的集成块供用户选用。

8.2　电液比例阀

　　电液比例阀简称比例阀，是将手动调节压力、流量等参数的压力阀、流量阀改为电动调节，并使被调节参数和给定的电量(通常是电流)成比例的液压阀。它可以按给定的输入电信号连续地、按比例地控制液流的压力、流量和方向，使用一个比例阀即可得到多种压力或流量，较多级压力控制回路和多种速度控制回路简单得多，在工程技术中动态性能要求不高的场合已得到广泛的应用。

　　比例阀是从两个方面发展来的，一是采用比例电磁铁作为电气－机械转换元件，取

代原来阀的手动调节器或普通的开关电磁铁，在普通液压阀的基础上发展起来的各种比例方向、压力和流量阀。另一途径是在高性能的伺服阀基础上，适当简化伺服阀的结构，降低制造精度，增大电气－机械转换器的输出功率水平和改善阀的抗污染能力后发展起来的。前者是比例阀发展的主要方向。

电液比例阀的结构主要包括电气－机械转换器（比例电磁铁）和阀体两部分。比例阀与液压泵或液压马达、或液压缸组成一个整体就构成了比例容积式元件。

根据用途和工作特点的不同，比例阀分为比例压力控制阀、比例流量控制阀、比例方向流量阀。

8.2.1　比例电磁铁

比例电磁铁是电液比例控制阀的重要组成部分，其作用是将比例控制放大器输出的电信号转换成与之成比例的力或位移。

比例电磁铁是在传统湿式直流阀用开关电磁铁基础上发展而来的一种直流电磁铁，它与普通换向阀所用的电磁铁不同。普通电磁换向阀所使用的电磁铁只要求有吸合和断开两个位置，并且为了增加吸力，在吸合时磁路中几乎没有气隙。而比例电磁铁则要求吸力（或位移）与输入电流成比例，并在衔铁的全部工作位置上，磁路中保持一定的气隙。目前所使用的大多数比例电磁铁具有如图 8－5(a)所示的盆底结构。由于磁路结构的特点，使之具有如图 8－5(b)所示的水平吸力特性，有助于阀的稳定性。

图 8－5 所示的比例电磁铁输出的是电磁力，故称为力输出型，还有一种带位移反馈的位置输出型比例电磁铁，能抑制摩擦力等扰动影响，具有更为优良的稳态控制精度和抗干扰特性。

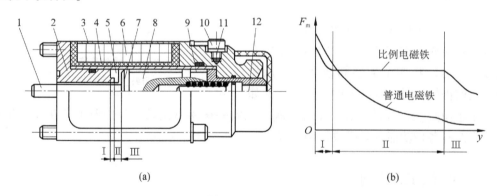

(a)　　　　　　　　　　　(b)

图 8－5　耐高压单向移动式比例电磁阀

(a)结构图；(b)吸力特性图

1—推杆；2—端盖(下轭铁)；3—外壳；4—隔磁环；5—工作气隙；6—线圈；
7—支撑环；8—衔铁；9—非工作气隙；10—放气螺钉；11—导套；12—调零螺钉

8.2.2　比例压力阀

比例压力阀按用途不同，有比例溢流阀、比例减压阀和比例顺序阀之分；按照控制功率的大小不同，分为直动式与先导式。

（1）直动式比例压力阀

图 8－6 所示，用比例电磁铁取代压力阀的手调弹簧力控制机构便可得到比例压力阀。比例电磁铁 4 通电后产生吸力经推杆 3 和传力弹簧 2 作用在锥阀芯 1 上，当锥阀芯左端的液压力大于电磁吸力时，锥阀芯被顶开溢流。连续地改变控制电流的大小，即可连续按比例地控制锥阀的开启压力，即可调节溢流阀压力的大小，其关系式如下：

电磁力　　　　　　　　　　　　　$F_D = K_1 I$

弹簧压缩力　　　　　　　　　　　$F_s = pA$

由于 $F_D = F_s$，所以 $pA = K_1 I$，有

$$(P \cdot A = K_1 \cdot I) p = \frac{K_1}{A} I = K_p I \tag{8-1}$$

式中：p——溢流阀调整压力；

　　　K_p——比例常数；

　　　A——锥阀在阀座上的受力面积；

　　　I——通入比例电磁铁中的电流。

从式(8-1)中可以看出，若输入的电流是连续的或按一定程序变化，则比例阀所控制的压力与输入信号成比例或按一定程序变化。

直动式压力阀的控制功率较小，通常控制流量为 1～3 L/min，低压力等级的最大可达 10 L/min。直动式压力阀可用于小流量系统作溢流阀或安全阀，更主要的是作为先导阀，控制功率放大级主阀，构成先导式压力阀。

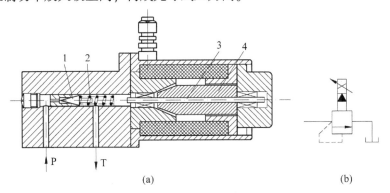

图 8－6　直动锥阀比例压力阀的结构原理

（a）结构；（b）职能符号

1—锥阀芯；2—传力弹簧；3—推杆；4—电磁铁

（2）先导锥阀式比例溢流阀

图 8－7 所示为先导锥阀式比例溢流阀，其下部为与普通先导式溢流阀相同的主阀，上部则为比例先导压力阀。它的工作原理与普通先导式溢流阀相同。不同点是：普通阀的调压是手调的，而比例溢流阀的压力是由电流（电信号）输入电磁铁后，产生与电流成比例的电磁力推动推杆，压缩弹簧作用在锥阀上。顶开锥阀的压力 p，即是调整压

力。该阀还附有一个手动调整的先导阀9,用以限制比例溢流阀的最高压力,以避免因电子仪器发生故障使得控制电流过大,系统过载。

采用比例溢流阀,可以显著提高控制性能,使原来溢流阀控制的压力调整由阶跃式变为比例阀控制的缓变式,避免了压力调整引起的液压冲击和振动。

如将比例溢流阀的泄漏油路及先导阀9的回油路单独引回油箱,主阀出油口也接压力油路,图示

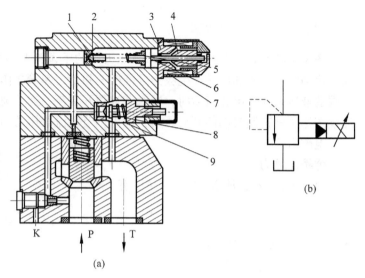

图 8 – 7   先导式电磁比例溢流阀

(a)结构; (b)职能符号

1—先导阀阀座; 2—先导锥阀; 3—轭铁; 4—衔铁;
5—弹簧; 6—推杆; 7—线圈; 8—弹簧; 9—先导阀

比例溢流阀可作比例顺序阀用。若改变比例溢流阀的主阀结构,就可获得比例减压阀、比例顺序阀等不同类型的比例压力控制阀。

8.2.3　比例流量阀

用比例电磁铁改变节流阀的开度,成为比例节流阀。将此阀和定差减压阀组合成为比例调速阀。

图 8 – 8 为比例调速阀的结构原理。与普通调速阀相比,其主要区别是用直流比例电磁铁取代了手柄对节流阀的控制。比例电磁铁 3 的输出力作用在节流阀芯 2 上,与弹

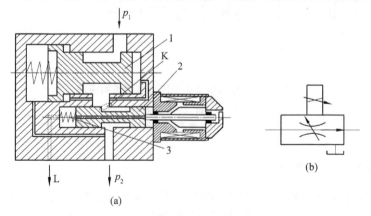

图 8 – 8   比例调速阀的结构原理

(a)结构; (b)职能符号

1—定差减压阀芯; 2—节流阀芯; 3—弹簧

簧力、液动力、摩擦力相平衡，对一定的控制电流，对应一定的节流开度。通过改变输入电流的大小，即可改变通过调速阀的流量。为了便于用比例电磁铁控制开口大小，节流阀开口做成轴向形式。由于采用比例电磁铁直接推动节流阀，比例电磁铁必须有足够的推力，以克服节流阀上的液压卡紧力、稳态液动力以及弹簧力等。

比例调速阀可用于制造行业的注塑机、抛光机和多工位加工机床等速度控制系统中，当输入对应于多种速度的电流信号后，可以实现多种加工速度的控制。输入电信号连续变化时，被控制的机床执行元件的运动速度也可实现连续变化。

8.2.4　比例方向流量阀

比例方向流量阀不仅用来改变液流方向，同时可以控制流量的大小。这种阀又分为比例方向节流阀和比例方向调速阀两类。下面主要介绍比例方向节流阀。

比例方向节流阀有直动式和先导式两种结构。直动式方向节流阀以比例电磁铁（或步进电机等电气－机械转换器）取代普通电磁换向阀中的电磁铁，可构成直动式比例方向节流阀。当输入控制电流后，比例电磁铁的输出力与弹簧力平衡。滑阀开口量的大小与输入的电信号成比例。当控制电流输入另一端的比例电磁铁时，即可实现液流换向。显然，比例方向节流阀既可改变液流方向，也可控制流量的大小，兼有节流和换向两种功能。它可以有多种滑阀机能，既可以是三位阀，也可以是二位阀。直动式比例方向节流阀只适用于通径为 10 mm 以下的小流量场合。

图 8 – 9 所示为先导式比例方向节流阀结构原理，它用双向比例减压阀作为先导阀，而用液动双向比例节流阀作为主阀。利用双向比例减压阀出口压力来控制液动双向比例节流阀的正反开口量，进而来控制系统的油液方向和流量。

当比例电磁铁 2 得到电流信号 I_1，其电磁吸力 F_1 使双向比例减压阀芯 4 右移，于是腔 a 中的供油压力（一次压力）p_s 经阀芯中部右台肩与阀体孔之间形成的减压口减压，

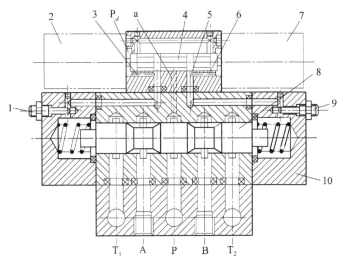

图 8 – 9　比例方向节流阀的结构原理
1、9—阻尼螺钉；2、7—比例电磁铁；3、6—反馈孔；
4—双向比例减压阀芯；5—流道；8—主阀芯；10—液动换向阀

在流道 5 得到控制压力(二次压力)p_c，p_c 经反馈孔 6 反馈作用到阀芯 4 的右端面，此时阀芯 4 的左端面通回油口 p_d，于是形成一个与电磁吸力 F_1 方向相反的液压力。当液压力与 F_1 相等时，阀芯 4 停止运动，而处于某一平衡位置，控制压力 p_c 保持某一相应的稳定值。显然，控制压力 p_c 的大小与供油压力 p_s 无关，仅与比例电磁铁的电磁吸力 F_1 成比例，即与电流 I_1 成比例。同理，当比例电磁铁 7 得到电流信号 I_2 时，阀芯 4 左移，得到与电流 I_2 成比例的控制压力。

主阀与普通液动换向阀相同。当先导阀输出的控制压力 p_c 经阻尼螺钉 9 构成的阻尼孔缓冲后，作用在主阀芯 8 的右端面时，液压力克服左端弹簧力使主阀芯 8 左移(左端弹簧腔通回油)，连通主油口 P、B 和 A、T_1。随着弹簧力与液压力平衡，主阀芯 8 停止运动而处于某一平衡位置。此时，各油口的节流开口长度取决于控制压力 p_c，即取决于输入电流 I_1 的大小。如果节流口前后压差不变，则比例方向节流阀的输出流量与其输入电流 I_1 成比例。当比例电磁铁 7 输入电流 I_2 时，主阀芯 5 右移，油路反向，接通 P、A 和 B、T_2。输出的流量与输入电流 I_2 成比例。

如上所述，改变比例电磁铁 2、7 的输入电流，不仅可以改变比例方向节流阀的液流方向，而且可以控制各油口的输出流量。

实际上，比例方向节流阀的输出流量，除了与输入电流有关外，还受外负载变化的影响。当输入电流一定时，为使输出流量不受负载压力变化的影响，必须在主阀口设置压力补偿机构，如定差减压阀或定差溢流阀，以构成比例方向调速阀。

图 8－10 为一种双向的进口压力补偿器的结构。这是一种叠加式的压力补偿器，用于直接叠加在底板和比例方向节流阀之间。补偿器在 A 和 B 油口之间带有内置的梭阀 2，用来选择压力较高的一侧作为反馈压力。这种补偿器的工作原理是：控制阀芯 4 右端面作用比例阀的进口压力 p_1，左面作用从梭阀 2 而来的出口压力 p_A 或 p_B。控制弹簧 6 施加一个约相当 1 MPa 压力的弹簧力，作用在左端面。当控制阀芯 4 两端的压差，即流过比例节流口的压差小于此弹簧力时，补偿器处于开启状态，当阀芯 4 两端的压差超过此弹簧力时，阀芯 4 左移，从到的开口状态维持阀芯受力平衡，而保持流经比例阀的压差为 1 MPa，使输出恒定的流量。进口压力补偿器实质是一个定差减压阀。

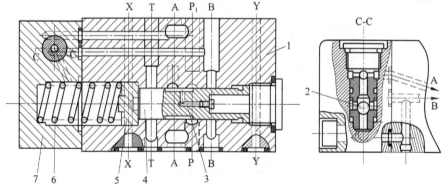

图 8－10　进口压力补偿器结构

1—阀体；2—梭阀；3—节流孔；4—控制阀芯；5—推板；6—控制弹簧；7—端盖

进口压力补偿器与比例方向节流阀一
起使用,就构成了比例方向调速阀,如图
8-11 所示。必须指出,随着比例阀设计
技术的完善,改进了阀内的结构设计,并
引入各种内反馈,如压力、流量、位移负
反馈、动压反馈等控制方式以及电校正等
方法,从而使比例阀的稳态精度、动态响
应和稳定性有了进一步的提高。产生了很
多廉价的,耐污染与普通控制阀相同,性

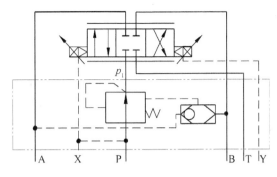

图 8-11　比例方向调速阀

能又能满足大部分控制要求的比例元件。现在市场上出现了比例复合阀、闭环比例阀,
使用时可参阅液压元件手册或产品使用说明书,这里不再赘述。

电液比例控制阀是介于普通液压阀和伺服控制阀之间的一种液压元件。它具有如下
特点:能把电的快速、灵活与液压传动功率大等特点结合起来;能实现自动控制、远程
控制和程序控制;能连续地、按比例地控制执行元件的力、速度和方向,并能防止压力
或速度变化及换向时的冲击现象;简化了系统,减少了元件的数量;抗污染性能好;具
有优良的静态性能和适宜的动态性能。主要用于开环系统,也可组成闭环系统。

8.2.5　电液比例阀的性能

电液比例阀要求输出量(流量或压力)与输入量(电量)有良好的线性比例关系。图
8-12 给出了典型比例阀的输出和输入的稳态关系。由图可见,在电流 I 变化的起始阶
段,没有输出,常称开始有输出的电流为静不灵敏区。另外电流上升和下降时,所得曲
线不重合,这称为滞。而称输出和输入关系偏离直线的程度为线性度。一般电液比例阀
均有一定的不灵敏区和滞环,且线性度较差。这主要由比例电磁铁的磁滞以及滑动副中
摩擦力等引起。除了上述稳态性能外,在选用电液比例阀时,还要考虑其从一种状态变
换为另一种状态的性能,即动态性能。图 8-13 是某一比例流量阀从流量为零变换为某
一流量的过程(称为过渡过程)。一般要求过渡过程的时间小于系统中要求的时间,另
外过程中没有冲过头的现象(称为超调)。

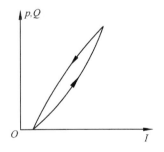

图 8-12　比例阀的稳态特性

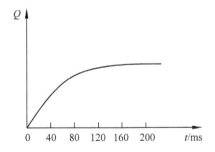

图 8-13　比例流量阀的过渡过程

8.3 电液数字阀

用计算机的数字信息直接控制的液压阀，称为电液数字阀，简称数字阀。在计算机技术日益得到广泛应用的趋势下，用计算机对电液控制系统进行实时控制是今后液压技术发展的重要方向。数字阀可直接与计算机接口，不需要数/模转换器。与比例阀、伺服阀相比，这种阀结构简单，工艺性好，价廉，抗污染能力强，重复性好，工作稳定可靠，功率小，故在机床、飞行器、注塑机、压铸机等领域得到了应用。

在本节中主要介绍两种类型的数字阀：一是采用步进电机作 D/A 转换器，用增量方式进行控制的数字阀，二是采用脉宽调制原理控制的高速开关型数字阀。

8.3.1 增量式数字阀

增量式数字阀是用步进电机作电气－机械转换器的阀。由计算机发出需要的脉冲序列，直接控制步进电机的转角与输入的数字式信号脉冲数成正比，转速随输入的脉冲频率而变化；当输入反向脉冲时，步进电机将反向旋转。步进电机在脉冲信号的基础上，使每个采样周期的步数较前一采样周期增建若干步，以保证所需的幅值。由于步进电机是增量控制方式进行工作的，所以它所控制的阀称为增量式数字阀。按用途的不同，增量式数字阀又有数字流量阀、数字方向流量阀和数字压力阀之分。

8.3.1.1 数字节流阀

图 8 –14(a)所示为直动式(由步进电机直接控制)数字节流阀。步进电机按计算机的指令而转动，通过滚珠丝杆 2 变为轴向位移，使节流阀芯 3 打开阀口，从而控制流量。该阀有两个面积梯度不同的节流口，阀芯移动时首先打开右节流口 6，由于非全周边通流，故流量较小；继续移动时打开全周边通流的左节流口 5，流量增大。阀开启时的液动力可抵消一部分向右的液动力。此阀从节流阀芯 3、阀套 4 和连杆 7 的相对热膨胀中获得了温度补偿。

图 8 –14(b)所示为先导式(步进电机经液压先导控制)数字节流阀的图形符号。

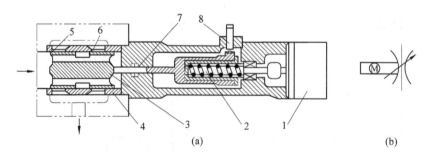

图 8 –14 直动式数字节流阀

1—步进电机；2—滚珠丝杆；3—节流阀芯；4—阀套；5—左节流口；
6—右节流口；7—连杆；8—零位移传感器

8.3.1.2　数字调速阀

(1) 溢流型压力补偿数字调速阀

在直动式数字节流阀前面并联一个溢流阀，并使溢流阀芯两端分别受节流阀进出口液压的控制，即可构成溢流型压力补偿的直动式数字调速阀，如图 8 – 15(a)所示。

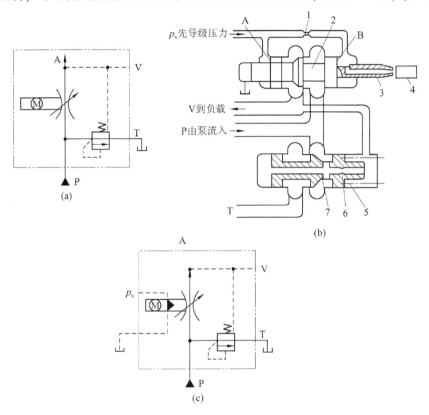

图 8 – 15　溢流型压力补偿数字调速阀
1—节流孔；2—节流阀芯；3—喷嘴；4—挡板；5—弹簧；6—节流孔；7—溢流阀芯

图 8 – 15(b)、(c)所示为溢流型压力补偿的先导式数字调速阀。步进电机旋转时，通过凸轮或螺纹机构带动挡板 4 作往复运动，从而改变喷嘴 3 与挡板 4 之间的可变液阻，改变了喷嘴前的先导压力(即 B 腔压力)p_B，使节流阀芯 2 跟随挡板 4 运动，因面积 B 是面积 A 的 2 倍，所以当 $p_B = p_A/2$(p_A 为 A 腔压力)时，节流阀芯 2 停止运动，该调速阀的流量与节流阀芯 2 的位移成正比。溢流阀芯 7 的左、右端分别受节流阀进、出口油压的控制，所以溢流阀的溢流压力随负载压力的增加(或降低)而相应增加(或降低)，从而保证节流阀进、出压差恒定，进而流量也保持恒定。

(2) 减压型压力补偿数字调速阀

分别在直动式和先导式数字节流前面串联一个减压阀，并使减压阀芯两端分别受节流阀进、出口液压的控制，即可构成减压型压力补偿的直动式[图 8-16(a)]和先导式[图 8-16(b)]数字调速阀。

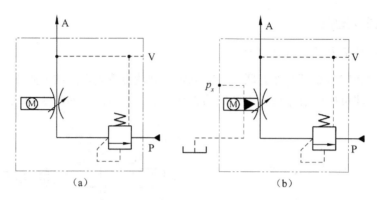

图 8 – 16 减压型压力补偿数字调速阀

(a)直动式；(b)先导式

8.3.1.3 增量式数字方向流量阀

图 8 – 17 所示为先导式数字方向流量阀，其结构与电液换向阀类似，也是由先导阀和主阀（液动换向阀）两部分组成，只是以步进电机取代了电磁先导阀中的电磁铁。通过控制步进电机的旋转方向和角位移的大小，不仅可以改变这种阀的液流方向，而且可以控制各油口的输出流量。为了使输出流量不受负载压力变化的影响，在主阀口并联一个溢流阀，使溢流阀芯两端分别受主阀口 P、T 液压的控制，溢流阀的溢流压力随负载压力的增减而增减，保证主阀口 P、T 压差恒定，消除了负载压力对流量的影响。

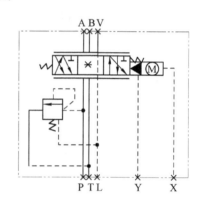

图 8 – 17 先导式数字方向流量阀

*—根据系统的要求，可设计成各种不同的中位机能

8.3.1.4 数字压力阀

将普通压力阀（包括溢流阀、减压阀和顺序阀）的手动机构改用步进电机控制，即可构成数字压力阀。计算机发出脉冲信号，步进电机旋转时，由凸轮或螺纹等机构将角位移转换成直线位移，使弹簧压缩及先导级的针阀开度产生相应的变化，从而控制压力。数字阀的最高压力和最低压力取决于凸轮的行程和弹簧的刚度和压缩量，这种压力阀也可手动调节。

8.3.1.5 增量式数字阀在数控系统中的应用

如图 8 – 18 所示，计算机发出需要的脉冲序列，经驱动电源放大后使步进电机工作。每个脉冲使步进电机沿给定方向转动一个固定的步距角，再通过凸轮或螺纹等机构使转角转换成位移量，带动液压阀的阀芯（或挡板）移动一定的距离。因此，根据步进电机原有的位置和实际行走的步数，可使数字阀得到相应的开度。

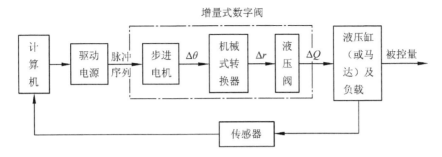

图 8 - 18　增量式数字阀在数控系统中的应用

8.3.2　脉宽调制式数字阀——快速开关型数字阀

这种阀可以直接用计算机进行控制。由于计算机是按二进制工作的，最普通的信号可量化为两个量级的信号，即"开"和"关"两种工作状态，因而结构简单、紧凑，价格低廉，抗干扰及抗污染能力强。控制这种阀的开与关及开和关的时间长度(脉宽)，即可达到控制液流的方向、流量或压力的目的。由于这种阀的阀芯多为锥阀、球阀或喷嘴挡板阀，均可快速切换，而且只有开和关两个位置，故称为快速开关型数字阀，简称快速开关阀。作为数字阀用的高速开关阀切换时间一般均为几毫秒。现就几种典型结构进行介绍。

8.3.2.1　二位二通电磁锥阀式快速开关型数字阀

如图 8 - 19 所示，当螺管电磁铁 4 不通电时，衔铁 2 在右端弹簧 3 的作用下使锥阀 1 关闭；当电磁铁 4 有脉冲信号通过时，电磁吸力使衔铁带动左面的锥阀 1 开启。阀套 6 上的阻尼孔 5 用来补充液动力。

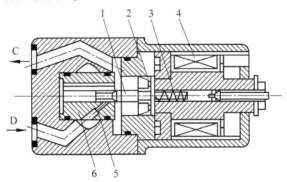

图 8 - 19　二位二通电磁锥阀式快速开关数字阀
1—锥阀；2—衔铁；3—弹簧；4—螺管电磁铁；5—阻尼孔；6—阀套

8.3.2.2　二位三通电液球式快速开关型数字阀

如图 8 - 20 所示，它是由先导级(二位四通电磁球式换向阀)和第二级(二位三通液控球式换向阀)组合而成。力矩马达通电时衔铁旋转，推动先导级球阀 2 向下运动，关闭油口 P，而先导阀左边的球阀 1 压在上边位置，与 T 通、与 P 通；相应的第二级的球

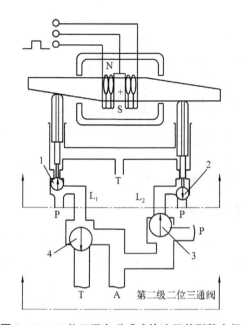

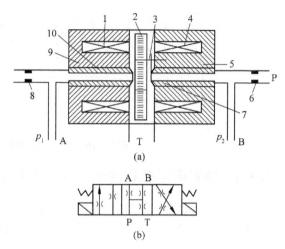

图 8 - 20 二位三通电磁球式快速开关型数字阀

1—先导级二位四通球阀；2、3、4—球阀

图 8 - 21 喷嘴挡板式快速开关型数字阀

(a)结构；(b)图形符号

1、4—电磁线圈；2—挡板(浮盘)；3—吸合气隙；

5、9—衔铁；6、8—固定阻尼；7、10—喷嘴

阀 3 向下关闭，球阀 4 向上关闭，A 与 P 通，T 封闭。反之，当另一线圈通电时，情况将相反，A 与 T 通，P 封闭。这种阀也可用电磁铁代替力矩马达。

8.3.2.3 喷嘴挡板式快速开关型数字阀

如图 8 - 21 所示，由两个电磁线圈 1、4 控制挡板(浮盘)向左或向右运动，从而改变喷嘴与挡板之间的距离，使之或开或关，压力 P_1 和 P_2 得到控制(当两个电磁线圈都失电时，浮盘处于中间位置，使 $P_1 = P_2$)，以组成不同的工况进行工作。显然，该阀只能控制对称执行元件。

8.3.2.4 脉宽调制式数字阀在数控系统中的应用

由计算机发出的脉冲信号，经脉宽调制放大后送入快速开关数字阀中的电磁铁(或力矩马达)，通过控制开关阀开启时间的长短来控制流量。在需要作两个方向运动的系统中需要两个快速开关数字阀分别控制不同方向的运动，如图 8 - 22 所示。

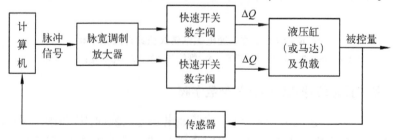

图 8 - 22 脉宽调制式数字阀在数控系统中的应用

8.3.2.5 数控系统中信号的脉宽调节

脉宽调制信号是具有恒定频率、开启时间比率不同的信号，如图 8-23 所示。脉宽时间 t_p 对采样时间 T 的比值称为脉宽占空比。用脉宽信号对连续信号进行调制，可将图 8-23(a) 中的连续信号 1 调制成脉宽信号 2。如果所要求的连续信号是一条水平线，如图 8-23(b) 中的直线 1，经调制后的脉宽信号调成脉冲线 2，此时每个脉冲的脉宽相等，开启时间比率相同。如果调制的量是流量，且阀全开时的流量为 Q_n，则每个采样周期的平均流量 $Q = Q_n \dfrac{t_p}{T}$ 就与连续信号处的流量相对应。显然，数控用的快速开关数字阀的平均流量小于该阀连续工况下的最大流量。虽然增加阀的体积，但提高了可靠性。在确定快速开关的规格时，应注意这个问题。

必须指出，脉宽时间 t_p 应大于流量稳定下来所需的时间。

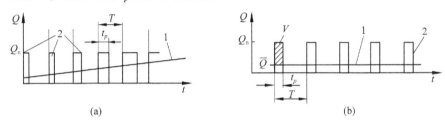

图 8-23 信号的脉宽调制
1—连续信号；2—脉宽调制信号

本章小结

本章主要介绍了插装阀、电液比例伺服阀(简称比例阀)和电液数字阀的类型、特点和应用。

插装阀是一种较新型的液压元件，它的特点是通流能力大，密封性好，动作灵敏、结构简单，因而主要用于流量较大系统或对密封性要求较高的系统。

插装阀在流体控制功能的领域的使用种类比较广泛，已应用的元件有插装式方向控制阀、插装式压力控制阀和插装式流量控制阀等。由于其装配过程的通用性、阀孔规格的通用性、互换性的特点，使用插装阀完全可以实现完善的设计配置，使插装阀广泛地应用于各种液压机械。

电液比例伺服阀(简称比例阀)是由比例电磁铁(一种电气 - 机械转换器)取代普通液压阀的调节和控制装置而构成的。它可以按给定的输入电压或电流信号连续地按比例地远距离地控制流体的方向、压力和流量。采用电液比例控制阀提高了系统的自动化程度和精度，又简化了系统。比例阀有分为比例压力阀、比例流量阀和比例方向阀三种。

电液数字阀，简称数字阀是用计算机的数字信息直接控制的液压阀。数字阀可直接与计算机接口，不需要数/模转换器。数字阀结构简单，工艺性好，价廉，抗污染能力强，重复性好，工作稳定可靠，功率小，故在机床、飞行器、注塑机、压铸机等领域得到了应用。

思考题

1. 可否将具有遥控口的溢流阀(先导式)兼做背压和换向阀之用?

2. 可否将直动式溢流阀做成比例压力阀?

3. 图 8 – 24 为用插装阀组成的两组方向控制阀，试分析其功能相当于什么换向阀，并用标准的职能符号画出。

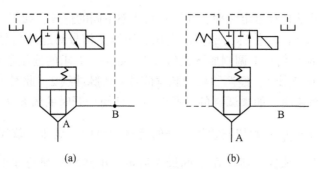

(a)　　　　　　　(b)

图 8 – 24

第 9 章

典型液压系统

[本章提要]

液压传动系统是根据所属设备的工作要求，选用适当的液压基本回路经有机组合而成。液压系统图表示了系统内所有各类元件的连接和控制情况以及执行元件实现各种运动的工作原理。正确、迅速地分析和阅读液压系统图，对于液压设备的设计、分析、使用、维修、调整和故障排除均具有重要的指导意义。本章介绍几个典型液压系统，通过对它们的学习和分析，进一步加深对各液压元件和基本回路的理解，增强综合应用能力，掌握阅读液压系统图的基本方法。

9.1 组合机床动力滑台液压系统

9.2 压力机液压系统

9.3 汽车起重机液压系统

9.4 拖拉机液压悬挂系统

9.5 联合收割机液压系统

9.6 液压挖掘机液压系统

阅读一个较复杂的液压系统图，大致可按以下步骤进行：

①了解机械设备工况对液压系统的要求。

②初步阅读整个液压系统，根据设备对系统的要求，以执行元件为中心，将系统分解为若干块。

③根据设备对执行元件的动作要求，参照有关说明和电磁铁动作表，逐块读懂系统。

④根据系统中对各执行元件的互锁、同步、防干扰等要求，分析各块之间的联系，进一步读懂系统是如何实现这些要求的。

⑤在全面读懂液压系统的基础上，根据系统所使用的基本回路的性能，对系统作综合分析，归纳总结整个液压系统的特点，以加深对液压系统的理解。

9.1　组合机床动力滑台液压系统

9.1.1　概述

组合机床是一种高效率的机械加工专用机床，它由具有一定功能的通用部件和专用部件组成，加工范围较宽，自动化程度较高，在机械制造业的成批和大量生产中得到了广泛的应用。液压动力滑台是组合机床上实现进给运动的一种通用部件，配上动力箱或各种用途的切削头等工作部件，可完成钻、扩、铰、镗、铣、倒角、铣削及攻螺纹等加工工序。

YT4543 型液压动力滑台由液压缸驱动，进给速度范围为 6.6～660mm/min，最大快进速度为 7.3 m/min。最大进给推力为 40kN。在电气和机械装置的配合作用下，可以完成"快进→工进→快退→原位停止"、"快进→一工进→二工进→死挡铁停留→快退→原位停止"等多种工作循环，其最高压力为 6.3 MPa。

9.1.2　YT4543 型动力滑台的液压系统工作原理

现以二次工进带死挡铁停留的自动工作循环为例，对其油路进行分析，其原理如图 9 - 1 所示。

（1）快进

按下启动按钮，电磁铁 1DT 通电，电液动换向阀 8 的先导阀阀芯向右移动，使主阀芯向右移，使其左位接入系统，其主油路为：

进油路：泵 10→单向阀 9→换向阀 8（左位）→行程阀 2（下位）→液压缸 1 左腔。

回油路：液压缸 1 的右腔→换向阀 8（左位）→单向阀 13→行程阀 2（下位）→液压缸 1 的左腔。

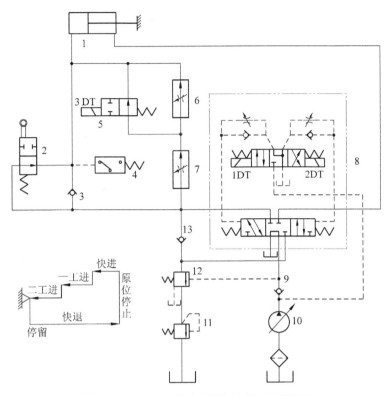

图 9 – 1　YT4543 型动力滑台液压系统原理图

1—液压缸；2—行程阀；3、9、13—单向阀；4—压力继电器；5—电磁换向阀；

6、7—调速阀；8—电液动换向阀；10—液压泵；11—溢流阀；12—液控顺序阀

此时由于负载较小，液压系统的工作压力较低，所以液控顺序阀 12 关闭，液压缸左右腔形成差动连接，泵在低压下输出最大流量，滑台快进。

(2) 第一次工作进给

当滑台快速运动到预定位置时，滑台上的行程挡块压下了行程阀 2，切断了快进油路。控制油路没有变化，而主油路中压力油须经调速阀 7 和电磁换向阀 5 的右位进入液压缸的左腔。由于油液流经调速阀而使系统压力上升，打开液控顺序阀 12，此时单向阀 13 的上部压力大于下部压力，所以单向阀 13 关闭，切断了液压缸的差动回路。液压缸右腔的油液经液控顺序阀 12 和溢流阀 11(此阀作背压阀使用，使回油路上产生背压，保证液压缸运动的平稳性)流回油箱使滑台转换为第一次工作进给。其油路是：

进油路：泵 10→单向阀 9→换向阀 8(左位)→调速阀 7→换向阀 5(右位)→液压缸 1 左腔；

回油路：液压缸 1 右腔→换向阀 8(左位)→液控顺序阀 12→溢流阀 11→油箱。

因为工作进给时，系统压力升高，所以变量泵 10 的输油量便自动减小，以适应工作进给的需要，进给速度的大小由调速阀 7 调节。

（3）第二次工作进给

第一次工进结束后，挡块压下行程开关，使 3DT 通电，二位二通电磁换向阀 5 将通路切断，进油必须经调速阀 7、6 才能进入液压缸，此时由于调速阀 6 的开口量小于调速阀 7，进给速度大小可由调速阀 6 来调节，其他油路情况与第一次工作进给相同。

（4）死挡铁停留

当滑台第二次工作进给完毕之后，碰上死挡铁停留。这时油液压缸左腔油液的压力升高，当升高到压力继电器 4 的开启压力时，压力继电器 4 发出信号给时间继电器，由时间继电器控制滑台停留时间。

（5）快退

滑台停留时间结束后，时间继电器经延时发出信号，电磁铁 2DT 通电，1DT、3DT 断电，此时电液换向阀的右位接通，滑台返回。由于滑台返回时负载小、系统压力低，因而泵 10 的流量自动增至最大，动力滑台快速退回。其主油路为：

进油路：泵 10→单向阀 9→换向阀 8（右位）→液压缸 1 右腔。

回油路：液压缸 1 左腔→单向阀 3→换向阀 8（右位）→油箱。

动力滑台快速后退，当快退到一工进的起始位置时，行程阀 2 复位，使回油路更为畅通，但不影响快退动作。

（6）原位停止

当滑台退回到原位时，挡块压下行程开关而发出信号，使 2DT 断电，换向阀 8 处于中位，液压缸两腔油路被封密，液压缸失去液动动力源，滑台停止运动。液压泵输出的油液经换向阀 8 直接回油箱。单向阀 9 的作用是使滑台在原位停止时，控制油路仍保持一定的控制压力以便能迅速启动。

电磁铁和行程阀动作顺序见表 9-1。

表 9-1　电磁铁和行程阀动作顺序表

液压缸工作循环		信号来源	电磁铁			行程阀 2
			1DT	2DT	3DT	
1	快进	启动按钮	+	−	−	−
2	一工进	挡铁压行程阀	+	−	−	+
3	二工进	挡块压行程开关	+	−	+	+
4	死挡铁停留	死挡铁压力继电器	+	−	+	+
5	快退	时间继电器	−	+	−	+ −
6	原位停止	挡铁压终点开关	−	−	−	

注："+"表示电磁铁或行程阀压下；"−"表示电磁铁或行程阀复位。

9.1.3　YT4543 型动力滑台液压系统的特点

①采用容积节流调速回路。该系统采用了"限压式变量叶片泵＋调速阀＋背压阀"的容积节流调速回路。用变量泵供油可使空载时获得快速(泵的流量最大),工进时负载增加,泵的流量会自动减小,且无溢流损失。限压式变量泵本身就能按预先调定的压力限制其最大工作压力,故在限压式变量泵的系统中,一般不需要另外设置安全装置。用调速阀调速可保证工作进给时获得稳定的低速、有较好的速度刚性和较大的调速范围。回油路上加背压阀能防止负载突然减小时产生前冲现象,并能使工进速度平稳,还可以使滑台能承受一定的与运动方向一致的切削力。

②采用电液动换向阀的换向回路。采用三位五通电液换向阀可提高滑台的换向平稳性。滑台停止运动时,M 型中位机能的换向阀使泵在低压下卸荷,减少能量损失。五通阀使滑台进、退时分别由两条油路回油,这样系统仅在工进时有一定背压(后退时没有背压)。

③采用差动连接的快速回路。主换向阀采用了三位五通阀,因此换向阀左位工作时能使液压缸右腔的回油返回液压缸的左腔,从而使液压缸的两腔同时接通压力油,实现差动快进。

④采用行程控制的速度换接回路。系统通过行程阀、液控换向阀的配合,实现快进与工进的速度换接。由于进给速度较低,用两个串联的调速阀及用行程开关控制的电磁换向阀实现两种工进速度的换接,可以保证足够的换接精度和平稳性要求。

9.2　压力机液压系统

9.2.1　概述

液压压力机是工业部门广泛使用的压力加工机械,也是最早应用液压传动的机械之一。压力机的类型很多,其中四柱式液压压力机最为典型,主要用于金属、木材和塑料等材料的冲压、弯曲、翻边、薄板拉伸、冷挤、成型等多种压力加工工艺。

9.2.2　工况特点及对液压系统的要求

①完成一般的压制工艺,主缸(上液压缸)驱动上滑块能实现"快速下行→慢速加压→保压延时→快速返回→原位停止"的工作循环;顶出缸(下液压缸)驱动下滑块实现"向上顶出→停留→向下退回→原位停止"的动作循环,如图 9 - 2 所示。

②液压系统中的压力要能经常变换和调节,并能产生较大的压制力,一般工作压力范围为 10 ~ 40 MPa。

③液压系统流量大、功率大、空行程和加压行程的速度差异大,要求功率利用合理,尤其要注意提高系统效率和防止产生液压冲击,有较好的工作平稳性和安全可靠性。

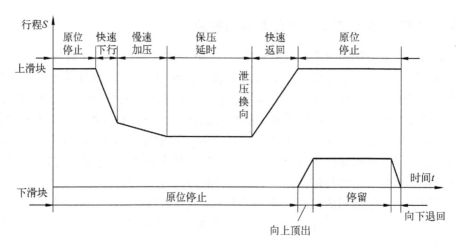

图 9 – 2   液压机工作循环

9. 2. 3   YA32-315 型四柱式万能液压机的液压系统工作原理

图 9 – 3 为 YA32-315 型压力机液压系统图，该系统由高压泵供油，控制油路的压力油由减压阀 10 减压后所得到，现以一般的定压成型压制工艺为例，说明该压力机液压系统的工作原理。

（1）主缸活塞快速下行

电磁铁 1DT 通电，作先导阀用的换向阀 9 和上缸主换向阀（液控）6 左位接入系统，液控单向阀 3 被打开，这时系统中油液进入主缸上腔，其油液流动路线为：

进油路：液压泵 13→顺序阀 7→换向阀 6（左位）→单向阀 4→主缸 2 上腔。

回油路：主缸 2 下腔→液控单向阀 3→换向阀 6（左位）→换向阀 17（中位）→油箱。

因上滑块在自重作用下迅速下降，而液压泵的流量较小，所以液压机顶部充液筒中的油液经液控单向阀 1 也流入主缸上腔。

（2）主缸活塞慢速加压

上滑块在运行中接触到工件，这时主缸 2 上腔压力升高，液控单向阀 1 关闭，变量泵通过压力反馈，输出流量自动减小。此时油路的油液流动情况与快速下行时相同。

（3）主缸保压延时

当系统压力升高到压力继电器 5 的调定值时，压力继电器发出信号使 1DT 断电，先导阀 9 和主缸换向阀 6 恢复到中位。此时液压泵通过换向阀中位卸荷，主缸上腔的高压油被封闭，处于保压状态，保压时间可由时间继电器控制。保压时除了液压泵在较低压力下卸荷外，系统中没有油液流动。液压泵的卸荷油路为：

泵 13→顺序阀 7→上缸主换向阀 6（中位）→顶出缸换向阀 17（中位）→油箱。

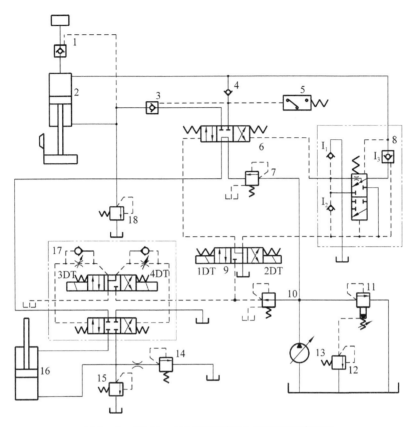

图 9 – 3　YA32 – 315 型液压压力机液压系统原理

1—液控单向阀(充液阀)；2—上液压缸(主缸)；3—液控单向阀；4—单向阀；5—压力继电器阀；
6—上缸主换向阀；7—顺序阀；8—预泄换向阀；9—上缸先导换向阀；10—减压阀；
11—先导溢流阀；12—远程调压阀；13—液压泵；14—下缸溢流阀；15—下缸安全阀；
16—下液压缸(顶出缸)；17—顶出缸换向阀；18—上缸安全阀

(4) 主缸卸压后快速返回

由于主缸上腔油压高，直径大，缸内油液在加压过程中储存了很多能量，为此主缸必须泄压后再回程。

保压时间结束后，时间继电器发出信号，使电磁铁 2DT 通电，先导阀 9 右位接入系统，控制油路中的压力油打开液控单向阀 I_3 内的卸荷小阀芯，使主缸上腔的油液经液控单向阀 I_3、预泄换向阀 8 的换向阀芯的上位卸压。主缸上腔压力降低后，预泄换向阀 8 的换向阀芯向上移动，以其下位接入系统，控制油路使主缸换向阀 6 处于右位工作，从而实现上滑块的快速返回。其主油路为：

进油路：泵 13→顺序阀 7→主缸换向阀 6(右位) →单向阀 3→主缸 2 下腔。

回油路：主缸 2 上腔→液控单向阀 1→充液筒。

充液筒内油面超过预定位置时，多余的油液从溢流管流回油箱。单向阀 I_1 用于上缸主换向阀 6 由左位回到中位时补油；单向阀 I_2 用于主缸换向阀由右位回到中位时排油至油箱。

（5）主缸活塞原位停止

当上滑块上升至挡块触动行程开关时，电磁铁2DT断电，先导阀9和主缸换向阀6都处于中位，由于阀3和下缸溢流阀14的支承作用，这时主缸上滑块停止不动，液压泵在低压下卸荷。

（6）顶出缸活塞向上顶出

电磁铁4DT通电，顶出缸换向阀17右位接入系统，其油路为：
进油路：泵13→阀7→阀6（中位）→下缸换向阀17（右位）→下液压缸16下腔。
回油路：下液压缸16上腔→下缸换向阀17（右位）→油箱。

（7）顶出缸活塞向下退回

电磁铁4DT断电、3DT通电，顶出缸活塞向下退回。此时的油路为：
进油路：泵13→阀7→阀6（中位）→下缸换向阀17（左位）→下液压缸16上腔。
回油路：下液压缸16下腔→下缸换向阀17（右位）→油箱。

（8）顶出缸原位停止

在电磁铁3DT、4DT都断电，下缸换向阀17处于中位，顶出缸活塞原位停止。

9.2.4　液压机液压系统的主要特点

①液压机是典型的以压力控制为主的液压系统。液压机采用高压变量泵供油，系统工作压力由远程调压阀12调定。顺序阀7调节的工作压力为2~5 MPa，可保证液压泵的卸荷压力不致太低，并使控制油路具有一定的工作压力。

②液压机利用活塞滑块自重的作用实现快速下行，并用充液阀1对主缸充液。这一系统结构简单，液压元件少，在中、小型液压机是一种常用的方案。

③采用电液换向阀，满足高压大流量液压系统的要求。液压机采用单向阀4保压，为了减少由保压转换为快速回程时的液压冲击和噪声，采用了专用的预泄换向阀组8来实现上滑块快速返回前的泄压。

④系统中两个液压缸各有一个安全阀进行过载保护，18为上缸安全阀，15为下缸安全阀，14为下缸溢流阀。

9.3　汽车起重机液压系统

9.3.1　概述

液压起重机是我国近年来发展迅速的一种新型工程机械，有塔式、轮胎式、汽车式、履带式多种形式。起重作业装置安装在通用或专用汽车底盘上，所以具有汽车的行驶通过性能，机动灵活，行驶速度高，可快速转移，是一种用途较广、适应性较强的通用机械。

如图 9 - 4 所示，汽车起重机主要由起升、变幅、伸缩、回转、支腿和行走机构等组成。除行走机构外，均采用液压传动。起升机构由液压马达通过减速装置驱动卷筒旋转，继而通过钢绳、吊钩起吊重物。变幅机构由液压缸驱动工作臂升降，用以达到改变幅度的目的。回转机构由液压马达驱动，通过减速装置，使小齿轮和大齿圈啮合传动，实现上车相对下车的回转。支腿机构用于起重作业时承受整车负载，使轮胎不接触地面，而变成刚性支承。

由于起重机是间歇工作的机器，具有短暂而重复工作的特征，其工况是经常变化的，各机构的工作繁忙程度也是不同的，并且起、制动频繁，经常受到动力冲击载荷的作用。起重机液压系统必须满足这种工作性能的要求。目前我国起重机液压系统一般采用定量系统开式循环油路较

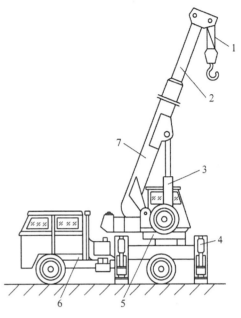

图 9 - 4　Q2 - 8 型汽车起重机外形简图
1—起升机构；2—吊臂伸缩液压缸；3—吊臂变幅液压缸；
4—支腿；5—回转机构；6—行走机构；7—基本臂

多。有单泵串联系统、双泵双回路系统和多泵多回路系统。对于小型起重机一般用单泵串联系统，中型起重机多用双泵双回路系统，而大型起重机一般用多泵多回路系统。本节以 Q2 - 8 型起重机为例介绍小型起重机液压系统的工作原理。

Q2 - 8 型汽车起重机是一种具有两节伸缩臂、全回转液压起重机。起重部分安装在黄河牌 JN150C(经改装的)型汽车底盘上。最大起重量 8 t(幅度为 3M 时)，最大起重高度为 11.5 m。

各机构均采用液压传动和操纵，动作平稳，行驶速度较高，机动灵活。适用于装卸及安装工作。

9.3.2　Q2 - 8 型汽车起重机的液压系统工作原理

图 9 - 5 所示为 Q2 - 8 型汽车起重机液压系统原理图。该系统的液压泵由汽车发动机通过装在汽车底盘变速箱上的取力箱驱动。液压泵的额定压力为 21 MPa，排量 40 mL/r，转速为 1 500 r/min。液压泵 15 通过中心回转接头 16、开关 17 和过滤器 18 从油箱吸油。输出的压力油经手动阀组 13、21 串联地输送到各个执行元件。

系统中除了液压泵 15、过滤器 18、安全阀 14、阀组 21 及支腿液压缸外，其他液压元件都装在可回转的上车部分。油箱也装在上车部分，兼作配重。上车和下车部分的油路通过中心回转接头 16 连通。

起重机液压系统包含支腿收放、回转机构、起升机构、吊臂伸缩和吊臂变幅五个部分，各部分都有其相对独立性。

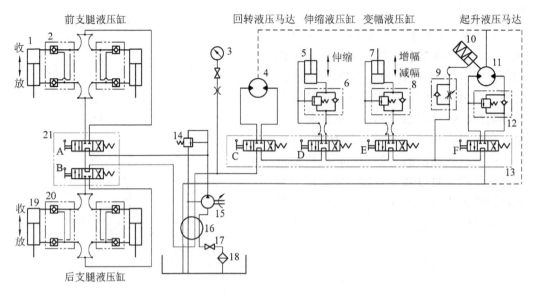

图 9 – 5 Q2 – 8 型汽车起重机液压系统原理图

1—前支腿液压缸；2、20—双向液压锁；3—压力表；4—回转液压马达；5—伸缩液压缸；

6、8、12—平衡阀；7—变幅液压缸；9—单向节流阀；10—制动缸；11—起升液压马达；

13、21—手动阀组；14—安全阀；15—液压泵；16—中心回转接头；17—开关；18—过滤器；

19—后支腿液压缸

(1) 支腿收放回路

由于汽车轮胎的支承能力有限，在起重作业时必须放下支腿，使汽车轮胎架空。汽车行驶时必须收起支腿。Q2 – 8 型汽车起重机前后各有两条支腿，每一条支腿配有一个液压缸。两条前支腿用一个三位四通手动换向阀 A 控制其收放。

前支腿收起液压油路线：

进油路：液压泵 15→手动换向阀 A(右位)→双向液压锁 2→前支腿液压缸 1 下腔。

回油路：前支腿液压缸 1 上腔→双向液压锁 2→换向阀组 21、13→油箱。

前支腿放下液压油路线：

进油路：液压泵 15→手动换向阀 A(左位)→双向液压锁 2→前支腿液压缸 1 上腔。

回油路：前支腿液压缸 1 下腔→双向液压锁 2→换向阀组 21、13→油箱。

两条后支腿由另一个三位四通阀 B 控制，其收放腿油路与前支腿类似。

每一个液压缸上配置一个双向液压锁，可保证支腿可靠地锁住，防止在作业的过程中发生"软腿"现象(液压缸上腔油路泄漏引起)或在行车过程中液压支腿自行下落(液压缸下腔泄漏引起)。

(2) 回转机构回路

Q2 – 8 型汽车起重机回转机构，由液压马达通过蜗杆蜗轮减速箱和开式小齿轮(与转盘上的内齿轮啮合)来驱动转盘。

通过手动换向阀 C 就可获得左转、停转、右转三种不同工况。手动换向阀 C 处于左位和右位时液压马达的进出油方向刚好相反，从而导致马达出现左转或右转的现象，当换向阀 C 处于中位时，液压马达不能进油，故而马达停转。

转盘回转转速较低，一般 1～3 r/min。驱动转盘的液压马达转速也不高，不必设置马达制动回路。值得注意的是，当马达在加速和减速时，液压泵与马达形成的循环系统内部有吸放油的现象，这是图中马达有第三条虚线油路存在的原因。

(3)吊臂伸缩回路

伸缩机构由矩形断面的基本臂、伸缩臂和伸缩液压缸组成。
① 伸臂油路：
进油路：液压泵 15→手动换向阀 D(右位)→平衡阀 6 →伸缩缸 5 下腔。
回油路：伸缩缸 5 上腔→换向阀 D(右位)→油箱。
② 缩臂油路(略)(换向阀 D 左位工作)。
为防止吊臂在自重作用下下落，伸缩回路中装有平衡阀 6。平衡阀 6 由液控顺序阀和单向阀组成。只有当与有杆腔相连的油路中有油压时，顺序阀才能打开，这时缩臂回路才能形成。

(4)吊臂变幅回路

所谓变幅，就是用液压缸改变起重臂的起落角度。变幅作业要防止因自重而下降，因此，吊臂变幅回路工作原理与吊臂伸缩回路相同，这里不作赘述。

(5)起升回路

液压传动的起升机构通常由液压马达、平衡阀、减速器、卷筒、制动器、离合器、滑轮组和吊钩等组成。起升机构的作用是实现重物的升降运动，控制重物的升降速度，并可使重物停止在空中。

重物提升和下降：当手动换向阀 F 处于右位时，液压泵来油经手动换向阀 F，平衡阀 12 通过液压马达 11；与此同时一部分液压油经单向节流阀 9 进入制动缸 10 的下腔，使液压马达解除制动，带动减速器和卷筒在液压马达的作用下，实现重物提升。而换向阀处于左位时，制动缸使液压马达解除制动，实现负重下降。

在马达下降的回路上有平衡阀 12，用以防止重物自由降落。平衡阀由经过改进的液控顺序阀和单向阀组成。由于设置了平衡阀，使得液压马达只有在进油路上有压力的情况下才能旋转，使重物下降时不会产生"点头"的现象。由于液压马达的泄漏比液压缸大得多，当负载吊在空中时，尽管油路中设有平衡阀 12，仍有可能产生"溜车"现象。为此，在液压马达上设有制动缸 10，以便在马达停转时，用制动器锁住起升液压马达。单向节流阀 9 的作用是使制动器上闸快、松闸慢。上闸快可使马达制动迅速，重物能迅速停止下降；松闸慢可避免当负载在半空中再次起升时，将液压马达拖动反转而产生滑降现象。

9.3.3　汽车起重机液压系统的特点

①液压系统中各部分相互独立，可根据需要使任一部分单独动作，也可在执行元件不满载时，各串联的执行元件任意组合地同时动作。

②支腿回路中采用双向液压锁20，将前后支腿锁定在一定位置，防止出现"软腿"现象或支腿自由下落现象。

③起升回路、吊臂伸缩、变幅回路均设置平衡阀，以防止重物在自重作用下下滑。

④为了防止由于马达泄漏而产生的"溜车"现象，起升液压马达上设有制动阀，并且松闸用液压力，上闸用弹簧力，以保证在突然失去动力时液压马达仍能锁住，确保安全。

9.4　拖拉机液压悬挂系统

9.4.1　概述

在拖拉机上，用液压提升、悬挂并操纵农具作业的整套装置称为液压悬挂系统。其主要功用是用液压操纵农具升降和自动控制或调节农具的工作位置（如耕深等）。此外，还可用于连接农具，给驱动轮增重和液压输出等。液压悬挂系统由液压系统和悬挂机构两部分组成。液压系统是实施提升和控制农具的动力装置，主要由液压泵、分配器、液压缸、油箱等组成。悬挂机构主要由提升臂、提升杆、上拉杆、下拉杆等组成。农具通过上、下拉杆悬挂在拖拉机后部，下拉杆通过提升杆、提升臂与液压缸活塞杆相连。

液压悬挂系统按组成液压系统主要元件的组合方式或它们在拖拉机上的布置方式的不同，分为分置式、半分置式和整体式液压悬挂系统。分置液压悬挂系统的液压泵、液压缸、分配器和油箱分别布置在拖拉机的不同部位，并用油管连接。半分置式液压悬挂系统的液压泵单独布置，其他元件组成提升器总成。整体式液压悬挂系统的所有元件和操纵机构共同组成一个提升器，布置在传动箱的上方或后部。本节以分置式液压系统为例介绍拖拉机液压系统的工作原理。

9.4.2　东方红 – 802 拖拉机液压系统工作原理

图 9 – 6 所示为东方红 – 802 拖拉机的液压系统的工作原理图。该液压系统有中立、提升、下降和浮动四种工作状态。这四种工作状态是由操纵分配器的手柄来实现的。

（1）液压缸提升

操纵手柄在"提升"位置时，液动换向阀 8 堵死，阀芯在弹簧力的作用下，液动换向阀 8 的上位接入油道，液压泵通往液控换向阀 8 的油道被堵死。液压泵 10 泵出的油液经手动换向阀（滑阀）5 的"提升"位、单向阀 3 和行程控制阀 2（定位阀）的下位，流向液压缸 1 的下腔，推动活塞上升，提升农具。与此同时，液压缸上腔的油液被排挤，经滑阀 5 的"提升"位及过滤器 9 流回油箱。

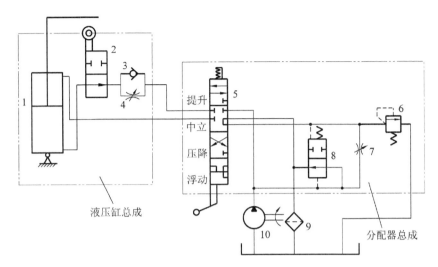

图 9 - 6 东方红 - 802 拖拉机液压系统原理图
1—液压缸；2—行程阀；3—单向阀；4—节流阀；5—手动换向阀；
6—安全阀；7—节流阀；8—液动换向阀；9—过滤器；10—液压泵

(2) 液压缸中立

操纵手柄在"中立"位置时，油路经手动换向阀 5 及过滤器 9 与油箱相通，而阀 8 的下控制油道与液压泵 10 相通，因此阀 8 的下位接入油道。液压泵来油经阀 8 的下位及过滤器 9 直接流回油箱。而手动换向阀 5 通向液压缸总成的两个油道均被堵住，活塞在缸内不能移动，农具不升不降。

(3) 液压缸压降

操纵手柄在"压降"位置时，换向阀 8 的上位接入油道，液压泵通往液控换向阀 8 的油道被堵死。液压泵 10 泵出的油液经手动换向阀 5 的"压降"位，流向液压缸 1 的上腔，推动活塞下降。与此同时，液压缸下腔的油液经行程控制阀 2、节流阀 4、手动换向阀 5 及过滤器 9 流回油箱。节流阀 4 的作用是减缓农具的降落速度，故又称缓冲阀。

当液压缸活塞杆下降到预定位置时，活塞杆上的挡块压下行程控制阀 2 的行程开关，阀 2 的上位接入油路，从而切断了液压缸下腔的回油通道，液压缸停止在预定位置。

液压缸停止到预定位置后，应及时将手动换向阀 5 由压降位置切换到浮动位置。否则，液压缸的油压将不断升高，安全阀 6 将被迫打开。安全阀 6 打开后，液控换向阀 8 将不再堵死，液控换向阀 8 的下位接入油道，液压泵经液控换向阀 8 的下位卸压。

(4) 液压缸浮动

操纵手柄在浮动位置时，液控换向阀 8 的上控制油道经滑阀 5 及过滤器 9 与油箱相通，阀 8 的下位接入油道，液压泵来油直接流回油箱。液压缸上、下两腔均与回油道相通，活塞不受约束，处于浮动位置。

9.4.3 东方红－802 拖拉机液压系统的主要特点

①农具下降时，为避免在农具自重的作用下下降速度过快，液压缸下腔回油路中设置了单向节流阀，农具下降时节流阀起节流作用，农具下降平稳。

②液压缸上盖通往液压缸下腔的油道上装有行程控制阀（定位阀），并在活塞杆上装有控制定位阀的挡块，改变定位卡片在活塞杆上的固定位置可实现对液压缸行程的控制。

③系统中设有安全保护装置。本系统的安全保护是由安全阀 6 控制，其额定压力值为 12 MPa ± 0.5 MPa，当手动换向阀在"提升"或"压降"位置系统且压力达到 13 MPa 时，安全阀 6 开启，与此同时，液控换向阀 8 打开，液压泵卸荷。

9.5 联合收割机液压系统

9.5.1 概述

联合收割机是一种集收割、脱粒、分离、清粮于一体的复式作业机械。液压系统作为联合收割机的一个不可缺少的组成部分，已被广泛用于割台的升降、行走部分的左右转向以及无级变速。联合收割机的类型很多，按喂入方式分，可分为全喂入联合收割机及半喂入联合收割机；按行走装置的结构分，可分为轮式联合收割机和履带式联合收割机。不同类型的联合收割机，液压系统的组成、功能有所不同，本节以作业性能较为完善的半喂入履带式联合收割机为例，介绍联合收割机液压系统的工作原理。

半喂入履带式联合收割机液压系统主要包括液压操纵系统、液压转向系统和液压驱动系统三大组成部分。

液压操纵系统用于控制割台的升降，使联合收割机能根据不同的工作状况（如田间作业、翻越田埂行驶、装卸车等）和不同的田间作业条件（田块高低、作物高度等）随时调节割台的工作高度。

液压转向系统通过两个转向液压缸控制半喂入联合收割机左右两个转向离合器的分离与接合。当需要实现收割机转向时，首先通过操作操纵手柄向转向电磁阀发出电信号，再由电磁阀控制转向液压缸的伸缩，转向液压缸经挺杆带动转向离合器工作实现收割机的转向。

液压驱动系统由变量泵和定量马达组成的容积调速回路构成，用于控制联合收割机传动系统的旋转速度。联合收割机的液压驱动系统与有级变速系统（齿轮变速箱）组合成一个整体，控制联合收割机的行驶速度。

9.5.2 Ce－1 型洋马联合收割机液压系统工作原理

（1）液压操纵系统

图 9－7 所示为 Ce－1 型洋马联合收割机的液压操纵系统图，该系统由液压泵、控

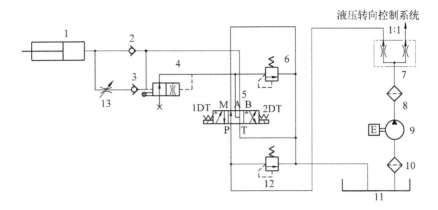

图 9-7　Ce-1 型洋马联合收割机液压操纵系统原理图

1—液压缸；2—单向阀；3—机械控制单向阀；4—行程阀；5—电磁换向阀；6—溢流阀；
7—分流阀；8、10—过滤器；9—液压泵；11—油箱；12—安全阀；13—节流阀

制阀、单作用液压缸等组成。割台由液压缸驱动，有提升、中立、下降三个工况。

①提升：当联合收割机主操纵手柄后倾时，2DT 通电，电磁换向阀右位工作，液压泵压力油经 P 到 B 后顶开单向阀 2 进入液压缸后腔，割台上升。

其油路为：过滤器 10→液压泵 9→过滤器 8→分流阀 7→换向阀 5(右位)→单向阀 2→液压缸 1。当液压缸提升到极限位置时，应及时将主操纵手柄扳回中立位置，否则安全阀 12 将被迫打开。

② 中立：当主操纵手柄回位时，1DT、2DT 断电，电磁换向阀 5 处于中位，液压油经电磁换向阀 5 直接回油箱。机械控制单向阀 3 及单向阀 2 正向、反向均不导通，液压缸 1 既不进油，也不回油，割台高度保持不变。

其油路为：过滤器 10→液压泵 9→过滤器 8→分流阀 7→换向阀 5(中位)→油箱 11。

③ 下降：当主操纵手柄前倾时，1DT 通电，电磁换向阀 5 左位工作，液压油经换向阀 5、溢流阀 6 回油箱。与此同时，行程阀 4 的阀芯在右端油压的作用下使顶杆左移，打开机械控制单向阀 3，使液压缸后腔的油液经节流阀 13、机械控制单向阀 3、电磁换向阀 5 的中位后与油箱相通，割台自重使液压缸柱塞右移，割台下降。

进油路为：过滤器 10→液压泵 9→过滤器 8→分流阀 7→换向阀 5(左位)→溢流阀 6→油箱。

回油路：液压缸 1→节流阀 13→单向阀 3→换向阀 5→油箱。

在下降过程中，改变节流阀 13 的节流口大小可调整割台下降速度。

（2）液压转向系统

图 9-8 所示为 Ce-1 洋马联合收割机的液压转向系统，该系统主要由液压泵 3、电磁换向阀 5、转向调节器等组成。该系统有转向(包括左、右两个方向)及正常行驶两个工况。

① 转向：当联合收割机的主操纵手柄向左扳动时，3DT 通电，电磁换向阀 5 左位工作，齿轮泵压力油从 P 到 A 进入左转向液压缸挺杆 10 的后腔，同时主操纵手柄通过

转向钢丝压住行程开关6带动柱塞7上行，柱塞节流阀8的油道关闭，挺杆10在压力油作用下上行，带动左转向离合器分离，同时使左制动器制动。收割机向左转向，其油路为：

进油路：液压泵3→分流阀4→电磁换向阀5(左位)→左转向液压缸9的下腔。

回油路：左转向液压缸9的下腔→油箱。

当使用主操纵手柄上的转向微调开关时，3DT通电，但此时行程开关6不工作。当挺杆10上升到一定位置时，压力油经柱塞节流阀8回到油箱，挺杆10产生的推动力较小。此推动力可使左转向离合器分离，不能使左侧制动器制动，收割机只能稍稍改变行驶方向。

收割机右转时，3DT断电，4DT通电，电磁换向阀5的右位工作，其转向原理与左转时相同。

②回位(正常行驶)：当主操纵手柄回复到原位后，电磁换向阀5处于中位，液压泵来油直接回油箱，同时行程开关6带动柱塞7下行，挺杆10在回位弹簧的作用下回拉，左右转向离合器均处于正常接合状态，收割机直线行驶。

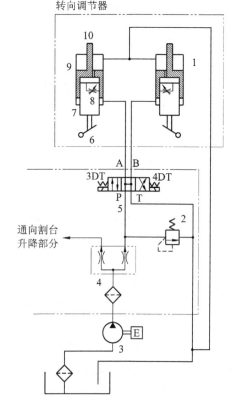

图9-8　Ce-1型洋马联合收割机液压转向系统原理图

1—右转向液压缸；2—溢流阀；3—液压泵；4—分流阀；
5—电磁换向阀；6—行程开关；7—柱塞左转向；
8—节流阀；9—液压缸；10—挺杆

(3)液压驱动系统

图9-9所示为Ce-1型洋马联合收割机的液压驱动系统图，该系统主要由变量泵、液压马达、高低压溢流阀等组成，有匀速行驶、换挡变速和空挡停车三个过程。

①匀速行驶：由液压泵6初始提供的液压油在变量柱塞泵5和液压马达1内部循环，液压马达以恒定的转速向行走系统传递动力，驱动联合收割机以稳定的速度行驶。

为降低系统的温升，液压泵6经过滤器不停地向变量泵和液压马达组成的封闭系统供油，液压泵6泵出的绝大部分油液打开低压溢流阀4进入无级变速器箱体，在箱体内循环后将热量带走，经油冷却器冷却后回油箱。单向阀10的作用是，当联合收割机负载发生变化时，向系统低压油路一侧补油。

②换挡变速：当需要改变联合收割机速度时，可通过改变变量泵5的排量来实现。变量泵的排量发生变化，液压马达转速也将相应发生变化。改变变量泵5的斜盘角度至相反方向，即可改变液压马达旋转的方向。

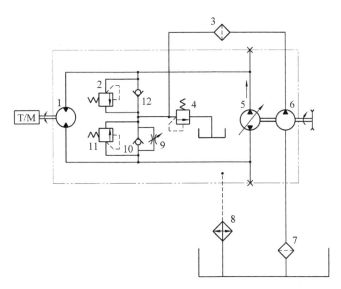

图 9 – 9　Ce – 1 型洋马联合收割机液压驱动系统原理图

1—液压马达；2、11—高压溢流阀；3、7—过滤器；4—低压溢流阀；
5—变量柱塞泵；6—液压泵；8—冷却器；9—节流阀；10、12—单向阀

液压马达在从静止到运动或从运动到静止的过程及换向过程中，由于自身及负载的惯性会引起液压冲击。为此油路中设有两个高压溢流阀 2、11，起到缓冲液压冲击的作用，并可防止系统过载。

为保证联合收割机在倒退时的行驶速度较低，系统中设置了节流阀 9。倒退时，由于变量泵 5 泵出的一部分油经节流阀 9、低压溢流阀 4 流回油箱，因此液压马达 1 的转速相对较低。

③ 空挡停车：当手柄置于中立位置时，变量泵的斜盘也处于中立位置，在液压泵高低压腔间无压力差，液压马达 1 停止工作。联合收割机停止行走。

9.5.3　液压系统的特点

①操纵系统与转向系统通过分流阀共用一个液压泵，两个系统各自独立，互不影响，系统结构较紧凑。

②液压缸升降回路中，液压缸出口设置两个单向阀，密封性较好，可保证控制阀在中立位置时液压缸能较好地保持原有位置。

③液压转向回路将液压元件与机械装置(钢丝绳、行程开关等)进行有机的配合，可使柱塞挺杆输出两种驱动力，分别用于联合收割机正常转弯和正常收割时机器方向的微调。

④为保证油路液压油较清洁，在液压驱动系统油路中设有专用液压油滤清器。液压泵不停地将液压油经液压油滤清器进行循环，定期更换的液压油滤清器可较好地保证油路的清洁。

9.6 液压挖掘机液压系统

9.6.1 概述

挖掘机是一种自走式土方工程机械。挖掘机按作业循环不同，可分单斗和多斗两种；按行走机构不同，可分履带式、轮胎式、汽车式等多种；按传动形式不同，又可分机械式和液压式两种。单斗液压挖掘机是工程机械中主要的机械，它广泛应用于工程建筑、施工筑路、水力工程、国防工事等土石方施工以及矿山采掘作业。

单斗液压挖掘机由工作装置、回转机构和行走机构三大部分组成。工作装置包括动臂、斗杆和铲斗。图 9-10 为履带式单斗液压挖掘机示意。其工作循环主要包括：

①挖掘工况。通常以斗杆和铲斗液压缸 6、7 的伸缩、驱动斗杆 6 和铲斗 8 转动进行挖掘。有时还要以动臂液压缸 3 的伸缩驱动动臂 4 转动来配合，以保证铲斗按特定的轨迹运动。

②回转工况。挖掘结束，动臂液压缸 3 伸出，动臂 4 提升，同时回转液压马达旋转，驱动转台回转到卸土处进行卸土。

③卸料工况。转台回转到卸土处，回转停止。通过动臂和斗杆液压缸 4、5 的配合动作，使斗对准卸土位置，缩回铲斗液压缸 7，使铲斗向上翻转卸土。

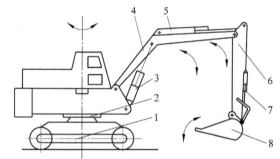

图 9-10 单斗挖掘机示意

1—整机行走机构；2—平台回转机械；3—动臂液压缸；4—动臂；
5—斗杆液压缸；6—斗杆；7—铲斗液压缸；8—铲斗

④返回工况。卸载结束，转台反转，配以动臂和斗杆复动动作，把空斗返回到新的挖掘位置，开始第二个工作循环。

有时，为了调整挖掘点，还要行走机构驱动整机运行，不断向前挖掘。

9.6.2 单斗液压挖掘机液压系统的工作原理

图 9-11 所示为某履带式单斗液压挖掘机液压系统原理图。该系统中的液压泵、控制部分、工作装置的液压缸、回转马达和发动机机构置于回转台上部。液压油经中心回转接头 9 进入下车系统驱动行走马达工作。泵 1 提供的液压油经多路控制阀块 Ⅰ 驱动铲斗液压缸 3、回转马达 14 和左行走马达 16 工作，溢流阀 7 限定液压泵 1 的最大工作压力。泵 2 供给的液压油经多路控制阀块 Ⅱ 驱动斗杆液压缸 4、动臂液压缸 5 和右行走马达 17 工作，溢流阀 11 限定液压泵 2 的最大工作压力。

(1)挖掘装置

① 动臂升降回路。当换向阀 D 位于右位时，动臂抬起。其油路为：

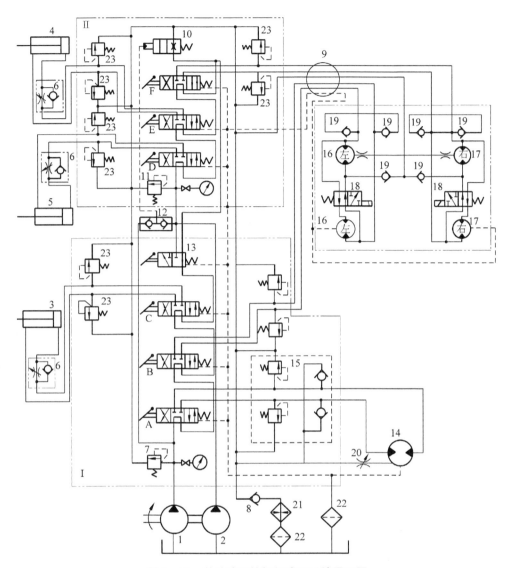

图 9 - 11 单斗液压挖掘机液压系统原理图

1、2—液压泵；3—铲斗液压缸；4—斗杆液压缸；5—动臂液压缸；6—单向节流阀；7、11—溢流阀；8—单向阀；9—中心回转接头；10—限速阀；12—梭阀；13—合流阀；14—回转马达；15—缓冲补油阀组；16、17—左右行走马达；18—行走马达变速阀；19—补油单向阀；20—节流阀；21—冷却器；22—滤油器；23—溢流阀

进油路：液压泵 2→换向阀 D 的右位→单向节流阀 6→动臂液压缸 5 的无杆腔。

回油路：液压缸 5 有杆腔→换向阀 D 的右位→阀 E→阀 F→限速阀 10 的右位→单向阀 8→冷却器 21→滤油器 22→油箱。

当阀 13 扳至左位时，液压泵 1 产生的压力油与液压泵 2 产生的压力油合流，两台液压泵共同向动臂液压缸 5 供油。系统中的单向节流阀 6 和限速阀 10 可起限速作用，限速阀 10 的控制油压通过梭阀 12 引入。溢流阀 23 的作用是限定液压缸的最大工作压力。

动臂放下油路略(换向阀 D 位于左位)。

②斗杆收放回路:当换向阀 E 位于右位时,斗杆液压缸 4 缩回。如同以上的控制过程,其油路为:

进油路:液压泵 2→阀 D→阀 E 的右位→斗杆液压缸 4 的有杆腔。

回油路:斗杆液压缸的无杆腔→单向节流阀 6→阀 E 右位→阀 F→限速阀 10 的右位→单向阀 8→冷却器 21→滤油器 22→油箱。

同样,当阀 13 左位工作时,两台液压泵合流后共同向液压缸供油。

斗杆伸出油路略(阀 E 位于左位)。

③铲斗翻转回路:当换向阀 C 位于右位时,铲斗液压缸缩回。其油路为:

进油路:液压泵 1→阀 A→阀 B→阀 C 的右位→铲斗液压缸 3 的有杆腔。

回油路:铲斗液压缸 3 的无杆腔→单向节流阀 6→阀 C 的右位→阀 13→限速阀 10 的右位→单向阀 8→冷却器 21→滤油器 22→油箱。

铲斗液压缸伸出油路略(阀 E 位于左位)。

(2)平台回转机构

挖掘机的平台回转机构由回转液压马达 14 驱动。当阀 A 位于左位或右位时,回转马达 14 正转或反转。阀 15 用于回转马达 14 的缓冲和补油。

(3)行走机构

挖掘机的左右两根履带的动力分别由两个液压马达 16、17 驱动。当阀 B 位于左位或右位时,其油路为:

进油路:液压泵 1→阀 A→阀 B 的左位或右位→中心回转接头 9→马达 16 的一端。

回油路:马达 16 的另一端→阀 B 的左位或右位→阀 C→阀 13→阀 10→单向阀 8→冷却器 21→滤油器 22→油箱。

在行走部分中,有两个变速阀 18 分别置于马达 16 和 17 的配油回路中。借助变速阀,可实现液压马达的串联与并联,使行走部分具有低速大转矩和高速小转矩两种行走运行工况。

9.6.3 液压系统的特点

①采用双泵双回路液压系统,相关执行元件分别构成两个独立的回路,通过合流阀 13 可使泵 1 的供油进入泵 2 的供油回路,系统功率利用合理。

②行走机构设有变速阀,可使行走液压马达具有高速、低速两个挡,以适应不同转矩的要求。

③系统中设有单向节流阀和限速阀,可防止铲斗、斗杆及动臂因自重产生超速下降和行走马达超速溜坡现象。

④系统回油路上设置了强制风冷式冷却器,使系统在连续工作条件下油温保持在 50～70℃范围内。

本章小结

　　典型液压系统分析是对前面所学的液压元件、液压系统基本回路等知识的综合，也是将上述知识在实际机械设备上的具体应用。液压系统原理图是正确分析系统特点的基础，只有在对系统原理图读懂的前提下，才能对系统在调速、调压、换向等方面的特点进行分析和评价。因此，结合机械设备的具体工况要求，掌握分析液压系统原理图的步骤和方法是根本。

思考题

　　1. 组合机床的液压系统包括哪几种典型回路？说明单向阀 9、13 的作用。

　　2. 如图 9 - 12 所示的压力机液压系统能实现"快进慢进保压快退停止"的动作循环。试读懂此液压原理图，并写出：

　　①包括油液流动情况的动作循环表。

　　②标号元件的名称和作用。

　　3. Q2 - 8 型汽车起重机液压系统中，为什么采用弹簧复位式手动换向阀控制各执行元件动作？

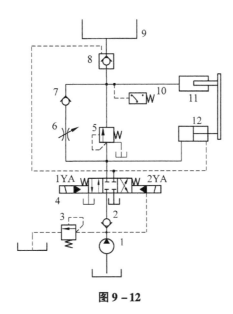

图 9 - 12

第 10 章

液压传动系统设计计算

[本章提要]

　　液压传动系统是液压机械的一个组成部分。液压传动系统的设计要同主机同时进行。一般在对主机的工作循环、性能要求、动作特点等经过认真分析比较的基础上，确定全部或局部采用液压传动方案之后，方可进行液压传动系统的设计。本章主要介绍液压传动系统的设计、计算的一般步骤和方法。通过本章的学习，要求了解和掌握液压传动系统设计计算的一般方法和步骤，为将来在生产实际中进行液压传动系统的设计与开发打好基础。

10.1　明确要求，分析工况

10.2　拟定液压系统原理图

10.3　计算和选择液压元件

10.4　液压装置结构形式的选择

10.5　液压系统的性能验算

10.6　绘制工作图，编写技术文件

10.7　液压系统设计计算举例

　　液压传动系统设计必须从实际出发,注重调查研究,注意借鉴前人的经验,吸取国内外先进技术。液压系统的设计与主机的设计是紧密联系的,在满足主机的工作性能要求、工作可靠的前提下,力求设计出结构简单、体积小、质量轻、成本低、效率高、操作维护方便、工作安全可靠、使用寿命长的液压系统。

　　液压传动系统设计的基本内容和一般步骤如下:

　　①明确液压传动系统的设计要求、进行工况分析和主要参数的确定。

　　②进行系统方案论证,拟定液压系统原理图。

　　③计算和选择液压元件。

　　④液压装置结构形式的选择。

　　⑤液压系统的性能验算。

　　⑥绘制工作图,编写技术文件。

　　对于较简单的液压系统,可以适当简化设计程序;但对于较为复杂的液压系统,往往还需在初步设计基础上进行计算机仿真试验或进行局部实物试验并反复修改,才能确定设计方案。

10.1　明确要求,分析工况

10.1.1　明确液压系统的设计要求

　　液压系统的设计必须能全面满足主机的各项功能和技术性能。设计时,首先要明确主机对液压系统的要求,包括以下几个方面:

　　①主机的动作对液压系统的要求:哪些动作由液压传动来实现,这些动作之间的联系、自动循环过程、转换方式及自锁要求等。

　　②主机性能对液压系统的要求:液压系统的各执行元件在各工作阶段所需的力和速度的大小、调速范围、速度的平稳性以及完成一个工作循环的时间等。

　　③工作环境对液压系统的要求:如温度、湿度、振动、污染以及是否有腐蚀性和易燃性物质存在等情况。

　　④其他要求:如液压装置的质量、外形尺寸方面的限制以及经济性等。

10.1.2　液压系统的工况分析

　　工况分析可以进一步明确主机在性能方面的要求,这是设计液压系统的基本依据。液压系统的工况分析是指对液压系统中各执行元件在工作过程中的速度和负载的变化规律进行分析,通常执行元件在一个工作循环内负载、速度随时间或位移的变化情况可用负载循环图和速度循环图表示。对于动作要求较为简单的液压系统,这两种图均可省略。但对于一些专用、动作比较复杂的机器设备,则必须绘制负载和速度循环图,以了解运动过程的本质，明确每个执行元件在其工作中的负载、位移及速度的变化规律，并找出最大负载点和最大速度点。

（1）运动分析

根据各液压执行元件在一个工作循环内各个阶段的速度，绘制以速度为纵坐标，时间或位移为横坐标的速度循环图。速度循环图可以直观地反映执行机构在一个工作循环中的运动规律。图 10-1 所示为某组合机床动力滑台的运动分析图，其动作循环为"快进→工进→快退"。

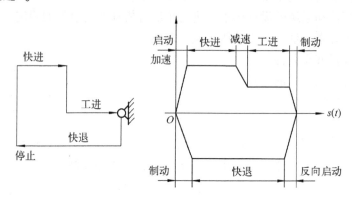

图 10-1　组合机床动力滑台的运动分析图

（2）负载分析

根据液压执行元件在一个工作循环内各阶段所需克服的负载，绘制以负载为纵坐标，时间或位移为横坐标的负载循环图。此图可直观地看出在运动过程中哪个阶段受力最大，哪个阶段受力最小等情况，为拟订液压系统方案、选择或设计液压元件提供依据。图 10-2 所示为某组合机床动力滑台的负载-位移（时间）曲线图。

一般情况下，执行机构带动工作部件作直线往复运动时，所需克服的外负载 F 包括工作负载 F_W、摩擦负载 F_f 和惯性负载 F_a 等。即

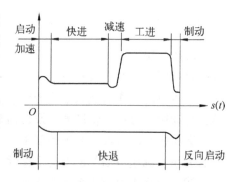

图 10-2　负载-位移（时间）曲线图

$$F = F_W + F_f + F_a \tag{10-1}$$

①工作负载 F_W：不同液压设备工作负载的形式各不相同。对于金属切削机床，工作负载就是作用在工作部件运动方向上的切削力。对于起重机和叉车类的提升机械，其提升物体的重量就是工作负载。对于液压机，则是在加压行程中的压制力。工作负载可以是恒定值，也可以是变值。当工作负载作用方向与液压缸运动方向相反时为正值负载，反之为负值负载（如起重机中重物下降时）。其大小可用有关公式计算或由实验测出。

② 摩擦负载 F_f：摩擦负载是指液压缸驱动工作部件移动时，需要克服的导轨或支

承面上的摩擦阻力。摩擦力的大小和导轨的
形状有关，常用的两种导轨受力图如图 10 –
3 所示，其摩擦力可按下列公式计算：

平面导轨　$F_f = f(F_N + F_G)$　　　（10-2）

V 形导轨　$F_f = \dfrac{f(F_N + F_G)}{\sin(\alpha/2)}$　　（10-3）

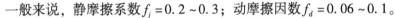
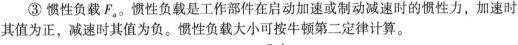

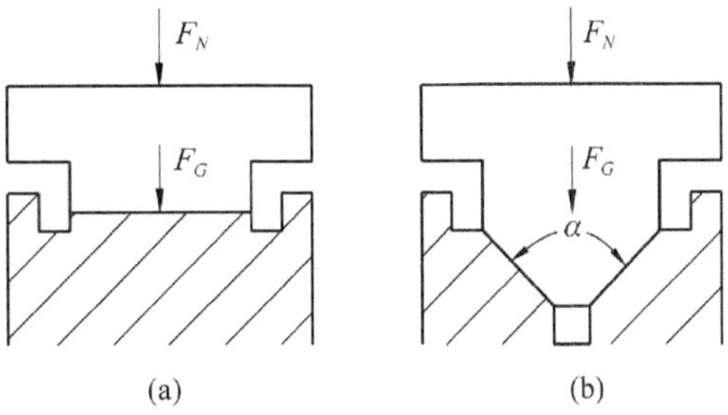

（a）　　　　　　　　（b）

图 10 – 3　导轨受力图

（a）平面导轨；（b）V 形导轨

式中：F_N——工作负载在导轨上的垂直
　　　　　分力；

　　　F_G——运动部件重力；

　　　α——V 形导轨的夹角；

　　　f——导轨的摩擦系数，与导轨种类和材料有关。

　　一般来说，静摩擦系数 $f_j = 0.2 \sim 0.3$；动摩擦因数 $f_d = 0.06 \sim 0.1$。

　　③ 惯性负载 F_a。惯性负载是工作部件在启动加速或制动减速时的惯性力，加速时
其值为正，减速时其值为负。惯性负载大小可按牛顿第二定律计算。

$$F_a = \frac{G}{g}\frac{\Delta v}{\Delta t}$$　　　（10-4）

式中：G——部件所受的重力；

　　　g—— 重力加速度，$g = 9.8 \, \text{m/s}^2$；

　　　Δt——加速或减速时间，一般取 $0.1 \sim 0.5\text{s}$，工作部件重量较轻时取小值，反之
　　　　　取大值；

　　　Δv——Δt 时间内的速度变化量，m/s。

　　实际上，液压缸工作时，还要克服内部密封装置产生的摩擦阻力和液压缸回油腔的
背压阻力。密封装置的摩擦阻力的大小与密封形式和工作压力有关，其详细计算比较烦
琐，一般用液压缸的机械效率加以考虑，常取 $\eta_m = 0.9 \sim 0.95$；而背压阻力在系统方案
和结构未确定以前是无法计算的，常在确定系统工作压力时再考虑。液压缸在各个工作
阶段的负载一般是不同的，各阶段的工作负载可按表 10-1 中表达式来计算。

表 10-1　液压缸外负载计算公式

工作阶段	负载 F	说 明
启动阶段	$F = (F_{fj} \pm F_G)/\eta_m$	F_G——运动部件自重在液压缸运动方向的分量，液压缸上行时取正，下行时取负；
加速阶段	$F = (F_{fd} \pm F_G + F_a)/\eta_m$	F_{fj}——静摩擦力；
快进、快退阶段	$F = (F_{fd} \pm F_G)/\eta_m$	F_{fd}——动摩擦力；
工进阶段	$F = (F_{fd} + F_W \pm F_G)/\eta_m$	F_a——惯性力；
减速制动阶段	$F = (F_{fd} - F_a \pm F_G)/\eta_m$	η_m——液压缸的机械效率。

　　液压马达的负载力矩分析与液压缸的负载分析相同，只需将上述负载力的计算变换
为负载力矩即可。

10.1.3　执行元件主要参数的确定

　　液压系统的主要参数包括系统的工作压力和流量，这两个参数是选择液压元件的主

要依据。系统的工作压力和流量分别取决于液压执行元件工作压力、回路上压力损失和液压执行元件所需流量、回路泄漏等因素，所以确定液压系统的主要参数实质上是确定液压执行元件的主要参数。首先选择系统工作压力，并按最大外负载和选定的系统工作压力计算执行元件的主要结构参数，然后根据对执行元件的速度要求，确定其流量，工作压力和流量一经确定，即可确定其功率。

(1) 初选系统的工作压力

压力的选择要根据负载大小和设备类型而定。还要考虑执行元件的装配空间、经济条件及元件供应情况的限制。在负载一定的条件下，工作压力选得低，对液压系统工作平稳性、可靠性和降低噪声等都有利，但会增加液压元件的尺寸和重量。反之，工作压力选得太高，对元件的材质、密封、制造精度等性能要求也高，必然要提高设备成本。所以应结合实际情况选取合适的工作压力。一般来说，对于固定的尺寸不太受限的设备，压力可选择低一些；行走机械重载设备，压力要选得高一些。具体选择可参考表10-2 和表10-3 选取。

表 10-2　根据负载选择系统压力

负载 F/kN	<5	5~10	10~20	20~30	30~50	>50
工作压力 p/MPa	0.8~1	1.5~2	2.5~3	3~4	4~5	>5

表 10-3　各类液压设备常用系统压力　　　　　　　　　　　　　　　　MPa

设备类型	机床				农业机械 小型工程机械	液压机重型机械 起重运输机械
	磨床	组合机床	龙门刨床	拉床		
工作压力 p	0.8~2	3~5	2~8	8~10	10~16	20~32

(2) 确定执行元件的结构参数

对于液压缸来说，其结构参数是有效工作面积 A，对于液压马达来说就是排量 q_M。

① 液压缸的结构参数。根据负载分析得到的液压缸工作负载和初选的液压缸工作压力确定液压缸有效工作面积 A 为：

$$A = \frac{F}{p} \tag{10-5}$$

式中：F——液压缸的工作负载，N；

p——液压缸工作压力，Pa。

由面积 A 可以进一步确定液压缸的缸筒内径 D、活塞直径 d，D 和 d 应圆整为标准尺寸。

当工作速度很低时，还需按液压缸最低的速度要求，验算液压缸的有效作用面积 A，即应满足

$$A \geqslant \frac{Q_{min}}{v_{min}} \tag{10-6}$$

式中：Q_{min}——回路中流量阀的最小稳定流量，可从流量阀产品目录上查得；

　　　v_{min}——液压缸的最低运动速度。

如果液压缸的有效工作面积不满足最低稳定速度的要求，则应按最低稳定速度确定液压缸的结构尺寸。

② 液压马达的结构参数。根据马达的最大负载扭矩 T_{max}、初选的工作压力 p 和预估的机械效率 η_m，即可计算马达排量 q_M，

$$q_M = \frac{2\pi T_{max}}{p\eta_m} \tag{10-7}$$

为使马达能达到稳定的最低转速 n_{min}，其排量 q_M 应满足

$$q_M \geq \frac{Q_{min}}{n_{min}} \tag{10-8}$$

10.1.4　绘制液压工况图

执行元件主要结构参数确定后，根据负载图（或负载转矩图）和液压执行元件的有效工作面积（或排量）可绘制液压执行元件的工况图，即压力图、流量图、功率图。图 10-4 所示为某组合机床液压缸工况图。根据工况图可以直观、方便地找出最大工作压力、最大流量和最大功率，根据这些参数即可选择液压泵、液压阀及其电动机（型号）。

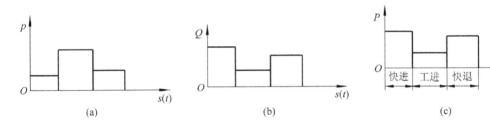

图 10-4　液压缸工况图
(a)压力图；(b)流量图；(c)功率图

10.2　拟定液压系统原理图

10.2.1　概述

拟定液压系统原理图是液压系统设计的一个重要步骤，它对系统的性能及设计方案的经济性、合理性具有决定性的影响。拟定液压系统原理图时，需要综合运用已学过的知识经过反复分析比较后才能确定。拟定液压系统原理图一般分两步进行：

第一步是分别选择各个基本回路。选择时应从对主机性能影响较大的回路开始，并对多种方案进行分析比较。对于大多数机械来说，总是有调速要求，因此首先要确定调速方案。例如对于组合机床，速度变换问题较突出，拟定液压系统时也应从调速回路开始，由于组合机床要求调速范围大，低速稳定性好，故应采用调速阀调速。考虑到系统长期连续运行，限制发热和温升以及提高系统效率问题也很重要，因此常采用效率较高

的容积节流调速回路。

第二步是将选择的基本回路进行归并、整理，再增加一些必要的元件或辅助油路有机地组合成一个完整的液压系统。在组合液压系统时，需考虑以下几点：

①防止回路间的相互干扰，保证实现所要求的工作循环。

②力求提高系统效率，合理利用功率，减少系统的发热和温升。

③防止液压系统出现液压冲击。

④在满足设计要求的前提下，力求系统结构简单、工作安全可靠。

10.2.2 拟定液压系统原理图时应注意的问题

(1)控制方式

在液压系统中，执行元件需改变运动速度和方向。如果一个系统有多个液压执行元件时，还有动作顺序、同步、互锁等要求，这些都存在一个动作转换的控制方式问题。如果设备要求手动操作，则采用手动换向阀改变运动方向。某些执行机构较多的工程机械、船舶以及起重机等设备中常采用多路阀控制。如果设备要求实行一定自动循环，就要慎重地选择各种控制方式。一般行程控制动作比较可靠，是最通用的控制方式；合理地选用压力控制可以简化系统，但在一个系统内不宜多次使用；时间控制一般不单独使用，往往和行程或压力控制组合使用。按不同控制方式设计出的系统，其繁简程度差别较大，因此要求设计者合理地使用各种控制方式，设计出简单、可靠、性能完善的控制系统。

(2)系统安全可靠

拟定液压系统图时，应对系统的安全性和可靠性予以足够的重视。为防止系统过载，安全阀是必不可少的。为防止垂直运动部件在自重的作用自行下落，必须设置平衡回路。液压起重机起升机构液压马达回路除了有平衡回路外，还必须设置机械、液压制动装置，以确保系统安全。如果用一个泵供给两个以上执行元件运动时，必须考虑防干扰问题。对要求可靠性较高的系统有时要设置一些备用元件或备用回路，以便个别元件或回路发生故障时，确保系统仍能正常工作。

(3)节约能量

拟定液压系统图应对节能问题予以重视，节能的目的在于提高能量利用率。对于液压系统而言，提高系统的效率不仅能节约能量，而且可防止系统过热。如在工作循环中，系统所需流量差别较大时，应采用双泵和变量泵供油，或采用蓄能器；在系统处于保压停止工作时应使泵卸荷等。这些都是提高系统效率的有效措施。

(4)其他

尽可能采用标准元件，借用本厂现有产品中的元件和系统，以缩短设计和制造周期，降低成本等。

10.3 计算和选择液压元件

10.3.1 液压泵的选择

首先根据设计要求和系统工况确定液压泵的类型，然后根据液压泵的最大工作压力和最大流量来选择液压泵的规格。同时还要考虑定量或变量、原动机类型、转速、容积效率、总效率、自吸特性、噪声等因素，这些因素通常在产品样本或目录中均有反映，应逐一仔细研究。

(1)确定液压泵的最大工作压力 p_P

液压泵的最大工作压力是系统正常工作时泵所能提供的最高压力，对于定量泵系统来说这个压力是由溢流阀调定，对于变量泵系统来说这个压力是与泵的特性曲线上的流量相对应的。液压泵的最高工作压力是选择液压泵型号的重要依据。

液压泵的最大工作压力 p_P 按下式计算

$$p_P \geqslant p_{max} + \sum \Delta p \tag{10-9}$$

式中：p_{max}——执行元件的最大工作压力，由工况图中选取最大值；

$\sum \Delta p$——总压力损失。整个液压系统尚未组成前，按经验数据选取：一般节流

调速和简单的系统，取 $\sum \Delta p = 0.2 \sim 0.5$ MPa；进油路上有调速阀和

管路较复杂的系统，取 $\sum \Delta p = 0.5 \sim 1.5$ MPa。

(2)确定液压泵的最大流量 Q_P

① 当一个液压泵向多个同时动作的执行元件供油时，可按下式计算

$$Q_P \geqslant K_l \sum Q_{max} \tag{10-10}$$

式中：K_l——系统泄漏系数，一般取 $K_l = 1.1 \sim 1.3$，小流量取大值，大流量取小值；

$\sum Q_{max}$——同时动作各液压缸所需流量之和的最大值，可由流量循环图中查得。

对于节流调速系统，在确定液压泵的最大供油量时，尚需考虑溢流阀的最小稳定溢流量，其一般为溢流阀额定流量的 15% 以上。

② 采用差动连接的液压缸，按下式计算

$$Q_P \geqslant K_l(A_1 - A_2)v_{max} \tag{10-11}$$

式中：A_1，A_2——差动液压缸无杆腔、有杆腔的有效面积，m^2；

v_{max}——差动连接时液压缸的运动速度，m/s。

③ 采用蓄能器作辅助动力源时

$$Q_P \geqslant K_l \sum \frac{V_i}{T} \tag{10-12}$$

式中：K_l——系统泄漏系数，一般取 $K_l = 1.2$；

V_i——每一个执行元件在工作周期中的总耗油量，m^3；

T——液压设备工作周期，s。

（3）选择液压泵规格

按照液压系统图中拟定的液压泵的形式及上述计算得到的 p_P 和 Q_P 值，由产品样本或目录选取相应的液压泵规格。为使液压泵有一定的压力储备，所选液压泵的额定压力一般要比最大工作压力 p_P 大 25%～60%（高压系统取小值，中低压系统取大值）；液压泵的额定流量宜与 Q_P 相近。

① 液压泵的额定压力 p_n 为

$$p_n \geqslant (1.25 \sim 1.6)p_P \tag{10-13}$$

② 液压泵的额定流量 Q_n 为

$$Q_n = Q_P \tag{10-14}$$

（4）确定液压泵驱动功率

① 使用定量泵时

$$p_n \geqslant \frac{pQ}{\eta_P} \tag{10-15}$$

式中：p——液压泵的工作压力，Pa；

Q——液压泵流量，m^3/s；

η_P——液压泵的总效率。

当不同工况时取最大值作为选择电动机规格的依据。

② 使用限压式变量泵时，用限压式变量泵的压力–流量特性曲线的最大功率点（拐点）估算。

$$p_n \geqslant \frac{p_B Q_B}{\eta_P} \tag{10-16}$$

式中：p_B——限压式变量泵的拐点压力，Pa；

Q_B——限压式变量泵的拐点流量，m^3/s；

η_P——限压式变量泵的总效率。

10.3.2　液压控制阀的选择

①控制阀的规格，根据系统的工作压力和实际通过该阀的最大流量，选择有定型产品的阀件。溢流阀应按泵的最大流量选取；流量阀应按系统中流量调节范围选取，其最小稳定流量应能满足工作部件最低稳定速度的要求。

控制阀的流量一般要选得比实际通过的流量大一些，必要时也允许有 20% 以内的短时间过流量。

②控制阀的形式，按安装和操纵方式选择。

10.3.3　液压辅助元件的选择与设计

根据液压系统对各辅助元件的要求，选择滤油器、蓄能器、油管、管接头、冷却器等液压辅助元件，根据系统要求设计液压油箱，油箱设计内容及方法参见第 6 章。

（1）蓄能器的选择

根据蓄能器在液压系统中的功用，确定其类型和主要参数。

① 液压执行元件短时间快速运动，由蓄能器来补充供油，其有效工作容积为

$$\Delta V = \sum A_i l_i K - \sum Q_P t \tag{10-17}$$

式中：A_i——液压缸有效作用面积，m^2；

l_i——液压缸行程，m；

K——液压系统泄漏系数，一般取 1.2；

Q_P——液压泵流量，m^3/s；

t——系统最大耗油量时液压泵的工作时间，s。

② 作应急能源，其有效工作容积为

$$\Delta V = \sum A_i l_i K \tag{10-18}$$

有效工作容积算出后，根据有关蓄能器的相应计算公式，求出蓄能器的容积，再根据其他性能要求，即可确定所需蓄能器。

（2）管道尺寸的确定

①管道内径的计算公式为

$$d = \sqrt{\frac{4Q}{\pi v}} \tag{10-19}$$

式中：Q——通过管道内的流量，m^3/s；

v——管内允许流速，m/s（见表 10-4）。

表 10-4　允许流速推荐

管　道	推荐流速/(m/s)
液压泵吸油管	0.5~1.5，一般常取 1 以下
油压系统压油管道	3~6，压力高，管道短，黏度小取大值
油压系统回油管道	1.5~2.6

计算出内径 d 后，按标准系列选取相应的油管。

② 管道壁厚 δ 的计算公式为

$$\delta > \frac{pd}{2[\sigma]} \tag{10-20}$$

式中：p——管道内最高工作压力，MPa；

d——管道内径，mm；

$[\sigma]$——管道材料的许用应力，$[\sigma] = \dfrac{\sigma_b}{n}$；$\sigma_b$ 为管道材料的抗拉强度；n 为安全

系数，对钢管来说，$p < 7$ MPa 时，取 $n = 8$；$p < 17.5$ MPa，取 $n = 6$；

$p > 17.5$ MPa 时，取 $n = 4$。

(3)油箱容量的确定

初始设计时，先按经验公式10-21确定油箱容量，待系统确定后，再按散热的要求进行校核。油箱容量的经验公式为

$$V = aQ_V \tag{10-21}$$

式中：a——经验系数，见表10-5；

Q_V——液压泵每分钟排出压力油的容积，m^3/min。

表 10-5　经验系数

系统类型	行走机械	低压系统	中压系统	锻压机械	冶金机械
经验系数 a	1 ~ 2	2 ~ 4	5 ~ 7	6 ~ 12	10

在确定油箱尺寸时，一方面要满足系统供油要求，另一方面要保证执行元件全部排油时，油箱不能溢出，以及系统中最大可能充满油时，油箱的油位不低于最低限度。

(4) 滤油器的选择

选择滤油器的依据有以下几点：

① 承载能力：按系统管路工作压力确定。

② 过滤精度：按被保护元件的精度要求确定，选择时可参阅表10-6。

③ 通流能力：按通过最大流量确定。

④ 阻力压降：应满足过滤材料强度与系数要求。

表 10-6　滤油器过滤精度的选择

系　　统	过滤精度/μm	元　　件	过滤精度/μm
低压系统	100 ~ 150	滑阀	1/3 最小间隙
70×10^5 Pa 系统	50	节流孔	1/7 孔径(孔径 < 1.8mm)
100×10^5 Pa 系统	25	流量控制阀	2.5 ~ 30
140×10^5 Pa 系统	10 ~ 15	安全溢流阀	2.5 ~ 30
电液伺服系统	5		
高精度伺服系统	2.5		

10.4　液压装置结构形式的选择

10.4.1　液压装置的结构形式

液压装置的结构形式按其总体配置分为集中式和分散式两种。

(1)集中式结构

集中式结构是将系统的动力源、控制调节装置和辅助元件等集中安装于主机之外，

单独设置一个液压站。集中式结构的优点是外形整齐美观，装配、维修方便，油源的振动、发热对主机不产生影响；缺点是液压站增加了占地面积，特别是对于有强烈热源和烟雾、粉尘污染的机械设备，有时还需为安放液压站建立专门的隔离房间。此类结构主要适宜固定机械设备或安装空间宽裕的其他各类机械设备的液压系统产品，包括有一定批量的小型系统(如金属加工机床及其自动线、塑料机械等成批生产的主机液压系统)和单件小批的大型系统(如冶金设备、水电工程项目中的某些液压系统)采用。随着液压技术的日益普及与应用范围的扩大，集中式结构往往成为各类机械设备的液压系统设计师的首选。

(2)分散式结构

分散式结构是将液压系统的动力源、执行器、控制调节装置和辅助元件等按照机械设备的布局、工作特性和操纵要求等分散安置在主机各处，液压系统各组成元件通过管道逐一连接起来。分散式结构的优点是结构紧凑，节省安装空间，占地面积小；缺点是元件布置凌乱，安装维修复杂，动力源的振动和油温对主机会产生影响。这种结构除了部分固定机械设备采用外，特别适宜结构安装空间受限的移动式机械设备(如工程机械)中应用较多。如挖掘机，通常将手动多路换向阀等液压控制阀安放在驾驶室适当位置，液压执行元件(液压缸和液压马达)安放在各工作机构上(如液压缸安放在铲斗、斗杆、动臂等机构上，液压马达安放在转台和行走机构上)，其他元件则分散安放在机器的底盘等处。

10.4.2　液压阀的配置形式

一个能完成一定功能的液压系统是由若干液压阀有机地组合在一起的，液压系统中元件的连接形式主要有：管式连接、板式连接和集成式等。

10.4.2.1　管式连接

管式连接是将各管式液压阀用管道互相连接起来，管道与阀一般用螺纹管接头连接起来，流量大的则用法兰连接，管式连接不需要其他专门的连接元件，系统中各阀间油液的运行路线简明，但是结构分散，特别是对于较复杂的液压系统，所占空间较大，管路交错，接头多，不便于安装维修，容易漏油，有时会产生振动和噪声，目前已少用。

10.4.2.2　板式连接

板式连接采用板式元件，用螺钉把液压元件和辅件固定在平板上，各元件和辅件之间的油路用油管或借助底板上的油道来实现。这种连接方式的优点是：更换元件方便，不影响管路，并且有可能将阀集中布置。

10.4.2.3　集成式

集成式配置是以某种专用或通用的辅助元件把标准元件组合在一起。这种配置方式按其所用辅助元件形式的不同，集成式又分为：集成块式、叠加阀式和插装阀式。插装阀在第 8 章已作介绍，在此将介绍其他几种连接方式。

(1)集成块式

①箱体式集成配置。按系统需要设计出专用的箱体，将标准元件用螺钉固定在箱体上，元件之间的油路一般采用在箱体上钻孔来实现，如图 10 - 5 所示。

图 10 - 5　液压元件的箱体　　图 10 - 6　液压元件的集成块式　　图 10 - 7　叠加阀式配置

集成式配置　　　　　　　集成配置

②集成块式集成配置。根据典型液压系统的各种基本回路做成通用化的集成块，用它们来组成各种液压系统。集成块多做成正方形，或者做成长方形。集成块的上、下两面为块与块之间的连接面，四周除一面安装管接头通向执行元件之外，其余都供固定标准元件之用，如图 10 - 6 所示。这种集成方式的优点是：结构紧凑，占地面积小，便于装卸和维修，可把液压系统的设计简化为集成块组的选择，因而得到广泛应用。但它也有设计工作量大、加工复杂、不能随意修改系统等缺点。

(2)叠加阀式

以自身的阀体作为连接体直接叠加而成所需的液压传动系统，不需要另外的连接块，如图 10 - 7 所示。

10.4.3　集成块设计

集成块的材料一般为铸铁或锻钢，低压固定设备可用铸铁，高压强烈振动场合要用锻钢。集成块块体加工成正方体或长方体。液压集成块的设计过程可以分为装配关系设计和连通关系设计。

(1)连通关系设计

连通要求是设计的初始条件，可以从液压系统原理图得到。

(2)装配关系设计

装配关系设计即液压元件布局设计，包括集成块的结构尺寸、液压阀的安装(包括安装面、安装位置和安装角度)、油口(包括公共油口、管接口、控制油口以及其他特殊油口)的设计过程。

①集成块的结构尺寸。集成块的外形尺寸要求满足阀件的安装、孔道布置及其他工艺要求。各通油孔的内径要满足允许流速的要求,具体参照相关设计手册确定孔径。一般来说,与阀直接相通的孔径应等于所装阀的油孔通径。

油孔之间的壁厚 δ 不能太小,一方面防止使用过程中,由于油的压力作用而被击穿,另一方面避免加工时,因油孔的偏斜而产生误通。对于中低压系统,δ 不得小于 5 mm,高压系统应更大些。

②液压阀的安装。对于较简单的液压系统,其阀件较少,可安装在同一个集成块上。如果液压系统复杂,控制阀较多,就要采取多个集成块叠积的形式。

集成块的上下面一般为叠积接合面,其余四个表面,一般后面接通液压执行元件的油管,另三个面用以安装液压阀。块体内部按系统图的要求,加工有连通各阀的孔道。

为减少工艺孔,缩短孔道长度,相通油孔尽量在同一水平面或是同一竖直面上。对于复杂的液压系统,需要多个集成块叠积时,一定要保证三个公用油孔的坐标相同,使之叠积起来后形成三个主通道。

③油口。集成块加工有公共压力油孔 P,公共回油孔 T,泄漏油孔 L 和 4 个用以叠积紧固的螺栓孔。

P 孔,液压泵输出的压力油经调压后进入公用压力油孔 P,作为供给各单元回路压力油的公用油源。T 孔,各单元回路的回油均通到公用回油孔 T,流回到油箱。L 孔,各液压阀的泄漏油统一通过公用泄漏油孔流回油箱。

10.5 液压系统性能验算

液压系统设计完成之后,需要对它的技术性能进行验算,通常需验算系统的压力损失和发热后温升,通过验算技术性能以便判断其设计质量或从多个设计方案中选出最好的方案。然而液压系统的性能验算是一个复杂的问题,目前详细验算尚有困难,只能采用一些经过简化的公式,选用近似的粗略的数据进行估算,并以此来定性地说明系统性能上的一些主要问题。设计过程中如有经过生产实践考验的同类型系统可供参考或有较可靠的实验结果可供使用,则系统的性能估算就可省略。

10.5.1 系统压力损失验算

系统的压力损失验算是在系统管路安装图的基础上进行的。系统的压力损失包括管路的沿程压力损失 Δp_λ 和局部压力损失 Δp_{ζ_1}、阀类元件的局部损失 Δp_{ζ_2},即

$$\sum \Delta p = \Delta p_\lambda + \Delta p_{\zeta_1} + \Delta p_{\zeta_2} \tag{10-22}$$

在使用中管路简单且较短时,Δp_λ、Δp_{ζ_1} 这些数值较小可略去不计,在管路较长时进行计算。

$$\Delta p_\lambda = \lambda \frac{l}{d} \frac{\rho v^2}{2} \tag{10-23}$$

式中：λ——沿程阻力系数，与流态有关；

ρ——油液密度，kg/m^3；

v——通过管路的流速，m/s；

l——油管长度，m；

d——油管内径，mm。

$$\Delta p_{\zeta_1} = (0.05 \sim 0.1)\Delta p_{\lambda} \tag{10-24}$$

$$\Delta p_{\zeta_2} = \Delta p_n \left(\frac{Q}{Q_n}\right)^2 \tag{10-25}$$

式中：Δp_n——阀的额定压力损失，MPa；

Q_n——阀的额定流量，L/min；

Q——通过阀的实际流量，L/min。

Δp_n、Q_n 的值从产品目录中查取。

应当注意，液压缸回油路上的压力损失在计算时要折算到进油路上去，以便确定系统的工作压力。在系统工作循环的不同阶段，进油路和回油路上的压力损失并不相同，应分别计算，其后按下式求出管路系统的总压力损失。

$$\sum \Delta p = \sum \Delta p_{\text{进}} + \sum \Delta p_{\text{回}}\frac{A_{\text{回}}}{A_{\text{进}}} \tag{10-26}$$

式中：$\sum \Delta p_{\text{进}}$，$\sum \Delta p_{\text{回}}$——液压缸进、回油路上的总压力损失；

$A_{\text{进}}$，$A_{\text{回}}$——液压缸进、回油腔的有效作用面积。

10.5.2　液压系统发热温升验算

液压系统的压力、容积和机械三方面的损失构成总的能量损失，这些能量损失转化为热量，使油温升高，油液黏度下降。为保证系统正常工作，必须控制油液温升在允许范围以内。

系统的总发热量 q 可按下式估算：

$$q = P_m(1 - \eta) \tag{10-27}$$

式中：P_m——液压泵的输入功率；

η——液压系统的总效率。

液压系统工作时产生的热量可由系统各个散热面散发到空气中去，但绝大部分热量是由油箱散发的。油箱散发到空气中的热量 q_1 可由下式计算：

$$q_1 = C_T A \Delta T \tag{10-28}$$

式中：ΔT——液压系统的温升，$℃$；

A——油箱的散热面积，m^2；

C_T——油箱的散热系数，$kW/(m^2 \cdot ℃)$，取 $C_T = (15 \sim 18) \times 10^{-3}$。

达到热平衡时的温升为

$$\Delta T = \frac{q}{C_T A} \tag{10-29}$$

一般机床允许油液温升 $30 \sim 55℃$，数控机床油液温升应小于 $30 \sim 50℃$，工程机械等允许油液温升 50 ~ 80℃。当计算所得的温升大于允许温升时，可采取增大油箱散热面积或增设冷却装置的方法。

各种机械设备的液压系统油温允许值见表 10-7 所列。

表 10-7　各种机械设备的液压系统油温允许值　　　　℃

机械类型	正常工作温度	允许最高温度	机械类型	正常工作温度	允许最高温度
机床	30 ~ 55	55 ~ 70	机车车辆	40 ~ 60	70 ~ 80
数控机床	30 ~ 50	55 ~ 70	船舶	30 ~ 60	80 ~ 90
冶金机械、液压机	40 ~ 70	60 ~ 90	工程机械、矿山机械	50 ~ 80	70 ~ 90

10.5.3　液压冲击估算

液压冲击常引起系统振动和噪声，过大的冲击力与管道内原压力叠加可能破坏元件和管道，对此，可以考虑采取相关缓冲措施，如采用带缓冲装置的执行器、设置减速回路、设置蓄能器或消声器等。但由于影响液压冲击的因素很多，很难用准确方法计算，故一般是用估算或通过实验确定的。在设计液压系统时，一般可以采取措施而不做计算。

10.6　绘制工作图，编写技术文件

(1) 绘制工作图

① 液压系统原理图。应附有液压件明细表，表中标明各液压元件的型号和压力阀、流量阀的调整值，画出执行元件工作循环图，列出相应电磁铁和压力继电器的工作状态表。

② 液压系统装配图。液压系统装配图包括泵站装配图、集成油路装配图、管路装配图。

③ 非标准件的装配图和零件图。

(2) 编制技术文件

液压系统设计应编制的技术文件包括：液压系统设计计算书和使用说明书；零部件目录表；标准件、通用件和易损件总表等。

10.7　液压系统设计计算举例

以设计一台卧式铣削专用机床动力滑台液压系统设计计算为例介绍液压系统设计计算方法。

液压动力滑台完成的工作循环是：工作台快进→工作台工进→工作台快退→停止。

运动部件的重量为 3 000 N，快进、快退速度为 4 m/min，工进速度为 0.05 ~ 1 m/min，最大行程为 400 mm，其中工进行程为 200 mm，最大切削力为 30 000 N。采用平面导轨，静摩擦系数 $f_j = 0.2$，动摩擦因数 $f_d = 0.1$。启动、制动时间为 $\Delta t = 0.25$ s。液压系统的执行元件采用液压缸。

设计过程如下所述：

(1) 负载分析

工作负载：$F_W = 30\ 000$ N；

惯性负载：$F_a = \dfrac{G}{g}\dfrac{\Delta v}{\Delta t} = \dfrac{3\ 000}{9.81}\dfrac{4}{0.25 \times 60} = 81.55$ N；

阻力负载：静摩擦阻力 $F_{fj} = f_j G = 0.2 \times 3\ 000 = 600$ N；

摩擦阻力：$F_{fd} = f_d G = 0.1 \times 3\ 000 = 300$ N；

重力负载：卧式组合机床 $F_G = 0$。

取液压缸机械效率 $\eta_m = 0.9$，则液压缸工作阶段的负载值见表 10-8 所列。

表 10-8　液压缸在各工作阶段的负载值

工作循环	计算公式	负载 F/N
启动阶段	$F = (F_{fj} \pm F_G)/\eta_m$	667
加速阶段	$F = (F_{fd} \pm F_G + F_a)/\eta_m$	424
快进阶段	$F = (F_{fd} \pm F_G)/\eta_m$	333
工进阶段	$F = (F_{fd} \pm F_W \pm F_G)/\eta_m$	33 667
快退阶段	$F = (F_{fd} \pm F_G)/\eta_m$	333

(2) 负载循环图的绘制

根据已知条件和上述计算结果，画出速度循环图和负载循环图，如图 10-8 所示。

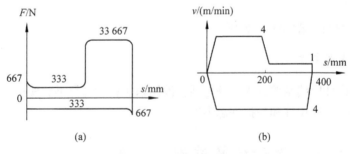

图 10-8　液压缸的负载循环图和速度循环图
(a) 负载循环图；(b) 速度循环图

（3）液压缸工作参数的确定

① 初选液压缸的工作压力。根据负载查表 10-2 并类比同类组合机床，取液压缸的工作压力为 4.5MPa。

② 计算液压缸尺寸。液压缸的内径为

$$D = \sqrt{\frac{4F}{\pi p}} = \sqrt{\frac{4 \times 33\ 667}{3.14 \times 4.5 \times 10^6}} = 98\ \text{mm}$$

取标准直径，$D = 100\ \text{mm}$。

液压缸快进速度与快退速度相等，采用单杆活塞式液压缸差动连接，$d = 0.71$，$D = 71\ \text{mm}$，取标准活塞杆直径，$d = 70\ \text{mm}$。

液压缸无杆腔和有杆腔有效工作面积 A_1、A_2 为

$$A_1 = \frac{\pi D^2}{4} = \frac{3.14 \times 100^2}{4}\ \text{mm}^2 = 78.5 \times 10^{-4}\ \text{m}^2$$

$$A_2 = \frac{\pi d^2}{4} = \frac{3.14 \times 70^2}{4}\ \text{mm}^2 = 40 \times 10^{-4}\ \text{m}^2$$

工进采用调速阀调速，由产品样本上查得其最小稳定流量 $Q_{\min} = 0.1\ \text{L/min}$，已知最小工进速度 $v = 0.05\ \text{m/s}$，则

$$\frac{Q_{\min}}{v_{\min}} = \frac{0.1 \times 10^{-3}}{0.05} = 20 \times 10^{-4}\ (\text{m}^2) < A_2 < A_1$$

液压缸有效作用面积能满足其最低工进速度要求。

根据负载循环图、速度循环图和液压缸的有效作用面积、并取工进时的背压 $p_b = 0.4\ \text{MPa}$，快退时的背压力 $0.3\ \text{MPa}$，计算出液压缸在工作循环各阶段的压力、流量和功率，见表 10-9 所列。

表 10-9　液压缸在各阶段的压力、流量和功率

工况		计算公式	速度 /(m/s)	负载 /N	压力 /MPa	流量 /(L/min)	功率 /kW	背压 p_2/ MPa
差动快进	启动	$p = F/(A_1 - A_2)$;		667	0.2	—	—	—
	加速	$Q = v_3(A_1 - A_2)$;		424	0.11	—	—	—
	恒速	$P = pQ$		333	0.1	15.4	0.03	—
工进		$p = \dfrac{F + p_2 A_2}{A_1}$; $Q = v_1 A_1$; $P = pQ$	$v_2 = 0.067$ $v_1 = 0.008 \sim 0.017$ $v_3 = 0.067$	33 667	4.5	0.39 ~ 7.85	0.03 ~ 0.59	0.4
快退	启动	$p = \dfrac{F + p_2 A_1}{A_2}$; $Q = v_2 A_2$; $P = pQ$		667	0.75	—	—	
	加速			424	0.70	—	—	0.3
	恒速			333	0.67	16	0.18	

根据表 10-9 可绘制出液压缸的工况图，如图 10-9 所示。

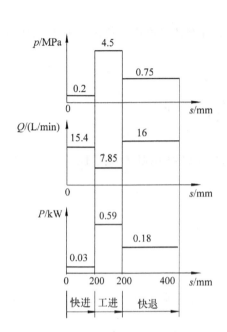

图 10 - 9 液压缸工况图

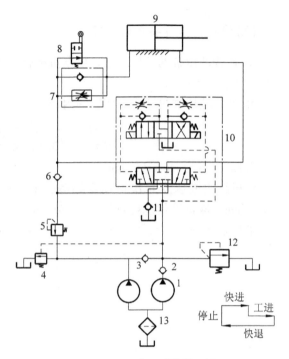

图 10 - 10 液压系统原理图

（4）液压系统图的拟定

① 确定供油方式及调速方式：由工况图可知，本系统功率小、负载变化不大、工进速度低且要求稳定，故选用调速阀节流调速。为获得更低的稳定速度并防止前冲现象，采用进油节流调速在回油路上加背压阀的调速方案。油路循环形式则采用开式回路。同时从工况图可见，液压缸工进时压力高、流量小，快进、快退时压力小、流量大，为提高系统的效率，本例采用双泵供油。

② 速度换接回路的选择：由于采用差动连接回路，为使快进转工进时位置准确，平稳可靠，选用行程阀控制的速度换接回路。

③ 确定换向回路：由于本系统对换向平稳性要求不高，所以选用电磁换向阀控制的换向回路。为实现液压缸差动连接，故选用 Y 型中位机能的三位五通电磁换向阀。

④ 确定压力控制回路：采用双泵供油方式，可用液控顺序阀实现低压大流量泵卸荷，用溢流阀调定高压小流量泵的供油压力。

在主回路初步选定基础上，再增加一些辅助原件即可组成一个完整的液压系统，如图 10 - 10 所示。

（5）选择液压元件

① 选择液压泵及其驱动电机。

a. 确定液压泵最高工作压力。由液压缸的工况表 10-9 可知液压缸最高工作压力出现在工进阶段，$p_1 = 4.5$ MPa，按系统图工作原理，此时由小流量泵供油。在采用调速阀进油节流调速时，此时缸的输入流量较小，且进油路元件较少，故泵至缸之间的进油路压力损失估取 $\sum \Delta p = 0.8$ MPa，则小流量泵的最高工作压力为

$$p_{P小} \geqslant p_1 + \sum \Delta p = 4.5 + 0.8 = 5.3 \text{ MPa}$$

大流量泵是在快进、快退运动时才向液压缸供油，由液压缸工况图可知，快退时的工作压力高于快进时的工作压力，其值为 0.67 MPa，如取进油路上的压力损失 $\sum \Delta p = 0.5$ MPa，则大流量泵的最高工作压力为

$$p_{P大} \geqslant p_1 + \sum \Delta p = 0.67 + 0.5 = 1.17 \text{ MPa}。$$

b. 确定液压泵的流量。由液压缸工况图可知，在快退运动时，两个液压泵应向液压缸提供的最大流量为 16 L/min，由于系统存在泄漏，如取泄漏系数 $K_l = 1.1$，则两个液压泵的总供油量为

$$Q_P \geqslant K_l \sum Q_{\max} = 1.1 \times 16 = 17.6 \text{ L/min}$$

由于溢流阀的最小稳定溢流量为 3 L/min，工进时的流量为 0.39 L/min，因而小流量液压泵的最小流量应为 3.39 L/min。

根据以上压力和流量的数值查阅产品目录，最后确定选取 $YB_1 - 16/4$ 型双联叶片泵，其基本参数为：排量 $V = 16$ mL/r，泵的额定压力 $p_n = 6.3$ MPa，容积效率 $\eta_v = 0.9$，总效率 $\eta = 0.75$，因大流量泵流量比实际算出值大，因而液压缸实际的快速运动速度较要求的略高。

c. 确定驱动电机。液压泵在快退阶段功率最大，取液压缸进油路上压力损失为 0.5 MPa，则液压泵输出压力为 1.17 MPa，液压泵的总效率 $\eta = 0.75$，液压泵流量 16 L/min，则驱动电机的功率 P 为

$$P_P = \frac{p_P Q_P}{60\eta} = \frac{1.17 \times 10^6 \times 16 \times 10^{-3}}{60 \times 0.75} = 416 \text{ W}$$

查电机产品目录，拟选用电动机的型号为 Y90S - 6 功率为 750 W，额定转速为 910 r/min。

② 选择液压阀。按通过各元件的最大流量选择液压元件的规格，见表 10-10 所列。

表 10-10　液压元件明细表

序号	名称	型号	规格		实际流量		
			p_n/MPa	Q_n/(L/min)	快进	工进	快退
1	双联泵	YB1 - 16/4	6.3	16/4	20		
2	单向阀	AF3 - Ea10B	6.3	63	4	4	4
3					16		16
4	溢流阀	YF3 - 10B	6.3	63		3.39	
5	液控顺序阀	XF3 - 10B	6.3	63		6	
6	单向阀	AF3 - Ea10B	6.3	63	15		
7	单向调速阀	AXQF3 - E10L	16	50		4	40

（续）

序号	名称	型号	规格		实际流量					
			p_n/MPa	Q_n/(L/min)	快进		工进		快退	
8	行程阀	22C – 63BH	6.3	63	20					
9	液压缸									
10	三位五通电液换向阀	35E – 63BY	6.3	63	进 20	回 15	进 4	回 2	进 20	回 40
11	溢流阀	YF3 – 10B	2.5	63			2			
12	背压阀	AF3 – Eb10B	16	63					40	
13	滤油器	XU – J40 × 80		40			20			

③ 选择辅助元件。

a. 油管。各元件间连接管道的规格按元件接口尺寸决定，也可按管路中允许流速计算。本例中选内径为 8 mm，外径为 10 mm 的紫铜管。

b. 油箱。油箱容积根据泵的流量的 5~7 倍来确定，取容积为 120 L 的油箱。

（6）液压系统的性能验算（从略）。

本章小结

液压系统的设计没有固定的模式，本章内容介绍了液压系统的一般设计方法，通过学习要理解并掌握一些具体问题的处理方法。读者应根据已知的条件、设计目的、系统的工作环境、工作性质等要求，进行必要的设计与计算。液压系统原理图的设计首先是对单个工作机构设计分支回路，重点是速度控制回路、压力控制回路；设计总体回路时，要注意各支路间的相互关系，如顺序、互锁等，并配好各种附加装置，除去多余的元件。主参数确定主要是选定工作压力，一般应宁低勿高。选择液压泵主要是按工作结构所需的压力和流量来选取所需泵的输出压力和流量，输出压力应包括系统的最高工作压力、系统的压力损失、压力储备等，输出流量应包括系统内同时动作时各液压缸的最大流量之和、系统的泄漏流量以及溢流阀的溢流量等。液压阀根据实际需要的最大压力和通过的最大流量选取，一般阀的额定压力和额定流量要大于所需的工作压力和流量。辅助元件应根据压力及流量来选取。

思考题

1. 设计一台小型液压压力机的液压系统，要求实现快速空程下行→慢速加压→保压→快速回程→停止的工作循环，快速往返速度为 3 m/min，加压速度为 40~250 mm/min，压制力为 200 000 N，运动部件总重量为 20 000 N。

2. 某立式组合机床采用的液压滑台快进、快退速度为 6 m/min，工进速度为 80 mm/min，快速行程为 100 mm，工作行程为 50 mm，启动、制动时间为 0.05 s。滑台对导轨的法向力为 1 500 N，摩擦因数为 0.1，运动部分质量为 500 kg，切削负载为 30 000 N。试对液压系统进行负载分析。

3. 一台专用铣床，铣头驱动电机功率为 7.5 kW，铣刀直径为 120 mm，转速为 350 r/min。工作行程为 400 mm，快进、快退速度为 6m/min，工进速度为 60~1 000 m/min，加、减速时间为 0.05 s。工作台水平放置，导轨摩擦因数为 0.1，运动部件总重量为 4 000 N。试设计该机床的液压系统。

第 2 篇　气压传动

第 11 章

气体流体力学基础

[**本章提要**]

气体流体力学的基本知识和有关规律是气压传动技术的理论基础。本章简单介绍了理想气体的状态方程、理想气体的简单状态变化过程及规律；气体的一维定常流动理论及该理论在气压传动系统中的应用、声速和马赫数、气体通过收缩喷嘴的流动规律、气动元件和管道有效截面积的计算，充放气时间及温度计算等，为学习与应用气压传动技术打下基础。

11.1 气体静力学基础

11.2 气体动力学基础

　　气压传动是以净化后的压缩空气为工作介质，在密闭容器内进行能量转换、控制与传递的一种传动和控制技术。由于空气取之不尽用之不竭，投资小，污染少，能耗小，所以气压传动和控制技术被大量应用于机械加工、汽车制造、电子工业、机器人等工业领域中。

　　气压传动工作原理和组成与液压传动基本相同，最大的差别在于：一是气压传动使用空气作为介质，来源方便，无须投资，用过的空气可直接排入大气几乎无污染，管路系统也因此可以简化；二是气压传动反应快，动作迅速，因此，特别适用于一般设备的控制；三是压缩空气的工作压力较低，降低了对气动元件的材质和加工精度的要求，使元件制作容易，成本低；四是空气的黏度很小，在管道中流动时的压力损失较小，故压缩空气便于集中供应和长距离输送；五是空气的性质受温度的影响小，温度变化时，其黏度的变化极小，故不会影响传动性能。

　　但是由于空气的可压缩性，气动装置的动作稳定性差，不易用于精确的定比传动；通常工作压力低，输出功率小；气动装置的噪声大，需要安装消声器进行降噪处理。

11.1　气体静力学基础

　　气体静力学是研究气体相对平衡时的规律及其应用。气体的平衡规律与液体相同，静力学基本方程完全适用于气体。由于气体的密度 ρ 很小，当高度差 h 不大时，后一项可以忽略。

11.1.1　理想气体状态方程

　　理想气体是指没有黏性的假想气体，或者从微观的角度来看是指分子本身的体积和分子间的作用力都可以忽略不计的气体。理想气体状态方程是描述理想气体在处于平衡态时，其压强、密度(体积、质量)、温度间关系的方程。可由下列函数关系式表示：

$$pv = RT \tag{11-1a}$$

或

$$p = \rho RT = \frac{m}{V}RT \tag{11-1b}$$

式中：p——气体的绝对压力，Pa；

　　　　v——气体的比体积，m^3/kg；

　　　　m——质量，kg；

　　　　R——气体常数，干空气 $R = 287.1\ J/(kg \cdot K)$，水蒸气 $R = 462.05\ J/(kg \cdot K)$；

　　　　T——气体的热力学温度，K；

　　　　V——理想气体的体积，m^3；

　　　　ρ——气体密度，kg/m^3。

由于实际气体具有黏性，所以它并不严格遵循理想气体的状态方程。当绝对压力不超过 20 MPa，热力学温度不低于 253 K 时，空气、氧气、氮气、二氧化碳等实际气体均可看作理想气体。

11.1.2　热力学第一定律

热力学第一定律是能量守恒与转换定律在热力学中的应用，它确定了热力过程中气体的各种能量在数量上的相互关系。可表述为：热能可以转换为机械能，机械能也可以转换为热能，但是在它们的传递与相互转换过程中，总量保持不变，即保持能"量"守恒。任何系统、任何过程均可根据以下原则建立能量方程式：

进入系统的能量 – 离开系统的能量 = 系统中储存的能量的变化量

11.1.2.1　闭口系统的能量方程

若环境给一封闭系统传递热量 Q，则这部分热量一方面会使系统内能增加 ΔE，另一方面会使系统对外做功 W，则根据能量守恒

$$Q = \Delta E + W \tag{11-2}$$

对于控制质量闭口系统来说，常见的情况是在状态变化过程中，系统的宏观动能与位能的变化为零，或可以忽略不计，因此闭口系统的能量方程是：

$$Q = \Delta U + W \tag{11-3}$$

用微分形式可表示为

$$\delta Q = \mathrm{d}U + \delta W \tag{11-4}$$

11.1.2.2　开口系统的能量方程

图 11 – 1 所示为开口系统在 $\mathrm{d}t$ 时间内进行了一个微元过程：有 $\mathrm{d}m_1$ 的微元工质流入进口截面 1 – 1，有 $\mathrm{d}m_2$ 的微元工质流出出口截面 2 – 2；系统从外界接受热量 $\mathrm{d}Q$；系统对机器作内部功 $\mathrm{d}W_i$；W_i 表示工质在机器内部对机器所做的功，而轴功 W_s 为 W_i 的有用功部分，两者的差为机器各部分的摩擦损失。

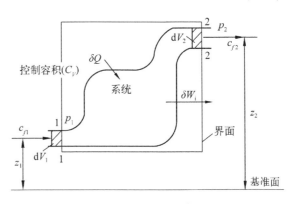

图 11 – 1　开口系统

则进入系统的能量为 $\mathrm{d}E_1 + p_1\mathrm{d}V_1 + \delta Q$；离开系统的能量为 $\mathrm{d}E_2 + p_2\mathrm{d}V_2 + \delta W_i$；控制容积系统储存能量的增加量为 $\mathrm{d}E_{CV}$。

则：　进入系统的能量 – 离开系统的能量 = 系统储存能量的增加量；

即：

$$\left(\mathrm{d}E_1 + p_1\mathrm{d}V_1 + \delta Q\right) - \left(\mathrm{d}E_2 + p_2\mathrm{d}V_2 + \delta W_i\right) = \mathrm{d}E_{CV}$$

$$\delta Q = \mathrm{d}E_{CV} + \left(\mathrm{d}E_2 + p_2\mathrm{d}V_2\right) - \left(\mathrm{d}E_1 + p_1\mathrm{d}V_1\right) + \delta W_i$$

$$\because E = me, \quad V = mv,$$

$$e = u + \frac{1}{2}c_f^2 + gz, \quad h = u + pv$$

$$\delta Q = \mathrm{d}E_{CV} + \left[h_2 + \frac{c_{f_2}^2}{2} + gz_2 \right] \delta m_2 - \left[h_1 + \frac{c_{f_1}^2}{2} + gz_1 \right] \delta m_1 + \delta W_i \qquad (11\text{-}5)$$

此式即为开口系能量方程的一般表达式。

11.1.3 静止气体状态变化

气体作为气动系统的工作介质，在能量传递过程中其状态(压强 p、体积 V、温度 T)是要发生变化的，若对变化过程加以条件限制就会出现定容、定压、定温和绝热变化过程；而不附加条件限制的状态变化过程，称为多变过程。

11.1.3.1 等容状态方程

对于一定质量的气体，在容积保持不变的条件下，理想气体的状态变化过程就称为等容状态过程，可表示为

$$\frac{p_1}{T_1} = \frac{p_2}{T_2} = 常数 \qquad (11\text{-}6)$$

式(11-6)表明，在等容变化过程中，气体对外不做功，气体的压力与温度成正比。例如，在加热或冷却密闭气罐中的气体时，气体的状态变化过程，就可以看成是等容过程。

11.1.3.2 等压状态方程

对于一定质量的气体，若其状态变化是在压力不变的条件下进行，则称它为等压状态过程，可表示为

$$\frac{V_1}{T_1} = \frac{V_2}{T_2} = 常数 \qquad (11\text{-}7)$$

式(11-7)表明，在等压变化过程中，气体的容积与温度成正比。气体温度上升，体积膨胀；温度下降，体积缩小。

11.1.3.3 等温状态方程

对于一定质量的气体，在温度不变的条件下发生的状态变化过程就称为等温过程，可表示为

$$p_1 V_1 = p_2 V_2 = 常数 \qquad (11\text{-}8)$$

式(11-8)表明，气体在等温状态时，气体的体积与压力成反比。当气体状态变化很慢时，可视为等温状态过程，如气动系统中的汽缸慢速运动、管道送气过程等，由于温度不变，所以气体的内能无变化，可认为加入的热量全部变成气体所做的功。

11.1.3.4 绝热状态方程

气体在状态变化过程中与外界无热量交换，则称此过程为绝热过程，可表示为

$$p_1 V_1^\kappa = p_2 V_2^\kappa = 常数 \qquad (11\text{-}9)$$

式中：κ——绝热指数，对于干空气则 $\kappa = 1.4$，对饱和蒸汽则是 $\kappa = 1.3$。

一般在容器绝热性能较好、过程进行较快、来不及进行热量交换时，都可近似地看做是绝热过程。例如，空气压缩机气缸活塞的运动速度极快，气缸内被压缩的气体来不及与外界交换热量，因而就可看做是绝热过程；当气体状态变化很快时气动系统的快速充气过程或快速排气过程可视为绝热状态过程。

11.1.3.5　多变状态方程

前面所述的定容过程、定压过程、定温过程和绝热过程只是热力学过程中的特殊情况，是一种有限制的变化过程。而实际上大多数变化过程是不加任何限制条件的变化过程即多变过程。多变过程的状态方程为

$$p_1 V_1^n = p_2 V_2^n = 常数 \tag{11-10}$$

式中：n——多变指数，在状态变化过程中是常值，在不同的状态过程时取相应的值。

当多变指数 n 为某些特定值时，多变过程可简化为一些基本热力学过程。如 $n = 0$，p 为常数，为等压过程；$n = 1$，$pV = RT = $ 常数，为等温过程；$n = \kappa$，$pV^\kappa = $ 常数，为可逆绝热过程；$n = \pm \infty$，$V = $ 常数，为等容过程。压气机气缸的压气过程是介于等温与绝热过程之间的多变过程，可取 $n = 1.2 \sim 1.25$。

11.2　气体动力学基础

气体是可压缩性比较大的流体，在分析研究气体流动时，需要计及气体的压缩性，以得出气体流动的特征和规律。

11.2.1　气体流动的基本概念

①自由空气是指处于自由状态(1 标准大气压)下的空气。

②压缩空气流量与自由空气流量有如下关系：

$$Q = Q_p \frac{p_p T}{p T_p} \tag{11-11}$$

式中：Q——自由空气流量，$\mathrm{m^3/s}$；

　　　Q_p——压缩空气流量，$\mathrm{m^3/s}$；

　　　p_p——压缩空气的绝对压力，Pa；

　　　p——自由空气的绝对压力，Pa；

　　　T——自由空气的热力学温度，K；

　　　T_p——压缩空气的热力学温度，K。

11.2.2　气体流动的基本方程

11.2.2.1　连续方程

连续方程是把质量守恒定律应用于运动流体所得到的数学关系式。气体在管道中流动时，根据质量守恒定律，通过流管任意截面的气体质量都相等，即

$$Q_m = \rho_1 v_1 A_1 = \rho_2 v_2 A_2 \tag{11-12}$$

式中：ρ_1，ρ_2——气体在 1、2 截面的密度，kg/m^3；

$\quad\quad v_1$，v_2——气体通过 1、2 截面的运动速度，m/s；

$\quad\quad A_1$，A_2——1、2 截面的截面积，m^2。

11.2.2.2 伯努利方程

因气体可以压缩（$\rho \neq$ 常数），又因气体流动很快，来不及与周围环境进行热交换，按绝热状态计算，则有

$$\frac{\kappa}{\kappa-1}\frac{p_1}{\rho_1} + \frac{v_1^2}{2} + gh_1 = \frac{\kappa}{\kappa-1}\frac{p_2}{\rho_2} + \frac{v_2^2}{2} + gh_2 + gh_w \tag{11-13}$$

式中：p_1，p_2——气体在 1、2 截面的压力，Pa；

$\quad\quad h_1$，h_2——1、2 截面的位置高度，m；

$\quad\quad h_w$——摩擦阻力损失，m；

$\quad\quad g$——重力加速度，$g = 9.8~m/s^2$。

因气体黏度小，可以不计摩擦阻力损失，则有

$$\frac{\kappa}{\kappa-1}\frac{p_1}{\rho_1} + \frac{v_1^2}{2} + gh_1 = \frac{\kappa}{\kappa-1}\frac{p_2}{\rho_2} + \frac{v_2^2}{2} + gh_2 \tag{11-14}$$

在低速流动时，可忽略气体压缩性（$\rho =$ 常数），则有

$$\frac{p_1}{\rho_1} + \frac{v_1^2}{2} + gh_1 = \frac{p_2}{\rho_2} + \frac{v_2^2}{2} + gh_2 \tag{11-15}$$

11.2.3 音速和气体在管道中流动特性

11.2.3.1 声速

在气体动力学中音速是一个重要的参数，是判断气体压缩性对流动影响的一个标准。声速是指小扰动波（声波）在空气中的传播速度，用 c 表示。小扰动波传播速度很快，来不及与外界进行热交换，可以认为是绝热过程。则理想气体声速计算公式为：

$$c = \sqrt{\kappa \frac{p}{\rho}} = \sqrt{\kappa RT} \tag{11-16}$$

式中：κ——绝热指数；

$\quad\quad R$——气体常数，$J/(kg \cdot K)$；

$\quad\quad T$——绝对温度，K。

从公式（11-16）可以看出：气体的声速的大小与热力学温度有关，又称为当地声速。对于空气 $\kappa = 1.4$，$R = 287.1~J/(kg \cdot K)$，则 $c = 20.05\sqrt{T}~(m/s)$。

11.2.3.2 马赫数 Ma

马赫数 Ma 是指气体微团的运动速度与气体微团当地的声速之比。计算公式：

$$Ma = \frac{v}{c} \tag{11-17}$$

在考虑空气压缩性影响时，经常使用马赫数作为速度单位。Ma 数是反映压缩性影响的指标，Ma 数越大，压缩性的影响越大，气流密度变化越大。根据 Ma 数不同，把气体流动分成三种流动状态：

① $Ma < 1$ 即 $v < c$，为亚音速流动，速度与断面面积成反比。与不可压缩流体的流动是一致的。

② $Ma > 1$ 即 $v > c$，为超音速流动。气流速度与断面积成正比。与不可压缩流体的规律完全相反。

③ $Ma = 1$ 即 $v = c$，为临界流动，速度为临界流速，断面为最小断面。

气压传动的传动介质是压缩空气，在气动装置中，压缩空气流动速度较低，因此对这种经过压缩的有压气体，可以认为是不可压缩的；自由空气经空压机压缩的过程中则视为是可压缩的。

11.2.4　气体管道的阻力计算

压缩空气在管道中由于流速不大，流动过程中来得及与外界进行热交换，因此温度比较均匀，一般作为等温过程处理。在气体流动过程中，通常用压力损失表示流动阻力损失，总压力损失由沿程压力损失和局部压力损失组成。其中沿程压力损失可由下式计算，即

$$\Delta p_l = \frac{8l\lambda Q_m^2}{\pi^2 \rho d^5} \tag{11-18}$$

式中：Q_m——质量流量，kg/s；

　　　d——管径，m；

　　　l——管长，m；

　　　λ——沿程阻力系数。

局部压力损失可由下式计算，即

$$\Delta p_l = \zeta \frac{\rho v^2}{2} \tag{11-19}$$

式中：ζ——局部阻力系数，不同的局部阻力部件的局部阻力系数可查阅相关手册。

11.2.5　气体的通流能力

气流元件的通流能力，是指单位时间内通过阀、管路等元件的流量（体积流量或质量流量）。它与元件出口的压力差和压力比有关，是气动系统中的主要参数之一。目前通流能力可以采用有效截面积 S 或质量流量 Q_m 表示。

11.2.5.1　有效截面积

由于实际气体存在黏性，其流束的收缩比节流孔实际面积小，即气体流经面积为 A_0 的节流口时，气体流束收缩至最小断面处的流束面积 S 叫做有效截面积，它代表了节流孔的通流能力。对于阀口或管路，有效截面积可由如下简化式计算：

$$S = \varepsilon A_0 \tag{11-20}$$

式中：ε——收缩系数，可由相关图查出；

A_0——孔口实际面积，m^2。

11.2.5.2 流量

（1）不可压缩气体通过节流孔的流量

气流马赫数 $Ma \leqslant 0.3$ 时，可不计其压缩性的影响，按不可压缩流体计算，其流量公式为：

$$Q = C_q A \sqrt{\frac{2}{\rho} \Delta p} \tag{11-21}$$

式中：Q——通过节流孔的体积流量，m^3/s；

C_q——流量系数；

A——节流孔几何截面积，m^2；

ρ——气体密度，kg/m^3；

Δp——节流孔口前后压差，Pa。

（2）可压缩气体通过节流孔（管嘴）的流量

对于空气，可压缩气体通过节流孔（管嘴）的流量，可按下式计算

$$
\begin{aligned}
Q = 234S \sqrt{\frac{273.16 \Delta p p_1}{T_1}} \quad & Ma < 1 \\
Q = 113S \sqrt{\frac{273.16}{T_1}} \quad & Ma > 1
\end{aligned}
\tag{11-22}
$$

式中：Q——自由空气体积流量，L/min；

p_1——节流口上游绝对压力，MPa；

Δp——节流口两端压差，MPa；

T_1——节流口上游热力学温度，K；

S——有效截面积，mm^2。

11.2.6 充放气参数的计算

在气动系统中向储气罐、气缸、管路及其他执行机构充、排气所需时间及温度变化是正确利用气动技术的重要问题。

11.2.6.1 恒压气源向定积容器充气后的温度和充气时间

如图 11-2(a) 所示，气罐充气时，气罐内压力从 p_1 升高到 p_2，由于充气过程较快，可按绝热状态过程考虑，气罐内温度因绝热压缩从室温 T_1 升高到 T_2，则充气后的温度为

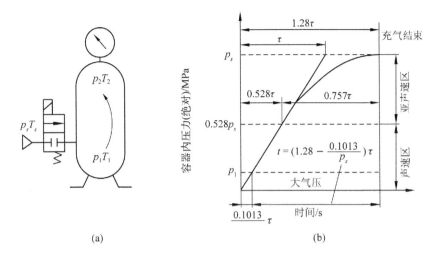

图 11-2　气罐充气及压力变化曲线

$$T_2 = \frac{\kappa T_s}{1 + \dfrac{p_1}{p_2}\left[\kappa \dfrac{T_s}{T_1} - 1\right]} \qquad (11\text{-}23)$$

式中：T_s——恒压气源空气的绝对温度，K。

如果在充气前均为室温，即 $T_s = T_1$，则得：

$$T_2 = \frac{\kappa T_1}{1 + \dfrac{p_1}{p_2}(\kappa - 1)} \qquad (11\text{-}24)$$

如果充气至 p_2 时，立即关闭阀门，通过气罐壁散热，缸内的温度再次下降至室温，此时气罐内压力也下降，压力的大小可按下式计算

$$p = p_2 \frac{T_1}{T_2} \qquad (11\text{-}25)$$

式中：p——充气达到室温时，缸内气体的稳定压力值，MPa。

从图 11-2(b)可以看出：在充气过程中，气罐内的压力逐渐上升，当气罐内的压力 $p \leqslant 0.528 p_s$ 时，充气气流流速为声速，气体流量也将保持常数，充气压力随时间呈线性变化；而当气罐内的压力大于临界压力后，充气压力则随时间呈非线性变化。因此，充气时间应分段考虑。

当 $p \leqslant 0.528\ p_s$ 时，充气时间 $t = t_1$，则有：

$$t_1 = (p - p_1)\tau / p_s \qquad (11\text{-}26)$$

式中：p_1——气罐内初始绝对压力，MPa；

　　　p_s——气源绝对压力，MPa；

　　　τ——充放气时间常数。

由下式可得

$$\tau = 5.22 \times 10^{-3}\ \frac{V}{\kappa S}\sqrt{\frac{273}{T_s}} \qquad (11\text{-}27)$$

式中：V——气罐容积，L；

S——充气通道有效截面积，mm^2。

当 $p > 0.528\,p_s$ 时，充气时间 $t = t_1 + t_2$。其中 t_1 是从压力初值 p_1 充到压力 $p = 0.528\,p_s$ 的时间；t_2 则是从临界值充到当前值 p 的时间。即：

$$t_1 = (0.528 - p_1/p_2)\tau \tag{11-28}$$

$$t_2 = (1 - 0.528)\tau\ \arcsin\frac{p/p_s - 0.528}{1 - 0.528} \tag{11-29}$$

11.2.6.2 定积容器放气后的温度及放气时间

如图 11-3 所示，气罐内空气的初始温度为 T_1、压力为 p_1，经快速绝热放气后，其温度下降到 T_2，压力下降到 p_2，则放气后的温度为：

$$T_2 = T_1\left(\frac{p_2}{p_1}\right)^{\frac{\kappa-1}{\kappa}} \tag{11-30}$$

在放气过程中，气罐里的温度 T_2 随压力的下降而下降，放气时气罐内的温度可能降得很低。

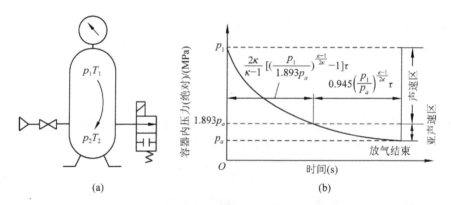

图 11-3 气罐放气及压力变化曲线

若放气到 p_2 后关闭阀门停止放气，气罐内的温度将回升到 T_1，此时罐内压力也要上升到 p，p 值的大小按绝热放气、等温回升过程计算：

$$p = p_2\frac{T_1}{T_2} = p_2\left(\frac{p_2}{p_1}\right)^{\frac{\kappa-1}{\kappa}} \tag{11-31}$$

气罐放气时间（从 $p_1 \rightarrow p_2 = p_a$ 时）：

$$t = \left\{\frac{2\kappa}{\kappa-1}\left[\left(\frac{p_1}{1.893\,p_a}\right)^{\frac{\kappa-1}{2\kappa}} - 1\right] + 0.945\left(\frac{p_1}{p_a}\right)^{\frac{\kappa-1}{2\kappa}}\right\}\tau \tag{11-32}$$

式中：p_a——大气压力，MPa。

本章小结

在气压传动与控制系统中，工作介质是压缩空气，在气体流动速度较高时，与不可压缩流体大不相同，需要考虑气体压缩性的影响，此外描述气体的运动规律时还需要考虑温度的影响即热力学过程。本章主要介绍了气体流体力学的一般规律，以及与气压元件和气压系统的设计和使用联系较为密切的流动现象及其分析计算方法。正确理解和掌握这些定理、定律的物理意义及使用方法，能够解决一般的气体流体力学问题，是学习本章的基本要求。

思考题

1. 由空气压缩机往储气罐内充入压缩空气，使罐内压力由 0.1 MPa(绝对)升到 0.25 MPa(绝对)，气罐温度从室温 20℃ 升到 t，充气结束后，气罐温度又逐渐降至室温，此时罐内压力为 p，求：p 和 t 各为多少？(气源的温度为 20℃)

2. 空气在一直径相等的圆管中流动，入口的绝对压力为 180 kPa，温度为 40℃，流速为 220 m/s，出口的流速达到声速(340 m/s)，求出口的压力及温度。(忽略气体流动时的能量损失和位置高度的影响)

3. 当气源及室温均为 15℃ 时，将压力为 0.7 MPa(绝对)的压缩空气通过有效界面积 $S = 30$ mm² 的阀口，充入容积 $V = 85$ L 的气罐中，压力从 0.02 MPa 上升到 0.6 MPa 时，充气时间(s)及气罐的温度(℃)为多少？当温度降至室温后罐内压力(MPa)为多少？

4. 通过总有效截面积 50 mm² 的气路(含元件)、容积为 100 L 的气罐，内压力由 0.5 MPa(表压)放气至大气压。试求放气时间？(气罐内原始温度为 20℃)

第 12 章

气源及辅助装置

[**本章提要**]

　　气源及辅助装置是为气动系统提供具有一定压力、流量和质量要求的压缩空气的各种设备和装置，是气动系统中不可或缺的重要组成部分。本章主要讨论了几种常用的空气压缩机、压缩空气的净化处理及贮存装置、油雾器、消声器的工作原理和主要性能参数，输气管道系统的布置及计算。

12.1　气源系统的组成和作用

12.2　空气压缩机

12.3　压缩空气的净化处理及贮存装置

12.4　其他辅助装置

12.5　管路系统布置

12.1 气源系统的组成和作用

气源系统要根据气动系统对压缩空气品质的要求来设置，常见的气源系统的组成和布置如图 12-1 所示。

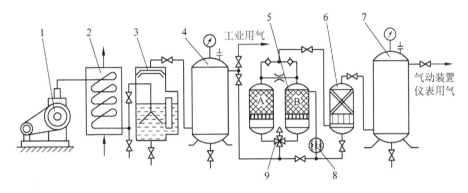

图 12-1 气源系统的组成示意图

1—空气压缩机；2—后冷却器；3—油水分离器；4—贮气罐；5—干燥器(A、B)；
6—过滤器；7—贮气罐；8—加热器；9—四通阀

空气压缩机 1 经吸气口的空气过滤器，从大气中吸入空气并将其压缩成具有一定压力的压缩空气，空气过滤器可过滤空气中的大颗粒杂质；空气压缩机输出的压缩空气温度高达 140~170℃，后冷却器 2 可将其冷却至 40~50℃，压缩空气中大部分高温下汽化的油和水将凝结成较大的水滴和油滴；油水分离器 3 便可将这些水、油等杂质分离和去除；经过这样初步处理(一次净化处理)的压缩空气送入贮气罐 4，也只能供要求不高的气动系统使用。对于要求较高的气动系统(如气动仪表、射流元件组成的系统)，还要将压缩空气送入干燥器 5，进一步吸收、排除压缩空气中的残留水分和油分，使之变成干燥、清洁的压缩空气。四通阀 9 用来控制 A、B 两个干燥器交替工作，加热器 8 要对其中暂不工作干燥器进行再生。过滤器 6 用于进一步过滤压缩空气中的杂质；经过这样二次(或多次)处理的压缩空气贮存在贮气罐 7 中，可供要求较高的气动系统使用。

12.2 空气压缩机

空气压缩机(简称空压机)是气源系统的核心设备，是气压系统的动力源，其作用是将原动机输出的机械能转换成为气体的压力能。

12.2.1 空气压缩机的类型

空压机的种类很多，按工作原理可分为容积式和速度式两类。按空压机结构、输出压力(排气压力 p_c)或输出流量(排气量 Q_v)的不同又可分为不同的类型。具体分类详见表 12-1、表 12-2 和表 12-3 所列。

表 12-1 按空气压缩机的结构分类

按结构分类						
容积式				速度式		
往复式		旋转式				
活塞式	膜片式	滑片式	螺杆式	离心式	轴流式	混流式

表 12-2 按排气量 Q_v(铭牌流量)分类

类型	排气量范围/(m³/min)	类型	排气量范围/(m³/min)
微型空压机	$Q_v \leqslant 1$	中型空压机	$10 < Q_v \leqslant 100$
小型空压机	$1 < Q_v \leqslant 100$	大型空压机	$Q_v > 100$

* 空压机的排气量(铭牌流量)是指自由空气流量。

表 12-3 按排气压力 p_c 分类

类型	排气压力范围/MPa	类型	排气压力范围/MPa
通风机	$p_c \leqslant 0.015$	中压压缩机	$1 < p_c \leqslant 10$
鼓风机	$0.015 < p_c \leqslant 0.200$	高压压缩机	$10 < p_c \leqslant 100$
低压压缩机	$0.200 < p_c \leqslant 1$	超高压压缩机	$p_c > 100$

* 通风机、鼓风机一般指用于输送低压气体的机器。

12.2.2 空气压缩机工作原理

下面介绍气压传动中常用的活塞式空气压缩机。这种空气压缩机主要由缸体、活塞、曲柄连杆机构,进、排气阀等组成。其工作原理与柱塞式液压泵类似。

图 12-2 所示为二级活塞式空压缩机的工作原理图。曲柄连杆机构可将原动机的转动变为活塞在缸体内的往复直线运动,气缸与活塞间形成密闭容积随活塞往复运动循环地发生着改变,当容积增大时,进气阀开启,气缸吸气;容积缩小时,进气阀被关闭,吸入的空气受到压缩,当缸内压力高于输出管道内压力后,排气阀被打开,压缩空气排入输出管道。当然排出压缩空气的温度也随之升高。

活塞式空压机在最大压缩状态下总有剩余容积存在。下一次吸气时,剩余容积内的压缩空气会膨胀,这将减少空气的吸入量,降低效率,增加功耗;而提高压缩比,温度会急剧升高,将给空压机自身带来很多问题。若单级压缩的输出压力超过 0.6 MPa,产生的热量过多,工作效率很低,所以,单级压缩一般只用于需要 0.3 ~ 0.7 MPa 压力范围内的气动系统。而要获得较高的输出压力,常用多级压缩来实现。二级活塞式空压机设置的中间冷却器可以降低进入第二级气缸的空气温度,提高空压机的工作效率。若要求最终输出压力为 1.0 MPa,第一级的输出压力通常是 0.3 MPa。

图 12-2(b)所示为两级压缩的理论示功图,空气经一级活塞压缩后压力由 p_1 升至 p_2,温度由 T_1 升到 T_2($a \rightarrow b$);然后经中间冷却器进行等压冷却,使温度由 T_2 降回到 T_1

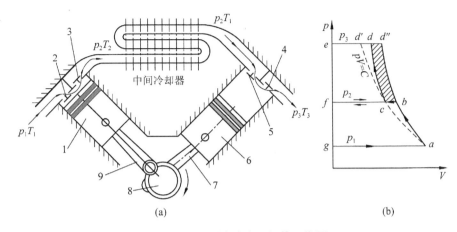

图 12 – 2　二级活塞式空压机的工作原理

（a）工作原理；（b）示功图

1——一级活塞；2、5——进气阀；3、4——排气阀；6——二级活塞；7、9——连杆；8——曲柄轴

（$b{\rightarrow}c$）；再经二级活塞压缩至所需要的压力 p_3（$c{\rightarrow}d$）。两级压缩所消耗的理论功是 gabcdefg 围成的图形面积。若用单级活塞将空气由直接由 p_1 压缩到 p_3（$a{\rightarrow}b{\rightarrow}d''$），其消耗的理论功则是图形面积 *gabd″efg*，可见节省的功相当于图形面积 *bd″dcb*（图中阴影部分）。

活塞式空压机结构简单，使用寿命长，易实现大容量和高压输出。缺点是振动大、噪声大，而且排气为断续进行，所以输出脉冲较大，需要设置贮气罐。

12.2.3　空压机组容量的计算及空压机的选用

空压机的选用主要根据气动系统所需的工作压力和流量来计算和选择空压机的容量。另外还要考虑系统对空压机特性的要求、环保的要求及制造成本等实际情况来确定空压机的类型，从而最终选定空压机的型号和数量。

（1）空压机输出压力 p_c 的确定

空压机组输出的气压 p_c 必须保证满足气动系统的工作要求，可按以下公式计算。

$$p_c = p + \sum \Delta p \qquad\qquad (12\text{-}1)$$

式中：p_c——空压机组的输出气压，MPa；

　　　p——气动系统中各个执行元件的最大工作压力，MPa；

　　　$\sum \Delta p$——气动系统的总压力损失，MPa。

气动系统的总压力损失要考虑管路的沿程压力损失和局部阻力损失，还要考虑为保证系统中减压阀的稳定性能所必需的最低输入压力，以及气动元件工作时的压降损失。一般情况下，取 $\sum \Delta p = 0.15 \sim 0.2$ MPa。

(2)空压机输出流量 Q_v 的确定

空压机组的输出流量 Q_v 必须保证系统工作所需的耗气量，可按式(12-2)计算。

$$Q_v = k_1 k_2 k_3 \sum_{i=1}^{n} Q_i \qquad (12-2)$$

式中：Q_v——空压机的输出流量，m^3/min；

Q_i——气动系统中第 i 台设备的耗气量 ANR(m^3/min)，若气源系统内设有贮气罐，Q_i 取每台设备的平均耗气量，若没有贮气罐，则 Q_i 必须取每台设备的最大耗气量；

n——系统内所用气动设备的总数量；

k_1——漏损系数，$k_1 = 1.15 \sim 1.5$；

k_2——备用系数，$k_2 = 1.3 \sim 1.6$；

k_3——利用系数，可利用图 12－3 选取，若所有设备同时使用，则取 $k_3 = 1$。

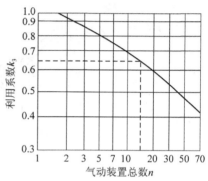

图 12－3 气动设备利用系数

必须注意，式(12-2)中的流量都是指空气标准流量(ANR)亦即自由空气流量。空压机的铭牌流量为自由空气流量，而在对气动系统的设计计算中引入的流量则为压缩空气的流量，称为有压流量。因此，必须进行换算；否则会使所选空压机规格过小而不能满足系统需要。

12.3 压缩空气的净化处理及贮存装置

12.3.1 气源净化处理的必要性

(1)污染物的来源

从空压机中输出的压缩空气虽然可以满足气动系统工作时的压力和流量的要求，但其温度高达170℃，且含有油分、水分、粉尘及其他一些有害气体等污染物，这些污染物的主要来源有：

①空压机从系统外部的大气中吸入的污染物。空压机的吸气口通常装有过滤器，但有些污染物仍然会被吸入气动系统。如：$2 \sim 5 \ \mu m$ 以下的各种尘埃，花粉、菌类等微生物颗粒；大气中的水、油等汽化的液雾；重化工业区的 SO_2、H_2S 等有害气体。即使在停机时，污染物也会从某些元件的进气口或排气口进入系统内部。

②系统内部产生的污染物。如：湿空气中的水分和油分因受到压缩、冷却而析出的水滴、油滴；空压机油因高温氧化而产生的焦油状物质；金属管道因锈蚀剥落而产生的锈屑；相互运动的零件间因摩擦而产生的磨损物。

③在系统的维修、安装时混入的污染物。如：维修后未清除干净的螺纹牙屑、毛

刺、切屑、纱头、铸砂、焊接氧化皮、密封材料碎末等。

(2)污染物对气动系统的影响

①气流中混入的水分，会锈蚀金属管道及零件，使零件动作迟缓；冷凝水在管道内积聚，会增加气流阻力、导致工作流量和压力不足、甚至造成控制阀的动作失灵；若冷凝水与润滑油混合，使润滑油变质，导致润滑不良；若遇到 0℃ 以下低温，冷凝水会结冰，造成元件动作不良、管道冻结甚至冻裂，此外，聚集在管内的凝结水达到一定量时，在高压气流的作用下，会对管壁形成水击现象，损坏管路。

②油气可能积聚在贮气罐、管道、元件的空腔中，形成易燃、易爆的混合物。另外，油分经高温氧化后形成的一种有机酸，会腐蚀管道内壁及金属零件，降低零件的使用寿命，油气还会使橡胶、塑料元件变质和老化。此外，食品、药品和微电子等行业使用的压缩空气，绝对不能含有油气或其他有害气体，否则会对产品造成严重污染。

③固体尘埃会加速运动零件及密封件的磨损，导致系统漏气、降低元件的使用寿命；固体尘埃与凝聚的油水混合成油泥，会堵塞气动元件的气流通道(如节流阀的节流小孔、过滤器的滤芯等)，使元件不能正常工作，甚至可能导致元件误动作。

此外压缩空气的温度过高，也会加速气动元件中的各种塑胶密封件、膜片、软管的老化，而且温差过大，元件材料会发生胀裂。

随着机电一体化程度的提高，气动元件日趋精密，对压缩空气的质量要求也越来越高。气动元件本身的低功率、小型化，以及微电子、食品和制药等特殊行业对作业环境和污染控制的严格要求，都对压缩空气的净化提出了更高的要求。

气动系统出现的故障有 70% 以上是由于压缩空气的质量不良造成的，所以，压缩空气的质量是影响气动自动化系统的安全性和可靠性主要因素。由此造成的损失大大超过气源净化处理装置的成本和维护费用，因此，对压缩空气的净化处理和正确选用处理系统及设备是非常重要的。

12.3.2　后冷却器

后冷却器安装在空压机出口后面的管道上，其作用就是对空压机输出的高温压缩空气进行冷却，促使其中大量的气态水分和油分凝聚成较大的水滴和油滴，以便下一步分离和清除。一般的后冷却器可将空压机输出的 140～170℃ 的高温压缩空气降至 40～50℃。后冷却器有风冷式和水冷式两类。

风冷式是靠风扇将冷风吹向带热散热片的空气管道。经风冷后压缩空气的出口温度比环境温度高 15℃ 左右。风冷式后冷却器不需要冷却水设备，不用担心断水和冻结。占地面积小、重量轻、结构紧凑、运转成本低、易维修，但冷却效果一般，分水效率较低，只适用于进口空气的温度低于 100℃，且空气处理量不大的场合。

水冷式后冷却器是通过强迫冷却水与热空气在不同的通道内反方向流动以进行充分的热交换来冷却热空气的。水冷式冷却器的冷却效果好，分水效率高。一般可使压缩空气的出口温度只高出环境温度 10℃ 左右。可用于进口空气温度在 200℃ 以下、空气处理量大、湿度大、粉尘高的场合。

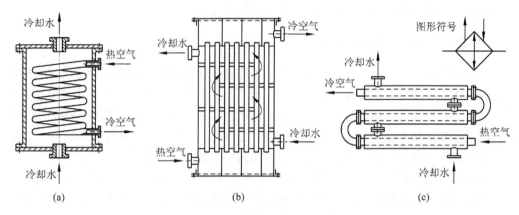

图 12 - 4　水冷式后冷却器

(a) 蛇管式；(b) 列管式；(c) 套管式

如图 12 - 4 所示，水冷式后冷却器的结构形式主要有蛇管式、列管式和套管式等。蛇管式冷却器的结构简单，使用维护方便，适用于流量较小的任何压力范围，应用极为广泛；列管式冷却器适用于低、中压，大流量压缩空气的冷却；套管式冷却器由于通流面积较小，易获得较高的流动速度，有利于热交换，故适用于空气压力较高但流量不大，且热交换面积较小的场合。

无论何种冷却器都应在最低处设置排水装置，以便及时排出冷凝的油水和其他杂质，要定期检查排水装置，特别是在冬季，以防止冻结。水冷式冷却器应设置水量控制和断水报警装置，防止突然断水或水量不足而造成冷却不良，致使高温压缩空气流到下游影响下游元件的正常工作甚至损坏。

后冷却器的出口空气温度与进口空气温度、冷却水的温度、冷却水量和空气处理量有关。其热交换面积 $A(\text{m}^2)$ 和冷却水的消耗量 G 是选择后冷却器的主要指标。工程上通常是根据空压机的排气量 Q_v，用参数 A/Q_v、G/Q_v（即单位排气量所需的冷却面积和冷却水的消耗量）直接从有关文献的表格中查得 A 和 G。

12.3.3　油水分离器

油水分离器设置在后冷却器之后，主要是利用离心、撞击、水洗等方法，使凝聚在压缩空气中的水滴、油滴和其他颗粒状杂质从压缩空气中分离出来并予以排除，使压缩空气得到初步净化。其结构形式有环形回转式、撞击折回式、离心旋转式、水浴式以及这几种形式的组合等。

图 12 - 5 所示为撞击折回并环形回转式油水分离器的结构原理图。气流以一定的速度进入分离器，先受挡板阻挡折向下方，然

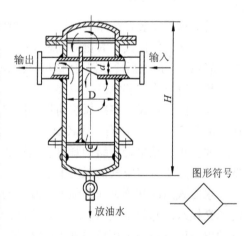

图 12 - 5　撞击折回并环行回转式油水分离器

后又上升产生环形回转，这样凝聚在压缩空气中的水滴、油滴及其他杂质颗粒受惯性的作用，沉降于分离器底部，由排水阀定期排出。要得到较好的油水分离效果，应控制气流回转后的上升速度，在低压时不超过 1 m/s，中压时不超过 0.5 m/s，高压时不超过 0.3 m/s。因而对一般低压气动系统来说，由流量连续方程 $Q_v = \dfrac{\pi}{4}d^2 v_1 = \dfrac{\pi}{4}D^2 v_2 \leqslant \dfrac{\pi}{4}D^2 \times 1$ 可得油水分离器内径 D 的计算式为：

$$D \geqslant \sqrt{v_1 \cdot d}$$

式中：Q_v——输入口气体流量，m^3/s；

$\quad\quad d$——分离器输入口管径，m；

$\quad\quad v_1$——气体输入流速，m/s；

$\quad\quad D$——油水分离器内径，m；

$\quad\quad v_2$——在分离器内气体回转上升的速度，m/s(取 1 m/s)。

撞击折回并环形回转式油水分离器的分离效果一般，但制造和运行成本较低。

12.3.4 贮气罐

贮气罐的主要作用有以下几方面：

①贮存一定量的压缩空气，调节空压机输出与气动系统耗气量之间的不平衡现象，消除压力脉动，确保连续、稳定的气流输出。

②当突然停机、停电等意外发生时，提供一定量的压缩空气确保实施应急处理。

③使压缩空气在罐内自然降温冷却，进一步分离压缩空气中的水分、油分等杂质。

设计和选用贮气罐，主要是确定贮气罐的容积，容积不宜过小。要从以下两个方面来考虑确定贮气罐的容积。

首先，要考虑应急用气时，气罐中的贮气量应能确保停气后维持气动系统工作一段时间，则贮气罐容积 $V(m^3)$ 应为：

$$V \geqslant \frac{p_a Q_{max} t}{p_1 - p_2} \tag{12-3}$$

式中：p_a——大气压力，MPa；

$\quad\quad p_1$——突然停电时贮气罐内已有的空气压力，MPa；

$\quad\quad p_2$——气动系统允许的最低工作压力，MPa；

$\quad\quad t$——停电后气动系统需要维持的工作时间，min；

$\quad\quad Q_{max}$——气动系统的最大耗气量(ANR)，m^3/min。

其次，若空压机是按气动系统的平均耗气量选定的，在一个工作周期内，当系统的耗气量大于空压机的供气量时，气罐要向系统供气，以补偿空压机供气量不足的部分，同时还要让系统压力脉动不能过大。所以贮气罐容积 $V(m^3)$ 可由下式计算。

$$V \geqslant \frac{(Q_v - Q_{v0})p_a t}{p_1 - p_2} \tag{12-4}$$

式中：Q_v——气动系统的耗气量(ANR)，m^3/min；

$\quad\quad Q_{v0}$——空压机的供气量(ANR)，m^3/min；

p_1——贮气罐内气体可以达到的最大压力，MPa；

p_2——贮气罐内气体允许达到的最低压力，MPa；

p_a——大气压力，MPa；

t——气动系统的工作周期，min。

最后，要根据以上两个公式计算的结果，取最大值来确定贮气罐的容积。

图 12 - 6 所示为常用的立式贮气罐，其高度一般为内径的 2 ~ 3 倍，进气管 1 必须在下，出气管 4 在上，且两者的距离应尽可能大。为了满足贮气罐的功能和安全，必须设置安全阀 2、压力表 3、清洗、检查操作孔及在最低处安装排放油水的管阀 6，要定时排放污水。

贮气罐属于压力容器，其设计、制造和使用要遵守国家有关压力容器的规定，必须进行 1.5 倍工作压力的耐压(水压)实验，并获得有关部门的合格证书。

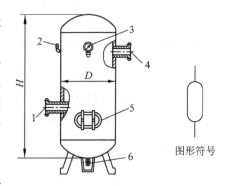

图 12 - 6 立式贮气罐

1—进气管口；2—安全阀；3—压力表；
4—出气管口；5—检查孔盖；6—排水阀

12.3.5 空气干燥器

经过后冷却器、油水分离器和贮气罐的初步处理后，压缩空气中仍含有一定量的水分，只要遇到低于其露点温度场合，还会析出水滴，影响气动系统的正常运转。对压缩空气品质要求较高系统，必须进一步清除这些水分，这就是空气干燥器的作用。空气干燥的方法有冷冻法、吸附法、高分子隔膜析出法和气动涡流法等不同形式。

(1)冷冻式空气干燥器

如图 12 - 7 所示。湿压缩空气先流入热交换器 3 的外筒，经蛇形管中的干冷空气预冷后，进入冷却器 2 的外筒，再被冷却管中的制冷剂冷冻至 2 ~ 5℃。在此过程中有大量的水分析出并经自动排水器排出。除湿后的干冷空气流入热交换器的蛇形管中，可对输入空气进行预冷的同时，又提高了自身的温度。这样不仅避免输出口结霜，也降低了输出干空气的相对湿度。只要以后系统的工作温度不低于冷冻的温度，压缩空气中就不再会有水滴析出。制冷机的作用是将气态的制冷剂压缩成液态，经过滤、干燥后送入毛细管或膨胀阀中膨胀汽化，在冷却器中对热空气进行冷却后再进入制冷机，以重复上述循环。

选用冷冻式干燥器时，主要是确定干燥器的额定空气处理量(指干燥器

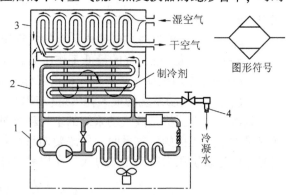

图 12 - 7 冷冻式干燥器的工作原理图

1—制冷机；2—冷却器；3—热交换器；
4—自动排水器

在某一标准工况下的空气处理量），使其满足气动系统所需的空气处理量。可按式(12-5)计算。

$$Q_v \geq k_1 k_2 k_3 k_4 Q_{vo} \tag{12-5}$$

式中：k_1——压力露点修正系数；

　　　k_2——输入空气温度修正系数；

　　　k_3——输入空气压力修正系数；

　　　k_4——环境温度修正系数；

　　　Q_v——干燥器的额定空气处理量（ANR），m^3/min；

　　　Q_{vo}——系统所需的空气处理量（ANR），m^3/min。

不同型号的冷冻式干燥器，有不同的修正系数，可根据产品说明书来选择。

冷冻式干燥器的除湿效果较好，适用于空气处理量大，但露点温度不是太低的场合。进气温度应控制在40℃以下，超过此温度时，可在干燥器前设置冷却器。进气压力不应低于干燥器的额定工作压力，环境温度不宜超过35℃。

（2）吸附式干燥器

吸附式干燥器是利用具有吸附水分性能的吸附剂（如硅胶、铝胶、分子筛、焦炭等）来吸附压缩空气中的水分而使其干燥的一种空气处理装置。当吸附剂吸附的水分达到饱和状态后，就不能继续吸附水分，为了能使吸附式干燥器连续工作，就必须去掉吸附剂中的水分，使其恢复吸附功能，这就是吸附剂再生（亦称脱附）。吸附剂的再生方法有加热再生和无热再生两种。加热再生需要外加热源，整个设备和过程都比较复杂，因此其应用受到一定程度的限制。

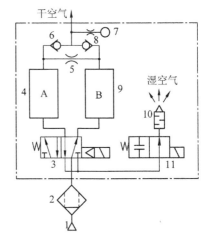

图 12－8　无热再生式干燥器

1—气源；2—油雾分离器；3—二位五通换向阀；
4、9—干燥桶；5—节流阀；6、8—单向阀；
7—验湿器；10—消声器；11—二位二通换向阀

无热再生式空气干燥器是利用吸附剂的变压吸附的特性（高压时吸附水分多，低压时吸附的水分少）来工作的。图 12－8 是无热再生吸附式空气干燥器的工作原理图。在两个相同的干燥筒 A 和 B 中都填充了吸附剂，经油雾分离器 2 除去了油雾后的压缩空气，通过二位五通阀 3，从干燥筒 B 的底部流入，经过 B 筒内的吸附剂层，流到上部，吸附剂在压缩空气的压力下，处于高压状态，空气中的水分被吸附剂层吸收而得到干燥，干燥后的压缩空气流出 B 筒，大部分经单向阀 8 从输出口输出，供系统使用；同时约 10%～20% 的干压缩空气经节流阀 5 从干燥筒 A 的顶部流入，因 A 筒通过二位五通阀 3、二位二通阀 11 及消声器 10 与大气相通，故这部分干压缩空气迅速减压并流过 A 筒，A 筒里原先吸附了水分，且已达饱和的吸附剂层中的水分在低压下脱附，随这部分气流经 3、11 两阀及消声器 10 排至大气，从而实现了不需加热使吸附剂再生的目的。定时器切换二位五通阀3(周期为5~10 min)，使A、B轮换进行吸附和脱附的状态，从而可实现连续输出干燥空气的目的。二位二通阀11的作用是使再生筒(A或B)在转换到吸附工作前预先充压，防止因工作切换而使输出流量波动过大。用消声器10消除排气时的噪声。验湿器7可定性显示输出空气的露点温度。

吸附式干燥器在使用时，应在其进气管道上安装油雾分离器2，以减少空气中的油分进入干燥器桶4，避免油污黏附在吸附剂上，降低吸附剂的吸湿能力，加速吸附剂的老化，即产生所谓"油中毒"现象。另外还应在吸附式干燥器的输出端，安装精密的空气过滤器，以防止吸附剂在不断的使用过程中产生的碎末混入输出的压缩空气中。干燥桶4、9用到规定时间，应全部更换吸附剂。此外，须注意的是，干燥器也属于压力容器，必须按有关规定设计、检验和使用。

吸附式干燥器，体积小、重量轻、易维护，大气压露点可达-50~-30℃，但空气处理量小，适用于空气处理量不大、干燥程度要求较高的场合。

12.3.6 空气过滤器

对空气的过滤是气动系统中的一个重要环节，不同的场合对压缩空气的过滤要求也不相同。过滤器的种类很多，要根据不同的使用目的，选择不同的过滤器。表12-4列出了常用气动元件对气源过滤精度的要求。

表12-4 不同元件对气源过滤精度的要求

元件名称	要求杂质的颗粒平均直径/μm
气缸、膜片式和截止式气动元件	≤50
气动马达	≤25
一般气动仪表	≤20
气动轴承、射流元件、硬配滑阀、气动传感器、气动量仪等	≤5

(1)分水过滤器(分水滤气器)

图12-9为普通型分水过滤器的结构原理图。压缩空气从输入口进入后，经导流片1(旋风叶子)引入积水杯2，导流片使空气沿切线方向强烈旋转，空气中的水滴、油滴和颗粒较大的固体杂质在离心力的作用下，被甩到积水杯的内壁上，在与积水杯内壁碰撞、摩擦的过程中，逐渐沉降并积存到杯底；空气再经滤芯3，进一步滤除更微小的固态杂质，从出口输出的就是清洁的压缩空气。挡水板4的作用是防止积存在杯底的污水被旋转的气流卷起再次混入气流。定时打开排水阀5便可放掉积水杯底的污水。积水杯一般用透明的高强度树脂材料制成，便于观察过滤器的工作情况、污水高度、滤芯的污染程度等。

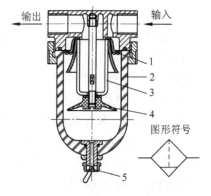

输出   输入

图形符号

图12-9 普通型分水过滤器
1—导流片；2—积水杯；3—滤芯；
4—挡水板；5—手动放水阀

为了防止损坏，积水杯外应安装金属防护罩。滤芯的材料有金属(青铜、不锈钢等)和树脂的烧结体，也有金属网及树脂、纤维构成的层状复合材料。金属铜颗粒的烧结体制成的滤芯强度好、可清洗、能重复使用，所以使用较多。

分水过滤器的主要性能指标有流量特性、分水效率和过滤精度等。

①流量特性：指在一定的进气压力下，元件进出口两端的压力降与流过元件的空气流量之间的关系。在相同的流量和压力下，压力降越小，说明流动阻力小，流量特性好。通常，压力降随流量增大而增加。在实际应用中，最好选用在最大流量时，压力降不超过 0.05 MPa 的过滤器。

②分水效率：指被分离掉的水量与输入空气中含水量的比值(%)，表示过滤器的分水能力。一般要求分水效率要在 80% 以上。

③过滤精度：指过滤器的滤芯能够滤除的最小微粒的最大直径，有过滤精度为5 μm、10 μm、25 μm和40μm 等不同规格的滤芯，要按对空气品质的要求来选用滤芯。一般常用滤芯的过滤精度为 5 μm。

分水过滤器主要用于除去压缩空气中的固态杂质、水滴和油滴等，它不能除去气态的油、水及其他气体杂质。因此，分水过滤器应安装在空气被干燥处理之后，尽量靠近用气元件。要定期排放污水和检查滤芯堵塞情况，若压力降大于 0.05 MPa，需清洗或更换滤芯。污水不得超过挡水板，若安装位置不便于工人放水和观察，应使用有自动排水器的分水过滤器。

(2) 油雾分离器(微过滤器、除油器)

因悬浮在压缩空气中的微小气状溶胶油粒子(2 ~ 3 μm)，很难附着于一般固体滤芯的表面，不能用分水过滤器过滤，需要使用带凝聚式滤芯的油雾分离器。

图 12 - 10 所示为一种凝聚式油雾分离器，其滤芯的工作原理如图 12 - 11 所示。含有油雾的压缩空气从输入口进入滤芯内侧再流到外侧，在通过凝聚式滤芯的纤维层时，

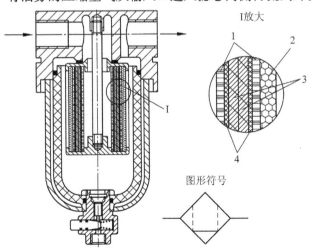

图 12 - 10　油雾分离器
1—多孔金属板；2—纤维层(0.3 μm)；3—泡沫塑料；4—过滤纸

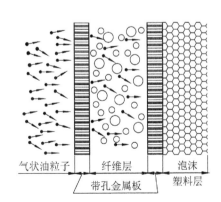

图 12 - 11　凝聚式滤芯的工作原理

微小的气态油粒子因布朗运动，粒子之间或粒子与纤维之间发生碰撞，逐渐聚合成较大的油滴而凝聚在特殊泡沫塑料层表面，在重力作用下沉降到杯底，然后由排污机构排出。

凝聚式滤芯通常用与油脂亲和性较好的材料（如玻璃纤维、纤维素和陶瓷等）制成。过滤精度有 1 μm、0.3 μm、0.01 μm 等几种规格。由于过滤颗粒很小，滤芯容易被堵塞，且不能除去大量的水分，所以，油雾分离器应紧接在分水过滤器之后。使用时要注意流量、压降不能过大，以免油滴被再次雾化。

另外，还有一些特殊用途的过滤器，如在食品、医药等行业中使用的除菌过滤器、除臭过滤器等，它们的结构原理与其他过滤器基本相同，只是使用了特殊的滤芯。

12.4 其他辅助装置

12.4.1 油雾器

许多气动元件（如各类气缸、控制阀等），内部有相互滑动零部件，需要进行润滑。但元件中相互滑动零部件常构成密封的工作气室，所以，不能用普通的方法注入润滑油。油雾器就是设置在管路中一种特殊的注油装置，它能将液态的润滑油雾化后混入压缩空气，并随气流输送到需要润滑的部位。

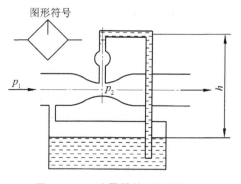

图 12 - 12 油雾器的工作原理

油雾器的工作原理如图 12 - 12 所示。当压力为 p_1 的气流通过文氏管后压力降为 p_2，在 p_1 和 p_2 的压力差的作用下，油被吸起到吸管的上出口，再被主管道中的高速气流引射出来，雾化后随气流输出。

油雾器有多种结构形式，按油雾粒径可分为普通型和微雾型；按节流方式分为固定节流式和可变节流式。按给油方式又可分为差压式和强制式。

普通型油雾器也称全量型油雾器，它把雾化后的全部油雾随压缩空气输出，由于油雾粒径较大（20~35 μm），故其输送的距离有限（一般不超过 5 m）。微雾型油雾器也称选择型油雾器，它只选择把粒径为 2~3 μm 的油雾粒子随压缩空气输出，对较大的油雾粒子进行二次雾化。由于输出油雾粒子较小，所以输送中不易附壁，输送距离较远。

在一般气动系统应用较广泛的是普通型固定节流式油雾器，其结构原理如图 12 - 13 所示。立杆 1 下部孔道为加压通道，其开口小孔 a 正对油雾器的输入口，上部孔道为喷油通道，其开口小孔 b 正对油雾器的输出口。当压缩空气从输入口进入，其中大部分经主管道输出。一小部分气流进入立杆的小孔 a，通过加压孔道经截止阀 2 进入油杯 3 的上腔 c，使油面受压。由于气流高速流动，立杆上小孔 b 周围的压力低于 c 腔油面所受压力。在此压力差作用下，润滑油通过吸油管 4，顶开单向阀 5，经节流阀 6 调节，以调定的流量滴落到视油器 7 内。再经立杆上部孔道被主管道中的高速气流从 b 孔引射出来，雾化后混入气流一同输出。

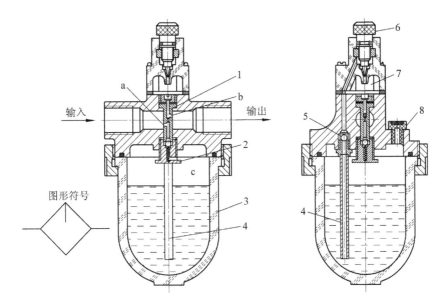

图 12 - 13　普通型分油雾器

1—立杆；2—截止阀；3—油杯；4—吸油管；5—单向阀；6—节流阀；7—视油器；8—油塞

　　因节流阀的开度不能随空气流量的变化自动调节滴油量，所以这种固定节流式油雾器输出的油雾浓度随空气流量的变化而变化，不能保持基本恒定。

　　截止阀 2 保证了这种油雾器可实现不停气加油。其原理如图 12 - 14 所示。

　　当无气流输入时，弹簧顶起钢球封住加压孔道，如图 12 - 14(a)所示。正常工作时，从加压孔道来的压缩空气推开钢球。选用适当刚度的弹簧，能使钢球在上、下空气压力及弹簧力的作用下处于中间位置[图 12 - 14(b)]，截止阀处于打开状态。加压气流可不断地进入 c 腔，对油面加压。当需要加油时，拧开油塞 8，让油杯 c 腔的压缩空气经油塞排出，钢球下部所受气压消失，钢球被压下[图 12 - 14(c)]，截止阀处于关闭状态，压缩空气不能进入杯内，此外由于单向阀 5 的作用，压缩空气也不能从吸管 4 倒流到油杯中，所以可在不停气的情况下，从油塞口往油杯加油。加油完毕后，旋紧油塞，由于截止阀有少许漏气，c 腔压力逐渐上升，直至钢球恢复到图 12 - 14(b)所示位置，油雾器重新开始工作。但是上述过程必须在气源压力大于一定数值时才能实现，否

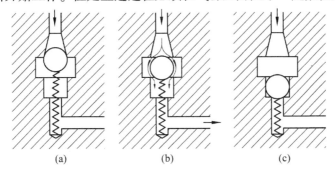

图 12 - 14　截止阀的作用

(a)不工作状态；(b)工作状态；(c)加油状态

则会因截止阀关闭不严，压缩空气大量进入杯内，使油液从油塞口喷出。油塞的螺纹部位开有半截小孔，在拧开油塞的过程中，油杯中的压缩空气逐渐排出，不致造成油、气喷出。

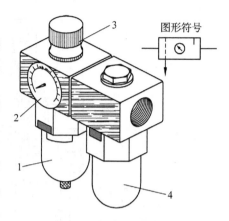

图 12 – 15　气动三联件
1—分水过滤器；2—压力表；
3—减压阀；4—油雾器

在气动系统中，常将分水过滤器、减压阀和油雾器组合在一起使用，组成气源调节装置，通常称为气动三联件。气动三联件的连接顺序为：分水过滤器 1→减压阀 3→油雾器 4，连接顺序不能颠倒，图 12 – 15 为其外形图及图形符号。三联件插装在同一支架上，已实现了模块式无管化连接，油雾器 4 的主要性能参数有流量特性、起雾流量、油雾粒径、最低不停气加油压力等。

① 流量特性：指在输入压力一定的条件下，输出流量与进出口压力降之间的关系。在相同的流量和压力下，压力降越小，说明流动阻力小，流量特性好。

② 起雾流量：指在输入压力一定，油杯中油位处于正常工作油位的条件下，滴油量约为每分钟 5 滴(节流阀处于全开状态)时，起雾所需的最小空气流量。起雾流量与润滑油的种类、环境温度、工作压力、油位和油路阻力有关，在相同条件下，起雾流量越低，说明润滑油在小流量工作时雾化性能越好。

③ 油雾粒径：指在压力和输油量一定的情况下，油雾中油粒子的大小。

在使用油雾器时应注意：要选用对密封材料硬化、软化影响较小的润滑油。油雾器进出口方向不得接反。杯内油位应处于规定的上下限之间，油位过低会导致吸油管吸不到油，过高则会导致气流直接带走过多润滑油，造成油液沉积。油雾器应尽量靠近需要润滑的气动元件。

12.4.2　消声器

气动系统通常不设排气回路，使用后的压缩空气经换向阀直接排向大气，由于余压很高，阀内气路复杂又狭窄，压缩空气以接近声速的速度排出，空气体积的急剧的膨胀和压力的变动，会产生极大噪声(有时可达 100～120 dB)。消声器就是通过阻尼或降低排气速度等方法来降低噪声的元件。阀用消声器一般采用螺纹连接，直接安装在阀的排气口上。对于集成式连接的控制阀，消声器则安装在底板的排气口上。在自动生产线中，也可把各阀的排气口用管道接到总排气管集中排气。消声器主要类型有吸收型、膨胀干涉型和膨胀干涉吸收型。

(1)吸收型消声器

如图 12 – 16 所示，是一种常见的阀用吸收型消声器。当压缩空气通过多孔吸声材料制成的消声罩时，气流受阻，摩擦使气体的部分压力能转化为热能，从而减少排气噪声。吸收型消声器结构简单，具有良好的吸收中、高频噪声的性能，一般可降低噪声

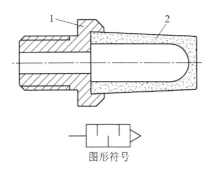

图形符号

图 12 – 16 吸收型消声器
1—接头；2—吸声罩

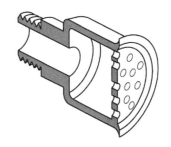

图 12 – 17 膨胀干涉型消声器

25 dB 以上，但排气阻力较大。吸声材料大多使用聚氯乙烯纤维、玻璃纤维、烧结铜珠等。消声罩要及时清洗，以免背压过大，影响控制阀的动作。

(2)膨胀干涉型消声器

如图 12 – 17 所示，它相当于一段直径比排气孔径大得多的管件。气流流过时在里面膨胀、扩散、碰撞、反射，互相干涉而减弱噪声强度，最后从孔径较大的多孔外壳排入大气。这种消声器结构非常简单，排气阻力小，但体积较大。可消除中、低频噪声。主要用于集中排气的总排气管上。

(3)膨胀干涉吸收型(又称混合型)

这种消声器是前两种的组合应用，如图 12 – 18 所示，气流由斜孔引入，在 A 室扩散、减速、碰壁后被反射至 B 室，在 B 室气流相互碰撞、干涉，能量被消耗，速度进一步降低，再经吸声材料制成的内壁吸声后排入大气。这类消声器消声效果好，低频可降低 20 dB，高频可降 45 dB。但结构相对复杂、体积较大、排气阻力较大。宜用在集中排气的总排气管上。

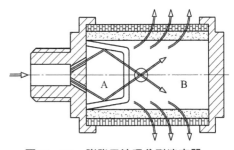

图 12 – 18 膨胀干涉吸收型消声器

12.5 管路系统布置

管路系统是气动系统的动脉，它承担着连接各个气动装置，并向它们输送压缩空气的任务。气动系统的管路主要有空压站内的气源管道、厂区供气的主管道和车间内用气的干线管道等。管路系统的设计主要考虑满足气动系统对压缩空气的压力、流量和质量的要求，同时还要考虑系统的可靠性和经济性等各个方面的因素。

12.5.1 选择管路供气系统的供气方式

在不同车间(或厂区)的气动系统中，各气动设备对压缩空气的压力和质量的要求不尽相同。因此要结合实际情况来合理地选择不同形式的管路供气系统。

(1)按供气压力要求来考虑，有以下几种情况

①当气动设备有多种压力要求，但用气量都不大时，应采用降压管路供气系统，即根据最大供气压力，设计单一压力的管路供气系统。对个别用气压力低的设备，可利用减压阀来满足。

②当气动设备有多种压力要求，且用气量都比较大时，要采用多种压力管路供气系统，即根据供气压力大小和使用设备的位置，设计几种不同压力的管路供气系统。分别满足不同设备的需要。

③当气动设备有多种压力要求，但大多数设备为低压装置时，采用管路供气与高压瓶供气相结合的供气系统，即根据低压供气要求设计管路供气系统，而用高压瓶为少量的高压气动设备供应高压空气。

(2)按供气质量要求来考虑

当气动设备对空气质量有不同要求时，应分别设计一套一般供气系统和一套洁净供气系统。若气动系统对洁净空气用量不大，可只设计一套一般供气系统，再单独设置小型净化干燥装置解决少量洁净压缩空气的需要。

12.5.2　多种管网供气系统的选择

除了要满足气动系统对压缩空气的要求外，还应从供气的可靠性和经济性来考虑如何选择和设计不同管网供气系统。图 12 - 19 所示为三种常见的管网供气系统。其中图 12 - 19(a)为单树枝状管网供气系统，其特点是简单、经济性好，但可靠性差。多用于间断供气。图 12 - 19(b)为环状管网供气系统，其特点是可靠性好、压力稳定、阻力损失小。检修时关闭某一支路的截止阀，不影响其他支路的工作。但投资较大。图 12 - 19(c)为双树枝状管网供气系统，这种管网供气系统相当于两套单树枝状管网供气系统，因此可靠性较好。当关闭一套系统进行检修时，另一套仍然可以继续工作，故可以保证连续供气。

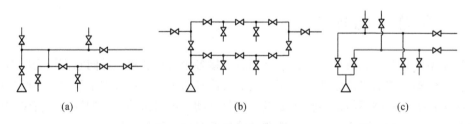

(a)　　　　　　　　　(b)　　　　　　　　　(c)

图 12 - 19　管网系统

(a)单树枝状管网；(b)环形管网；(c)双树枝状管网

12.5.3　管路布置和安装

布置和安装压缩空气管路要根据现场实际情况来布置，尽量考虑与其他管线（如水管、煤气管、暖气管和电线等）统一协调布置。车间内的干线管道应沿墙或柱子架空铺设，高度不应妨碍通行，且还要便于检修。

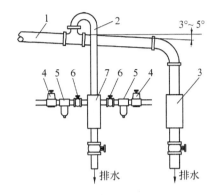

图 12 – 20　管道的布置示意图
1—主干管道；2—支线管道；3—集水器；4—减压阀；
5—过滤器；6—截止阀；7—空气分配器

如图 12 – 20 所示，干线管道应顺气流流动的方向向下倾斜 3°~5°，以利管道中的冷凝水能顺管道流出；在干线 1 及支线管道 2 的终点（最低点）应设置集水器 3，以便定期排放污水、污物；为了避免干线管道 1 中的冷凝水进入支线管道 2，支线管道 2 必须在主干管道 1 上部采用大角度拐弯引出；在离地面 1.2~1.5 m 处接空气分配器 7，在空气分配器两侧接分支管线引入用气设备，空气分配器下部要设置集水排污装置。

另外在设置长距离管道时，应考虑热胀冷缩，在管线上设计 Ω 形或其他形式的伸缩节。主管道的入口处要设置主过滤器 5，从分支管路到气动设备都应设置独立的过滤器 5 或三联件。还要特别注意的是，从各个排污装置排出的污水应设置统一管道集中处理后排放，以免造成二次污染。

本章小结

通过本章的学习，要求了解气源系统的组成；常用气源及辅助装置的作用以及工作原理、主要性能参数及其计算；了解管路系统布置与设计应考虑的主要因素和参数；为气动系统选用气源及辅助装置打下基础。

空气压缩机(简称空压机)是气源系统的核心设备，其作用是将原动机输出的机械能转换成为气体的压力能。气压传动中常用的是活塞式空气压缩机，其工作原理与柱塞式液压泵类似。选用空压机的两个最重要的参数是空压机输出的压力 p_c 和输出流量 Q_v，空压机输出的压力 p_c 必须保证满足气动系统的工作压力的要求，空压机的输出流量 Q_v 必须保证系统工作所需的耗气量的要求。

空压机中输出的压缩空气必须经过各种净化处理后才能使用。有些气动系统的排气也要经过处理后才能排放。气源净化处理装置种类很多，本章只对几种常用的装置作了介绍，学习的重点在于对各种装置的作用、工作原理、主要性能参数装置的了解和掌握。为不同气动系统正确地选用辅助元件奠定基础。

管路系统的要满足气动系统对压缩空气的压力、流量和质量的要求，另外还要考虑其可靠性和经济性等各个方面。管路系统的设计主要是管路系统的布置和管路系统的计算。其中管路系统的布置主要考虑的内容有：系统的供气方式、管网类型和管路布置和安装。

思考题

1. 叙述气源系统的组成及各装置的主要作用。
2. 简述活塞式空气压缩机的工作原理，如何计算选择空气压缩机？
3. 压缩空气的主要污染源有哪几类？为什么要净化处理压缩空气？
4. 简述油水分离器的工作原理和分水过滤器的工作原理。
5. 说明油雾器的工作过程及其特殊截止阀的作用。
6. 为什么设置了油水分离器，又设置油雾器？
7. 为什么要设置后冷却器？为什么要设置空气干燥器？
8. 吸附式干燥器输出口为什么要设置安装精密的空气过滤器？如何防止"油中毒"？
9. 贮气罐的主要作用有哪些？如何确定贮气罐的容积？
10. 气动三联件主要有哪些气动元件组成？它们的连接顺序是什么？为何不能颠倒？

第 13 章

气动执行元件

[**本章提要**]

与液压执行元件类似，气动执行元件是将压缩空气的压力能转换为机械能用以驱动机构运动的元件，有做往复直线运动的气缸、做连续旋转运动的气动马达和在一定角度范围内做摆动运动的摆动气缸。本章主要讨论了气缸的分类、几种特殊气缸和气动马达的工作原理及性能参数，常用普通气缸主要参数的设计和选用。

13.1　气缸的工作原理及分类

13.2　普通气缸的设计和选用

13.3　气动马达

13.1　气缸的工作原理及分类

13.1.1　气缸的分类

气缸是做往复直线运动和输出推力或拉力的气动执行元件，是气动控制系统中使用最多的执行元件。气缸的种类繁多，其分类方式也很多，常用的分类方法见表 13-1 所列。

表 13-1　气缸的分类

分类依据	类别及主要特点
按受压部件的结构形式分类	· 活塞式气缸：压缩空气作用在活塞上，驱使活塞做往复运动 · 薄膜式气缸：一种无活塞气缸，压缩空气推动非金属膜片推动活塞杆做往复运动。这种气缸无摩擦力，但行程较短
按压缩空气对活塞的作用方向分类	· 单作用气缸：压缩空气只驱动活塞向一个方向运动，活塞的复位需借助弹簧力、重力等外力完成 · 双作用气缸：活塞的往复运动均由压缩空气驱动完成
按活塞杆数目分类	· 单活塞杆型气缸：只在活塞的一端有活塞杆，活塞两侧压缩空气的作用面积不等，相同的空气压力可使活塞杆伸出时的推力大于缩回时的拉力。单活塞杆型是各类气缸中应用最广泛的一种形式 · 双活塞杆型气缸：活塞的两端均有活塞杆，活塞两侧压缩空气的作用面积一般相等，相同的空气压力可使活塞杆往复运动时输出的力相等
按气缸的安装形式分类	· 固定式气缸：缸体安装在机体上固定不动，有耳座式、凸缘式和法兰式 · 轴销式气缸：缸体围绕一固定轴可做一定角度的摆动 · 回转式气缸：缸体固定在机床主轴上，可随机床主轴作高速旋转运动。这种气缸常用于机床上气动卡盘中，以实现工件的自动装卡 · 嵌入式气缸：气缸做在夹具本体内
按气缸的规格尺寸分类	· 微型气缸：缸筒内径在 2.5～6mm 之间 · 小型气缸：缸筒内径在 8～25mm 之间 · 中型气缸：缸筒内径在 32～320mm 之间 · 大型气缸：缸筒内径大于 320mm
按气缸的功能分类	· 普通气缸：包括单作用式和双作用式气缸，常用于无特殊要求的场合 · 缓冲气缸：气缸的一端或两端带有缓冲装置，以防止和减轻活塞运动到终点时对气缸端盖的冲击 · 气—液阻尼缸：气缸与液压缸组合成一体，通过控制气缸来控制液压缸活塞的运动速度，并获得相对稳定的速度 · 摆动气缸：可在一定角度范围内往复绕轴线回转 · 冲击气缸：以活塞杆高速运动形成冲击力的一种高能气缸 · 步进气缸：可按给定的数字控制信号，使活塞杆伸出到所需相应位置 · 伸缩式气缸：又称套筒式气缸，它由两个或多个活塞式气缸套装而成，可以获得较长的工作行程

13.1.2 几种特殊气缸的工作原理

多数气缸的工作原理与同类液压缸类似。以下仅介绍几种常用的特殊气缸的工作原理。

(1)气-液阻尼缸

由于空气是具有可压缩性的介质,若外载荷变化较大,纯气动的气缸工作时容易产生"爬行"或自走现象。与液压执行元件相比,气压执行元件在速度控制、定位,抗负载等方面性能较差。在运动稳定性要求较高的场合,常用气动–液压联合装置来满足使用要求。

气-液阻尼缸就是由气缸和液压缸组合而成的一种气动–液压联合执行元件,它是以压缩空气为能源,利用了液压油的不可压缩性,通过控制液体流量来调节活塞运动速度从而获得活塞的平稳运动。

图 13 –1 所示为一种串联式气-液阻尼缸的工作原理图,它是将气缸 1 与液压缸 2 串联在一起的一个整体,两缸的活塞固定在一根活塞杆上。若压缩空气由 A 口进入气缸左腔,通过驱动气缸活塞向右运动同时也推动液压缸活塞向右运动,此时液压缸右腔油液由 D 口经节流阀 3 和 C 口进入液压缸左腔,节流阀起到阻尼作用,调节节流阀的开度,便可改变活塞杆外伸的速度;反之,压缩空气由 B 口进入气缸右腔,两活塞向左移动,液压缸左腔液压油由 C 口经单向阀 4 和 D 口流到液压缸右腔,不经节流阻尼,故活塞杆可快速缩回。单向阀 5 的作

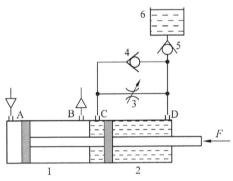

图 13 –1 串联式气-液阻尼缸的工作原理图
1—气缸;2—液压缸;3—节流阀
4、5—单向阀;6—高位油箱

用是将液压油封闭在液压缸内,高位油箱 6 用于补充因泄漏而损失的液压油。

与普通的气缸相比,气-液阻尼缸传动平稳,定位精确高、噪声小,与液压缸相比,它不需要液压油源,经济性好。所以,它同时具有气动和液压两者的优点,因此得到了广泛的应用。

(2)摆动式气缸

摆动气缸的作用是将压缩空气的压力能转变成气缸输出轴的摆动机械能。它多用于安装位置受到限制或转动角度小于 360°的回转工作部件,例如夹具的回转、阀门的开启、转塔车床转塔的转位以及自动线上物料的转位等场合。

①叶片式摆动气缸:图 13 –2 为单叶片式和双叶片式两种叶片式摆动气缸的工作原理图。其结构中的挡块 4 与缸体 1 固定在一起;叶片 2 和转轴 3(输出轴)固定在一起。当压缩空气进入叶片一侧(图中 a 腔)时,另一侧(图中 b 腔)则与大气相通,叶片所受

高压气体的作用力对转轴 3 形成一个顺时针的力矩，在克服了摩擦等阻力后可使转轴顺时针转动并输出相应转矩，改变进、排气方向，转子可逆时针转动。这种气缸的耗气量一般都较大，其输出的转矩和角速度的特性与摆动液压缸类似。在同样空气压力下，相同尺寸规格的双叶片式摆动气缸输出的力矩是单叶片式的 2 倍，摆动的角度是单叶片式的 1/2。双叶片式摆动气缸受力是平衡的。

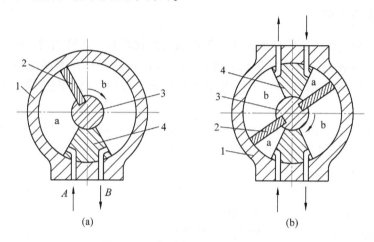

图 13 – 2　摆动气缸的工作原理图

（a）单叶片式；（b）双叶片式

1—缸体；2—叶片；3—转轴；4—挡块

②齿轮齿条式摆动气缸：齿轮齿条式摆动缸是通过齿轮、齿条传动将气缸活塞的往复直线运动变成往复摆动的一种执行元件。有单齿条式和双齿条式两种，其齿条可用纯气缸驱动，也可用气-液阻尼缸驱动。图 13 – 3 所示为单齿条气-液阻尼缓冲式摆动缸的

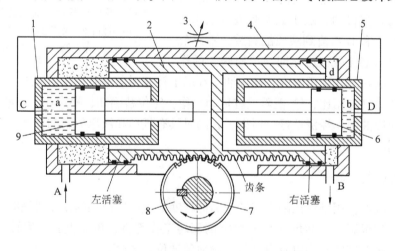

图 13 – 3　齿轮齿条式摆动缸的工作原理图

1、5—阻尼液压缸；2—齿条活塞体；3—节流阀；4—气缸体

6、9—液压缸活塞；7—齿轮轴；8—齿轮

结构原理图。它是由带有缓冲液压缸的齿轮齿条气缸组成，其齿条活塞体 2 是由左、右活塞与齿条构成的一个整体；气缸体的左、右两端有阻尼液压缸 1、5（起缓冲作用），两液压缸的无杆腔 a、b 通过节流阀 3 连通。当压缩空气从 A 口进入 c 腔，d 腔经 B 口排气时，齿条活塞体 2 向右移动，齿条带动齿轮 8 使齿轮轴 7 输出顺时针转动。当齿条活塞的中间挡板触及右缓冲液压缸 5 的活塞杆时，活塞 6 右移，迫使 b 腔油液通过 D 口过节流阀 3 缓慢流到 C 口进入缓冲液压缸 1 的 a 腔，从而使齿轮轴 7 的转动得到缓冲。调节节流阀 3 的开度，便可调节缓冲效果。若压缩空气由 B 口进气、A 口排气，则齿轮轴可逆时针转动。该摆动缸用了气-液阻尼缓冲缸，故可用于运动机构惯性大，要求运动平稳的场合。

（3）薄膜式气缸

图 13 - 4 为薄膜气缸结构示意图，它是一种利用压缩空气通过膜片推动活塞杆做往复直线运动的气缸。它由缸体、膜片、膜盘、活塞杆等主要零件组成，有单作用式，也有双作用式。

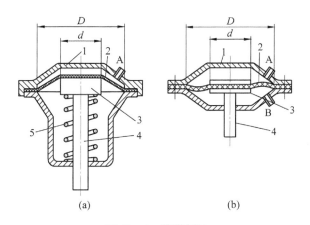

图 13 - 4　薄膜气缸
（a）单作用式；（b）双作用式
1—缸体；2—膜片；3—膜盘；4—活塞杆；5—弹簧

图 13 - 4(a)所示为单作用式薄膜气缸，当压缩气体由其 A 口进入到膜片 2 上侧时，膜片 2 受到高压气体的作用而变形，带动活塞杆 4 向下运动，当 A 口与大气压相通时，膜片依靠弹簧 5 复位。图 13 - 4(b)所示为双作用式薄膜气缸，其活塞的往复运动均靠压缩空气驱动。与活塞式气缸相比，膜片气缸没有密封件，没有活塞与缸体间的摩擦；工作元件是弹性膜片，由法兰式缸体夹持，具有良好的密封性、泄漏少。所以，这种气缸具有结构紧凑、简单；重量轻、维修方便、制造成本低、寿命长、效率高等特点。但由于膜片的变形量有限，活塞杆的行程较小，一般不超过 40 ~ 50 mm。如果为平膜片气缸，其行程有时只有几毫米。故这类气缸只适用于气动夹具、自动调节阀等短行程工作场合。一般来说薄膜气缸的行程 $L_{\max}$ 与缸径 D 之间的关系是：平膜片气缸为 $L_{\max} = (0.12 ~ 0.15)D$；盘形膜片气缸为 $L_{\max} = (0.20 ~ 0.25)D$。

（4）冲击气缸

冲击气缸能产生较大的冲击力，其工作
原理如图13-5所示。与普通气缸相比较，
冲击气缸的结构特点是缸体内增加了一个具
有一定容积的蓄能腔a以及一个带有喷嘴3
并具有排气小孔的中盖2，中盖2与缸体1固
结为一体，它和活塞4将缸体内腔分割成三
部分，即蓄能腔a、无杆腔b和有杆腔c。

冲击气缸的工作过程大致可分为三个
阶段。

第一阶段：气缸控制阀处于原始位置。
压缩空气由C口进入有杆腔c，蓄能腔a和
无杆腔b分别经A、B口通大气，此时活塞
上移并封住中盖的喷嘴。

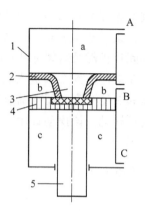

图13-5　冲击气缸的工作原理图
1—缸体；2—中盖；3—喷嘴；4—活塞；5—活塞杆
A—进气口；B—排气小孔；C—排气口

第二阶段：若控制阀换向，让压缩空气由A口进入蓄能腔a，同时控制C口排气时
间和速度并封住B口。开始时a腔气压只能通过喷嘴口的小面积（通常设计为活塞面积
的1/9）作用在活塞上方，其作用力还不能克服c腔的反向压力以及活塞与缸体间的摩
擦阻力，喷嘴仍然处于关闭状态，随着不断进气，a腔压力逐渐升高，与此同时c腔的
反向压力在逐渐减小。

第三阶段：当a腔储存的能量达到一定值时，作用在喷嘴口小面积上的总推力便能
克服c腔的反向压力以及活塞与缸体间的摩擦阻力，活塞向下移动，喷嘴口开启，聚集
在a腔的压缩空气将通过喷嘴口在瞬间喷入b腔，a腔积聚的压缩空气突然加到整个活
塞的有效面积上，喷嘴处的气流速度可达声速，喷入b腔的高速气流再进一步扩张，产
生冲击波，其阵面压力可高达气源压力的几倍到几十倍。由于对C口排气时间和速度
的控制，此时c腔的气压已经很小，于是活塞在很大的压差作用下加速向下运动，活塞
4、活塞杆5等运动部件将在瞬间达到很高的速度（约为同样条件下普通气缸速度的10～
15倍），以很高的动能冲击工件。一个内径230 mm、行程403 mm的冲击气缸可以产生
400～500 kN冲击力。

冲击气缸广泛地应用在锻造、冲孔、铆接、切割、破碎等各个方面。

13.2　普通气缸的设计和选用

普通气缸，一般指只有一个活塞和一个活塞杆的气缸，有单作用式和双作用式两
种，如图13-6所示，图中 D、d 分别为气缸活塞和活塞杆的直径，其结构与工作原理
类似于同类液压缸。与液压缸的设计过程类似，气缸的选用和设计，通常也是在获得工
作载荷及工作过程对气缸的输出力和行程等基本性能要求的条件下进行。

13.2.1　普通气缸基本性能参数的计算

（1）气缸输出力的计算

气缸输出的力有推力和拉力两种，气缸的输出力应能满足工作载荷的要求。普通气缸中，以图 13 – 6(a)所示的双作用单活塞杆式气缸的应用最为广泛。

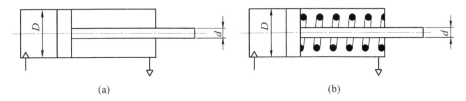

图 13 – 6　普通气缸的工作原理
(a)双作用单出杆气缸；(b)单作用单出杆气缸

①双作用气缸理论推力的计算。图 13 – 6(a)所示的双作用单出杆气缸输出推力的理论计算式为

$$F'_1 = A_1 p_1 - p_2 A_2 - F_f \pm ma \tag{13-1}$$

式中：F'_1——理论推力，N；

p_1——进气腔的工作气压，MPa；

p_2——排气腔的背压，MPa；

A_1——进气腔的有效面积，m²，$A_1 = \dfrac{\pi}{4} D^2$；

A_2——排气腔的有效面积，m²，$A_2 = \dfrac{\pi}{4}(D^2 - d^2)$；

F_f——摩擦阻力，N；

m——运动构件质量，kg；

a——运动构件加速度，m/s²。

由于惯性力的方向不确定，所以在式(13-1)中，惯性力 ma 前有正负号。当惯性力与出力方向相同时取正，反之取负。另外，气缸排气时，通常都要经消声处理后直接排入大气，即排气腔几乎直通大气，故排气背压 p_2 一般都很小。气缸一般都有润滑条件而且运动速度不大，故摩擦阻力、惯性力可忽略。所以，式(13-1)可改写成：

$$F'_1 = A_1 p_1 = \frac{\pi D^2}{4} p_1 \tag{13-2}$$

②双作用气缸实际推力的计算。由于泄漏、气体的可压缩性等实际因素的影响，活塞实际运动速度的变化比较复杂，摩擦力和惯性力的计算比较困难，工程中通常用负载效率来综合计入各种实际因素的影响。所以，在实际计算时，可用以下公式近似计算双作用气缸输出的推力。

$$F = (A_1 p_1)\eta = \frac{\pi}{4} D^2 \cdot p_1 \cdot \eta \tag{13-3}$$

式中：η——气缸的负载效率，一般取 $\eta = 0.8 \sim 0.9$。

其他符号含义同式(13-1)。

③双作用气缸拉力的计算。当图 13－6(a)所示普通双作用单出杆气缸的活塞杆缩回时，根据以上对推力的分析过程，它实际输出的拉力可按式(13-4)近似计算。

$$F = (A_2 p_1)\eta = \frac{\pi}{4}(D^2 - d^2) \cdot p_1 \cdot \eta \tag{13-4}$$

式中：符号含义同式(13-1)。

至于图 13－6(b)所示单作用式气缸，因它只是在活塞杆外伸时工作，复位则依靠弹簧或其他外力。故进入气缸的压缩空气除了要克服摩擦、惯性等阻力外，还要克服弹簧的反向阻力，所以，它的理论推力为

$$F = A_1 p_1 - (F_f \pm ma + L_0 k_s) \tag{13-5}$$

式中：L_0——活塞位移和弹簧预压缩量的总和；

k_s——弹簧刚度。

其他符号含义同式(13-1)。

(2)气缸输出速度的计算

由于进气腔和排气腔的压力的变化比较复杂，而且气体又具有可压缩性，因此，通常可按进气量的大小近似计算气缸输出的平均运动速度，即

$$v = \frac{Q}{A} \tag{13-6}$$

式中：v——气缸的输出的平均速度，m/s；

Q——压缩空气的体积流量，m³/s；

A——活塞的有效面积，m²。

在一般工作条件下，气缸平均速度约为 0.5m/s。

(3)气缸耗气量的计算

气缸的耗气量通常都换算成自由空气消耗量，对于图 13－6(a)所示的单出杆双作用式气缸，每做一次往复运动，气缸自由空气的理论消耗量是由活塞杆伸出行程的耗气量、内缩行程的耗气量以及管路容积的耗气量三部分构成。由于管路耗气量很小，常忽略不计。活塞杆伸出和内缩行程相同时，气缸在一个往复周期中对自由空气实际消耗量可用式(13－7)计算。

$$Q_s = \frac{\pi(2D^2 - d^2)L}{4T\eta_V} \times \frac{(p + p_0)}{p_0} \tag{13-7}$$

式中：Q_s——耗气量，m³/s；

D——气缸内径，mm；

d——活塞杆直径，mm；

η_V——气缸的容积效率，对一般气缸 $\eta_V = 0.9 \sim 0.95$；

T——往复运动周期，即一次往复运动所需的时间，s；

L——活塞行程，m；

P——气缸工作压力，MPa；

p_0——大气压力，$p_0 = 101.3$ kPa。

式(13-7)的计算结果是选择气源的供气量的重要依据。

13.2.2　普通气缸的主要结构尺寸参数的设计计算

(1)缸体的设计

气缸缸体的主要作用是为压缩空气的储存与膨胀提供空间并对活塞的运动进行导向，从而可通过活塞将压缩空气压力能转化为机械能。气缸缸筒均为圆筒形状，主要确定的结构尺寸有缸筒的内径 D、壁厚 δ 和长度 H。

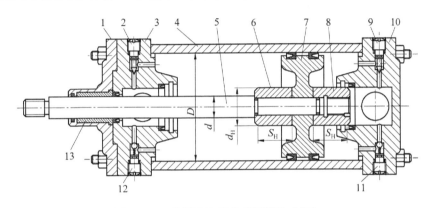

图 13-7　普通双作用单出杆缓冲式气缸

1—压盖；2、9—节流阀；3—前缸盖；4—缸体；5—活塞杆；
6、8—缓冲柱塞；7—活塞；10—后缸盖；11、12—单向阀；13—导向套

①缸体的内径 D 的确定。缸体的内径亦即气缸活塞的直径，可根据负载 F 的大小确定，当气源供气压力为 p_1、气缸负载效率为 η，载荷 F 为压力时，由式(13-3)可得双作用单出杆气缸缸体内径为

$$D = \sqrt{\frac{4F}{\pi \cdot p_1 \cdot \eta}} \tag{13-8}$$

同理，载荷 F 为拉力时，由式(13-4)可得的双作用单出杆气缸缸体内径为

$$D = \sqrt{\frac{4F}{\pi \cdot p_1 \cdot \eta} + d^2} \tag{13-9}$$

按式(13-9)计算缸径时，活塞杆的直径 d 可按所受拉力预先估计，或按 $d/D = 0.2 \sim 0.3$ 代入公式计算。

用以上两公式计算所得到的缸体内径 D，还应根据标准气缸内径系列对其进行圆整，要选择标准系列中相近气缸的内径值，气缸内径系列见表13-2所列。

表 13-2　标准气缸缸筒内径系列 GB/T 2348—1993　　　mm

8	10	12	16	20	25	32	40	50	63	80	(90)	100	(110)
125	(140)	160	(180)	200	(220)	250	(280)	320	(360)	400	(450)	500	630

注：表中无括号者为优先选用系列。

②缸筒的壁厚 δ 的确定。气缸筒的壁厚 $\delta(\text{mm})$，可按薄壁圆筒的强度条件来计算，即

$$\delta = \frac{pD}{2[\sigma]} + C \tag{13-10}$$

式中：p——气缸工作压力，MPa；

　　　D——气缸内径，mm；

　　　$[\sigma]$——缸筒材料的许用拉应力，MPa；

　　　C——考虑到刚度、加工制造、腐蚀等要求所增加的裕量。

缸筒材料的许用拉应力可按 $[\sigma] = \sigma_b/n$ 计算，其中 $\sigma_b(\text{MPa})$ 为缸筒体材料的抗拉强度，n 为安全系数，一般取 $n = 6 \sim 8$。气缸缸体常用材料的许用拉应力见表 13-3 所列。

表 13-3　气缸体常用材料的许用拉应力

材料名称	铸铁（HT150 和 HT200）	Q235 钢管	45 钢管	铝合金（ZL203）
许用拉应力	$[\sigma] = 30\text{MPa}$	$[\sigma] = 60\text{MPa}$	$[\sigma] = 120\text{MPa}$	$[\sigma] = 30\text{MPa}$

常用气缸内径，材料和壁厚的关系见表 13-4 所列。

表 13-4　气缸缸筒的壁厚 δ　　　mm

材　　料	气缸内径 D							
	50	80	100	125	160	200	250	320
铸铁 HT150	7	8	10	10	12	14	16	16
45 钢 Q23512	5	7	8	8	9	9	11	12
铝合金 ZL203	8 ~ 12	8 ~ 12	12 ~ 14	12 ~ 14	12 ~ 14	14 ~ 17	14 ~ 17	14 ~ 17

③缸筒的长度 H 的确定。缸筒长度 H 应大于活塞的行程 L 和活塞宽度 B 之和，即 $H \geqslant L + B$。

（2）活塞的设计

活塞的作用是将压缩空气的压力能转变为机械能，因此，它要有足够的换能面积。活塞既要频繁往复运动，又要隔离两腔气体；在高速运动的场合有可能与缸盖撞击。因此活塞必须具有足够的强度、耐磨性和密封性。直径较小的气缸常把活塞与活塞杆制成整体，但多数气缸都将活塞与活塞杆分开制造，目前活塞材料多用铝合金或球墨铸铁，采用 O 形或 Y 形密封圈实现密封。

活塞的外径即是缸体的内径 D，二者的配合精度，取决于所用密封圈的形式和规格，一般多采用 H8/f9 的配合，活塞表面粗糙度 Ra 取 0.8 μm。

一般来说活塞宽度 B 越小，气缸总长就越短。活塞的宽度与所用密封圈的数量、导向套的形式等内容有关。标准化气缸中，除回转缸外都使用两排密封圈。活塞上沟槽的深度和宽度应根据所选用的密封圈来决定；要留有一定量的滑动面，否则活塞的滑动面过小，容易引起磨损和"咬缸"现象。所以，确定活塞的宽度是，应综合考虑气缸的使用条件、活塞与缸筒的尺寸及配合要求、活塞杆与导向套的间隙等诸多因素。

(3)活塞杆直径 d 的确定

活塞杆是气缸中的直接承载零件，它将活塞转换的机械能以力的形式输出，通常既要承受轴向拉伸载荷，也承受压缩载荷，所以，对活塞杆不仅要进行结构设计(如确定其直径以及它与活塞和外接负载的连接方式等)，还要进行对其进行强度校核，必要时还要对其进行稳定性校核。

①活塞杆的直径 d 的选择：活塞杆的直径可根据已经确定的缸体内径 D，按标准气缸来选择对应的活塞杆直径 d，然后还要对其进行强度和稳定性校核。表13-5 为标准气缸的内径与对应活塞杆直径系列。

表13-5 标准气缸的内径和活塞杆直径对应系列   mm

气缸内径 D	32	40	50	63	80	(90)	100	(110)	125	(140)
活塞杆直径 d	12	14	16	18	20	22	25	28	32	36
气缸内径 D	160	(180)	200	(220)	250	320	400	500	630	
活塞杆直径 d	40	45	50	56	63	70	80	90	100	

②活塞杆的强度校核：当活塞杆承受的载荷是拉力；或虽然为轴向压力，但气缸的计算长度 $L \leqslant 10d$，则此时活塞杆的失效主要为强度失效问题，可按强度条件校核活塞杆的直径 $d(\mathrm{mm})$，即

$$d \geqslant \sqrt{\frac{4F}{\pi[\sigma]}} \tag{13-11}$$

式中：F——气缸的出力，N；

　　　$[\sigma]$——活塞杆材料的许用应力，MPa。

③活塞杆的稳定性校核：当气缸承受的载荷为轴向压力，而气缸的计算长度 $L \geqslant 10d$ 时，活塞杆的失效一般是稳定性失效问题，则要对其进行稳定性校核。关于稳定性的校核和计算方法可参阅有关手册和资料。当然，若活塞杆承受更加复杂的载荷时，则应当按具体受力情况进行相应的力学分析和计算。但是，对于细长活塞杆最好让它承受的载荷是拉力。

对活塞杆进行强度或稳定性计算所得到的活塞杆的直径 d，还要按表13-6 再次圆整，选择标准系列中相近活塞杆的直径值。

表13-6 标准活塞杆直径系列 (GB/T 2348—1993)   mm

4	5	6	8	10	12	14	16	18	20	22	25	28
32	36	40	45	50	56	63	70	80	90	100	110	125
140	160	180	200	250	280	320	360					

也可以直接用强度和稳定性条件计算活塞杆的直径,然后再按表13-5进行圆整的设计方法来确定活塞杆直径。

④活塞行程 L 的确定:活塞的行程一般是根据实际需要确定,通常可根据缸体直径按 $L = (0.5 \sim 5)D$ 来计算,对计算所得 L 值,最好按标准气缸的活塞行程系列(见表13-7)进行圆整。

表 13-7   活塞行程系列   mm

25	50	80	100	125	160	200	250	320	400
500	630	800	1 000	1 250	1 600	2 000	2 500	3 200	4 000

(4)气缸进、排气口直径 d_0 计算与配气管连接螺纹的选择

气缸的进、排气口直径 d_0 的大小,直接决定了气缸进气速度,即决定了活塞的运动速度。d_0 可根据式(13-12)计算。

一般情况下进、排气口直径 d_0(m)的大小可根据气缸内径 D 的大小来选取。如表13-8所列。标准配管连接螺纹可根据供气口直径按表13-9来确定。

表 13-8   气缸进、排气口直径 mm

气缸内径 D	进排气口直径 d_0
40	8
50, 63	10
80, 100, 125	15
140, 160, 180	20

$$d_0 = \sqrt{\frac{4Q}{\pi \cdot v}} \tag{13-12}$$

式中:Q——在工作压力下,输入气缸的压缩空气的流量,即压缩空气消耗量,$\mathrm{m^3/s}$;

v——压缩空气流经供气口的允许流速,一般取 $v = 10 \sim 25 \ \mathrm{m/s}$

表 13-9   供气口直径与配管连接螺纹的关系

供气口直径 d_0/mm	4	6	8	10	15	20	25	32	40
配管连接螺纹	M8 × 1	M10 × 1	M11 × 1.25	M16 × 1.5	M20 × 11.5	M27 × 2	M33 × 2	M42 × 2	M48 × 2

(5)气缸缓冲装置的计算

气缸活塞的运动速度很快,一般为 1 m/s 左右,为防止气缸在行程末端撞击端盖,引起气缸振动和损坏,必须设法使活塞在碰到缸盖前减速。这就是缓冲机构的作用,图 13 –7所示的气缸就是两端都带缓冲装置气缸。图 13 – 8 是该气缸后端缓冲装置结构图。

缓冲装置主要由缓冲柱塞2、7,柱塞孔(图中b)、节流阀3和单向阀5组成。在活塞1运动到达端盖前(图示位置),缓冲柱塞2进入缓冲塞孔,原经a口的主排气道被堵死,剩余空气被封闭在一环形空间(c腔)内形成气垫,若调节节流阀3的开度缓慢排出c腔气体,便可逐渐减缓活塞运动速度。

从能量转换的角度解释为：主排气道被堵后，活塞 1 继续运动，则 c 腔气体受到压缩，压力升高，即：活塞运动的动能被气垫吸收并转化成了压力能。调节节流阀缓慢排气，便可逐渐释放气垫吸收的能量，从而使活塞得到缓冲。

缓冲装置的设计主要是确定缓冲行程 S_H（即为缓冲柱塞的长度）和缓冲柱塞的直径 d_H。S_H 和 d_H 要能保证 c 腔在一个缓冲行程内充分吸收活塞及运动部件进入缓冲塞孔时所具有的动能，而气垫的压力不能超过气缸相关零件允许承受的压力。以这样一种能量转换的观点，经能量的平衡计算和推导后（可参阅有关手册和资料）得到 S_H 和 d_H 的计算式为

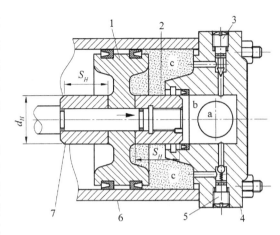

图 13－8 缓冲气缸的缓冲装置
1—活塞；2—后缓冲柱塞；3—节流阀；4—后缸盖
5—单向阀；6—缸体；7—前缓冲柱塞

$$3.21 g p_1 (D^2 - d_H^2) S_H \geq W v^2 \tag{13-13}$$

式中：g ——重力加速度，$g = 9.8 \text{m/s}^2$；

p_1——缓冲开始时排气侧的空气压力（近似等于排气压力），Pa；

D——缸体内径，m；

S_H——缓冲柱塞直径，m；

d_H——缓冲行程（一般就是缓冲柱塞的长度），m；

W——活塞及运动部件的重量，N；

v——缓冲开始时活塞的运动速度，m/s。

用式(13-13)可直接校核气缸的缓冲机构，但用其确定 S_H 和 d_H 这两个参数时，要根据实际情况先选定其中一个参数，再按该式计算另一个参数。

13.3 气动马达

气动马达是将压缩空气的压力能转换成旋转机械能的气动执行元件。其作用与电动机、液压马达一样，用于输出转矩，驱动工作机构做旋转运动。

13.3.1 气动马达的优缺点

由于气动马达具有一些比较突出的特点，在某些工业场合，它比电动马达和液压马达更适用，这些特点包括：

(1)优点

①与电动机相比；气动马达单位功率尺寸小、重量轻、制造简单，结构紧凑。
②适宜恶劣环境中使用。由于气动马达的工作介质空气本身的特性和结构设计上的

考虑，能够在工作中不产生火花，故可在易燃、易爆、高温、振动、多尘等环境中工作，并能用于空气极潮湿的环境，而无漏电的危险。

③可长时间满载荷工作，而且升温小；且有过载保护的性能。

④功率、转速范围宽。功率可从数百瓦到数万瓦；转速可从每分钟数转到每分钟上万转。

⑤具有较高的启动转矩，可以直接带负荷启动。

⑥换向容易、操纵方便、维修容易、成本低廉。

（2）缺点

①速度稳定性较差。

②输出功率小、效率低、运行噪声大，易产生振动。

13.3.2　气动马达的类型和工作原理

常用的气动马达有叶片式（又称滑片式）、活塞式、薄膜式三种。图 13 – 9 为这三种气动马达的工作原理。

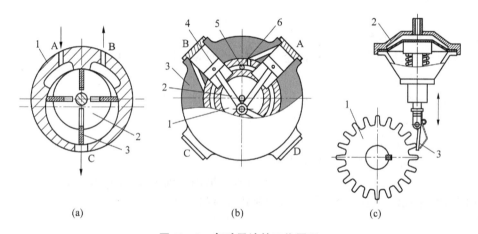

(a)　　　　　　　(b)　　　　　　　(c)

图 13 – 9　气动马达的工作原理

(a)叶片式：1—定子；2—转子；3—叶片

(b)活塞式：1—曲柄轴；2—连杆；3—缸体

(c)薄膜式：1—棘轮；2—薄膜气缸；3—棘爪；4—活塞；5—进气口；6—配气阀

其中图 13 –9(a)为双向旋转叶片式气马达的工作原理图，它的主要结构和工作原理与叶片式液压马达相似。当压缩空气从进气口 A 进入工作腔后（两个外伸的叶片与转子、定子及端盖间围成的密闭空间），立即作用在叶片 3 的伸出部分，由于转子 2 与定子 1 间的偏心，围成工作腔的两个叶片伸出的长度不等，产生了转矩差就使转子作逆时针转动，并输出旋转的机械能，废气从排气口 C 排出，残余气体则经 B 口排出（二次排气）；若进、排气口互换，则转子反转。转子转动的离心力、叶片底部的气体压力和弹簧（图中未画出）力可使叶片紧密地抵在定子的内壁上，以保证密封，提高容积效率。

图 13 –9(b)为径向活塞式气马达的工作原理图，其结构与多级活塞式空气压缩机

类似，工作过程则相反。图示活塞马达沿径向分布有 A、B、C、D 四个活塞式气缸，各气缸活塞 4 通过连杆 2 与曲柄轴 1 连接，配气阀 6 则与曲柄轴 1 固结在一起。压缩空气由进气口 5 进入配气阀 6，经配气阀可进入一个气缸(图示位置为 A 缸)，活塞的往复直线运动可通过曲柄连杆机构使曲柄轴旋转。曲柄轴转动的同时带动与其固结在一起的配气阀同步转动，配气阀便可以在不同位置将压缩空气依次分配给不同的气缸，从而使曲轴可以连续转动。设计配气阀时，应使一个气缸进气的同时，与之对应的气缸则处于排气状态。

图 13-9(c)是薄膜式气动马达的工作原理图。这种气动马达是利用薄膜式气缸 2 的活塞杆做往复直线运动时，通过活塞杆端部的棘爪 3 使棘轮 1 连续转动的一种装置。

13.3.3　各种气动马达的特点和应用范围

不同类型气动马达的性能特点也不相同，各种常用的气动马达的特点及应用范围见表 13-10 所列。

表 13-10　各种常用的气动马达的特点及应用

类型	转矩	速度	功率 /kW	每千瓦耗气量 /(m³/min)	特点及使用范围
叶片式	低	高速	由零点几 ~13	小型：1~1.4 大型：1.8~2.3	制造简单、结构紧凑，低速性能差，低速启动转矩小。使用于要求低、中等功率的机械，如手提工具、复合工具传送带、升降机、泵、拖拉机等
活塞式	中、高	低和中	由零点几 ~13	小型：1~1.4 大型：1.9~2.3	低速时有较大的功率输出和较好的转矩特性。启动准确，起、停特性均匀。适用于载荷较大，低速转矩较高的机械。如手提工具、起重机、绞车、绞盘、拉管机等
薄膜式	高	低速	>1	1.2~1.4	适用于控制精度要求高、启动转矩极高的低速机械

本章小结

通过本章的学习，要求了解气缸的主要类型；气压传动中几种特殊气缸、气动马达的工作原理、结构特点、使用场合。要求掌握普通气缸基本性能和主要结构参数的设计计算时应考虑的问题，为设计及选用气动执行元件和普通气缸打下基础。

多数气动执行元件的工作原理与同类液压执行元件类似。而气-液阻尼缸、冲击气缸、薄膜式气缸和薄膜式气动马达都是气动系统中特有的执行元件。

普通气缸主要是指只有一个活塞和一个活塞杆的气缸；是气动系统中应用最广泛的一种气动执行元件；有单作用式和双作用式两种。普通气缸的选用和设计与液压缸的设计过程类似。主要内容有：

①计算气缸的基本性能参数。主要是对气缸的输出力、气缸的输出速度和气缸耗气量等参数的计算。

②计算气缸的主要结构尺寸参数。本章主要讨论了缸筒的内径、壁厚和长度；活塞宽度和行程；活塞杆的直径；气缸进、排气口直径及其配气管的连接螺纹；气缸的缓冲装置等结构参数的计算和选择。

思考题

1. 简述气 – 液阻尼缸的工作原理和特点。

2. 简述薄膜式气动马达的工作原理和特点。

3. 根据冲击气缸的工作原理,分析是否有液压冲击缸?为什么?

4. 一个单出杆双作用气缸内径 $D = 125$ mm,活塞杆直径 $d = 35$ mm,工作压力 $p = 0.45$ MPa,气缸负载效率 $\eta = 0.5$,分别求出该气缸的输出推力和拉力。

5. 一个弹簧复位式单出杆单作用气缸内径的 $D = 65$ mm,复位弹簧的最大反力 $F = 200$ N,工作压力 $p = 0.4$ MPa,气缸负载效率 $\eta = 0.5$,求该气缸的输出推力。

6. 一个单出杆双作用气缸内径 $D = 100$ mm,活塞杆直径 $d = 40$ mm,工作压力 $p = 0.5$ MPa,活塞行程 $L = 450$ mm,气缸的容积效率 $\eta_V = 0.8$,在运动周期 $T = 6$ s 下连续运转,不计管路耗气量,该气缸一个往复行程中自由空气的消耗量是多少?

第 14 章

气 动 控 制 元 件

[本章提要]

　　与液压控制元件类似，气动控制元件是通过控制和调节压缩空气的压力、流量、流动方向和发送控制信号来控制执行元件按要求动作的阀类元件，气动控制阀也可分为方向控制阀、压力控制阀和流量控制阀三大类。本章主要讨论了三类阀中一些常用的、特别是与同类液压阀相比较特殊的气动阀的工作原理和性能参数；此外还讨论了气动控制系统中特有的气动逻辑元件。

14.1　压力控制阀

压力控制阀主要用来控制气动系统中气体的压力，以满足各种压力要求。压力控制阀按功能可分为三类：第一类是起降压稳压作用的减压阀、定值器；第二类是起限压安全保护作用的安全阀、限压切断阀等；第三类是根据气路压力不同进行某种控制的顺序阀、平衡阀等。与液压压力控制阀类似，所有的气动压力控制阀，都是利用空气压力和弹簧力相平衡的原理来工作的。本节只讨论了其中几种常见的压力控制阀的工作原理以及主要性能。

14.1.1　减压阀(调压阀)

(1)减压阀(调压阀)的工作原理

图 14 –1 所示为 QTY 型直动式减压阀。其工作原理是：当阀处于工作状态时，调节手柄 1、调压弹簧 2、3 及膜片 5，通过阀杆 6 使阀芯 8 下移，进气阀口被打开，左端输

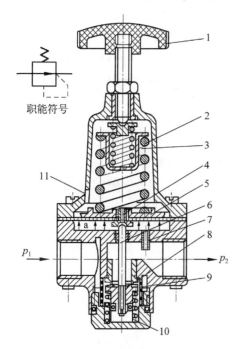

图 14 –1　QTY 型减压阀

1—手柄；2、3—调压弹簧；4—溢流口；5—膜片；
6—阀杆；7—阻尼孔；8—阀芯；9—阀座；
10—复位弹簧；11—排气孔

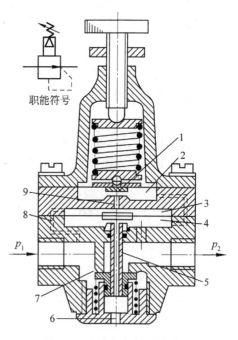

图 14 –2　内部先导式减压阀

1—挡板；2—上气室；3—中气室；4—下气室；
5—阀芯；6—排气孔；7—进气阀口；
8—固定节流孔；9—喷嘴

入的有压气流 p_1，经阀芯 8 与阀座 9 间的阀口节流减压后从右端输出 p_2。输出气流的一部分由阻尼孔 7 进入膜片气室 a，在膜片 5 的下方产生一个向上的推力，当作用于膜片上的推力与调压弹簧力相平衡后，减压阀的输出压力便保持一定。当输入压力 p_1 瞬时升高时，输出压力 p_2 也会增高，a 腔压力也增高，膜片上移，有少量气体经溢流口 4、排气孔 11 排出。在膜片上移的同时，膜片 5 在复位弹簧 10 的作用下也上移，阀口开度减小，节流作用增强，又使得输出压力 p_2 降低，直到新的平衡为止，重新平衡后的输出压力又基本上恢复至原值。反之，输出压力瞬时下降，膜片下移，进气口开度增大，节流作用减小，输出压力又基本上回升至原值。

调节手柄 1 使弹簧 2、3 恢复自由状态，输出压力降至零，阀芯 8 在复位弹簧 10 的作用下，关闭进气阀口，这样，减压阀便处于截止状态，无气流输出。

QTY 型直动式减压阀的调压范围为 0.05 ~ 0.63 MPa。为限制气体流过减压阀所造成的压力损失，规定气体通过阀内通道的流速在 15 ~ 25 m/s 范围内。

当减压阀的输出压力较大流量较大时使用直动式调压阀，则调压弹簧刚度要很大，这使得阀的结构尺寸也将增大，流量变化时输出压力波动也大。为了克服这些缺点，可采用先导式减压阀。先导式减压阀的工作原理与直动式基本相同。先导式减压阀所用的调压气体，是由小型直动式减压阀供给的。若把小型直动式减压阀装在主阀阀体内部，则称为内部先导式减压阀；若将小型直动式减压阀装在主阀阀体外部，则为外部先导式减压阀。图 14-2 所示为内部先导式减压阀的结构图，与直动式减压阀相比，该阀增加了喷嘴 9、挡板 1、固定节流孔 8 及上气室 2 所组成的喷嘴挡板放大装置。当气压的微小变化使得喷嘴与挡板之间距离发生微小变化时，上气室 2 中的压力将发生明显变化，这会使膜片产生较大的位移，由膜片的位移控制阀芯 5 的上下运动来控制进气阀口 7 的开度。这就实现了用气压的微小变化信号来控制阀口开度的目的，从而提高了对阀芯控制的灵敏度，亦即提高了稳压精度。

(2)减压阀(调压阀)的基本性能

①调压范围。调压范围是指调压阀输出压力 p_2 的可调范围，在此范围内要求达到规定的精度。调压范围主要与调压弹簧的刚度有关。一般调压阀最大输出压力是 0.6 MPa，调压范围是 0.1 ~ 0.6 MPa。

②压力特性。调压阀的压力特性是指输入流量一定时，输入压力波动而引起输出压力波动的特性。输出压力波动越小，减压阀的特性越好。如图 14-3 所示，输出压力 p_2 必须低于输入压力 p_1 一定值后，才基本上不随输入压力变化而变化。

③流量特性。调压阀的流量特性是指输入压力一定时，输出压力随输出流量变化的特性。当流量发生变化时，输出压力的变化越小越好。图 14-4 所示为调压阀的流量特性，由图可见，输出压力越低，它输出流量的变化波动就越小。

选用减压阀(调压阀)时，应按要求选择阀的类型和调压精度，再根据所需最大输出流量选择其通径。确定阀的气源压力时，应使其大于最高输出压力 0.1 MPa。减压阀

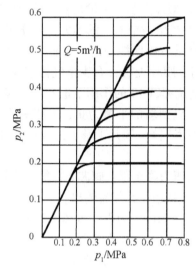

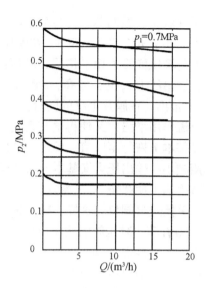

图 14 - 3　调压阀的压力特性曲线　　　图 14 - 4　调压阀的流量特性曲线

要依照分水滤气器→减压阀→油雾器的安装次序进行安装。气流的方向要和减压阀上所示的箭头方向一致，调压时应由低向高调，直至规定的调压值为止。阀不用时应把手柄放松，以免膜片经常受压变形。

14.1.2　顺序阀

顺序阀是依靠气路中压力的作用来控制执行元件按顺序动作的压力控制阀，顺序阀常与单向阀配合在一起，构成单向顺序阀。图 14 - 5 所示为单向顺序阀的工作原理图。当压缩空气由左端进入阀腔 1 后，作用于活塞 4 下部，气压力超过上部弹簧 3 的调定值时，将活塞顶起，压缩空气从入口经阀腔 5 从 A 口输出，如图 14 - 5(a)所示，此时单向阀 6 在压差力及弹簧力的作用下处于关闭状态。气流反向流动时，压缩空气压力将顶开单向阀 6 由 O 口排气，如图 14 - 5(b)所示。

调节旋钮就可改变单向顺序阀的开启压力，以便在不同的开启压力下控制执行元件的顺序动作。

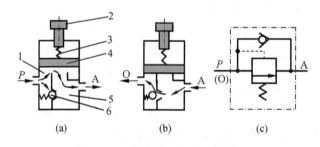

图 14 - 5　单向顺序阀的工作原理

(a)开启状态；(b)关闭状态；(c)职能符号

1—阀左腔；2—调节手柄；3—弹簧；4—活塞；5—阀右腔；6—单向阀

14.1.3 安全阀

当气动系统中压力超过调定值时，安全阀打开向外排气，起到保护系统安全的作用。图14-6为安全阀工作原理。当系统中气体压力在调定范围内时，作用在活塞3上的压力小于弹簧2的力，活塞处于关闭状态，如图14-6(a)所示。当系统压力升高，作用在活塞3上的压力大于弹簧2的调定压力时，活塞3向上移动，阀门开启排气，如图14-6(b)所示，直到系统压力降到调定范围以下，活塞又重新关闭。开启压力的大小与弹簧的预压缩量有关。

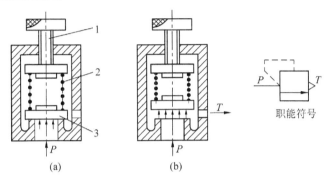

图14-6 安全阀的工作原理
(a)关闭状态；(b)开启状态
1—螺杆；2—弹簧；3—活塞

14.2 流量控制阀

流量控制阀就是通过改变阀的通流截面积来实现流量控制的元件，常用的流量控制阀包括节流阀、单向节流阀、排气节流阀和柔性节流阀等。

14.2.1 节流阀及节流阀的基本工作原理

图14-7为圆柱斜切型节流阀结构原理、职能符号及外形图。压缩空气由P口进入，经过节流后，由A口流出。旋转螺杆1，就可改变阀芯3节流口的开度，这样就调节了压缩空气的流量。由于这种节流阀的结构简单、体积小，故使用范围较广。

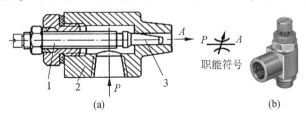

职能符号

图14-7 节流阀
(a)结构原理及职能符号；(b)外形
1—螺杆；2—阀体；3—阀芯

14.2.2 单向节流阀

单向节流阀是由单向阀和节流阀并联而成的组合式流量控制阀，如图14－8所示。当压缩空气沿着P→A方向流动时，气流只能经节流阀口流出；旋动阀针的调节螺杆，调节节流口的开度，即可调节气流量，若气流反方向流动（由A→P）时，单向阀芯被打开，气流不需经过节流阀节流，单向节流阀常用于气缸的调速和延时回路。

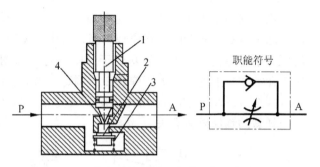

图14－8 单向节流阀的工作原理及职能符号

1—阀针调节螺杆；2—单向阀阀芯；3—弹簧；4—节流口

14.2.3 排气节流阀

排气节流阀是装在执行机构的排气气路上，用以调节执行机构排入大气中的气体流量。以此来调节执行机构的运动速度的一种控制阀。排气节流阀常带有消声器件，所以也能起降低排气噪声的作用。图14－9为排气节流阀的工作原理图，气体从A口进入，经阀座1与阀芯2间的节流口节流后经消声套3排出。节流口的开度由螺杆旋钮调节，调定后用锁紧螺母固定。

排气节流阀通常安装在换向阀的排气口处与换向阀联用，起单向节流阀的作用。实际上它是节流阀的一种特殊形式。由于其结构简单，安装方便，能简化回路，故得到了日益广泛的应用。

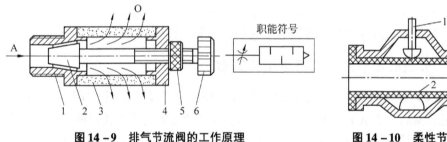

图14－9 排气节流阀的工作原理

1—阀座；2—阀芯；3—消声套；4—法兰；5—锁紧螺母；6—旋钮

图14－10 柔性节流阀

1—阀杆；2—橡胶管

14.2.4 柔性节流阀

图14－10所示为柔性节流阀的工作原理，依靠阀杆1夹紧柔韧的橡胶管2，改变其通流面积，从而产生节流作用。也可以利用气体压力来代替阀杆压缩橡胶管。柔性节流阀结构简单，动作可靠性高，对污染不敏感，工作压力小，通常工作压力范围为0.3～0.6MPa。

用流量控制阀控制气动执行元件的运动速度，其控制精度远低于液压控制。特别是在超低速控制中，要按照预定行程变化来控制速度，仅靠气动控制是很难实现的。在外部负载变化较大时，只用气动流量阀也不会得到满意的调速效果。在要求较高的场合，为提高其运动平稳性，一般采用气液联动的方式。

14.3 方向控制阀

气动方向控制阀是在气压传动系统中，通过改变压缩空气的流动方向和气流的通断来控制执行元件启动、停止及运动方向的气动控制元件。

14.3.1 方向控制阀的分类

气动方向控制阀与液压方向控制阀类似，分类方法也大致相同，常见的分类方法有三种。

按阀芯结构不同可分为：滑柱式(又称柱塞式、也称滑阀)、截止式(又称提动式)、平面式(又称滑块式)、旋塞式和膜片式。其中以截止式和滑柱式应用较多。

按控制方式不同可分为：气动换向阀、电磁换向阀、机动换向阀和手动换向阀等，其中后三类换向阀的工作原理和结构与同类液压换向阀基本相同。

按作用特点可分为：单向型控制阀和换向型控制阀。

下面仅介绍几种典型的方向控制阀。

14.3.2 单向型控制阀

(1)单向阀

单向阀是指气流只能向一个方向流动而不能反向流动的阀，且压降较小。单向阀的工作原理、结构和图形符号与液压控制阀中的单向阀基本相同。这种单向阻流作用可由锥密封、球密封、圆盘密封或膜片来实现。

图 14-11 所示单向阀，阀芯 2 和阀座 1 之间有一层胶垫。压缩空气由 P 向 A 流动时，只要气体压力克服弹簧力、顶开阀芯，气流便可通过，若反向流动时，气体压力与弹簧力共同作用将阀芯紧紧压在阀座上，气流不能通过。

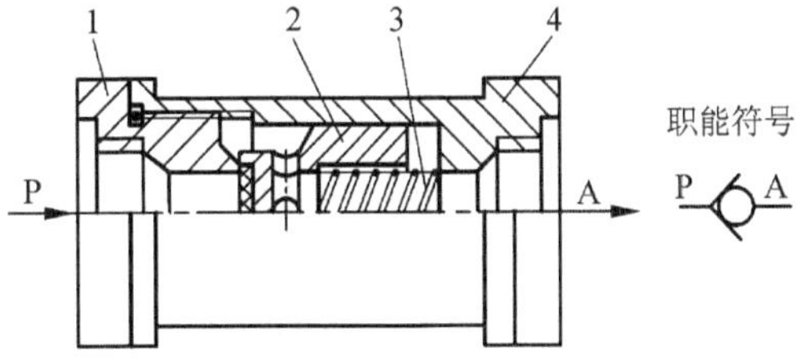

图 14-11 单向阀
1—阀座；2—阀芯；3—弹簧；4—阀体

(2)"或"门型梭阀

"或"门型梭阀有两个进气口 P_1 和 P_2，一个出气工作口 A，相当于两个单向阀的组合。图 14-12 所示为"或"门型梭阀的工作原理，阀芯在两个方向上起单向阀的作用。如图 14-12(a)所示，当 P_1 进气时，阀芯右移，封住 P_2 口，P_1—A 相通，A 口有气体输出。

若如图 14-12(b)所示，当 P_2 进气时，阀芯左移，封住 P_1 口，P_2—A 相通，A 口仍有气体输出。而当 P_1、P_2 口均有气体时，则哪端压力高，A 口就与哪端相通，另一端就自动关闭，即低压口则被封闭，高压气流从 A 口输出。图 14-12(c)为该阀的职能符号。

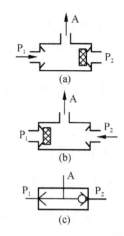

图 14-12 "或"门型梭阀

(3)"与"门型梭阀(双压阀)

"与"门型梭阀又称双压阀，图 14-13 为其工作原理。如图 14-13(a)所示，当 P_1 有输入而 P_2 口无输入时，阀芯被推向右端，关闭左边阀口，A 口无输出。若如图 14-13(b)所示，当 P_2 口有输入而 P_1 口无输入时，阀芯被推向左端，此时 A 口也无输出。而只有如图 14-13(c)所示，当 P_1 和 P_2 口同时有输入时，阀芯处于中间位置，阀口被打开，A 口才有输出。而当 P_1 和 P_2 压力不等时，气压低的可通过 A 口输出。图 14-13(d)和(e)分别为该阀的职能符号和外形图。

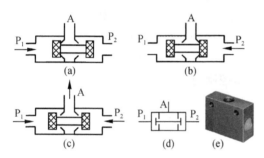

图 14-13 "与"门型梭阀(双压阀)的工作原理

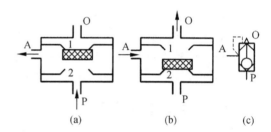

图 14-14 快速排气阀的工作原理
1、2—阀口

(4)快速排气阀

快速排气阀简称快排阀，它的作用是通过快速排气使气缸运动速度加快。通常气缸排气时，气体是从气缸经过管路由换向阀的排气口排出的。若采用快速排气阀，则气缸内的气体就能直接由快排阀排往大气中，从而可提高气缸的运动速度。实验证明，安装快速排气阀后，气缸的运动速度可提高 4~5 倍。

图 14-14 所示为快速排气阀的工作原理。如图 14-14(a)所示，当压缩空气由进口 P 进入时，活塞在气压的作用下上移，阀口 2 打开，同时关闭排气口 1，使 P—A 相通；如图 14-14(b)所示，当压缩空气由 A 口进入，而 P 口没有压缩空气进入时，在 A 腔压力作用下，活塞下移，关闭阀口 2，使 A—O 相通。图 14-14(c)为该阀的职能符号。

14.3.3 换向型控制阀

换向型方向控制阀(简称换向阀)，其作用是通过改变气流通道使气体流动方向发生变化，从而改变气动执行元件的运动方向。换向型控制阀包括气压控制换向阀、电磁控制换向阀、机械控制换向阀、人力控制换向阀和时间控制换向阀等。

（1）气压控制换向阀

气压控制换向阀（简称气控阀），是利用气体压力驱动阀芯切换工位，从而改变气流方向或通断的阀类。气压控制换向阀的用途很广，这种阀在易燃、易爆、潮湿、粉尘大的工作环境中，工作安全可靠。按控制方式不同可分为加压控制、卸压控制、差压控制三种。

加压控制是指所加控制信号的气压是逐渐上升的，当压力上升到某一值时，主阀切换。这种控制方式是气动系统中最常用的控制方式，有单气控式和双气控式之分。卸压控制是指所加控制信号的气压是逐渐降低的，当压力降至某一值时，主阀切换。差动控制是利用控制气压作用在阀芯两端不同面积上所产生的压力差来使阀换向的一种控制方式。

气控换向阀按阀芯结构不同，可分为截止式和滑阀式两种形式，滑阀式气控换向阀的结构和工作原理与液压换向阀基本相同，下面仅介绍截止式换向阀的工作原理。

①单气控加压式换向阀。图 14 – 15 为单气控截止式换向阀的工作原理，其中，图14 – 15(a)所示为无气控信号 K 时的状态，阀芯 1 在弹簧 2 及 P 口气体压力作用下处于上端位置，此时 A—O 相通，阀处于排气状态；图 14 – 15(b)所示为有控制信号 K 输入时，阀芯下移，A—O 断开，P—A 接通，A 口有气体输出。图示该阀属于常闭型二位三通阀，当 P 与 O 对换后，则为常通型二位三通阀，图 14 – 15(c)为其职能符号。

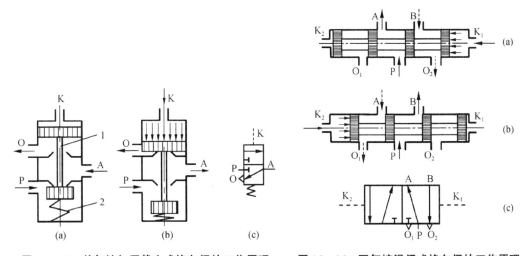

图 14 – 15　单气控加压截止式换向阀的工作原理
（a）无控制信号状态；（b）有控制信号状态；（c）职能符号
1—阀芯；2—弹簧

图 14 – 16　双气控滑阀式换向阀的工作原理

②双气控加压式换向阀。图 14 – 16 为双气控滑阀式换向阀的工作原理。其中，图14 – 16(a)为有气控信号 K_1 时阀的状态，此时阀停在左边，其通路状态是 P—A、B—O接通。图 14 – 16(b)为有气控信号 K_2 时阀的状态(此时信号 K_1 已不存在)，阀芯换位，其通路状态变为 P—B、A—O 接通。双气控滑阀具有记忆功能，即某气控信号消失后，阀仍能保持在有该信号时的工作状态。

（2）电磁控制换向阀

电磁换向阀是利用电磁力使阀芯动作来实现换向的阀，它由电磁铁和主阀两部分组成，按控制方式不同分为直动式电磁阀和先导式电磁阀两种。

①直动式电磁阀：直动式电磁阀是由电磁铁的衔铁直接推动换向阀阀芯进行换向的换向阀，直动式电磁阀又分为单电磁铁和双电磁铁两种。

单电磁铁换向阀的工作原理如图 14－17 所示，图 14－17（a）为换向断电状态，阀芯受复位弹簧的作用位于上方，封闭了 P—A，使 A—O 接通；图 14－17（b）为通电状态，此时阀芯在电磁铁的作用下下移，封闭了 O—A，使 P—A 接通。图 14－17（c）为其职能符号。

②先导式电磁阀：直动式电磁阀是由电磁铁直接推动阀芯移动的，当阀通径较大时，用直动式结构所需的电磁铁体积和电力消耗都必然加大，为克服此弱点可采用先导式结构。

图 14－18 为双电磁铁控制的先导式换向阀的工作原理，图中的主阀为二位五通气控阀，主阀两端的先导阀为单电磁铁换向阀。如图 14－18（a）所示，当 K_1 接通电路、K_2 断电时，左先导阀 1 使控制气流进入主阀阀芯 2 的左端，主阀阀芯右移，此时主阀通路状态为 P—A 相通、B—O_2 相通。反之，如图 14－18（b）所示，当 K_2 接通电路、K_1 断电时，右先导阀 3 使控制气流进入主阀阀芯 2 的右端，主阀阀芯左移，此时主阀通路状态就变为 P—B 相通、B—O_1 相通。

先导式双电控电磁阀具有记忆功能，为保证主阀正常工作，两个电磁阀不能同时通电，在电路中要考虑互锁。先导式电磁换向阀便于实现电、气联合控制，所以应用广泛。

（3）时间控制换向阀

时间控制换向阀是使气流通过气阻（如小孔、缝隙等）节流后到气容（储气空间）中，经过一定时间在气容内建立起一定的压力后，再使阀芯动作的换向阀。在不允许使用电控时

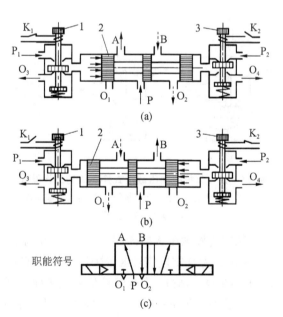

(a)

(b)

职能符号

(c)

图 14－18 双电磁铁先导式换向阀的工作原理

1—左先导阀；2—主阀阀芯；3—右先导阀

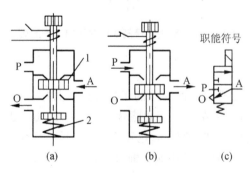

职能符号

(a)   (b)   (c)

图 14－17 单电磁铁换向阀的工作原理

1—阀芯；2—弹簧

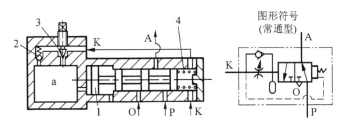

图 14-19　延时换向阀的工作原理和职能符号
1—主阀阀芯；2—单向阀；3—节流阀；4—复位弹簧

间继电器的场合(如易燃、易爆、粉尘大等)，用气动时间控制就显示出其优越性。

①延时换向阀：图 14-19 所示为常通型二位三通延时换向阀的工作原理与职能符号。无控制信号 K 时，主阀阀芯 1 在复位弹簧 4 作用下，处于左位，此时 P—A 通，A 有输出；当有气控信号 K 时，控制气流从 K 口经可调节流阀 3 流到气容 a 内，再通过小孔作用在阀芯左端，由于阀芯左端气压作用面积大于右端，随着气容 a 不断充气，当 a 内压力上升到某一值时，阀芯两端的压差就能够克服弹簧阻力和摩擦力，阀芯向右移动，切断 P—A，使 A—O 接通，A 无输出；当气控信号 K 消失后，气容 a 内气体通过单向阀经 K 口排空，阀芯在弹簧的作用下复位。这种阀的延时时间可在 0~20 s 间调整，延时精度为 ±8%。

从该阀的结构上可以看出，它由延时和换向两大部分组成。换向部分实际是一个二位三通差压控制换向阀。如果将 P、O 口换接，则变成常断型二位三通延时型换向阀。

②脉冲阀：脉冲阀是依靠气阻、气容的延时作用，使较长的气压输入信号变为短信号输出的阀类。

图 14-20 为脉冲阀的工作原理图与职能符号。当气压输入信号从 P 口输入时，P 推动阀芯 3 右移，P—A 接通，则 A 口有输出。同时 P 口部分气流经阻尼小孔 4(气阻)向 a 室(气容)充气，a 内气体通过弹性膜片 2 又作用在阀芯右端，因阀芯右端面积大于左端，经一定的充气时间后，a 室充气压力达到一定值时，阀芯两端的气压作用力之差就可以使阀芯左移，P—A 断开，A 口输出消失。可见，原输入信号 P 经过此阀，变为了 A 口的短信号输出。这种脉冲阀的工作气压范围为 0.15~0.8 MPa，脉冲时间小于 2s。调节活塞 1 的轴向位置，即可改变气容 a 的容积，从而改变脉冲信号的长短。

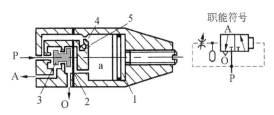

图 14-20　脉冲阀的工作原理和职能符号
1—活塞；2—膜片；3—阀芯；4—阻尼孔；5—单向阀

14.4　气动逻辑元件

气动逻辑元件是利用压缩空气为工作介质，通过元件内部可动部件在气控信号作用下的动作，改变气流流动方向，从而实现一定逻辑功能的气控元件。实际上气控方向阀也具有逻辑元件的各种功能，所不同的是方向阀的输出功率较大，尺寸大。而气动逻辑元件的尺寸较小，因此在气动控制系统中广泛采用各种形式的气动逻辑元件(逻辑阀)。

14.4.1 气动逻辑元件的分类及特点

气动逻辑元件的种类很多，一般采用下列分类方式。

①按工作压力可分为：高压元件(工作压力为 0.2 ~ 1.0 MPa)、低压元件(工作压力 0.05 ~ 0.2 MPa)及微压元件(工作压力 0.05 MPa 以下)三种。

②按逻辑功能可分为："是门"(S = A)元件、"或门"(S = A + B)元件、"与门"(S = AB)元件、"非门"(S = $\bar{A}$)元件和双稳元件等。

③按结构形式可分为：截止式逻辑元件、膜片式逻辑元件和滑阀式逻辑元件等。

14.4.2 高压截止式逻辑元件

高压截止式逻辑元件是依靠控制气压信号直接推动阀芯或通过膜片的变形间接推动阀芯动作，改变气体的流动方向以实现一定逻辑功能的逻辑元件。这类元件的特点是行程小、流量大、工作压力高、对气源净化要求低，便于实现集成安装和实现集中控制，其拆卸也很方便。

(1)"或"门元件(S = A + B)

图 14 – 21(a)为"或"门元件的工作原理图。若 A 口有输入、B 口无输入时，阀芯在 A 信号的压力作用下向下移动，B 口关闭，S 口有输出；若 B 口有输入、A 口无输入时，阀芯在 B 信号的压力作用下向上移动，A 口关闭，S 口也有输出；若 A、B 均有输入时，阀芯在两个信号作用下或上移、或下移、或保持在中位，此时 S 口均会有输出。即只要 A 或 B 任意一个信号存在，S 口就有输出。可见，S 与 A、B 间的逻辑关系是 S = A + B。图 14 – 21(b)和(c)分别为其真值表和逻辑符号。

(2)"是"门(S = A)和"与"门(S = A · B)元件

图 14 – 22(a)为具有"是"门(S = A)和"与"门(S = A · B)两个逻辑功能元件的工作原理图，其中 A 为信号输入口，S 为信号输出口，O 为排气口。

当中间进气口接气源 P 时，此元件为"是"门元件，因为，若此时 A 口无输入，阀芯便在弹簧及气源 P 的压力作用下上移(处于图示位置)，P—S 被关闭，S—O 相通(通大气)，S 无输出；反之，当 A 口有输入时，信号 A 的压力便通过膜片使阀芯下移，关闭 S—O，接通 P—S，S 有输出。可见，A 无信号输入时 S 就无输出；A 有信号输入时 S 则有输出。所以，输入信号 A 和输出信号 S 之间始终保持相同的状态，即 A、S 间具有 S = A 的逻辑关系。

当元件的中间进气口接的不是气源 P 而接另一输入信号 B 时，此元件为"与"门元件；因为此时只有 A、B 均有输入信号时，A 信号去关闭 S—O 并打开 B—S，S 才有输出。可见，此时 S 与 A、B 间的逻辑关系是 S = A · B。图 14 – 22(b)、(c)和(d)、(e)分别为"是"门和"与"门的逻辑符号及真值表。

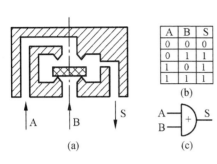

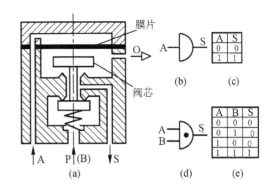

图 14 – 21　"或"门元件　　　　　　　　图 14 – 22　"是"门和"与"门元件

（3）"非"门（S = $\bar{A}$）和"禁"门（S = $\bar{A}B$）元件

图 14 – 23（a）为具有"非"门（S = $\bar{A}$）和"禁"门（S = $\bar{A}B$）两个逻辑功能元件的工作原理图，其中 A 为信号输入口，S 为信号输出口。当中间进气口接气源 P 时，此元件为"非"门元件，因为，若此时 A 口无输入，阀芯便在气源 P 的压力作用下上移，接通 P—S，S 有输出；反之，当 A 口有输入时，信号 A 的压力便通过膜片使阀芯下移，关闭 P—S，S 便无输出。可见，A 有信号输入时 S 就无输出，而 A 无信号输入时 S 则有输出。所以，输入信号 A 和输出信号 S 之间始终保持相反的状态，即 A、S 间具有 S = $\bar{A}$ 的逻辑关系。

当元件的中间进气口接的不是气源 P 而接另一输入信号 B 时，此元件为"禁"门元件，因为，此时只有 A、B 均有输入信号时，A 信号通过膜片推动阀芯下移关闭 B—S，S 便无输出；而当 A 无输入信号而 B 有输入信号时，B 信号的压力使阀芯上移，接通 B—S，则 S 有输出。可见 A 的输入信号对 B 的输入信号起"禁止"作用，即 S 与 A、B 间的逻辑关系是 S = $\bar{A}B$。图 14 – 23（b）、（c）和（d）、（e）分别为"非"门和"禁"门的逻辑符号及真值表。

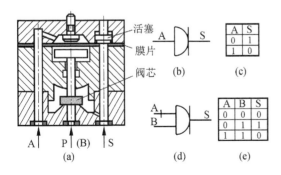

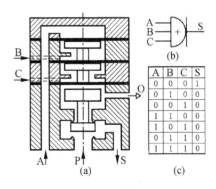

图 14 – 23　"非"门和"禁"门元件　　　　　图 14 – 24　"或非"元件

（4）"或非"（$S = \overline{A + B + C}$）元件

图 14 – 24（a）为"或非"元件的工作原理图，它是在非门元件的基础上增加两个信号输入端。由图明显可见，只要 A、B、C 三个输入端中有一个有输入信号，都会关闭 P—S 通道，S 就没有输出，而只有当 A、B、C 都没有输入信号时，P—S 才能接通，S 才有输出 S，即 S 与 A、B、C 间的逻辑关系是 $S = \overline{A + B + C}$。图 14 – 24（b）和（c）分别为其逻辑符号和真值表。

（5）"双稳"元件（$S_1 = K_B^A$，$S_2 = K_A^B$）

"双稳"元件又称双"记忆"元件，图 14 – 25 所示为其工作原理、逻辑符号和真值表。如图 14 – 25（a）所示，当 A 口有输入信号时，阀芯右移，气源 P 与 S_1 相通，S_1 有输出，而 S_2 与排气口相通，此时"双稳"处于"1"状态；在控制端 B 口的输入信号到来之前，A 口的信号虽然消失，但阀芯仍保持在右端位置，S_1 仍然有输出。当 B 口有输入信号时，如图 14 – 25（b）所示，阀芯向左移，此时 P 口与 S_2 相通，S_2 有输出，S_1 与排气孔相通，于是"双稳"处于"0"状态，在 B 口信号消失后，A 口信号输入之前，阀芯仍处于左端位置，S_2 仍然有输出。所以该元件具有记忆功能。即 $S_1 = K_B^A$，$S_2 = K_A^B$。其逻辑符号和真值表如图 14 – 25（c）、（d）所示。在使用中不能在双稳元件的两个输入端同时加输入信号，否则元件将处于不稳定工作状态。

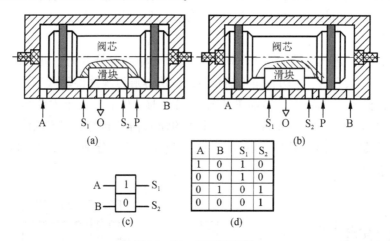

A	B	S_1	S_2
1	0	1	0
0	0	1	0
0	1	0	1
0	0	0	1

图 14 – 25 "双稳"元件

14.4.3 高压膜片式逻辑元件

高压膜片式逻辑元件是利用膜片式阀芯的变形来实现各种逻辑功能的。它的最基本的单元是三门元件和四门元件。

（1）三门元件

图 14 – 26 为三门元件的工作原理图，它是由左、右气室及膜片组成，左气室有输

入气口 A 和输出气口 B，右气室有一个控制输入气口 C，膜片将左右两个气室隔开。因为元件共有三个气口，故称为三门元件。

如图 14 - 26(a)所示，若从 A、C 两气口输入信号的压力相等，由于膜片两边作用面积不同，受力不等，A 口通道被封闭，A—B 气路不通，则 B 口通大气。当 C 口的输入信号消失后，如图 14 - 26(b)所示，膜片在 A 口压力作用下变形，接通 A—B 气路。

如果此元件的 B 口不通大气而接负载，则其三门的关断是有条件的，即要在 B 口降压或 C 口升压才能保证可靠地关断。

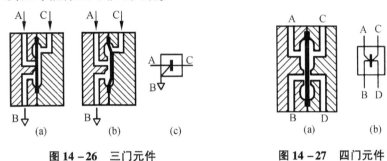

图 14 - 26　三门元件　　　　图 14 - 27　四门元件

(2)四门元件

四门元件的工作原理如图 14 - 27 所示，膜片将元件分成左右两个对称的气室，左气室有输入气口 A 和输出气口 B，右气室有输入气口 C 和输出口气 D，因为共有四个气口，所以称为四门元件。四门元件是一个压力比较元件。若输入气口 A 的气体压力比输入气口 C 的气体压力低，则膜片封闭 B 口的通道，切断 A—B 气路，接通 C—D 气路。反之，若输入气口 A 的气体压力比输入气口 C 的气体压力高，则膜片封闭 C 口的通道，使 C—D 气路断开，接通 A—B 气路。也就是说膜片两侧都有压力且压力不相等时，压力小的一侧通道被断开，压力高的一侧通道被接通；若膜片两侧气压相等，则要看哪一通道的气流先到达气室，先到者通过，迟到者不能通过。

利用上述三门和四门这两个基本元件，就可构成逻辑回路中常用的"或"门、"与"门、"非"门、"记忆"元件等。

14.4.4　逻辑元件的选用

气动逻辑控制系统所用气源压力和压力的变化范围，必须保障逻辑元件正常工作需要的气压范围和输出端切换时所需的切换压力；而逻辑元件的输出流量和响应时间等，在设计系统时可根据系统的具体要求参照相关资料选取。无论采取截止式还是膜片式高压逻辑元件，都要将元件集中布置，以便集中管理。由于信号传输有一定的延时，信号的发出点(如行程开关)与接收点(如元件)之间的距离不能相差太远。一般来说，最好不超过几十米。

当逻辑元件要相互串联时，气源一定要有足够的流量，否则经前面元件的消耗后，可能推不动下一级元件。另外，尽管高压逻辑元件对气源过滤要求不高，但最好是使用过滤后的气源。必须注意，绝不能使用加入油雾的气源进入逻辑元件。

本章小结

　　用气动控制元件可以组成各种气动回路。通过本章的学习，要求了解各类气动控制元件，特别是气动控制系统中特有的控制元件的工作原理和基本性能，为设计气动回路和气控系统时选用元件打下基础。

　　①压力控制阀。与液压压力控制阀类似，气动压力控制阀是用来控制气动系统中气体的压力，以满足系统各种压力要求的控制阀，都是利用空气压力和弹簧力相平衡的原理来工作的。安全阀、顺序阀的工作原理与液压控制阀中的同类阀基本相同，本章主要介绍了气动减压阀（调压阀）的工作原理和调压范围、压力特性、流量特性等几个主要性能。

　　选用减压阀（调压阀）时，主要应按系统要求选择的类型和调压精度。减压阀要依照分水滤气器→减压阀→油雾器的安装次序进行安装。

　　②流量控制阀。与液压流量控制阀类似，气动流量控制阀也是通过改变阀的通流截面积来实现流量控制的元件，常用的流量控制阀包括节流阀、单向节流阀、排气节流阀和柔性节流阀等。

　　排气节流阀是气动系统中特有的流量控制阀。它装在执行机构的排气气路上，通过调节执行机构排入大气中的气体流量来调节执行机构运动速度的一种控制阀。排气节流阀常带有消声器件，这能起到降低排气噪声的作用。

　　③方向控制阀。气动方向控制阀与液压方向控制阀类似，分类方法也大致相同，本章仅介绍了几种典型的方向控制阀。一般气动单向型控制阀和换向型控制阀（简称换向阀）的主要工作原理、结构和图形符号与液压控制阀中的单向阀基本相同。而具有不同逻辑功能的各种梭阀、快速排气阀是气动控制阀中特有的。

　　④气动逻辑元件又称逻辑阀。气动控制中特有的控制元件，其工作原理是通过元件内部可动部件在气控信号作用下的动作，改变气流动方向，从而实现一定逻辑功能。气控方向阀也具有逻辑元件的各种功能，所不同的是方向阀的输出功率较大，尺寸大。而气动逻辑元件的尺寸较小。

　　气动逻辑元件的种类很多，按工作压力可分为：高压元件、低压元件及微压元件三种；按逻辑功能可分为："是门"$(S = A)$元件、"或门"$(S = A + B)$元件、"与门"$(S = AB)$元件"非门"$(S = \overline{A})$元件和双稳元件等；按结构形式可分为：截止式逻辑元件、膜片式逻辑元件和滑阀式逻辑元件等。

思考题

　　1. 气动换向阀与液压换向阀的主要区别是什么？

　　2. 气动时间控制换向阀是靠什么完成时间控制的？

　　3. 简述"与"、"或"、"或非"、"双稳"逻辑元件的工作原理。

　　4. 何为元件的"记忆"功能？

　　5. 某双作用单出杆汽缸，要求 A、B 两个信号同时存在时，其活塞杆才能缩回，试用具有逻辑功能的适当的梭阀设计其回路。

　　6. 某汽缸，只要 A、B、C 三个信号中任意一个信号存在都可以使其活塞杆伸出，试用适当逻辑控制元件设计其回路。

第 15 章

气动基本回路

[**本章提要**]

气动基本回路是指用气动元件组成的能够实现某种特定功能的气动控制回路，与液压系统一样，无论多么复杂的气动系统，也都是由一些基本回路所组成的。按基本回路的主要功能分为压力与力控制回路、速度控制回路、换向回路和其他回路五部分，本章分别介绍了各类基本回路中的一些常用回路的功能、组成及特点。

15.1 压力与力控制回路

15.1.1 压力控制回路

气动系统中的压力控制回路，主要是指通过控制和调节气体压力，保证系统安全和正常运转的回路。

(1)一次压力控制回路

这种回路主要用于控制气源的压力(指气源系统中贮气罐内的压力)，使之稳定在规定的压力范围内。如图 15 - 1 所示。电触点压力表 5 用来控制电动机 1 及空压机 2 的启动和运转。当贮气罐 4 内的压力上升到压力表调定的上限时，压力表控制中间继电器断电，电动机 1 停止运转，则空压机 2 停止向贮气罐 4 供气，当气罐内的压力下降到压力表调定下限时，压力表控制中间继电器通电，电动机运转，空压机向贮气罐充气，如此可使贮气罐内的压力保持在电触点压力表调定的范围内。也可使用压力开关来代替电触点压力表。用外控式溢流阀 6 作为安全阀，当电触点压力表(压力开关)或控制电路出现故障时，空压机不能停止运转，气罐内的压力就会不断上升，当罐内压力达到溢流阀 6 的调定压力时，溢流阀便打开溢流，使空气压缩机卸荷运转，从而保证系统的安全。

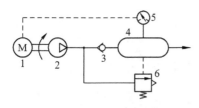

图 15 - 1　一次压力控制回路

1—电动机；2—空压机；3—单向阀；4—贮气罐；
5—电触点压力表；6—溢流阀(安全阀)

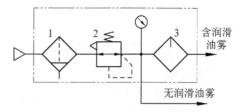

图 15 - 2　二次压力控制回路

1—空气过滤器；2—溢流式减压阀；
3—油雾器

(2)二次压力控制回路

二次压力控制回路主要是指用于气源进入气动装置前，根据需要进行二次压力调节的回路。图 15 - 2 所示为最基本的二次压力控制回路(即气动三联件)，该回路由空气过滤器 1、减压阀 2 和油雾器 3 三部分构成。对不需油雾润滑的气动元件和设备(如逻辑元件)，可以不用油雾器。

(3)过载保护回路

如图 15 - 3 所示。按下手动阀 1 使主控阀 2 换至左位，气缸左腔进气，活塞杆伸出。正常情况下，运动部件压下机动阀 5 后，控制气流经梭阀 4 的右端将主控阀切换至右位，活塞杆可返回，气缸左腔的压缩空气经主控阀 2 排出。如果活塞杆在伸出过程中，遇到故障或其他原因使气缸过载，气缸左腔压力升高到顺序阀 3 的调定值时，阀 3 打开，控制气流经梭阀 4 的左端也能将主控阀 2 切换至右工位，使活塞杆缩回，从而实现过载保护。

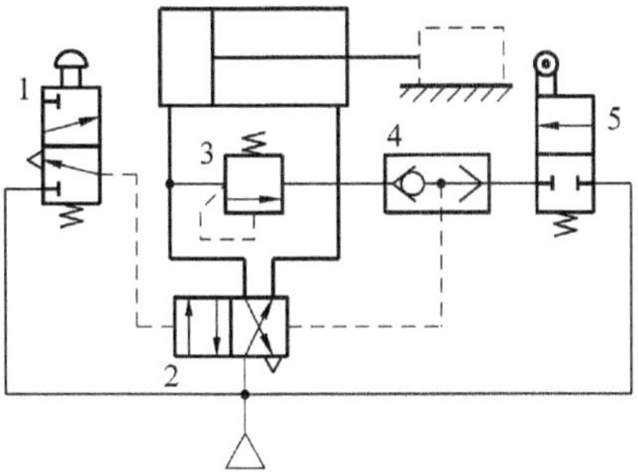

图 15 - 3　过载保护回路
1—手动换向阀；2—主控阀；3—顺序阀；
4—梭阀；5—机动换向阀

15.1.2　力控制回路

力控制回路是通过控制和调节气体的压力或控制其作用面积来控制和调节气缸输出力的回路。

(1)高 - 低压驱动控制回路

气缸在一个往复行程中，在不同的运动方向上需要输出力的大小往往是不同的，为了节省耗气量，可用不同压力的压缩空气来驱动，如图 15 - 4 所示的回路中，若电磁换向阀 1 通电换入下工位，气源可进入气缸无杆腔，直接驱动活塞杆伸出，而电磁换向阀 1 断电复位时，气源要经单向减压阀 4 减压后才能进入气缸有杆腔，活塞杆在低压驱动下缩回。

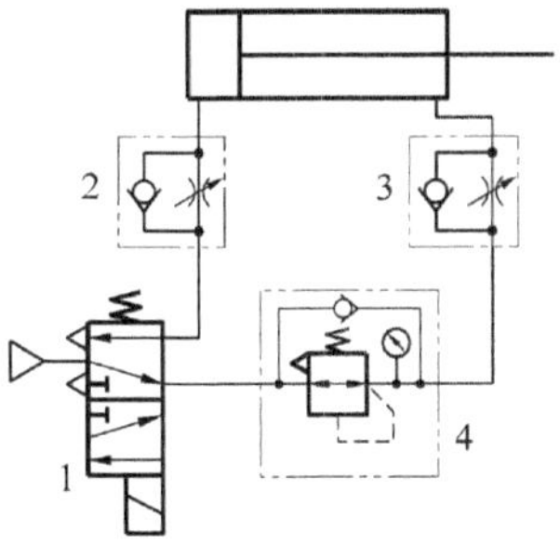

图 15 - 4　高 - 低压驱动回路
1—电磁换向阀；2、3—单向节流阀；
4—单向减压阀

(2)压力差动控制回路

压力差动控制回路就是使活塞两端同时作用不同压力的压缩空气来获得较小的输出力的一种控制回路。如图 15 - 5 所示为单向压力差动控制回路。当按下阀 1，气源进入气缸无杆腔，同时经溢流式减压阀 2 调定的压缩空气进入有杆腔，活塞杆在活塞两端压力差的作用下伸出。当换向阀 1 复位时，无杆腔经阀 1 排气，活塞杆在有杆腔的低压气体驱动下缩回。显然活塞杆伸出时输出的力只是压缩空气在活塞两端作用力之差。顺序阀 3 的调定压力要略高于减压阀 2 的调定压力，当活塞伸出行程较长或速度较快时，溢流式减压阀 2 有可能因溢流不及而使有杆腔压力升高，这时要求顺序阀打开降压，以保证有杆腔压力基本恒定，从而保证气缸能输出稳定的力。

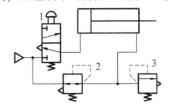

图 15 - 5　单向调压差动回路
1—换向阀；2—减压阀；3—顺序阀

(3)气液增压控制回路

图15-6所示是利用气液增压器1将压力较低的气体压力转换成较高的液体压力来驱动气液缸3，从而获得较大输出力的回路。单向节流阀2用于调节气液缸的速度。

这类利用气液转换装置将气压传动转换为较平稳的液压传动的回路统称为气液联动回路。使用气液增压控制回路，要求增压器的油液容积大于气液缸的工作容积与油管内积存油的容积之和，一般按1.5倍来设计。另外气液之间要有良好的密封，以免空气混入液压油。

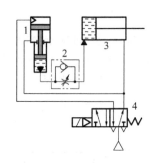

图15-6 气液增压回路

1—气液增压器；2—单向节流阀；
3—气液缸；4—换向阀

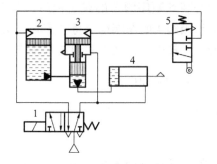

图15-7 高-低压二级气液联动回路

1—电磁换向阀；2—气液转换器；3—气液增压器；
4—气液缸；5—机动换向阀

在冲压薄板、压力装配等实际操作过程中，气液缸一般只需在最后一段很小的行程里做功，可用高-低压二级气液联动回路。如图15-7所示，电磁换向阀1通电，左位工作，压缩空气进入气液转换器2，使其输出低压油驱动气液缸4的活塞杆快速伸出，当接近工件时，挡块使机动换向阀5换向，压缩空气经阀5又进入增压器3，增压活塞向下行使增压器输出高压油(同时也切断了转换器2与增压器3间的低压油通道)，高压油进入缸4进行冲压工作。阀1复位时，压缩空气同时驱动气液缸的活塞和增压活塞返回。

15.2 速度控制回路

气动系统的功率不是太大，因此通常采用节流调速的方法控制气缸的速度。与液压缸的节流调速类似，气缸的节流调速有进气节流和排气节流之分，如图15-8所示。由于气体的可压缩性和膨胀性，气缸的速度控制远比液压缸复杂。无论是用进气节流还是排气节流，对气缸速度控制的精度，远不如液压缸。所以，在控制精度要求较高的场合，应采用气液联动速度控制。

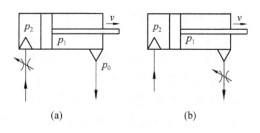

图15-8 气缸的节流调速

(a)进气节流；(b)排气节流

15.2.1　气缸节流控制的简单分析

图 15-9 为一进气节流气缸在外载荷不变的情况下活塞两侧的压力变化曲线。进气节流时，排气腔的压力 p_1 会很快降到大气压力 p_0。而进气腔则因节流阀的控制，压力 p_2 的升高相对较慢。当压力差 Δp 足以克服活塞的静态阻力时，活塞开始启动。由于活塞的动态阻力小于静态阻力，故启动后活塞的运动速度较快，进气腔容积急剧增大，而进气节流限制了供气速度，使得 p_2 很快降低，

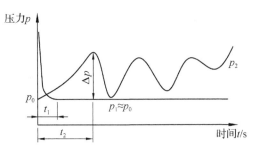

图 15-9　进气节流气缸在外载荷不变的情况下活塞两侧的压力变化曲线

活塞的速度变慢，进气腔容积的增大也随之减缓，p_2 重新升高，上述过程重复出现。导致活塞运动的这种波动称为"爬行"现象，波动频率会随行程增大而减小。当负载变动较大时，"爬行"现象将更为严重。另外，当负载方向与活塞运动方向相同时，由于几乎没有背压的阻尼作用，极易产生"跑空"现象，使气缸失去控制，造成严重事故。所以，进气节流一般只用于垂直安装的气缸。

排气节流时，由于进气阻力较小，且节流阀使排气腔内有一定的背压 $(p_1 \neq p_0)$，在负载不变或变化不大时，速度随负载变化小，运动比较平稳。故在气动系统中主要使用排气节流的方法来控制气缸速度。

15.2.2　单作用气缸速度控制回路

图 15-10 所示均为单作用气缸的速度控制回路，其中图 15-10(a)为单向调速回路，活塞杆的伸出速度用节流阀控制，返回时气缸下腔通过快速排气阀排气，活塞杆在弹簧的作用下快速返回。图 15-10(b)是双向调速回路，两个相反安装的单向节流阀，分别控制着活塞杆的伸出和缩回速度。

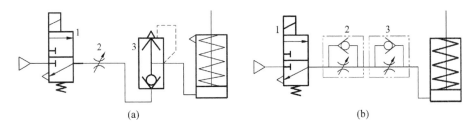

(a)　　　　　　　　　　　　　　　　　(b)

图 15-10　单作用气缸调速回路
(a)单向调速回路：1—换向阀；2—节流阀；3—快速排气阀
(b)双向调速回路：1—换向阀 ；2、3—单向节流阀

15.2.3　双作用气缸速度控制回路

(1)调速回路

图 15-11 所示为双作用气缸调速回路。其中图 15-11(a)使用两个单向节流阀构成了进气节流的双向调速回路。图 15-11(b)为排气节流双向调速回路。这两者之间只

是单向节流阀的安装方向不同，图15-11(c)是使用快速排气阀构成的慢进-快退的单向排气节流调速回路。图15-11(d)则是通过安装在换向阀排气口的带消声器的排气节流阀来控制气缸伸缩速度的一种双向排气节流调速回路，主要用于气缸与换向阀间不能安装单向节流调速阀的场合。这些调速回路，节流阀的开度调定后，气缸在运动过程中速度不能变化。

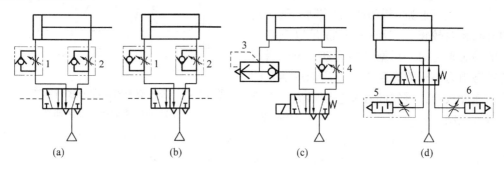

图 15-11 双作用气缸的调速回路

(a)进气节流；(b)排气节流；(c)慢进-快退；(d)用排气节流阀调速

1、2、4—单向节流阀；3—快速排气阀；5、6—带消声器的排气节流阀

(2)缓冲回路

当气缸驱动较大负载并进行长行程、高速运动时，需要用缓冲回路来消除冲击力。缓冲回路其实是一种减速回路。

如图15-12(a)所示，当活塞杆快速伸出到某一位置时，撞块压下行程阀4，切断了有杆腔原快速排气通道，迫使其剩余气体只能经由单向节流阀3排出，从而缓解了活塞杆的冲击力。调整行程阀的安装位置，可改变缓冲行程。此回路常用于惯性较大的场合。

图15-12(b)所示回路是利用压力来控制缓冲的回路，当活塞返回到行程末端时，气缸左腔的压力已下降到无力打开顺序阀2的程度，残余气体只能经节流阀4排出，活

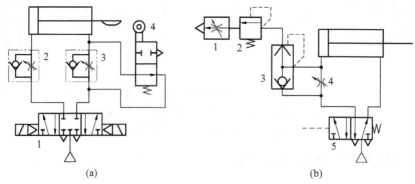

图 15-12 双作用气缸缓冲回路

(a)行程控制的缓冲回路：1—换向阀；2、3—单向节流阀；4—行程阀

(b)压力控制的缓冲回路：1—调速阀；2—顺序阀；3—快速排气阀；4—节流阀；5—换向阀

塞得到缓冲。此回路适用于行程长、速度快的场合。上述两个回路都是单向缓冲回路，如要实现双向缓冲，在气缸两端均设置缓冲回路即可。

15.2.4　气液联动速度控制回路

由于气体的可压缩性和膨胀性，在低速和负载变化较大的场合，普通气缸很难满足运动平稳性的要求。为此，可用气–液联动速度控制回路。这种回路不需要液压动力即可获得液压传动，通过调节油路中的节流阀来控制液压缸或气–液联动缸的运动速度，从而获得慢速而平稳的运动。

（1）利用气–液阻尼缸的速度控制回路

图 15–13（a）为串联式的气–液阻尼缸的双向调速回路，通过换向阀 6 控制气缸的压缩空气来控制活塞杆的进退，而其速度则分别由两个单向节流阀 4、5 调节阻尼缸的液体流速来控制。

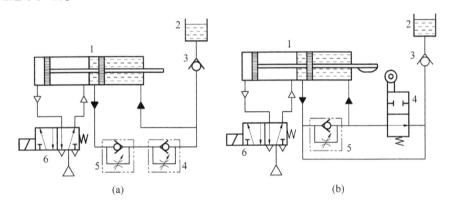

（a）　　　　　　　　　　　　　　　　　（b）

图 15–13　串联式气–液阻尼缸的速度控制回路

（a）气液阻尼双向调速回路：1—气液阻尼缸；2—高位油箱；3—单向阀；4、5—单向节流阀；6—电磁换向阀

（b）气液阻尼单向变速回路：1—气液阻尼缸；2—高位油箱；3—单向阀；4—机控行程阀；5—单向节流阀；6—电磁换向阀

图 15–13（b）为串联式的气–液阻尼缸的单向变速回路。若电磁换向阀 6 通电换向，气压驱动活塞杆快速伸出，阻尼液压缸活塞也向右运动，撞块压下行程阀 4 时，阻尼缸的快速循环油路被切断，只能经节流阀 5 循环，活塞杆变为慢进。当电磁阀 6 断电，活塞杆可快速返回。该回路可使活塞杆实现快进→慢进→快退的动作。若将阀 5 中单向阀去掉，则可实现快进→慢进→慢退→快退的动作。两回路中的油箱 2 用于补充回路中的少量漏油。单向阀 3 则用于防止回路在工作时油液流回油杯。串联式的气–液阻尼缸要有良好的密封，以防止气液混合。

（2）利用气液转换器的速度控制回路

图 15–14（a）所示为采用气液转换器来驱动液压缸的双向调速回路。它采用两个气液转换器 2、6 将气体压力转变成液体压力来驱动液压缸 4，通过单向节流阀 3、5 可实

现液压缸的双向节流调速。

图 15 – 14(b)为采用气液转换器来驱动气液缸的变速回路。当阀 1 通电，压缩空气进入气液缸 2 的无杆腔，驱动活塞杆快速伸出，有杆腔的油液经行程阀 3 快速流回到气液转换器 5，当活塞杆端部撞块压下行程阀 3 时，油液只能经节流阀 4 流回气液转换器5，活塞杆可实现减速。当阀 1 断电复位，压缩空气进入气液转换器 5，转换器输出的液压油经阀 4 的单向阀快速进入气液缸 2 的有杆腔，驱动活塞杆快速缩回。

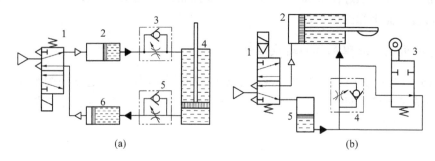

(a)　　　　　　　　　　　　　　　(b)

图 15 – 14　利用气液转换器的速度控制回路

(a)气液转换双向调速回路；1—主控阀；2、6—气液转换器；3、5—单向节流阀；4—液压缸；
(b)气液转换变速回路；1—主控阀；2—气液缸；3—行程阀；4—单向节流阀；5—气液转换器

15.3　换向回路

　　换向控制回路是利用方向控制阀控制压缩空气的进气方向来控制执行元件运动方向的回路。

15.3.1　单作用气缸换向回路

　　图 15 – 15 所示为单作用气缸的换向回路，其中图 15 – 15(a)采用二位三通电磁换向阀，当电磁阀通电切换时，压缩空气进入气缸无杆腔驱动使活塞杆伸出，电磁阀断电复位时，活塞杆靠弹簧作用返回。图 15 – 15(b)则采用先导式电 – 气三位五通换向阀(内控式)，此换向阀的中位可使气缸停在任意位置，但定位精度不高，定位时间也不长。

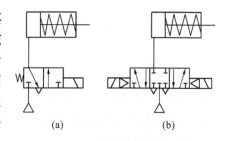

(a)　　　　(b)

图 15 – 15　单作用气缸换向回路

15.3.2　双作用气缸换向回路

　　双作用气缸的换向回路，可用各类二位或三位换向阀，如图 15 – 16 所示。图 15 – 16 中(a)、(b)及(d)的主阀都是二位五通换向阀，其中图 15 – 16(a)的主阀是双电磁控制阀。图 15 – 16(b)的主阀是单气控阀，通过一个小通径手动二位三通阀作为先导阀来控制，图 15 – 16(d)的主阀则是双气控阀，它用了两个小通径手动阀作为先导阀来控

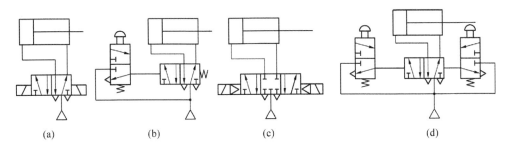

图 15 – 16　双作用气缸换向回路

制。图 15 – 16(c)所用主阀是先导式电 – 气三位五通换向阀(内控式)，其中位可使气缸停在任意位置。

15.4　其他回路

15.4.1　位置控制回路

位置控制回路就是能控制执行机构停在行程中的某一位置的回路。

(1)纯气动的位置控制回路

图 15 – 17 所示回路均为利用三位换向阀的中位机能来控制气缸位置的回路。其中图 15 – 17(a)采用中间封闭型三位阀。这种回路定位精度较差，而且要求不能有任何泄漏。图 15 – 17(b)采用中间卸压型三位阀。它适用于需用外力自由推动活塞移动而要求活塞在停止位置处于浮动状态的场合，其缺点是活塞运动的惯性较大时，停止位置难以控制。图 15 – 17(c)、(d)采用中间加压型三位阀。其原理是保持活塞两端受力的平衡，使活塞可停留在行程的任何位置，对于图 15 – 17(d)所示的单出杆气缸，因活塞两端受压面积不等，故需要用减压阀来使活塞两端受力平衡。采用中间加压型三位阀的位置控制回路适用于缸径小而要求快速停止的场合。

由于空气的可压缩性及气体不易长时间密封，单纯靠控制缸内空气压力平衡来定位

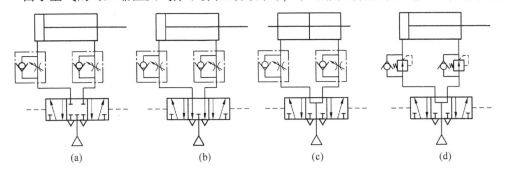

图 15 – 17　采用三位阀的纯气动位置控制回路

(a)中间封闭型；(b)中间卸压型；
(c)中间加压型(双出杆)；(d)中间加压型(单出杆)

的方法，难以保证较高的定位精度。所以，只有在定位精度要求不高时才使用上述纯气动的位置控制回路，在定位精度要求较高的场合，则要采用机械辅助定位或气液联动定位等方法来提高执行机构的定位精度。

（2）利用机械辅助定位的位置控制回路

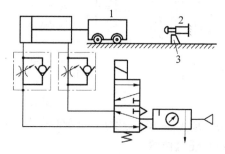

如图 15 - 18 所示，当气缸推动小车 1 向右运动时，先碰到缓冲器 2 进行减速，直到碰到挡块 3 时小车才被迫停止。这种在需要定位的地点设置挡块来控制位置的方法，结构简单、定位可靠，但调整困难。挡块的频繁碰撞、磨损会使定位精度下降。挡块的设计既要考虑有一定的刚度，又要考虑具有吸收冲击的缓冲能力。

图 15 - 18　采用机械挡块的位置控制回路
1—小车；2—缓冲器；3—挡块

（3）利用多位气缸的位置控制回路

利用多位气缸可实现多点位置的精确控制。其原理是控制一个或数个气缸的活塞杆的伸出或缩回，通过不同的组合来实现输出杆多个位置的控制。

图 15 - 19 所示回路是由两个行程不等的单作用气缸首尾串联接成一体的单出杆气缸。当切换阀 1 时，A 缸活塞杆推动 B 缸活塞杆从 I 位伸出到 II 位；再切换阀 2，B 缸活塞杆继续伸出至 III 位；若仅切换阀 3，两缸都处于回缩状态，所以对于伸出的活塞杆（即 B 缸活塞杆）来说则有三个位置。若在两缸端盖处安装与活塞杆平行的调节螺钉，就可以调节每段定位行程。

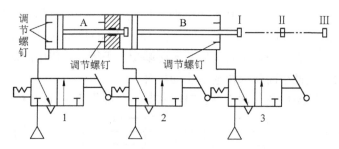

图 15 - 19　采用多位气缸的位置控制回路

（4）气 - 液联动位置控制回路

当定位精度要求较高时，可采用图 15 - 20 所示两种气 - 液联动位置控制回路，将气压缸的位置控制转换成液压缸的位置控制，从而弥补气动位置控制精度不高的缺点，提高位置控制的精度。

图 15 - 20（a）为采用气 - 液转换器的速度及位置控制回路。当主控阀 1 和阀 4 同时通电换向，液压缸 5 的活塞杆伸出。在运动到预定位置时，若使阀 4 断电回位，液压缸

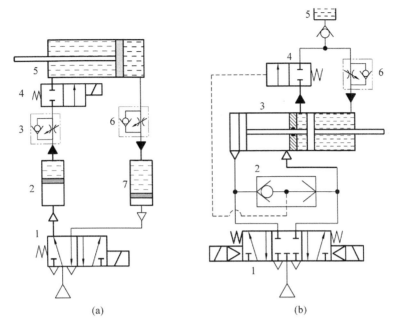

图 15 − 20　气 − 液联动速度及位置控制回路

(a)气 − 液转换位置控制回路：1—主控阀；2、7—气液转换器；3、6—单向节流阀；
4—电磁二通阀；5—液压缸

(b)气液阻尼位置控制回路：1—主控阀；2—梭阀；3—气液阻尼缸；4—气控二通阀；
5—高位油箱；6—单向节流阀

有杆腔的液压油被封闭，活塞杆在预定位置上停止。调节单向节流阀 3、6 便可控制活塞杆的运动速度。

图 15 − 20(b)所示为串联式气 − 液阻尼缸的位置控制回路，只要主控阀 1 处于中位，二通阀 4 就会复位并切断阻尼缸 3 的油路，活塞便可在任意位置上停止。主控阀 1 切换到左位时，活塞杆伸出，换到右位时则缩回。单向节流阀 6 可使活塞杆实现快进→慢退。采用串联气液阻尼缸，应注意密封，以免油、气相混，影响定位精度。

15.4.2　同步控制回路

同步控制回路是指控制两个和两个以上的气缸以相同速度移动或在预定位置同时停止的回路。其实质是一种速度控制回路。由于气体的可压缩性及负载变化等因素的影响，单纯利用调速阀调节气缸的速度以使多个气缸实现较高精度的同步是很困难的。所以，实现同步控制的可靠方法是气动与机械并用的方法或气 − 液联动控制的方法。

(1)机械连接的同步回路

图 15 − 21 所示为两个气缸用连杆连接而达到同步的回路。这是一种刚性的同步回路，两缸的同步是靠机械连接强迫完成的，故可实现可靠的同步，但两缸的布置受连接机构的限制。载荷不对称时容易出现卡死现象。

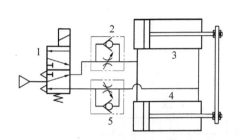

图 15 – 21　机械连接的同步回路

1—主控阀；2、5—单向节流阀；

3、4—气缸

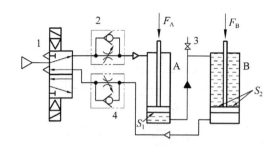

图 15 – 22　气 – 液联动缸同步回路

1—主控阀；2、4—单向节流阀；

3—气堵；A、B—气液缸

（2）气液转换同步回路

图 15 – 22 所示为两个气液缸的同步控制回路，缸 A 的无杆腔与缸 B 的有杆腔管路相连，油液密封在回路之中。缸 A 的有杆腔与缸 B 的无杆腔分别与气路相连，只要缸 A 无杆腔的有效承压面积 S_1 与缸 B 有杆腔的有效承压面积 S_2 相等，就可实现两缸活塞杆的同步伸缩。使用时应注意避免油气混合，否则会破坏两缸同步动作的精度，打开气堵 3 可及时放掉混入液压油中的空气和补充油液。

15.4.3　往复运动控制回路

往复运动控制回路能控制气缸连续完成一个或多个往复动作，是顺序动作回路的基本组成部分。

（1）单往复运动控制回路

单往复运动控制回路，是指每输入一个启动信号，气缸只完成一个往复动作。图 15 – 23所示为三种常见的单往复运动控制回路。

图 15 – 23(a)是用机控行程阀控制活塞杆自动返回的控制回路。当按下手动阀 1，控制气流通过手动阀使主阀 2 切换至左位，工作气流进入气缸无杆腔，活塞杆伸出；当

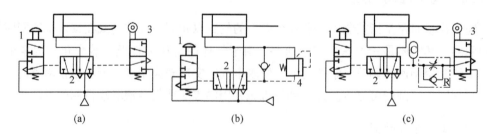

(a)　　　　　　　　　　(b)　　　　　　　　　　(c)

图 15 – 23　单往复运动控制回路

(a)行程控制；(b)压力控制；(c)时间控制

1—手动阀；2—气动换向阀(主阀)；3—行程阀；4—顺序阀；R—气阻；C—气容

活塞杆上的撞块压下行程阀 3 时，控制气流又经行程阀 3 使主阀 2 切换到右位，工作气流进入气缸有杆腔，活塞杆返回。

图 15–23(b) 是用顺序阀控制活塞杆自动返回的一种压力控制的单往复运动回路。按一下手动阀 1，使主阀 2 切换至左位，工作气流进入气缸无杆腔，活塞杆伸出，同时工作气流也作用在顺序阀 4 上。当活塞杆到达终点后，无杆腔压力升高，顺序阀 4 被打开，控制气流又使主阀 2 切换至右位，压缩空气进入气缸有杆腔，驱使活塞返回。

图 15–23(c) 是控制气缸活塞杆延时返回的一种单往复运动控制回路。在主阀右端控制气路上设置了一个阻容回路，通过改变气阻 R 和气容 C 可调节延时的时间。

(2) 连续往复运动控制回路

图 15–24 所示为单气缸连续往复运动控制回路，在初始位置(图示位置)，主阀 2 两端经阀 1、4 均通大气。按下手动阀 1，由于这时行程阀 3 处于按下位置，控制气流可经阀 3、1 使主控阀 2 换至左位，工作气流进入气缸无杆腔，活塞杆伸出。当活塞杆的撞块压下行程阀 4 后，控制气流经阀 4 作用在主阀 2 的右端，此时由于活塞杆的撞块离开 3，阀 3 已经复位，主阀 2 左端经阀 1、3 已与大气相通，故主阀 2 复位，压缩空气进入气缸有杆腔，活塞杆缩回。由于手控阀仍处在压下位置，当活塞杆缩回再次压下阀 3 时，则重复上述循环，直到拉起手动阀 1，活塞杆缩回并停止运动。

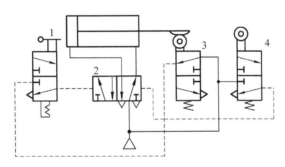

图 15–24　连续往复运动控制回路

1—手动换向阀；2—气动换向阀(主阀)；3、4—行程阀

15.4.4　气动逻辑回路

气动逻辑回路就是将气动元件按逻辑关系组成具有一定逻辑功能的控制回路。气动逻辑回路可以由各种逻辑元件组成，也可以由阀类元件组成。在实际气动控制系统中的逻辑控制回路都是由一些基本逻辑回路组合而成的。表 15-1 列出了几种常见的用阀类元件组成的基本逻辑回路，表中 a、b 为输入信号，S、S_1、S_2 为输出信号。有源元件是指一个元件有恒定的供气气源的元件。

表 15-1　阀类元件组成的基本逻辑回路表

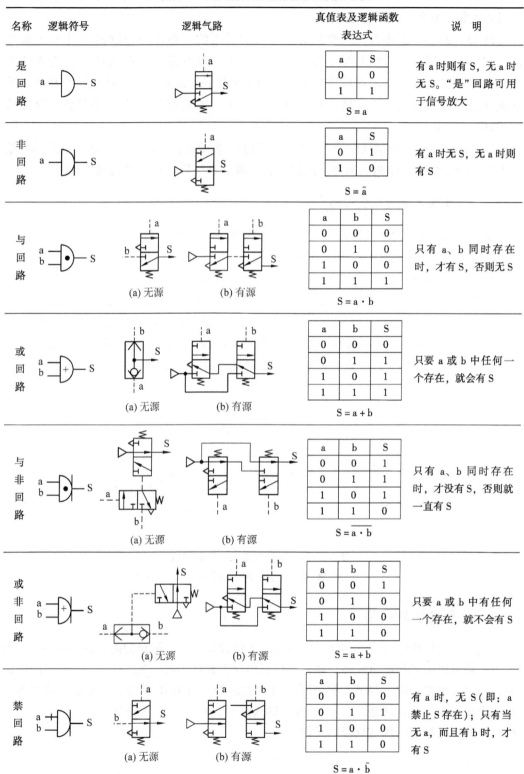

名称	逻辑符号	逻辑气路	真值表及逻辑函数表达式	说　明

是回路

逻辑符号：a ──S

a	S
0	0
1	1

$S = a$

有 a 时则有 S，无 a 时无 S。"是"回路可用于信号放大

非回路

逻辑符号：a ──S

a	S
0	1
1	0

$S = \bar{a}$

有 a 时无 S，无 a 时则有 S

与回路

逻辑符号：a·b ──S

(a) 无源　(b) 有源

a	b	S
0	0	0
0	1	0
1	0	0
1	1	1

$S = a \cdot b$

只有 a、b 同时存在时，才有 S，否则无 S

或回路

逻辑符号：a+b ──S

(a) 无源　(b) 有源

a	b	S
0	0	0
0	1	1
1	0	1
1	1	1

$S = a + b$

只要 a 或 b 中任何一个存在，就会有 S

与非回路

逻辑符号：a·b ──S

(a) 无源　(b) 有源

a	b	S
0	0	1
0	1	1
1	0	1
1	1	0

$S = \overline{a \cdot b}$

只有 a、b 同时存在时，才没有 S，否则就一直有 S

或非回路

逻辑符号：a+b ──S

(a) 无源　(b) 有源

a	b	S
0	0	1
0	1	0
1	0	0
1	1	0

$S = \overline{a + b}$

只要 a 或 b 中有任何一个存在，就不会有 S

禁回路

逻辑符号：a、b ──S

(a) 无源　(b) 有源

a	b	S
0	0	0
0	1	1
1	0	0
1	1	0

$S = a \cdot \bar{b}$

有 a 时，无 S（即：a 禁止 S 存在）；只有当无 a，而且有 b 时，才有 S

（续）

名称	逻辑符号	逻辑气路	真值表及逻辑函数表达式	说　明
记忆回路	(a) 单记忆　(b) 双稳	(a) 单记忆　(b) 双稳	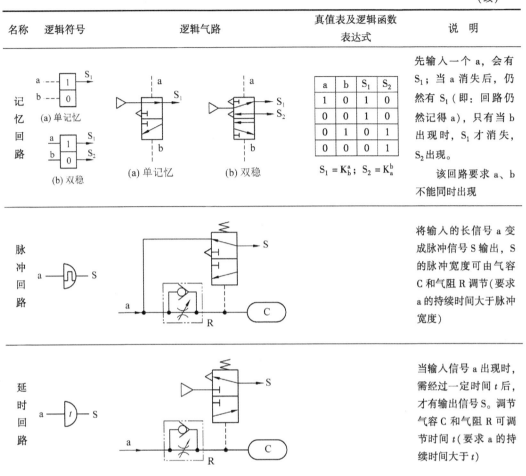 $S_1 = K_b^a$；$S_2 = K_a^b$	先输入一个 a，会有 S_1；当 a 消失后，仍然有 S_1（即：回路仍然记得 a），只有当 b 出现时，S_1 才消失，S_2 出现。 该回路要求 a、b 不能同时出现
脉冲回路	a —⊐ S			将输入的长信号 a 变成脉冲信号 S 输出，S 的脉冲宽度可由气容 C 和气阻 R 调节（要求 a 的持续时间大于脉冲宽度）
延时回路	a —⊐ t ⊢ S			当输入信号 a 出现时，需经过一定时间 t 后，才有输出信号 S。调节气容 C 和气阻 R 可调节时间 t（要求 a 的持续时间大于 t）

真值表：

a	b	S_1	S_2
1	0	1	0
0	0	1	0
0	1	0	1
0	0	0	1

本章小结

　　与液压系统相比，气动系统控制回路中一般不设排气管道、回路图中也不画空压机，了解和熟悉气动基本回路的构成和功能是合理设计、分析复杂气动控制系统的基础。

　　（1）压力与力控制回路

　　①压力控制回路。主要作用是通过控制和调节气体压力，保证系统安全和正常运转。

　　压力控制回路主要是靠一些压力控制元件来控制压力的，这些压力控制元件有电触点压力表、压力开关、溢流阀、减压阀等。

　　②力控制回路。主要作用是控制和调节气动执行元件的输出力。执行元件输出力的控制和调节，既可以通过控制进（排）气压力也可以通过控制压缩空气的有效作用面积来达到。

　　（2）速度控制回路

　　主要作用是控制和调节执行元件的输出速度，有调速回路和缓冲回路。

　　① 调速回路。控制气缸输出速度通常是采用节流调速的方法。与液压缸的节流调速类似，气缸的节流调速有进气节流和排气节流之分。由于进气节流没有背压，一般只用于垂直安装的气缸。而多数气缸都用排气节流的方法调速。对单作用气缸和双作用气缸的速度控制回路，其构成、工作原理与

同类液压缸的节流速度控制回路相似，都是用节流阀作为流量控制元件，气动速度控制回路中还可用快速排气阀排气的方法提高气缸活塞的返回速度。

②缓冲回路。缓冲回路其实是一种减速回路。缓冲的主要工作原理是执行元件快速运动到某个位置时，发讯元件发出信号，切断原有快速排气通道，迫使剩余气体经节流元件排出，从而缓解运动机构的冲击力。行程阀、顺序阀等元件可作为缓冲回路中的发讯元件。

③气-液联动速度控制回路。由于气体的可压缩性和膨胀性，控制气缸的速度远比液压缸复杂。对气缸速度控制的精度，远不如液压缸。所以，在速度控制精度要求较高时，可用气-液联动速度控制回路。这种回路的工作原理是通过各种气-液阻尼缸、气液转换器将压缩空气的压力能转换成液体的压力能，通过调节油路中的节流阀来控制液压缸或气-液联动缸的运动速度，从而获得慢速而平稳的运动。

（3）换向回路

气动系统中的换向回路的组成、功能与液压系统的换向回路基本相同，也是利用各种气动换向阀控制压缩空气的进气方向来控制执行元件运动方向的回路。

（4）其他回路

除上述三类基本回路外，本章还讨论了位置控制回路、同步控制回路、计数回路、往复运动控制回路和气动逻辑回路。

①位置控制回路。位置控制回路就是能控制执行机构停在行程中的某一位置的回路。

纯气动的位置控制回路是利用三位换向阀的中位机能来控制气缸位置的回路。但是，纯气动的位置控制回路定位精度不高，定位时间也不长。在定位精度要求较高的场合，则要采用机械辅助定位或气-液联动定位的方法来提高执行机构的定位精度。

②同步控制回路。气动的同步控制回路与液压的同步控制回路在组成、工作原理上基本相同，但由于气体的可压缩性，气动同步控制的精度易受负载变化等因素的影响。单纯用调速阀调节气缸速度，使多个气缸实现较高精度的同步是很困难的。所以，实现同步控制的可靠方法是气动与机械并用或气-液联动控制。

③往复运动控制回路。往复运动控制回路能控制气缸连续完成一个或多个往复动作，是顺序动作回路的基本组成部分。其工作原理也与同类液压回路基本相同。

④计数回路。来两次信号（按下手动阀），出现一次相同的输出信号（活塞杆的伸出和缩回交替出现），故为二进制计数回路。这是一种用换向阀或逻辑元件组成的具有二进制计数功能的回路。

⑤气动逻辑回路。气动逻辑回路就是将气动元件按逻辑关系组成具有一定逻辑功能的回路，也可以由阀类元件组成。

思考题

1. 为什么常用排气节流调速的方法控制气动执行元件的速度？

2. 气-液联动的控制回路与液压传动控制回路有什么不同，主要目的是什么？

3. 要求一个双出杆双作用气缸缸体左、右移动，而且可在任意位置停止，并能够慢进→快退。试绘出一个该气缸的气动控制回路。

4. 试设计一种常用的快进→慢进→快退的气动控制回路。

5. 分析如图 15 - 25 所示两回路的工作过程，并指出各元件的名称。

6. 试用一个单电控二位五通阀、一个单向节流阀和一个快速排气阀设计一个双作用气缸快速返回气动控制回路。

7. 一个单作用气缸，欲实现 $S = \bar{a}b + a\bar{b}$ 的逻辑功能。其中 a、b 为两个输入信号，S 为输出信号。

设计一个能实现此功能的气动逻辑控制回路。

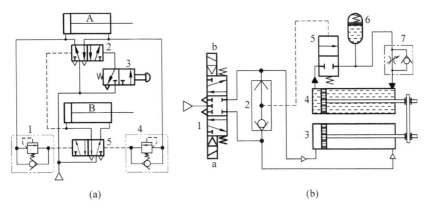

图 15 – 25

第 16 章

气动行程程序控制回路及其设计

[**本章提要**]

行程程序控制系统是气动自动控制系统中应用最广泛的控制系统。气动程序控制回路的设计是设计气动自动控制系统的核心。本章介绍了程序控制的基本概念，主要讨论了多缸单往复和多缸多往复行程程序控制回路设计的主要内容、基本步骤及方法。

16.1　概述

16.2　多缸单往复行程程序控制回路的设计

16.3　多缸多往复行程程序回路设计

16.1　概述

16.1.1　程序控制的基本概念

程序控制是指根据生产过程要求，使被控制的各执行元件，按照确定的顺序协调动作的一种自动控制方式。程序控制分为时间程序控制、行程程序控制和混合程序控制三种。

（1）时间程序控制

时间程序控制是各执行元件的动作程序按时间顺序进行的一种自动控制方式。这种控制方法是由时间发信装置发出时间信号，通过控制线路按一定的时间间隔分配给相应的执行元件，令各元件按顺序动作。图 16 – 1 所示为时间程序控制框图，这是一种开环程序控制系统。这种系统的执行元件之间没有直接联系，若其中一个执行机构发生故障，后一个执行机构仍将按指令动作，所以，容易发生事故。

图 16 – 1　时间程序控制框图

（2）行程程序控制

图 16 – 2 为行程程序控制框图，它是一个闭环程序控制系统，行程程序控制的特点是前一个执行元件动作完成的同时发出下一个动作的指令信号。这种控制方式，只有在前一个动作完成并发出信号后，下一个动作才能进行。

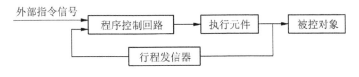

图 16 – 2　行程程序控制框图

行程程序控制系统包括行程发信装置、执行元件、程序控制回路和动力源等部分。行程发信装置就是一种位置传感器，在气压传动的控制系统中常用行程阀、逻辑"非门"元件等作发信装置；执行元件一般是气缸、气 – 液缸、气动马达、气动阀门、气 – 电转换器等，外部指令信号是指启动信号或从其他装置来的信号。程序控制回路可由气动控制阀组成，也可由各种逻辑元件组成；动力源由空气压缩机以及各种空气净化处理的辅助装置组成。

行程程序控制的优点是结构简单、维修容易、动作稳定，特别是当程序中某节拍出现故障时，整个程序就中止，可实现自动保护。它是气动自动化系统中应用最为广泛的一种方式。

（3）混合程序控制

混合程序控制是在行程程序控制系统中包含了部分时间信号的一种控制方式，如果将时间信号看成一种行程信号的话，它实际上亦属于行程程序控制。同样，通过适当方式也可把压力、液位、温度、流量等信号当作行程信号看待。

16.1.2 行程程序控制回路的设计方法

气动程序控制回路的设计是气动控制系统设计的核心，控制信号与执行元件的连接和动作间的协调是设计中的主要问题。判断、检查和消除行程程序回路中的障碍信号、绘制出无障碍控制回路图是程序控制回路设计的关键。

判断障碍信号的方法也就是行程程序回路的设计方法，常用的有：区间直观法、分组供气法、卡诺图法、信号 – 动作（X-D）线图法等多种方法。其中使用 X-D 线图法诊断和排除故障比较简单、直观，设计出的气动回路控制准确、回路简单、使用和维修方便。为此，本章主要介绍 X-D 线图法。

16.2 多缸单往复行程程序控制回路的设计

单往复行程程序，是指在一个循环程序中，系统所有的执行元件都只做一次往复动作的程序。其特点是系统中每一个发信装置只发出一次信号，且该信号控制的动作是固定不变的。本节将通过单往复行程程序控制回路的设计来说明 X-D 线图法的基本步骤和方法。

16.2.1 行程程序的表示方法

行程程序控制系统中各气缸的动作顺序可用程序框图来表示。例如一台自动钻床，用三个气缸来完成送料、夹紧、钻孔的工作，其动作框图如图 16 – 3 所示。

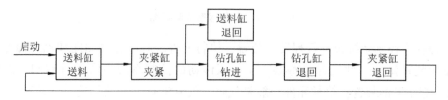

图 16 – 3 自动钻床动作程序框图

在进行回路设计时，为了更加准确地描述动作程序和控制信号及两者之间的关系，简化程序框图和回路图，要用以下规定的符号、文字来表示。

①用大写字母 A、B、C……表示执行元件(气缸)，用下标"1"表示气缸活塞杆伸出，用下标"0"，表示气缸活塞杆缩回。如：A_1 表示 A 缸活塞杆伸出，A_0 表示 A 缸活塞杆缩回。

②用带下标"1"或"0"的小写字母 a_1、a_0、b_1、b_0、c_1、c_0……分别表示 A_1、A_0、B_1、B_0、C_1、C_0 等动作行程到终端时所触动的行程阀(或其他行程发信装置)和该行程阀发出的信号，这类直接由行程阀发出而未经处理的信号，称为原始信号。如：气缸 A 的活塞杆在伸出(A_1)行程的终端触动的行程阀和该阀发出的原始信号都用 a_1 表示，同样气缸 B 的活塞杆在缩回(B_0)行程的终端触动的行程阀和该行程阀发出的原始信号都用 b_0 表示。

③控制气缸换向的主控制阀，用 F 表示，用下标表示该主控阀所控制的气缸。如：F_A 是表示控制气缸 A 的主控阀。

④用与气缸动作相应的符号表示控制气缸对应动作的阀位，也表示主控阀的两个对应的输出信号。如：用 A_1、A_0 也可以表示 F_A 控制 A 缸伸、缩的两个阀位，或 F_A 控制 A 缸伸、缩的两个输出信号。

⑤系统初始的启动信号用小写字母 q 表示。根据上述规定，图 16-3 所示自动钻床的动作程序框图可简化成图 16-4 的形式，该程序有五个动作节拍(❶~❺)。

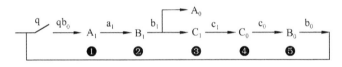

图 16-4　自动钻床简化动作程序

如果略去箭头和小写字母表示的控制信号，该程序图还可进一步简化写成如下程序式：

$$A_0$$
$$A_1B_1C_1C_0B_0$$

图 16-4 所示的程序框图及其简化程序式的说明如下：

①简化动作程序图中的箭头表示顺序动作的方向，箭头上方的小写字母表示箭头前一动作完成后发出的控制箭头后一动作的信号。如：$A_1 \xrightarrow{a_1} B_1$ 表示 A_1 动作完成后发出 a_1 信号，由 a_1 信号命令 B_1 动作。程序中的一次动作也称为一个节拍。

②若同一节拍中存在多个气缸同步动作时，并非每个同步气缸都是下一动作的发令气缸，在写程序式或程序图时应把发出信号的动作排(写)在程序式(图)的主线上。如：上述自动钻床的动作程序 A_0 与 C_1 为同一节拍的动作。所以，写法不同的程序式表示的含义也有所不同，表 16-1 列出了几种程序式。

表 16-1 程序式举例及其含义说明

程序式	说明
A_0 $A_1 B_1 C_1 C_0 B_0$	表示 C_1 发信号，A_0 不发信号。即：$C_1 \xrightarrow{c_1} C_0$，只在 C_1 处安装行程阀，A_0 处不安装行程阀
$A_1 B_1 A_0 C_0 B_0$ C_1	表示 A_0 发信号，C_1 不发信号。即：$A_0 \xrightarrow{a_0} C_0$，只在 A_0 处安装行程阀，C_1 处不安装行程阀
$A_1 B_1 \genfrac{}{}{0pt}{}{A_0}{C_1} C_0 B_0$	表示 A_0、C_1 都发出信号。即：$\genfrac{}{}{0pt}{}{A_0}{C_1} \boxed{a_0 \cdot c_1} \longrightarrow C_0$，信号 a_0、c_1 的逻辑为"与"才能命令 C_0 动作

16. 2. 2 障碍信号的概念

气动控制回路图主要是表达行程信号与主控阀的控制端之间的连接，如果仅根据行程程序直接将行程阀输出的原始信号接到相应主控阀的控制端，所得到的回路一般是不能正常运行的。因为大部分行程阀输出的原始信号之间，都存在一个信号妨碍另一个信号的输出或两个信号同时控制一个动作等各种形式的干扰现象，即：这些信号之间形成了障碍，这种回路称为有障回路。例如，若仅依据动作程序图 16 – 5 所示的动作与信号关系，直接将各原始信号与相关控制阀的控制端连接，所构成的气动回路如图 16 – 6 所示，这个回路就是一个有障碍 $A_1 B_1 B_0 A_0$ 气动回路。

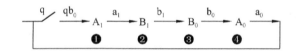

图 16 – 5 $A_1 B_1 B_0 A_0$ 动作程序

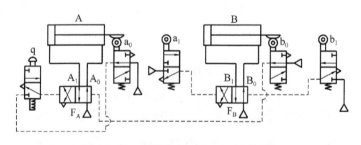

图 16 – 6 有障碍 $A_1 B_1 B_0 A_0$ 气动回路

为了进一步说明障碍信号和有障回路，现对图 16 – 6 所示回路的动作顺序分析如下：

(1)按下启动阀 q，启动信号 q 和信号 a_0 的逻辑"与"$(q \cdot a_0)$ 进入 F_A 的左端(A_1 位)，欲使 F_A 切换，欲实现 A 缸活塞杆伸出(A_1)；但此时行程阀 b_0 仍被撞块压下，信号 b_0 还作用在 F_A 的右端(A_0 位)，致使 F_A 不能切换，则节拍❶$(\xrightarrow{q \cdot a_0} A_1)$ 不能实现，可见 b_0 对 $q \cdot a_0$ 来说就是障碍信号。

（2）假如没有 b_0 信号，按下 q 后，$q \cdot a_0$ 进入阀 F_A 的左端，使 F_A 切换到 A_1 位，A 缸活塞杆伸出（A_1），在 A_1 的行程终端，撞块压下行程阀 a_1 并发出信号 a_1 至 F_B 的左端（B_1 位），此时 F_B 右端（B_0 位）的控制信号经阀 b_1 排空，F_B 可以切换到 B_1 位，使 B 缸活塞杆伸出（B_1），即：节拍❷（$\xrightarrow{a_1}B_1$）可以实现，b_1 对 a_1 不存在障碍。

（3）在 B_1 行程的终端，撞块压下行程阀 b_1 发出的信号 b_1 至 F_B 的右端（B_0 位）。由于 A 缸活塞杆的撞块还压在阀 a_1 上，即仍然在发信号 a_1 给阀 F_B 的左端（B_1 位），使得 b_1 不能将 F_B 切换至 B_0 位，也就是说，信号 a_1 也妨碍了信号 b_1 的作用，使得节拍❸（$\xrightarrow{b_1}B_0$）不能进行。

（4）第❹节拍要求实现的动作是（$\xrightarrow{b_0}A_0$），此时由于 A 缸处于 A_1 状态，a_0 无信号，它不阻碍 b_0 对 F_A 向 A_0 的切换，因此 a_0 对 b_0 是无障碍信号。

由以上分析可见，图 16-6 所示的 $A_1 B_1 B_0 A_0$ 回路中，a_1 和 b_0 是障碍信号，a_0 和 b_1 是无障碍信号，对于无障碍信号可以按程序直接将该信号连接到主控阀的相应控制端，而对于障碍信号必须先处理成无障碍信号后才能接线。

可见，如何在复杂的程序和回路中判断和检查出障碍信号，并将障碍信号处理成无障碍信号是设计控制回路程序的关键。

16.2.3 障碍信号的判断（X-D 线图法）

16.2.3.1 X-D 动作状态图的画法

X-D 动作状态图（即信号-动作状态图，简称 X-D 线图），是一种图线和表格构成的图样，它能清楚地表示出各个控制信号的存在状态和气动执行元件的动作状态，从图中能分析出障碍信号的存在状态，以及消除障碍信号的各种可能性。以下仍以图 16-5 所示的 $A_1 B_1 B_0 A_0$ 动作程序为例，具体说明 X-D 线图法。

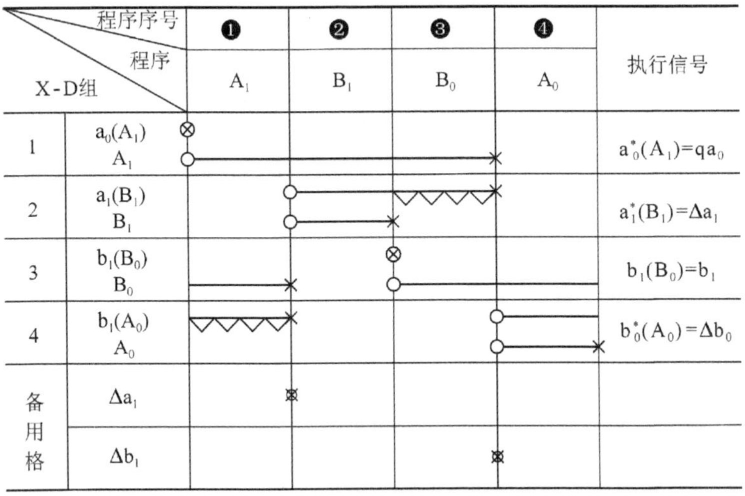

程序序号 X-D组	程序	❶ A_1	❷ B_1	❸ B_0	❹ A_0	执行信号
1	$a_0(A_1)$ A_1	⊗——			—××	$a_0^*(A_1)=qa_0$
2	$a_1(B_1)$ B_1		⊗—— —×	—×~~		$a_1^*(B_1)=\Delta a_1$
3	$b_1(B_0)$ B_0	—×		⊗——		$b_1(B_0)=b_1$
4	$b_1(A_0)$ A_0	~~—	×		⊗—— —×	$b_0^*(A_0)=\Delta b_0$
备用格	Δa_1		⊗			
	Δb_1			⊗		

图 16-7 $A_1 B_1 B_0 A_0$ 脉冲信号排障 X-D 图

(1)画方格图

按图 16－7 所示画出方格，然后根据给定的工作程序在方格的上方由左至右依次填上动作程序的序号❶、❷、❸、❹，在序号下面填上相应的动作状态 A_1、B_1、B_0、A_0。最右边一栏为"执行信号表达式"（简称执行信号）栏。在方格图最左边纵栏由上至下填上控制信号及控制动作状态组（简称 X-D 组）及其序号 1、2、3、4 等。每个 X-D 组有上下两行，上行为原始信号行，下行为该信号所控制的动作状态行。例如：a_0（A_1）表示控制 A_1 动作的原始信号是 a_0；a_1（B_1）表示控制 B_1 动作的原始信号是 a_1。备用格可根据具体情况填入消障信号、中间记忆元件（辅助阀）的输出信号及连锁信号等。

(2)画动作状态线(D 线)

用横向粗实线画出各执行元件的动作状态线。某动作状态线的起点是该动作程序开始处，用符号"○"表示，动作状态线的终点是该动作状态变化的开始处（亦即其反向动作开始处），用符号"×"画出。如：A 缸由伸出的 A_1 状态变换成缩回的 A_0 状态，此时 A_1 的动作线的终点必然是在 A_0 的开始处。

(3)画原始信号线(X 线)

用细实线画各行程的原始信号线。某原始信号线的起点与该信号所命令的动作状态线的起点相同，也用符号"○"表示，其终点与产生该信号的动作状态线的终点相同。

需要说明的是，X-D 线图中各动作节拍间的纵线实际上就是主控阀的切换线。若考虑到阀的切换及气缸启动等传递的时间，信号线的起点应该超前于它所控制的动作线的起点，而信号线的终点应滞后于产生该信号线的终点。在 X-D 线图上反映这种情况时，则要求信号线的起点与终点都应伸出分界线，但因为这个值很小，所以除特殊情况外，一般不予考虑。

若信号线的起点与终点重合，用符号"⊗"表示，它实际上表示该信号为脉冲信号，其脉冲宽度相当于行程阀发信、主控阀换向、气缸启动及信号传递所需时间的总和。

16.2.3.2　判别障碍信号

在 X-D 线图中，若原始信号线比该信号所控制的动作线短，则信号为无障碍信号。若某原始信号线比该信号所控制的动作线长，则说明信号与动作不协调，当动作状态要变换时，其反向控制信号还未消失，不允许该动作改变。此类原始信号称为 I 型障碍信号，长出的那部分信号线段叫做障碍段，用波浪线"〰〰"标出。据此可判断出图 16－7 中的 a_1（B_1）、b_0（A_0）是 I 型障碍信号。这与前面对图 16－6 所示的有障碍 $A_1 B_1 B_0 A_0$ 气动回路图的动作分析所得结论相同。I 型障碍信号只存在于多缸单往复程序中。

16.2.4　I 型障碍信号的排除

为了使各执行元件能按规定的动作顺序正常工作，设计时必须把有障碍信号的障碍段去掉，简称消障。由 X-D 线图可见，Ⅰ型障碍表现为原始控制信号存在的时间大于其所控制的动作状态存在的时间，妨碍了另一个信号的输入而造成障碍。所以排除Ⅰ型障碍信号就是缩短其长度。其实质就是要使障碍信号在障碍段失效或消失。即通过一定的逻辑变换，使障碍信号变成无障碍信号。无障碍原始信号和已排除了障碍后的无障碍信号可以直接接到相应的主控阀的控制端，这种可以直接连接的信号统称为"执行信号"。"执行信号"用其原始信号的字母右上角加" $*$ "号表示，如 a_1^*、a_0^* 等。所有执行元件的执行信号及其表达式应填写在 X-D 线图的"执行信号栏内"。以下介绍几种消除Ⅰ型障碍信号的常用方法：

（1）脉冲信号法

脉冲信号法的实质是将所有的有障碍信号变为脉冲信号，使其在命令主控阀完全换向后立即消失，这就缩短了信号线长度，从而消除了任何Ⅰ型障碍。

由以上分析可知，程序 $A_1B_1B_0A_0$ 的原始信号中，$a_1(B_1)$ 和 $b_0(A_0)$ 是两个Ⅰ型障碍信号。如果将这两个信号都变成脉冲信号，即 $a_1 \rightarrow \Delta a_1$；$b_0 \rightarrow \Delta b_0$，就变成了无障碍信号了。用 Δa_1 和 Δb_0 代表 $a_1(B_1)$ 和 $b_0(A_0)$ 的脉冲形式，则两个经处理后的执行信号的表达式分别为 $a_1^*(B_1) = \Delta a_1$ 和 $b_0^*(A_0) = \Delta b_0$，将它们填入 X-D 线图的"执行信号栏内"，就完成了图 16 - 7。

产生脉冲信号（Δa_1、Δb_0）的方法可以采用机械法或采用脉冲回路法，用其产生的脉冲信号（Δa_1、Δb_0）来排障，则称为机械排障法或脉冲回路排障法。

①机械排障法：图 16 - 8(a)为利用活络挡块将行程阀发出的信号变为脉冲信号的示意图。当活塞杆伸出时，活络挡块可压下行程阀发出信号；而当活塞杆缩回时，活络挡块绕销轴转动通过行程阀，行程阀不会被压下，因而不会发出信号。图 16 - 8(b)为采用可通过式行程阀发出脉冲信号的示意图，当活塞杆前进时压下行程阀发出信号，活塞杆返回时因行程阀的头部具有可折性，因而不会把行程阀压下，行程阀也不发出信号。

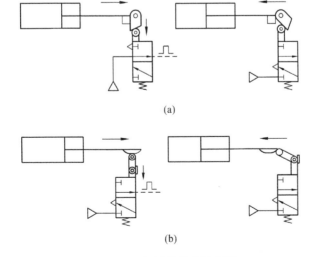

(a)

(b)

图 16 - 8　机械排障法示意图

（a）用活络挡块发出脉冲信号；（b）用可通过式行程阀发出脉冲信号

在使用机械排障法时，不能把这类行程阀安装在活塞杆行程的末端，必须保留一段行程以便使挡块或凸轮通过行程阀。这种消障法简单易行、节省气动元件和管路，但靠它发信的定位精度较低，故只适用于定位精度要求不高、行程较短、运动速度不太大的场合。

②脉冲回路排障法：就是利用脉冲回路或脉冲阀将有障信号变为脉冲信号的排障方法。图 16 – 9 为脉冲回路排障原理。当有障信号 a 发出后，可从 K 阀输出的同时 a 信号也经气阻延时进入气容 C 和 K 阀控制端。

当 C 内的压力上升到 K 阀的切换压力后，K 阀换向，输出信号 a 又被切断，从而使输出的信号变为脉冲信号。这种消障法适用于定位精度要求较高、又不便安装机械式脉冲阀的场合。

(2)逻辑回路法

逻辑回路排障法，就是利用各种逻辑门的性质，将长信号变成短信号，从而排除障碍信号的方法。

图 16 – 10 是利用逻辑"与"门排障的示意图，若信号 m 为有障信号，则可引入一个辅助信号(称为制约信号)x，把 x 和 m 经逻辑"与"处理后可得到无障碍信号 m^*，其逻辑运算表达式为：$m^* = m \cdot x$。这种逻辑"与"的运算关系，可以用一个单独的逻辑"与"元件来实现，如图 16 – 10(a)所示，也可以用行程阀组成的逻辑"与"回路来实现，如图 16 – 10(b)所示。

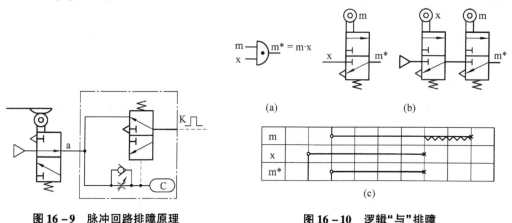

图 16 – 9 脉冲回路排障原理

图 16 – 10 逻辑"与"排障

(a) 逻辑原理图；(b) 回路原理图；(c) 选择制约信号的 X-D 线图

制约信号 x 要尽量选用系统中已有的某个原始信号，这样可减少气动元件。选作制约信号 x 的原始信号，其起点应在障碍信号 m 开始之前，终点应在障碍信号 m 的执行段内，如图 16 – 10(c)所示。

逻辑"非"排障，就是将原始信号经逻辑"非"运算得到反相信号来排除障碍的方法。用原始信号做逻辑"非"(即制约信号 x)的条件是其起点要在有障信号 m 的障碍段之前、执行段之后，其终点则要在 m 的障碍段之后。图 16 – 11 为利用逻辑"非"排障示意图。

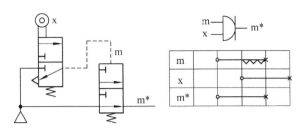

图 16 – 11　逻辑"非"排障

（3）辅助阀法

在 X-D 线图中找不到可作为排除障碍用的制约信号时，可采用增加一个辅助阀的方法来排障，这个辅助阀就是中间记忆元件，常用双稳元件或单记忆元件。其方法是用中间记忆元件的输出信号作为制约信号，让该制约信号和有障信号相"与"以排除掉 m 中的障碍段。消障后执行信号的逻辑函数表达式为 $m^* = m \cdot K_d^t$，其中，m 为有障碍信号；m^* 为排障后的执行信号；K 为辅助阀（中间记忆元件）的输出信号；t 和 d 分别为控制辅助阀 K"通"、"断"的两个控制信号。

图 16 – 12（a）为辅助阀排除障碍的逻辑原理，图 16 – 12（b）为回路原理，图中 K 为双气控二位三通（亦可用二位五通）阀。当 t 有信号时，K 阀有输出；而当 d 有信号时，K 阀无输出。很明显 K 阀的两个控制信号 t 与 d 不能同时存在，只能一先一后存在，反映在 X-D 线图上，就是 t 与 d 不能有重合段，则其逻辑代数式要满足 $t \cdot d = 0$ 的制约关系。

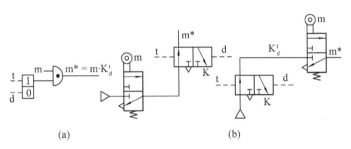

（a）　　　　　　　　　　（b）

图 16 – 12　采用中间记忆元件排障

（a）逻辑原理；（b）回路原理

用辅助阀（中间记忆元件）排障时，控制辅助阀"通"和"断"的信号 t 和 d 可在程序已有的信号中选取，选择原则是：

①t 表示控制 K 阀"通"的信号，其起点应选在有障信号 m 的起点之前（或同时），终点应在 m 的无障碍段内。

②d 表示控制 K 阀"断"的信号，其起点应在有障信号 m 的无障碍段内，终点应在 t 的起点之前。图 16 – 13 为选择记忆元件控制信号的 X-D 线图。

图 16 – 14 所示的就是对程序 $A_1 B_1 B_0 A_0$ 用辅助阀法排除障碍后得到的 X-D 线图。

另外要说明的是，若在 X-D 线图中，某信号线与其所控制的动作线等长，则该信

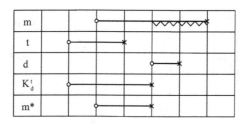

图 16 – 13　选择记忆元件控制信号的 X-D 图

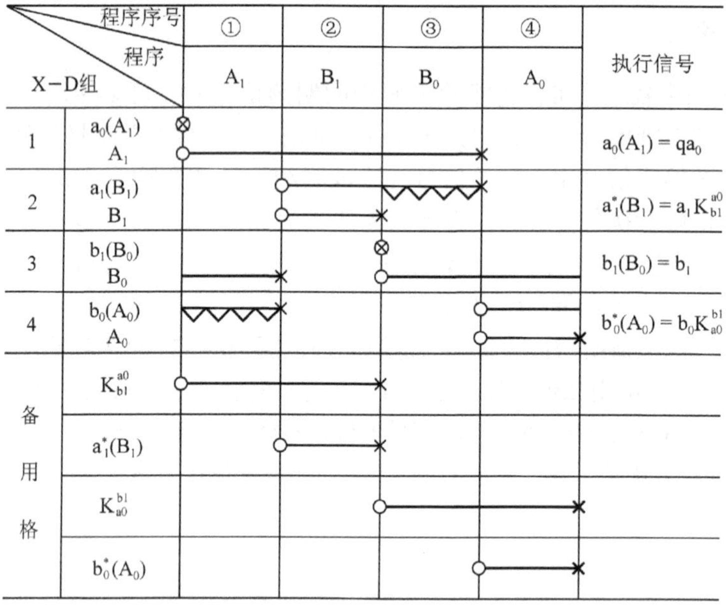

X-D组	程序序号 程序	① A_1	② B_1	③ B_0	④ A_0	执行信号
1	$a_0(A_1)$ A_1	⊗			✕	$a_0(A_1) = qa_0$
2	$a_1(B_1)$ B_1		○——○	⋀⋀⋀✕		$a_1^*(B_1) = a_1 K_{b1}^{a0}$
3	$b_1(B_0)$ B_0	○——✕	⊗			$b_1(B_0) = b_1$
4	$b_0(A_0)$ A_0	⋀⋀⋀✕		○——○	○——✕	$b_0^*(A_0) = b_0 K_{a0}^{b1}$
备 用 格	K_{b1}^{a0}	○———————○				
	$a_1^*(B_1)$		○——✕			
	K_{a0}^{b1}			○———————✕		
	$b_0^*(A_0)$			○——✕		

图 16 – 14　$A_1 B_1 \, B_0 \, A_0$ 辅助阀排障后的 X-D 图

号也是一种障碍信号，称为瞬时障碍信号。因它只能使某个动作比程序预定的稍微滞后一点，所以一般情况下可不采取措施就能自行消除，但在要求比较严格的气动控制系统中，也要予以消除。实际上在图 16 – 14 中，即使是已排除障碍后的执行信号 $a_1^*(B_1)$ 和 $b_0^*(A_0)$ 也仍然存在瞬时干扰。

16.2.5　绘制逻辑原理图

气控逻辑原理图是根据 X-D 线图的执行信号表达式及在考虑了启动、复位等要求后，用逻辑符号画出的逻辑方框图。逻辑原理图是由 X-D 线图绘制回路图的桥梁，根据逻辑原理图可以较快地画出气动原理图。

（1）气动逻辑原理图的基本组成及符号

①逻辑原理图主要是用"是"、"非"、"与"、"或"、"记忆"等逻辑图形符号来表示信号之间的逻辑运算和转换关系的一种原理图。图中任意一个符号不一定总代表某一特定的元件，可以将其理解为逻辑运算符号，因为某逻辑符号在气动回路原理图上可有多

种方案表示，例如逻辑"与"符号可以是一种逻辑"与"元件，也可以是由两个气阀串联而成的逻辑"与"回路。

②执行元件的动作可用主控阀的输出表示，而主控阀常采用具有记忆功能的双气控阀，因而可用逻辑记忆符号表示。

③行程发信装置主要是行程阀，也包括启动阀、复位阀等外部信号输入装置。在这些发信装置的符号上加上小方框表示各种原始信号（简画时也可不加小方框），可在小方框上画相应的示意符号表示各种手动阀，如图 16 – 15 左侧的各小方框所示。

（2）气动逻辑原理图的画法

根据 X-D 线图中执行信号栏的逻辑表达式，使用上述符号按下列步骤绘制：

①把系统中各执行元件的两种状态与主控阀相连后，自上而下地逐个画在图的右侧。

②把发信器（如行程阀）大致对应其所控制的元件，逐个列于图的左侧。

③在图上要反映出执行信号逻辑表达式中的逻辑符号之间的关系，并画出为操作需要而增加的阀（如启动阀）。

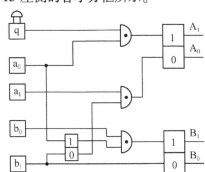

图 16 – 15 $A_1 B_1\ B_0\ A_0$ 逻辑原理图

图 16 – 15 便是根据图 16 – 14 所示的 X-D 线图绘制的逻辑原理图。

16.2.6 绘制气动程序控制回路图

气动控制回路图是整个系统的核心部分，是根据逻辑原理图绘制的，也是气动回路设计工作中最后一个步骤。一个程序控制回路图，主要由气动执行元件、气动控制元件与行程发信元件等基本单元组成。在实际设计中，并不按各元件的实际安装位置和实际布局来画，而是采用直观的习惯画法，根据执行机构动作程序的要求，画出行程信号与主控阀间连接关系的原理图。在绘制气动回路原理图时应注意以下几点：

①将系统中的各执行元件（气缸）全部按顺序水平或垂直排列画在上方，主控阀一般画在对应的气缸下方或左侧，而把行程阀直观地画在与相应气缸活塞杆伸缩状态相对应的水平位置上，这种表示方法虽然接线规律性较差、交叉点较多，但比较直观，便于初学者设计和读图。

②根据具体情况选用适当的气阀或逻辑元件，各类元件的图形符号必须按国家标准《液压与气动图形符号》的规定绘制。

③一般规定原理图应表示整个回路处于静止位置的状态，即图上各气动元件所处的位置，应按气控系统初始静止位置（即启动之前的位置）来绘制。

④控制回路一般用虚线表示，对于复杂的气控系统，为避免连线过乱，也可以用细实线代替虚线。

⑤原理图一般不需画出具体的控制对象，仅把执行元件（气缸）形象地用图形符号表示出来，若有特殊要求，才画出控制对象及发信装置的布局情况。

⑥与逻辑控制有关的速度控制、压力控制和时间控制等控制回路一般都应画出。若这些控制方法采用和其他元件合为一体的标准件(如速度控制由缓冲气缸、气液阻尼缸等)来实现，且与逻辑回路无关时，可以不画出。

⑦"是"、"非"、"与"、"或"、"记忆"等逻辑关系的连接可按上一章"逻辑"回路所述内容选取，行程阀与启动阀常用二位三通阀。

⑧原理图上应对动作顺序以及操作要求用必要的文字加以说明。

图 16-16 是根据图 16-15 所示的逻辑原理图，用直观的习惯画法绘制的无障碍 $A_1 B_1 B_0 A_0$ 气动回路图。图中 q 为启动阀，K 为辅助阀(中间记忆元件)。

在具体绘制气动回路原理图时，要特别注意区分哪个行程阀为有源元件(即直接与气源相接)，哪个行程阀为无源元件(即不能与气源相连)。其一般规律是无障碍的原始信号为有源元件，如图 16-16 中的 a_0、b_1；而对有障碍的原始信号，若用逻辑回路法排障，则为无源元件；若用辅助阀法排障，则只需将它们与辅助阀、气源串联即可，如图 16-16 中的信号 a_1、b_0。(读者可对图 16-16 的动作过程进行分析，该回路能完成 $A_1 B_1 B_0 A_0$ 动作程序。)

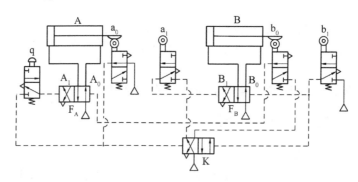

图 16-16　无障碍 $A_1 B_1 B_0 A_0$ 气动回路图

16.2.7　X-D 线图法设计行程程序回路的主要步骤

通过以上分析，用 X-D 线图法设计行程程序控制回路的主要步骤可归纳为

①根据生产工艺流程的要求列出工作程序(画出动作程序图或写出动作程序式)。

②根据工作程序画出信号 – 动作(X-D)线图，判断出障碍信号。

③确定消除障碍的方法，列出各执行信号的逻辑表达式，完成消障后的 X-D 线图。

④根据消除障碍的 X-D 线图画出逻辑原理图。

⑤根据逻辑原理图画出气动回路图。

需要说明的是，本节所述的气动程序控制回路的设计内容，只是气动系统设计中的一部分。气动程序控制系统的设计还应包括对执行元件、控制元件、气动辅助元件、管路、耗气量、空压缩机等内容进行设计、计算、选择和校核等工作。具体可参考其他相关章节。

16.3　多缸多往复行程程序回路设计

在多缸循环程序中，若有两个或两个以上的气缸作两次或两次以上的往复动作，这种程序称为多缸多往复程序。

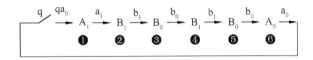

图 16 - 17　双缸多往复 $A_1B_1B_0B_1B_0A_0$ 程序图

程序 $A_1B_1B_0B_1B_0A_0$ 就是一个双缸多往复程序，其中 B 缸在一个循环中要作两次伸、缩往复动作，其动作程序如图 16 - 17 所示。由此图可看出多缸多往复程序有以下特点：

①多往复气缸的同一动作在不同的节拍可能由不同的信号来控制。如：B 缸的 B_1 动作，在第❷节拍由信号 a_1 控制，在第❹节拍时则由信号 b_0 控制。

②同一个行程阀发出的多次信号可能命令不同的气缸动作，也可能命令同一气缸的两个相反动作。如信号 b_0 在第❹节拍命令 B_1 动作，在❻节拍又要命令 A_0 动作。这样一个多次出现的信号(也称重复信号)可能引起的障碍，称为 Ⅱ 型障碍。所以在多缸多往复程序中既可能存在 Ⅰ 型障碍信号，又可能存在 Ⅱ 型障碍信号。

多缸多往复程序的回路设计步骤与前述多缸单往复行程程序回路的设计步骤基本一致。但是由于上述特点，又有所不同。下面以图 16 - 7 所示双气缸的 $A_1B_1B_0B_1B_0A_0$ 程序为例说明该程序回路的设计方法(X-D 线图法)。

16.3.1　画 X-D 线图

多缸多往复程序的 X-D 线图的画法与上节所述单往复程序的 X-D 图的绘制方法基本相同。只是要把在不同节拍内出现的同一动作线画在 X-D 线图的同一横行内，如 B_1 的动作状态线都画在第二行内，同时把控制同一动作的不同信号线也错画在动作状态线的上方，如将 $a_1(B_1)$、$b_0(B_1)$ 分别画在它们所控制的 B_1 动作状态线的上方。此外把控制不同动作的同名信号线在相对应的格内补齐，如 $b_0(B_1)$ 要在第二行补齐，$b_0(A_0)$ 要在第四行补齐。这样就得到了 $A_1B_1B_0B_1B_0A_0$ 的 X-D 线图，如图 16 - 18 所示。

16.3.2　判断和排除障碍

在 X-D 线图中，凡是信号线长于动作线的信号线的，为 Ⅰ 型障碍；有信号线而无动作线或信号线重复出现而引起的障碍，则为 Ⅱ 型障碍信号。如图 16 - 18 中，a_1 信号存在 Ⅰ 型障碍，b_0 信号既存在 Ⅰ 型障碍，又存在 Ⅱ 型障碍。可见在多缸多往复行程程序回路的设计中，由于障碍信号有其本身的特点，其排除障碍信号的方法与单往复程序并不完全相同。

①消除 Ⅰ 型障碍的方法与上节所述方法相同。图 16 - 18 中就是用脉冲信号排障法

解决 a_1 信号的障碍。

②对于不同节拍的同一动作由不同信号控制的问题，用"或"元件对两个信号进行综合就可解决，例如对图 16-18 中控制动作 B_1 的两个信号，可用 $a_1^* + b_1^* \Rightarrow B_1$ 的"或"元件来解决。

③对于重复出现的信号在不同节拍内控制不同动作，这也就是 Ⅱ 型障碍信号的实质。排除它的根本方法是对重复信号给以正确的分配。例如对图 16-18 中的信号 b_0。

由图 16-17 所示的工作程序可知，第一个 b_0 信号是动作 B_1 的主令信号，而第二个 b_0 信号是动作 A_1 的主令信号，为了正确分配重复信号 b_0，需要在两个 b_0 信号之前确定两个辅助信号 a_0 和 b_1。a_0 是出现在第一个 b_0 信号之前的独立信号，而 b_1 虽然是非独立信号，它却是两个重复信号之间的唯一信号，借助这些信号，由逻辑符号组成的分配回路如图 16-19(a) 所示。图中"与"门 Y_3 和单输出记忆元件 R_1 是为提取第二个 b_1 信号作制约信号而设置的元件。

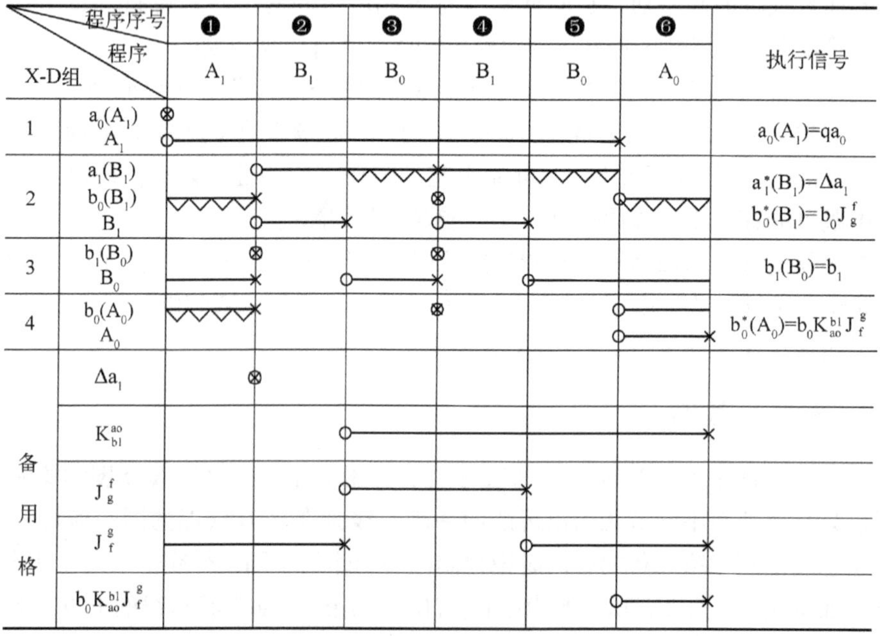

程序序号 程序 X-D组	❶ A_1	❷ B_1	❸ B_0	❹ B_1	❺ B_0	❻ A_0	执行信号
1	$a_0(A_1)$ A_1						$a_0(A_1)=qa_0$
2	$a_1(B_1)$ $b_0(B_1)$ B_1						$a_1^*(B_1)=\Delta a_1$ $b_0^*(B_1)=b_0 J_g^f$
3	$b_1(B_0)$ B_0						$b_1(B_0)=b_1$
4	$b_0(A_0)$ A_0						$b_0^*(A_0)=b_0 K_{ao}^{b1} J_f^g$
备 用 格	Δa_1						
	K_{b1}^{ao}						
	J_g^f						
	J_f^g						
	$b_0 K_{ao}^{b1} J_f^g$						

图 16-18 $A_1 B_1 B_0 B_1 B_0 A_0$ 的 X-D 图

图 16-19(a) 所示回路中，信号分配的原理是：a_0 信号首先输入，使双输出记忆元件 R_2 置0，为第一个 b_0 信号提供制约信号，同时也使单输出记忆元件 R_1 置零，使它无输出。当第一个 b_1 输入后，"与"门 Y_3 无输出(因 R_1 置零)，而在第一个 b_0 输入后，"与"门 Y_2 输出执行信号 $b_0^*(B_1)$ 去控制 B_1 动作，同时使 R_1 置1，为第二个 b_1 信号提供制约信号。在第二个 b_1 到来时，"与"门 Y_3 输出使 R_2 置1，为第二个 b_0 提供制约信号；第二个 b_0 输入后，"与"门 Y_1 输出执行信号 $b_0^*(A_0)$ 去控制 A_0 动作。至此完成了重复信号 b_0 的分配。

图 16-19(b) 是阀类元件组成的信号分配回路图，按此原理也可组成多次重复信号分配原理图，但回路会变得很复杂。因此可采用辅助机构和辅助行程阀或定时发信装置

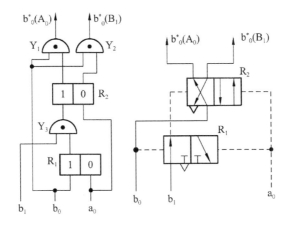

图 16 - 19 重复信号的分配回路

完成多缸多次重复信号的分配。它们的特点是：在多往复行程终点设置多个行程阀或定时发信装置，使每个行程阀只指挥一个动作或根据程序定时给出信号，这样就排除了 Ⅱ型障碍。

16. 3. 3 绘制逻辑原理图

根据动作程序 $A_1B_1B_0B_1B_0A_0$、图 16 -18 的 X-D 线图及图 16 -19 的重复信号 b_0 的分配回路(Ⅱ型排障)，可画出 $A_1B_1B_0B_1B_0A_0$ 的逻辑原理图，如图 16 -20 所示。

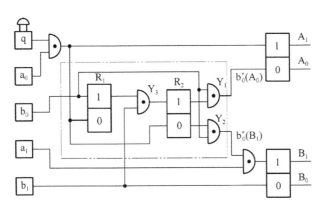

图 16 - 20　$A_1B_1B_0B_1B_0A_0$ 的逻辑原理图

16. 3. 4 绘制气动控制回路图

根据图 16 -20 所示的 $A_1B_1B_0B_1B_0A_0$ 逻辑原理图，综合Ⅰ型、Ⅱ型排障的方法，就可绘出 $A_1B_1B_0B_1B_0A_0$ 的气动控制回路，如图 16 -21 所示，该回路能准确地完成 $A_1B_1B_0B_1B_0A_0$ 的动作程序。

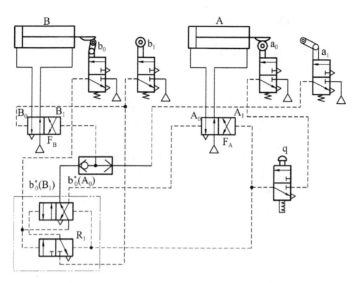

图 16 – 21 $A_1 B_1 B_0 B_1 B_0 A_0$ 气动控制回路图

本章小结

气动程序控制回路的设计是气动控制系统设计的核心,解决控制信号与执行元件动作间的协调和连接问题是设计中的主要问题。判断、检查和消除行程程序回路中的障碍信号、绘制出无障碍控制回路图是程序控制回路设计的关键。本章主要介绍用 X-D 线图法设计多缸单往复和多缸多往复行程程序控制回路的主要内容、基本步骤及方法。

(1)设计行程程序回路的一些基本概念

①行程程序的表示。行程程序控制系统中各气缸的动作顺序可用程序框图来表示,但在进行回路设计时,为了更加简单、准确地描述动作程序和控制信号及两者之间的关系,常用规定的符号、文字及方法列写程序式或程序图来表示。

②障碍信号的概念。各行程的原始信号之间存在一个信号妨碍另一个信号的输出、或两个信号同时控制一个动作等各种形式的干扰现象,则这些干扰信号就是障碍信号,从而障碍信号的回路是不能正常动作的,称为有障回路。

如何在复杂的程序和回路中判断和检查出障碍信号,并将障碍信号处理成无障碍信号是设计程序控制回路的关键。

(2)X-D 线图法

X-D 动作状态图(即信号 – 动作状态图,简称 X-D 线图),是一种图线和表格构成的图样,它能清楚地表示出各个控制信号的存在状态和气动执行元件的动作状态,从图中能分析出障碍信号的存在状态,以及消除信号障碍的各种可能性。这是判断和消除障碍信号的一种图解法。掌握这种方法是学习本章的关键。X-D 线图的主要步骤有:

①画方格图;

②画动作状态线(D 线);

③画原始信号线(X 线);

④判别障碍信号。

(3)Ⅰ型障碍信号的排除

Ⅰ型障碍表现为原始控制信号存在的时间大于其所控制的动作状态存在的时间,妨碍了另一个信号的输入而造成障碍。所以排除 I 型障碍信号就是缩短其长度。其实质就是要使障碍信号在障碍段失效或消失。即通过一定的逻辑变换，使障碍信号变成无障碍信号。消除 I 型障碍信号的常用方法有以下几种：

①脉冲信号法。脉冲信号法就是将有障碍信号变为脉冲信号，使其在命令主控阀完全换向后立即消失。可用机械法或脉冲回路法完成将有障碍信号变为脉冲信号的工作。

②逻辑回路法。逻辑回路法排障就是利用各种逻辑门的性质，将长信号变成短信号，从而排除障碍信号的方法。有逻辑"与"排障法、逻辑"非"排障，这些逻辑运算关系，可以用一个单独的逻辑元件来实现，也可以用行程阀组成的逻辑回路来实现。但要尽量选用系统中已有的原始信号作为逻辑运算时的制约信号，简化回路组成。

③辅助阀法。在已有的原始信号中找不到能作排除障碍用的制约信号时，可使用增加一个辅助阀的方法来排障，这个辅助阀就是中间记忆元件，常用双稳元件或单记忆元件。

（4）X-D 线图法设计行程程序回路的主要步骤

①根据生产工艺流程的要求列出工作程序（画出动作程序图或写出动作程序式）。

②根据工作程序画出信号－动作（X-D）线图，判断出障碍信号。

③确定消除障碍的方法，列出各执行信号的逻辑表达式，完成消障后的 X-D 线图。

④根据消除障碍的 X-D 线图画出逻辑原理图。

⑤根据逻辑原理图画出气动回路图。

思考题

1. 什么是 I 型障碍信号和 II 型障碍信号？在 X-D 线图中如何判断障碍信号？

2. 常用的排障方法有哪些？

3. 试绘制 $A_1B_1A_0B_0$ 的 X-D 状态图，判断其原始信号有无障碍。

4. 试绘制 $A_1 A_0 B_1 B_0$ 的 X-D 状态图和逻辑原理图。分别画出脉冲排障法和辅助阀排障法的气动回路图。

第 17 章

典型气动系统应用

[本章提要]

本章通过对气动系统、震压造型机气动系统、气动夹紧系统、气动张力控制系统等几个典型气动系统的应用、组成、工作原理及特点的讨论，可进一步巩固和加强对气压传动各章基本概念的理解，为应用气压传动的基本知识、分析复杂气动系统打下基础。

17.1 气动夹紧系统

17.2 气动机械手

17.3 气动张力控制系统

17.4 震压造型机气动系统

17.1　气动夹紧系统

图 17 - 1 所示为机械加工自动生产线、组合机床中常用的夹紧工件的气动控制系统，其动作程序要求是：当工件进入指定位置后，气缸 A 的活塞杆伸出，将工件定位锁紧，然后两侧气缸 B、C 杆同时伸出，从两个侧面水平夹紧工件，而后进行机械加工，加工完成后各缸退回，将工件松开。气动系统具体动作原理如下：

踏下脚踏换向阀 1，压缩空气经单向节流阀 3 进入气缸 A 的无杆腔，使压头向下压紧并锁定工件，压头在锁定位置触动行程阀 4 时，阀 4 换向，控制气流经单向节流阀 7 进入液动换向阀 8 右侧，使 8 换向（调节节流阀，可延迟 8 的换向时间），压缩空气则经阀 8 和主控阀 6 进入气缸 B 和 C 的无杆腔，驱使 B、C 两缸的

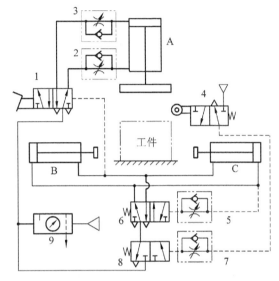

图 17 - 1　气动夹紧系统
1—脚踏换向阀；2、3、5、7—单向节流阀；
4—行程阀；6、8—液动换向阀；9—三联件

活塞杆同时伸出从两侧夹紧工件。与此同时，流过主阀 6 的一部分压缩空气作为控制信号经过单向节流阀 5 延时进入阀 6 右端，待达到调定的时间后，主控阀 6 切换到右位，压缩空气进入 B、C 两缸有杆腔驱使其活塞杆缩回。同时一部分压缩空气作为信号进入脚踏阀 1 的右端，使阀 1 复位，气缸 A 上升。在压头上升的同时，机动行程阀 4 复位，使得液动换向阀 8 也随之复位，由于 8 的复位，气缸 B、C 的无杆腔通过阀 6、8 通大气，主控阀 6 自动复位，至此完成一个工作循环。即：踏下脚踏阀启动→A 缸活塞杆伸出（A_1）→B、C 两缸活塞杆伸出（B_1、C_1）→B、C 两缸活塞杆缩回（B_0、C_0）→A 缸活塞杆缩回（A_0）。

17.2　气动机械手

机械手是自动生产设备和生产线上的重要装置之一，它可以根据各种自动化设备的工作需要按照预定的控制程序动作，主要被广泛用于搬运工件。气动机械手具有结构简单、重量轻、动作迅速、平稳、可靠和节能等优点。

图 17 - 2 是用于某专用设备上的气动机械手的结构示意图，它由四个气缸组成，图中 A 为夹紧缸，其活塞退回时夹紧工件，活塞杆伸出时松开工件。B 缸为长臂伸缩缸，

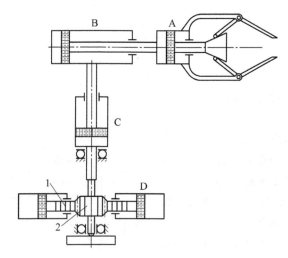

图 17-2 气动机械手示意图

1—齿条活塞杆；2—齿轮

可实现伸出和缩回动作。C 缸为立柱升降缸。D 缸为回转缸，该气缸有两个活塞，分别装在带齿条的活塞杆两头，齿条的往复运动带动立柱上的齿轮旋转，从而实现立柱及长臂的回转。

17.2.1 列出工作程序图

该气动机械手的动作控制要求是：手动启动后，能从第一个动作开始自动延续到最后一个动作。其要求的动作程序框图和动作程序图如图 17-3 所示。

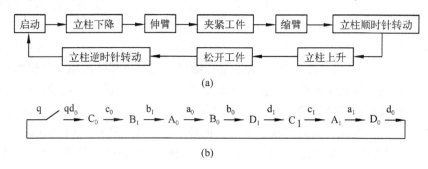

图 17-3 气动机械手的动作程序

(a)动作程序框图；(b)动作程序图

简化的动作程序式为：$C_0 B_1 A_0 B_0 D_1 C_1 A_1 D_0$。

17.2.2 画 X-D 线图

由以上分析可知，该气动系统属多缸单往复控制系统。图 17-4 是根据程序图 17-3 画出的 X-D 线图。从 X-D 线图可看出原始信号 c_0 和 b_0 为障碍型信号，需要排障。为了减少气动元件的数量，采用逻辑"与"回路法来消除这两个障碍信号，则消障后的两个执行信号分别为 $c_0^*(B_1) = c_0 \cdot a_1$ 和 $b_0^*(D_1) = b_0 \cdot a_0$。将消障后的两个执行信号与所有原始无障信号一起列入执行信号栏。

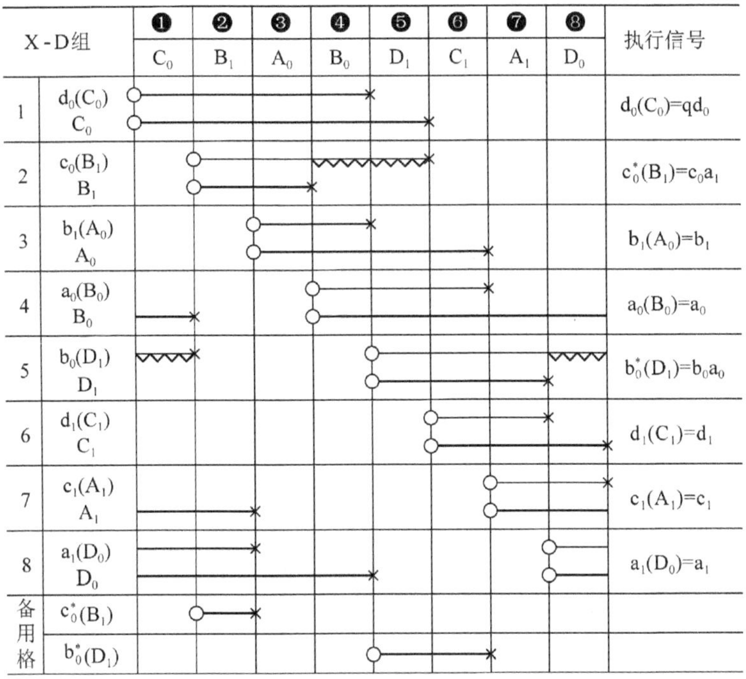

X-D组		❶ C_0	❷ B_1	❸ A_0	❹ B_0	❺ D_1	❻ C_1	❼ A_1	❽ D_0	执行信号
1	$d_0(C_0)$ C_0									$d_0(C_0)=qd_0$
2	$c_0(B_1)$ B_1									$c_0^*(B_1)=c_0a_1$
3	$b_1(A_0)$ A_0									$b_1(A_0)=b_1$
4	$a_0(B_0)$ B_0									$a_0(B_0)=a_0$
5	$b_0(D_1)$ D_1									$b_0^*(D_1)=b_0a_0$
6	$d_1(C_1)$ C_1									$d_1(C_1)=d_1$
7	$c_1(A_1)$ A_1									$c_1(A_1)=c_1$
8	$a_1(D_0)$ D_0									$a_1(D_0)=a_1$
备用格	$c_0^*(B_1)$									
	$b_0^*(D_1)$									

图 17 – 4　气动机械手的 X-D 线图

17.2.3　逻辑原理图

根据图 17 – 4 中所有执行信号的表达式可画出气动机械手在其程序为 $C_0 B_1 A_0 B_0 D_1 C_1 A_1 D_0$ 条件下的气控逻辑原理图，如图 17 – 5 所示。图中列出了四个气缸八个状态以及与它们相对应的主控阀，图中左侧列出的是由行程阀、启动阀等发出的原始信号（简略画法）。在三个"与"门元件中。中间一个"与"门元件说明启动信号 q 对 d_0 起开关作用，其余两个与"门"则起消障作用。

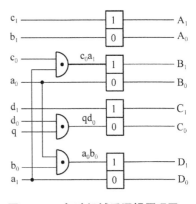

图 17 – 5　气动机械手逻辑原理图

17.2.4　气动回路原理图

图 17 – 6 是根据图 17 – 5 所示的气动逻辑原理图绘出的气动回路原理图。

考虑到各主控阀为记忆元件，故均采用了双气控二位五通阀。行程发信装置均采用二位三通机控行程阀。根据前面的分析已知 c_0 和 b_0 为障碍型信号，而且选用逻辑回路法消障，故行程阀 c_0 和 b_0 应为无源元件，即不能直接与气源连接，而是根据相应的执行信号表达式 $b_0^*(D_1) = b_0 \cdot a_0$ 和 $c_0^*(B_1) = c_0 \cdot a_1$，让 b_0 通过 a_0 与气源连接，让 c_0 通过

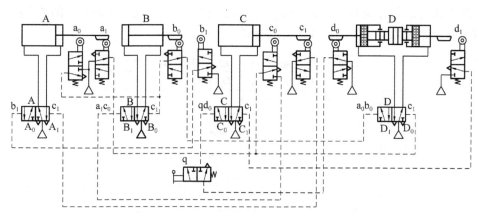

图17-6 气动机械手气动回路原理图

a_1 与气源连接。

对该系统动作循环过程按顺序分析如下：

①当按下启动阀 q，信号 $q \cdot c_0$ 将使主控阀 C 处于 C_0 位，C 缸活塞杆退回，即得到 C_0。

②C_0 压下 c_0 阀，信号 $a_1 \cdot c_0$ 将使主控阀 B 处于 B_1 位，B 缸活塞杆伸出，即得到 B_1。

③B_1 压下 b_1 阀，信号 b_1 使主控阀 A 处于 A_0 位，A 缸活塞杆退回，即得到 A_0。

④A_0 压下 a_0 阀，信号 a_0 使主控阀 B 处于 B_0 位，B 缸活塞杆返回，即得到 B_0。

⑤B_0 压下 b_0 阀，信号 $a_0 \cdot b_0$ 使主阀 D 处于 D_1 位，D 缸活塞杆往右运动，即得到 D_1。

⑥D_1 压下 d_1 阀，信号 d_1 使主控阀 C 处于 C_1 位，C 缸活塞杆伸出，即得到 C_1。

⑦C_1 压下 c_1 阀，信号 c_1 使主控阀 A 处于 A_1 位，A 缸活塞杆伸出，即得到 A_1。

⑧A_1 压下 a_1 阀，信号 a_1 使主控阀 D 处于 D_0 位，使 D 缸活塞杆往左，即得到 D_1。

⑨D_1 压下 d_0 阀，d_0 经启动阀 q 又使主控阀 C 处于 D_0 位，准备下一轮循环工作。

17.3 气动张力控制系统

在印刷、纺织、造纸等许多工业领域中，张力控制是不可缺少的工艺手段。由力的控制回路构成的气动张力控制系统已有大量应用，它以价格低廉、张力稳定可靠而大有取代电磁张力控制机构之趋势。以下以某卷筒纸印刷机的张力控制机构为例，简要分析气动张力控制系统的工作原理及特点。

17.3.1 张力控制系统的工作原理

为了能够进行正常的印刷，在输送纸张时，需要给纸带施加合理而且恒定的张力。由于印刷时，卷筒纸的直径逐渐变小，张力对纸筒轴的力矩以及纸带的加速度都在不断地变化，从而引起张力变化。另外卷筒纸本身的几何形状引起的径向跳动以及启动、刹

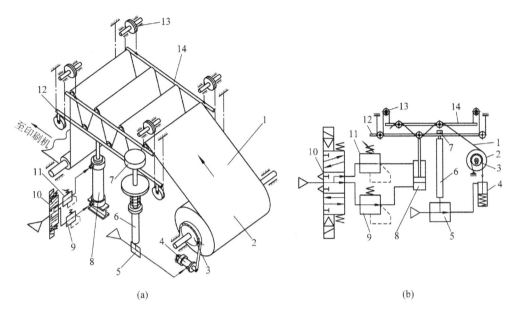

图 17 – 7　卷筒纸印刷机的气动张力控制系统

(a)系统示意图；(b)系统气控回路原理图

1—纸带；2—卷纸筒；3—给纸系统；4—制动气缸；5—压力控制阀；6—油柱；7—重锤；
8—张力气缸；9—减压阀；10—换向阀；11—张力调压阀；12—连接杆；13—链轮；14—存纸托架

车等因素的影响，也会引起张力的波动。所以要求张力控制系统不但要提供一定的张力，并能根据变化自动调整将张力稳定在一定的范围之内。图 17 – 7(a)、(b)分别为卷筒纸印刷机气动张力控制系统的示意图和控制回路原理图。

纸带的张力主要由制动气缸 4 通过制动器对给纸系统 3 施加反向制动力矩来实现。由具有 Y 形中位的换向阀 10、调压阀 11、减压阀 9、张力气缸 8 构成的可调压力差动控制回路再对纸带施加一个给定的微小张力。某一时刻纸带中张力的变化由调压阀 11 调整。重锤 7、油柱 6 和压力控制阀 5 组成"位置 – 压力比例控制器"，它可将张力的变化量与给定小张力之差产生的位移转换为气压的变化，此气压的变化可控制制动气缸 4 改变对给纸系统的制动力矩，以实行恒张力控制。存纸托架 14 为一浮动托架，受张力差的作用可上下浮动，使张力差转变为位置变动量，同时能平抑张力的波动，还能储存一定数量的纸，供不停机自动换纸卷筒用。当纸带张力变化时，通过该气动系统便可保持恒定张力、其动作如下：

如果纸张中张力增大，使存纸托架 14 下移，因为存纸托架是通过链轮 13 与连接杆 12 连接在一起的，于是带动连接杆上升，连接杆又使油柱 6 上升。油柱上升使压力控制阀 5 的输出压力按比例下降，从而使制动气缸对纸卷筒的制动力矩减小，最后使纸带内张力下降。如果纸张内张力减小，则张力气缸 8 在给定力作用下使连杆及油柱下降（也使存纸托架上升），油柱下降使压力控制阀输出压力按比例上升，这样制动气缸对纸卷筒的制动力矩增大，纸张的张力上升。当纸张内张力与张力气缸给定张力平衡时，存纸托架稳定在某一位置，此时位移变动量为零，压力控制阀输出稳定压力。

17. 3. 2 气动系统特点

本系统结构简单，两个调压阀 11、5 均为普通的精密调压阀，无须用比例控制元件。油柱是一根细长而充满油的液压气缸，底部装一钢球盖住下面压力控制阀的先导控制口，由托架的位置在油柱中产生的阻尼力来控制喷口大小，从而控制输出压力的大小。用压力差动控制回路，可输出较小的给定力，从而提高控制的精度。

17. 4 震压造型机气动系统

由于铸造生产劳动强度大，工作条件恶劣，所以气动技术在铸造生产中应用较早，且其自动化程度比较成熟和完善，下例是某铸造厂气动造型生产线上所用的四立柱低压微震造型机的电磁 – 气控系统。此系统在电控部分配合下可实现自动、半自动和手动三种控制方式。以下仅就气动部分进行介绍。

17. 4. 1 造型机的工作过程

图 17 – 8 为机器的示意图。空砂箱 3 由滚道送入机器左上方。推杆气缸 1 将空砂箱推入机器，同时顶出前一个已造好的砂型 4，砂型沿滚道去合箱机（若是下箱则进翻箱机，合箱机和翻箱机图中均未画出）。推杆气缸 1 复位后，接箱气缸 10 上升举起工作台，当工作台将砂箱举离滚道一定高度并压在填砂框 8 上以后停止。推杆气缸 7 将定量砂斗 5 拉到砂框上方，压头 6 随之移出（砂斗与压头连为一体），进行加砂。同时进行预震击。震击一段时间后，推杆气缸 7 将砂斗推回原位，压头 6 随之又进入工作位置，震压气缸 9（压实气缸与震击气缸为一复合气缸，即震压气缸）将工作台连同砂箱继续举起，压向压头，同时震击，使砂型紧实。在压实气缸上升时，接箱活塞返回原位。经过一定时间压实，压实活塞带动砂箱和工作台下降，当砂箱接近滚道时减速，进行起模。砂型留在滚道上，工作台继续落回到原位，准备下一循环。

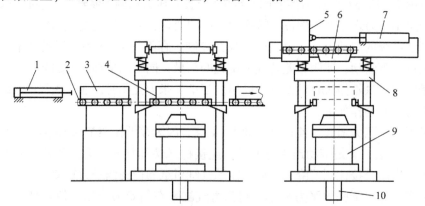

图 17 – 8 电磁-气控震压造型机示意图

1—砂箱推杆气缸；2—滚道；3—空砂箱；4—砂型；5—定量砂斗；6—压头；
7—砂斗推杆气缸；8—填砂框；9—震压气缸；10—接箱气缸

17.4.2 气动系统的工作原理

气动系统的工作原理如图 17 – 9 所示。按下按钮阀 6，阀 7 换位使气源接通。当上一工序的信号使 4DT 接通时，阀 15 换向，接箱气缸 G 上升，举起工作台并接住滚道上的空砂箱后停在加砂位置上。同时压合行程开关 5XK，使 2DT 通电，阀 9 换向，B 气缸把砂斗 D 拉到左端并压合 3XK，使 3DT 接通，阀 16 换向，进行加砂和震击。与此同时，采用时间继电器对加砂和震击计时，到一定时间后 2DT、3DT 断电，阀 9、阀 16 复位，加砂和震击停止。砂斗回到原位，同时压头 C 进入压实位置并压合 4XK 使 5DT 通电，阀 13 换向，压实缸 F 上升；4DT 断电，阀 15 复位，接箱缸 G 经快速排气阀 14 排气，并快速落回原位。压实时间由时间继电器计时，压实到一定时间后，5DT 断电，阀 13 复位，压实活塞下降。为满足起模和行程终点缓冲的要求，应用行程阀 10、气动换向阀 11、节流阀 12 和电磁换向阀 13 实现气缸行程中的变速。当砂箱下落接近滚道时，撞块压合行程阀 10，阀 11 关闭，压实缸经节流阀 12 排气，压实活塞低速下降。待模型起出后撞块脱离阀 10，压实缸经由阀 11 和 13 排气，活塞快速下降。快到终点时，再次压合阀 10，使其控制阀 11 切断快速排气通路，活塞慢速回到原位并压合 6XK 使 1DT 通电，阀 8 换向，推杆气缸 A 前进把空箱推进机器，同时推出造好的砂型。在行程终点压合 2XK，使 1DT 断电，阀 7 复位，A 缸返回。至此，完成一个工作循环。

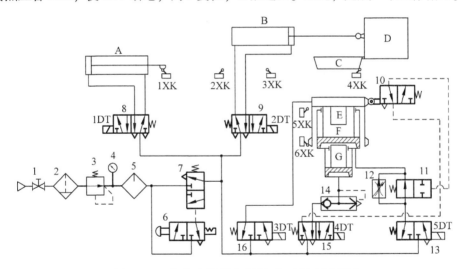

图 17 – 9 电磁-气控震压造型机气动回路原理图

1—总阀；2—分水滤气器；3—减压阀；4—压力表；5—油雾器；6—按钮阀；7、11—气动换向阀；
8、9、13、15、16—电磁换向阀；10—行程阀；12—节流阀；14—快速排气阀；1XK~6XK—行程开关；
A—砂箱推杆气缸；B—砂斗推杆气缸；C—压头；D—定量砂斗；E—震击气缸；F—压实气缸；G—接箱气缸

17.4.3 气动系统的特点

①该系统自动化程度高，可选择自动、半自动和手动三种操作方式。
②综合运用电控和气动控制的特点。借助电控实现各工序间的自动衔接和各动作间

的连锁，所以，提高了系统的自动化程度，能实现必要的安全保护，结构简单、传递速度快、对工作环境要求较低。

③此系统的工作噪声大，需要采取消除噪声的措施。

本章小结

气动控制是实现生产过程机械化、自动化的重要方式之一，由于其安全、可靠、使用成本低、工作环境要求不高，所以应用十分广泛。本章仅介绍了几个典型气动系统的应用、组成、工作原理及特点。气动系统的开发没有固定的方式，需要广泛的知识和经验的积累，需要大量借鉴各个行业中的典型气动系统。

附　录

附录1　常用液压与气动元件图形符号

（摘自 GB/T 786.1—2003）

附表1　基本符号、油箱、管路、管路连接口和接头

名　称	符　号	用途与符号解释	名　称	符　号	用途与符号解释
工作管路		压力管路回油管路	管口在油面之上的通油箱管路		
控制管路		可表示泄油管路			
连接管路		两管路相交连接	连接油箱底部的管路		
交叉管路		两管路交叉不连接	局部卸油或回油		
单向放气装置			管口在油面之下的通油箱管路		带空气过滤器
软管连接			密闭式油箱		三条油路
三通路旋转接头			三通路旋转接头		
不带单向阀的快换接头			带单向阀的快换接头		

附表 2 机械控制装置和控制方法

名　称	符　号	用途与符号解释	名　称	符　号	用途与符号解释
直线运动的杆		箭头可省略	液压先导卸压控制		内部压力控制，内部泄油
旋转运动的轴		箭头可省略			
弹跳机构			液压先导加压控制		内部压力控制
定位装置					
手柄式人控制			单作用电磁铁		电气引线可省略，斜线也可向右下方
按拉式人控制			双作用电磁铁		
按钮式人力控制			双作用可调电磁操纵器		
双向踏板式人工控制			单作用可调电磁操纵器		
单向踏板式人工控制			电磁-液压先导控制		液压外部控制，内部泄油
人力控制		一般符号	液压液先导控制		外部压力控制
顶杆式机械控制			液压二级先导控制		内部压力控制，内部泄油
可变行程控制式机械控制			带遥控液压先导卸压控制		外部压力控制(带遥控泄放口)
单向滚轮式机械控制		仅在一个方向上操作，箭头可省略	反馈控制		一般符号
弹簧控制式机械控制	W		外部电反馈控制		由电位器、差动变压器等检测位置
加压或卸压控制			电动机旋转控制	M	
外部压力控制		控制通路在元件外部	差动控制	2	
内部压力控制	45°	控制通路在元件内部	先导型压力控制阀	W	带压力调节弹簧，外部泄油，带遥控泄放口
气-液先导加压控制		气压外部控制，液压内部控制，外部泄油	电-液先导控制		电磁铁控制、外部压力控制，外部泄油
内部机械反馈		如随动阀仿形控制回路等			

附表3　液压泵、液压马达和液压缸

名　称	符　号	用途与符号解释	名　称	符　号	用途与符号解释
液压泵		一般符号	单向定量液压马达		单向流动，单向旋转
单向定量液压泵		单向旋转，单向流动，定排量	双向定量液压马达		双向流动，双向旋转，定排量
双向定量液压泵		双向旋转，双向流动，定排量	单向变量液压马达		单向流动，单向旋转，变排量
单向变量液压泵		单线旋转，单向流动，变排量	双向变量液压马达		双向流动，双向旋转，变排量
双向变量液压泵		双向旋转，双向流动，变排量	定量液压泵-马达		单向流动，单向旋转，定排量
摆动马达		双向摆动，定角度	变量液压泵-马达		双向流动，双向旋转，变排量，外部泄油
液压马达		一般符号	柱塞缸		
单作用伸缩缸			双作用伸缩缸		
单作用单杆弹簧复位缸		详细符号	液压整体式传动装置		单向旋转，变排理泵，定排量马达
		简化符号	双作用双杆活塞缸		详细符号
双作用单杆活塞缸		详细符号			简化符号
		简化符号	双作用可调单向缓冲缸		详细符号
双作用不可调单向缓冲缸		详细符号			简化符号
		简化符号	双作用可调双向缓冲缸		详细符号
双作用不可调双向缓冲缸		详细符号			简化符号
		简化符号			

附表 4　方向控制阀

名　称	符　号	用途与符号解释	名　称	符　号	用途与符号解释
单向阀		详细符号	二位四通电磁阀		
			二位五通液动阀		
		简化符号(弹簧可省略)	二位四通机动阀		
液控单向阀		详细符号(控制压力关闭阀)	三位四通电磁阀		
		详细符号(控制压力打开阀)	三位四通电液阀		外控内泄(带手动应急控制装置)
		简化符号	三位五通电磁阀		
		简化符号(弹簧可省略)	三位六通手动阀		
液压锁			三位四通电液阀		简化符号(内控外泄)
或 门型梭阀		详细符号	三位四通比例阀		中位负遮盖
		简化符号	二位四通比例阀		
二位二通电磁阀		常闭	四通伺服阀		
		常通	四通电液伺服阀		二级
二位三通电磁阀					
二位三通电磁球阀					带电反馈三级

附表5 压力控制阀

名 称	符 号	用途与符号解释	名 称	符 号	用途与符号解释
直动内控溢流阀		一般符号	直动内控减压阀		一般符号
带遥控口先导溢流阀			先导型减压阀		
直动式比例溢流阀			溢流减压阀		
双向溢流阀		直动式，外部泄油	先导型比例电磁式溢流减压阀		
先导型比例电磁式溢流阀			定比减压阀	3	减压比1/3
先导型电磁溢流阀		（常闭）	定差减压阀		
卸荷溢流阀	p_2 p_1	$p_2 > p_1$ 时卸荷	单向顺序阀（平衡阀）		
制动阀			先导顺序阀		
先导型比例电磁式压力控制阀			内控外泄直动顺序阀		
			直动卸荷阀		一般符号

附表 6 流量控制阀

名 称	符 号	用途与符号解释	名 称	符 号	用途与符号解释
调速阀		详细符号	不可调节流阀		一般符号
		简化符号	可调节流阀		详细符号
					简化符号
温度补偿型调速阀		简化符号	单向节流阀		
旁通型调速阀		简化符号	双单向节流阀		
单向调速阀		简化符号	截止阀		
			滚轮控制节流阀		
分流阀			分集流阀		
单向分流阀			集流阀		

附表 7　辅助元器件

名　称	符　号	用途与符号解释	名　称	符　号	用途与符号解释
过滤器		一般符号	单程作用气-液转换器		单程作用
带污染指示过滤器			连续作用气-液转换器		连续作用
磁芯过滤器			单程作用增压器		单程作用
带旁通阀过滤器			连续作用增压器		连续作用
空气过滤器			蓄能器		一般符号
双筒过滤器		p_1：进油　p_2：回油	重锤式蓄能器		
			气体隔离式蓄能器		
冷却器		一般符号	弹簧式蓄能器		
带冷却剂管路指示冷却器			辅助气瓶		
			气罐		
加热器		一般符号	温度调节器		

附录2 部分习题参考答案

第1章

7. (1)$p = 25.46$ MPa；(2)$F = 100$ N；(3)$S = 1$ mm

第2章

7. $\Delta p = 61$ kPa
8. $p_0 = 264\,796$ Pa
9. $H = 4.33$ m
10. $P = 23.44$ kN，$\theta = 19.84°$
11. $H = 12.66$ m
12. $Q = 0.044$ m³/s
13. $p_v = 33\,778$ Pa
14. $Q = 1.15 \times 10^{-2}$ m³/s
15. $v = 0.0036$ m/s

第3章

7. (1)0.95；(2)34.72 L/min；(3)4.907 kW(1 450 r/min)；1.692 kW(500 r/min)
8. (1)0.946；(2)0.795
9. (1)72.1 L/min；(2)68.495 L/min；(3)13.36 kW

第4章

1. $\eta_V = 0.936$
2. (1)676.9 r/min；12.5 kW；176 N·m　(2)168.8 N·m
3. $F = \dfrac{\pi}{4}d^2 \cdot p$；$v = \dfrac{4Q}{\pi \cdot d^2}$
4. $\dfrac{Av}{Av + \Delta Q}$，$\dfrac{Av}{Q}$ 或 $\dfrac{Q - \Delta Q}{q}$；$\dfrac{F}{pA}$；$\dfrac{F}{F + f}$　或　$\dfrac{pA - f}{pA}$
5. (1)$F_1 = 5000$ N；$v_1 = 1.2$ m/min；$v_2 = 0.96$ m/min；(2)11 250 N；(3)9000 N
6. (a)$p_1 = 4.4$ MPa；(b)$p_1 = 5.5$ MPa；(c)$p_1 = 0$
7. (1)$D = 100$ mm，$d = 70$ mm；(2)4.9 mm；(3)稳定性足够

第5章

5. (a)$p_p = 2$ MPa；(b)$p_p = 9$ MPa
10. ①$p_A = 4$ MPa，$p_B = 4$ MPa，$p_C = 2$ MPa
②运动时 $p_A = 3.5$ MPa，$p_B = F_L/A_1 = 3.5$ MPa，$p_C = 2$ MPa；运动到终端时 $p_A = 4$ MPa，$p_B = 4$ MPa，$p_C = 2$ MPa
③运动时 $p_A = 0$ MPa，$p_B = 0$ MPa，$p_C = 0$ MPa；活塞碰到固定挡块时 $p_A = 4$ MPa，$p_B = 4$ MPa，$p_C = 2$ MPa

14. $p_p = 3.5$ MPa；$p_p = 2.5$ MPa；$p_p = 0.5$ MPa

15. 运动时：（a）$p_A = p_B = 2$ MPa；（b）$p_A = 3$ MPa，$p_B = 2$ MPa；活塞运动到终端停止时：（a）$p_A = 5$ MPa，$p_B = 3$ MPa；（b）$p_A = 5$ MPa，$p_B = 5$ MPa

16. （1）$p_A = p_B = 1$ MPa；（2）$p_A = 2.5$ MPa，$p_B = 5$ MPa

17. $p_A = p_C = 2.5$ MPa，$p_B = 5$ MPa；$p_A = p_B = 1.5$ MPa，$p_C = 2.5$ MPa；$p_A = p_B = p_C = 0$

第 7 章

1. 顺序阀最小调定压力为 1 MPa，溢流阀最小调定压力为 3 MPa。

2. $v = 31.35$ cm/min，$p_p = 2.4$ MPa

3. （1）$q_p = 7.39$ mL/r；（2）$n_M = 0$；（3）$P_{pmax} = 760$ W

4.
表 7-2　电磁铁动作顺序

工作顺序	1DT	2DT	3DT	4DT
快进	+		+	
1 工进	+			+
2 工进	+			
快退		+		
原位				

5. 图 7 – 44 的方案中，要通过节流阀对缸 I 进行速度控制，溢流阀必然处于溢流的工作状况。这时泵的出口压力为溢流阀调定值，且总是大于顺序阀的调定值，故缸 II 只能先动作或和缸 I 同时动作，因此无法达到预想的目的。

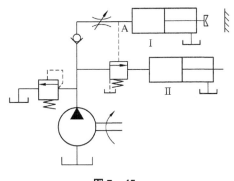

图 7 – 45 所示，它是把图 7 – 45 中顺序阀的内控方式改为外控方式，控制压力由节流阀出口 A 点引出。这样当缸 I 在运动过程中，A 点的压力取决于缸 I 负载。当缸 I 夹紧工件停止运动后，A 点压力升高到外控式顺序阀调定值，使外控式顺序阀接通，进给缸工作，实现所要求的顺序动作。图中单向阀起保压

图 7 – 45

作用，以防止缸 II 在工作压力瞬间突然降低时引起工件自行松开的事故。

第 9 章

1. （1）容积节流调速回路；差动连接的快速回路；调速阀串联的快慢速换接回路等。

（2）单向阀 9 除有保护液压泵免受液压冲击的作用外，主要是在系统卸荷时使电液换向阀的先导控制油路有一定的控制压力，确保实现换向动作。单向阀 13 的作用是在工进时关闭，从而切断差动回路。

2.（1）系统动作循环及液流情况见下表

动作名称	信号来源	电磁铁状态		油液流动情况
		1YA	2YA	
快进	按下启动按钮	+	−	泵→2→4→12（左腔） 12（右腔）→4→油箱 9→8→11
慢进	压力升高			泵→2→4→12（左腔） 12（右腔）→4→油箱
保压	滑块碰上工件			泵→2→4→5→11
快退	压力继电器发出信号	−	+	泵→2→4↗12（右腔） 　　　　↘9 12（左腔）→4→油箱 　　↗8→9 11 　　↘7→6→4→油箱
停止	挡块压行程开关	−	−	泵→3→油箱

（2）元件名称及功用见下表

标号	名称	功用
1	液压泵	将原动机输出的机械能转换成液体的压力能
2	单向阀	保护液压泵，防止系统压力过高损坏泵
3	溢流阀	调定系统工作压力
4	电液换向阀	使压力机滑块实现换向
5	顺序阀	实现快进和慢进的动作转换
6	节流阀	调节压力机滑块返回速度
7	单向阀	规定通过节流阀油流的方向
8	液控单向阀	使柱塞缸中的油返回辅助油箱
9	辅助油箱	快进时向柱塞缸供油
10	压力继电器	发现保压阶段终止的信号
11	主柱塞缸	使压力机滑块传递压力
12	辅助活塞缸	使压力机滑块实现快进快退

3．主控四联阀 13 由 4 个三位四通手动换向阀(包括回转机构的阀 C、臂架伸缩机构的阀 D、变幅机构的阀 E 和起升机构的阀 F)组合而成，用来控制上车各机构执行装置的换向、锁紧和调速。操纵各阀的手柄，可以使每个分阀处于三个工作位置，其中左位和右位分别控制执行装置的两个相反方向运功；中位使工作机构处于停止状态。二联换向阀 21 由两个手动三位四通阀组合而成，用于前支腿(二联换向阀 A)、后支腿(二联换向阀 B)的油路换向，其结构与变幅机构的换向阀相同。

采用弹簧复位式的手动换向阀其安全性高，当操纵人员的手脱离手柄，则相应的工作油路将不导通，从而保证了安全。

第 11 章

1. 0. 192 MPa, 107. 7℃
2. 104 024 Pa, 6. 6℃
3. 11. 45 s, 125℃; 0. 434 MPa
4. 17. 7 s

第 13 章

4. 推力 $F_T = \dfrac{\pi}{4}D^2 \times p \times \eta \approx 2\ 761$ N; 拉力 $F_L = \dfrac{\pi}{4}(D^2 - d^2) \times p \times \eta \approx 2\ 545$ N

5. $F_T = \dfrac{\pi}{4}D^2 \times p - F \boxed{\ } \times \eta \approx 564$ N

6. $Q_s = \dfrac{\pi(2D^2 - d^2)L}{4T\eta_V} \times \dfrac{(p + p_0)}{p_0} \approx 8 \times 10^{-3}\ (\text{m}^3/\text{s})$

参 考 文 献

陈淑梅.2007.液压与气压传动(英汉双语)[M].北京：机械工业出版社.

陈尧明,许福玲.2004.液压与气压传动学习指导与习题集[M].北京：机械工业出版社.

董林福.2006.液压与气压传动[M].北京：化学工业出版社.

高连兴,姬长英,史岩.2007.液压与气压传动[M].北京：中国农业出版社.

赫贵成.1992.液压传动[M].北京：冶金工业出版社.

胡玉兴.1982.液压传动[M].北京：中国铁道出版社.

机械设计手册编委会.2004.机械设计手册[M].5版.北京：机械工业出版社.

冀宏.2009.液压气压传动与控制[M].武汉：华中科技大学出版社.

姜继海,宋锦春,高常识.2009.液压与气压传动[M].北京：高等教育出版社.

姜继海.2007.液压传动[M].4版.哈尔滨：哈尔滨工业大学出版社.

雷天觉.1998.新编液压工程手册[M].北京：北京理工大学出版社.

雷秀.2005.液压与气压传动[M].北京：机械工业出版社.

李壮云.2005.液压元件与系统[M].北京：机械工业出版社.

刘顺安.1999.液压与气压传动[M].长春：吉林科学技术出版社.

路甬祥.2004.液压气动技术手册[M].北京：机械工业出版社.

马恩.2010.液压与气压传动[M].北京：高等教育出版社.

SMC(中国)有限公司.2003.现代实用气动技术[M].2版.北京：机械工业出版社.

王积伟,章宏甲,黄谊.2006.液压与气压传动[M].2版.北京：机械工业出版社.

王积伟.2006.液压传动[M].北京：机械工业出版社.

王守城,容一鸣.2006.液压传动[M].北京：北京大学出版社,中国林业出版社.

杨曙东,何存兴.2008.液压传动与气压传动[M].3版.武汉：华中科技大学出版社.

张赤诚,陈慕筠,买俊祥,等.1985.液压传动[M].北京：地质出版社.

章宏甲,黄谊,王积伟.2000.液压与气压传动[M].北京：机械工业出版社.

周忆,于今.2008.流体传动与控制[M].北京：科学出版社.

祖德.1995.液压传动[M].北京：中央广播电视大学出版社.

左健民.2009.液压与气压传动[M].北京：机械工业出版社.